高等学校人工智能教育丛书
研究生系列教材

Memristor Theory and its Intelligence Application

忆阻器理论及其智能应用

文常保 朱 玮 郭效丁 茹 锋 著
丁 娜 李演明 全 思 张军龙

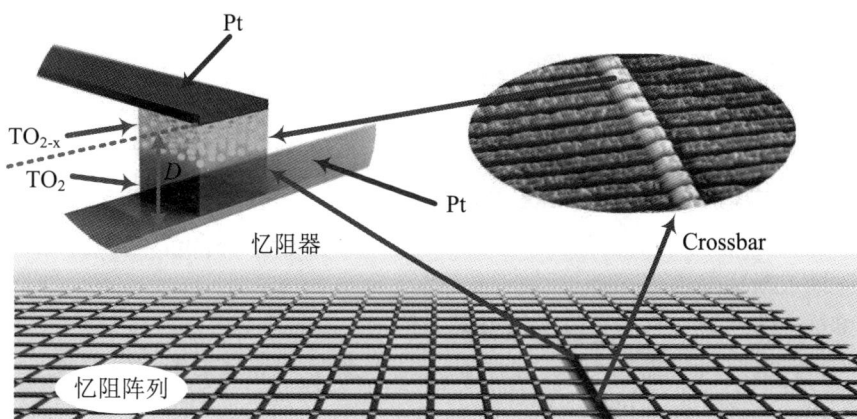

西安电子科技大学出版社

内 容 简 介

本书全面深入地介绍了忆阻器理论及其智能应用。全书共 10 章，内容包括忆阻器概述、忆阻器的物理机制及特性、忆阻器的材料与制备工艺、忆阻器的突触仿生特性、基于忆阻器的逻辑运算电路、忆阻器在感知神经元及网络实现中的应用、忆阻器在 SOFM 神经网络实现中的应用、忆阻器在气体累积流量传感器中的应用、自旋忆阻器阵列在核辐射吸收累积量传感器实现中的应用、类脑智能及脑机接口技术。这些内容将为理解和掌握忆阻器的基础、结构、材料、工艺，以及忆阻器在感、存、算等智能器件中的应用奠定坚实基础。

本书可作为集成电路、人工智能、电子信息、电气工程及自动化等专业的本科生和研究生的教科书，也可以作为从事忆阻器和智能器件理论研究、设计、制备和测试的专业研究人员和工程师的自学和参考用书。

图书在版编目（CIP）数据

忆阻器理论及其智能应用 / 文常保等著. -- 西安 ：西安电子科技大学出版社, 2025. 6. -- ISBN 978-7-5606-7591-6

Ⅰ. TM54

中国国家版本馆 CIP 数据核字第 20254RE594 号

策　　划　陈　婷
责任编辑　陈　婷
出版发行　西安电子科技大学出版社（西安市太白南路 2 号）
电　　话　（029）88202421　88201467　　　邮　　编　710071
网　　址　www.xduph.com　　　　　　　　电子邮箱　xdupfxb001@163.com
经　　销　新华书店
印刷单位　陕西博文印务有限责任公司
版　　次　2025 年 6 月第 1 版　　　　　　2025 年 6 月第 1 次印刷
开　　本　787 毫米×1092 毫米　1/16　　　印　　张　17.5
字　　数　414 千字
定　　价　48.00 元
ISBN 978-7-5606-7591-6
XDUP 7892001-1

*** 如有印装问题可调换 ***

前　言

PREFACE

作为一种新型电子器件，忆阻器的出现不仅从电路变量关系的对称性和完备性角度补充了电压、电流、电荷量和磁通量四个基本变量间的关系，而且丰富了现代电路理论，为电路系统提供了一种基本电路元器件，成为除电阻、电容、电感三种元件外的第四种基本电学器件。由于具有时变性、记忆性、非易失性和重复性等优良特性，忆阻器为基础电路应用和感、存、算一体化进程提供了一条有效途径，并将有望突破 John Von Neumann 架构存在的"瓶颈问题"，给电子器件及应用带来颠覆性的变革。因此，忆阻器在生物神经器件、处理器、存储器、传感器、脑机接口等领域展现了前所未有的光明前景和巨大潜力。

本书从系统的相对独立性考虑，在内容的选取和编排上力求重点突出、难点分散，简化了深奥的理论论述，深入浅出、通俗易懂，在介绍忆阻器物理机制、电学特性、数学模型等基本原理的基础上，注重忆阻器在感、存、算等智能器件中的应用。

本书共分为 10 章。

第 1～5 章为忆阻器的基本理论部分。

第 1 章为忆阻器概述，包括忆阻器的提出、定义、特性，忆阻系统，HP 忆阻器，以及忆阻器的发展历程和应用状况。第 2 章为忆阻器的物理机制及特性，主要包括离子迁移、导电丝、电流传输等物理机制，$I\text{-}U$、$C\text{-}U$、脉冲电压等电学特性，以及忆阻器的稳定性测试机理。第 3 章从钙钛矿、金属氧化物、硫化物和有机材料出发，对忆阻器的制备材料及特性进行了阐述，同时围绕忆阻器结构对薄膜、光刻等制备工艺进行了介绍。第 4 章介绍了如何使用忆阻器模拟实现生物神经突触和神经元的各种功能，主要包括仿生突触器件的短时程突触可塑性、长时程突触可塑性、学习和遗忘特性、经验式和联合式学习特性、脉冲频率响应特性，以及忆阻器在感觉系统和脉冲神经网络中的应用。第 5 章介绍了基于忆阻器的逻辑运算电路，包括逻辑电路中的忆阻器模型、基本逻辑门、组合逻辑电路、四值逻辑电路。

第 6～10 章介绍了忆阻器的感、存、算等功能在神经元器件、SOFM 神经网络、气体累积流量传感器、核辐射吸收累积量传感器、类脑智能及脑机接口等人工智能技术中的应用。

第 6 章主要阐述了忆阻器在感知神经元及网络实现中的应用，包括单输入的忆阻器型感知神经元、反向串联忆阻器型感知神经元、全域值忆阻感知神经元、单层忆阻感知神经网络、多层忆阻感知神经网络的设计和应用。第 7 章为忆阻器在 SOFM 神经网络实现中的应用，包括双忆阻 SOFM 神经网络系统的结构、原理、电路设计，以及具体网络系统和电路的设计和实现。第 8 章将忆阻器用于气体累积流量的测量，利用忆阻器阻值的变化间接表征出气体累积流量的大小，并通过方案提出、策略研究、电路设计、实验和影响因素分析，探索了忆阻器在气体累积流量传感器中的应用。第 9 章为自旋忆阻器阵列在核辐射吸收累积量传感器实现中的应用，主要包括传感器的结构和工作原理，不同辐射下的传感器响应，以及阵列交叉点数量、放大器增益、限流电阻等参数对传感器性能的影响。第 10 章介绍了目前最具前沿性和战略性的类脑智能和脑机接口技术，并从脑机接口技术构成角度出发，对忆阻器技术在实现脑机系统感知能力、记忆能力、计算能力等方面的潜在应用进行了阐述。

参与本书编写工作的人员有长安大学文常保教授、朱玮副教授、茹锋教授、李演明副教授、全思讲师，中国人民武装警察部队工程大学郭效丁副教授，中国兵器工业集团第 205 研究所丁娜高级工程师，连云港市第二人民医院张军龙教授。参与本书编写、绘图的同志还有胡馨月、刘达祺、洪吉童、周成龙、张晓霞、黄瑞琪、欧玲玲、刘兰、郭恬恬、周荣荣、祁煜添和王应秀。全书由文常保教授统稿。

由于作者水平有限，书中难免存在疏漏与不足之处，恳请读者批评指正。

作　者
2025 年 2 月

目　录 CONTENTS

第 1 章

忆 阻 器 概 述

作为一种新型电子器件，忆阻器不仅有"第四种基本电学器件"之称，而且从电路变量关系的对称性和完备性角度补充、丰富了现代电路理论。本章将从忆阻器的提出、定义、特性出发，对忆阻器和忆阻系统的基本概念和性质进行深入阐述；然后以由 TiO₂ 制备的 HP 忆阻器为例，对实物器件与忆阻器的基本性质进行说明；最后综述忆阻器的发展历程和应用状况。

1.1 忆阻器的提出

根据电路理论，电路中存在着电压 u、电流 i、电荷量 Q 和磁通量 Φ 四种基本变量。仔细研究这四种变量，可以发现这些变量之间的关系，与电阻、电感、电容等基本电路元器件存在着紧密的联系。

对于导体来说，它的电阻值大小由构成导体的材料特性和几何结构来决定。如均匀柱形金属导体的电阻值为

$$R = \rho \frac{L}{S_r} \tag{1-1}$$

式中，ρ 是导体材料的电阻率，L 是导体的长度，S_r 是导体的横截面积。

若有电流通过导体，则该导体两端的电压 u 与流过导体的电流 i 之间的比值，可以用来描述导体导电性能的强弱，也就是物理量电阻 R，其数学关系为

$$R = \frac{\mathrm{d}u}{\mathrm{d}i} \tag{1-2}$$

对于由导体极板构成的电容器，其电容值大小由构成材料及几何结构来决定。如平行板电容器的电容值为

$$C = \frac{\varepsilon_r S_c}{4\pi k_c d} \tag{1-3}$$

式中，ε_r 为两极板之间介质材料的介电常数，S_c 为两极板的正对面积，$k_c = 9.0 \times 10^9\,\mathrm{N \cdot m^2/C^2}$ 为静电力常量，d 为两极板间的距离。

若施加电压于两个极板之间，则两个导电极板之间的电荷量 Q 与两个极板之间的电压

差 u 之间的比值，可以用来描述这两个电极板容纳或存储电荷量能力的大小，也就是物理量电容 C，其数学关系为

$$C = \frac{\mathrm{d}Q}{\mathrm{d}u} \tag{1-4}$$

对于电感来说，当电感线圈接到交流电源上时，线圈内部的磁力线将随电流的交变而时刻变化，使线圈产生电磁感应，其电感值大小由构成材料及几何结构来决定。如螺旋线圈的电感为

$$L = \frac{k_1 \mu N^2 S_1}{l} \tag{1-5}$$

式中，k_1 为修正系数或长冈系数，μ 为螺旋线圈内部磁芯的磁导率，N 为线圈的匝数，S_1 为螺旋线圈的截面积，l 为螺旋线圈的长度。

线圈中的磁通量 Φ 与线圈中通过的电流 i 之间的比值，可以用来描述单位电流引起线圈中磁通量的大小，也就是物理量电感 L，其数学关系为

$$L = \frac{\mathrm{d}\Phi}{\mathrm{d}i} \tag{1-6}$$

如果以电压 u、电流 i、电荷量 Q 和磁通量 Φ 四种基本变量为顶点，再考虑以上关系，则可以构成一个表示四种电路变量与基本电路元件之间关系的四边形，如图 1-1 所示。

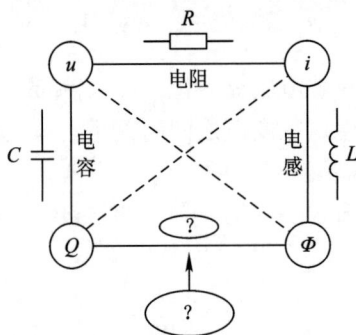

图 1-1   四种电路变量与基本电路元件之间的关系

任意时段内，四边形的对角线参量电流 i 和电荷量 Q 存在关系

$$Q(t) = \int_{t_1}^{t_2} i(t)\, \mathrm{d}t \tag{1-7}$$

或

$$i = \frac{\mathrm{d}Q}{\mathrm{d}t} \tag{1-8}$$

同时，任意时段内，四边形的对角线参量电压 u 和磁通量 Φ 之间存在关系

$$\Phi(t) = \int_{t_1}^{t_2} u(t)\, \mathrm{d}t \tag{1-9}$$

或

$$u = \frac{\mathrm{d}\Phi}{\mathrm{d}t} \tag{1-10}$$

式(1-2)、(1-4)、(1-6)中的电学参量关系 u-i、Q-u、Φ-i 构成了图 1-1 中四边形的三条边，式(1-7)、(1-9)或式(1-8)、(1-10)中的 Q-i、Φ-u 构成了四边形的两条对角线。而且，四边形的三条电学参量关系边分别定义了三种物理量，描述了电阻、电容、电感三种基本电学元器件，即电阻、电容、电感可以分别由 $f(u, i) = 0$、$f(Q, u) = 0$、$f(\Phi, i) = 0$ 来表征。当这些特性曲线是通过原点的直线时，电阻、电容、电感三种基本电学元器件则是线性定常元件。

另外，可以发现图 1-1 中除 Φ、Q 之外，其他任意两个基本参量之间都存在一定的关系，那么我们是否可以推测磁通量 Φ 和电荷量 Q 之间也会存在某种关系，而且这种关系是否也可以描述或定义一种像电阻、电容、电感那样的电路元器件。

1971 年，来自 University of California, Berkeley 分校的 Leon Chua 教授在研究非线性电路理论的过程中，也发现了上述变量之间存在的关系，以及电荷量 Q 和磁通量 Φ 之间变量关系的缺失，并且发表了论文 "Memristor—The Missing Circuit Element"，推导了 "第四种基本电学器件" ——忆阻器。图 1-2 描述的是第四种电学器件 "忆阻器" 与电阻、电容、电感三种基本元件，以及电压、电流、电荷量和磁通量四种基本参量之间的关系。同时，这种忆阻器所具有的特性是使用电阻、电容、电感三种元件构建的任何电路都无法复制或重现其行为的，这也说明忆阻器是一种新的、基本的电路元件。另外，图 1-2 中忆阻器符号中器件左端为掺杂端，右端为非掺杂端，为了区分掺杂端和非掺杂端，通常将非掺杂端用黑色实心矩形块进行标注。

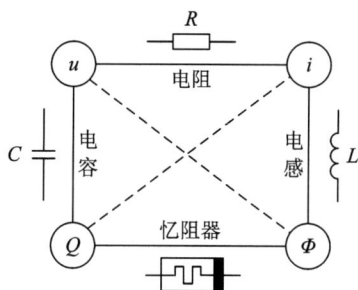

图 1-2 第四种电学器件 "忆阻器" 与其他基本元件、参量之间的关系

因此，忆阻器的出现不仅从电路变量关系的对称性和完备性角度补充了四个基本变量之间的关系，丰富了经典电路理论，而且为电路系统提供了一种新的基本电路元件。

1.2 忆阻器的定义

忆阻器是记忆型电阻器的简称，其英文表述为 Memristor，是 Memory Resistor 的缩写形式。在任意时刻，忆阻器是一个二端口元件，它的磁通量 Φ 和存储电荷量 Q 之间的关系，可以由平面上的一条曲线关系来确定。因此简单来说，忆阻器就是一种可以用电荷量与磁通量关系定义的二端口元件。

任意时刻，忆阻器都可以用 $f(\Phi, Q) = 0$ 来表征，而且当特性曲线通过原点时，忆阻器为线性定常元件。此时，图 1-2 中磁通量 Φ 和电荷量 Q 之间变化量的比值，可以用来描述忆阻器 M，其数学关系为

$$M = \frac{\mathrm{d}\Phi}{\mathrm{d}Q} \tag{1-11}$$

对式(1-11)进行变形，结合式(1-8)、(1-10)，可以得到

$$M = \frac{\mathrm{d}\Phi/\mathrm{d}t}{\mathrm{d}Q/\mathrm{d}t} = \frac{u}{i} \tag{1-12}$$

由式(1-12)，可以发现忆阻器具有电阻的量纲，单位为欧姆(Ω)。

然而，忆阻器与普通电阻又有所不同。在一定条件下，忆阻器的阻值在某一范围内是可以动态变化的，其大小不仅取决于忆阻器的材料特性和几何结构，而且由流经它的电荷量确定。但是，在一定测试条件下，普通电阻则是仅由电阻材料特性和几何结构决定的，而且相对固定不变。

如果 $f(\Phi, Q) = 0$ 的函数关系可以被表达为存储电荷量 Q 或磁通量 Φ 的单值函数，则忆阻器可以分为电荷量控制和磁通量控制，或电压控制和电流控制两种类型。

施加在一个电荷量控制的忆阻器两端的电压可以表示为

$$u(t) = M(Q(t))i(t) \tag{1-13}$$

式中

$$M(Q) \equiv \frac{\mathrm{d}\Phi(Q)}{\mathrm{d}Q} \tag{1-14}$$

由式(1-12)和式(1-14)可知，$M(Q)$ 反映的是磁通量相对于电荷量的增量变化，所以 $M(Q)$ 也称为增量忆阻器电阻。

类似地，通过一个磁通量控制的忆阻器的电流可以表示为

$$i(t) = W(\Phi(t))u(t) \tag{1-15}$$

式中

$$W(\Phi) \equiv \frac{\mathrm{d}Q(\Phi)}{\mathrm{d}\Phi} \tag{1-16}$$

结合式(1-14)和式(1-16)，$W(\Phi)$ 可以被称为增量忆阻器电导，单位为西门子(S)。

分析任意 t_0 时刻的增量忆阻器电阻，当两端电压一定时，忆阻器的阻值取决于从时间 $t = -\infty$ 到 $t = t_0$ 时刻忆阻器电流对时间变量的积分。因此，在一个给定的 t_0 时刻，忆阻器的行为就像一个普通电阻，但是它的阻值取决于过去整个时间段内通过忆阻器的电流。

这种现象也从另一个角度证明了这种器件被称为记忆型电阻器或忆阻器的准确性。另外，由式(1-13)和式(1-15)可知，在整个时段内，忆阻器的行为就像一个线性时变电阻。然而，在任意 t_0 时刻，忆阻器的 Φ-Q 曲线将成为一条直线，即 $M(Q) = R$，或 $W(\Phi) = G$，此时忆阻器的行为就像一个线性时不变电阻。因此，严格来讲，忆阻器不仅与磁通量 Φ 和电荷量 Q 有关，而且与时间变量 t 也有一定关系，用函数表达式可以表征为 $f(\Phi, Q, t) = 0$。

与电阻、电容、电感三种基础电路元件不同，忆阻器应该是一种非线性器件。同时，根据参数定义范围的不同，忆阻器基本可以分为扩展型、通用型、理想型三种类型，如表 1-1 所示。

表 1-1　忆阻器的基本类型及数学模型

类　型	磁通量或电流控制型	电荷量或电压控制型
扩展型	$u = M(x,i)i \quad (M(x,0) \neq \infty)$ $\dfrac{\mathrm{d}x}{\mathrm{d}t} = f(x,i)$	$i = W(x,u)u \quad (W(x,0) \neq \infty)$ $\dfrac{\mathrm{d}x}{\mathrm{d}t} = g(x,u)$
通用型	$u = M(x,i)i$ $\dfrac{\mathrm{d}x}{\mathrm{d}t} = f(x,i)$	$i = W(x,u)u$ $\dfrac{\mathrm{d}x}{\mathrm{d}t} = g(x,u)$
理想型	$u = M(Q)i$ $\dfrac{\mathrm{d}Q}{\mathrm{d}t} = i$ $M(Q) \overset{\text{def}}{=\!=} \dfrac{\mathrm{d}\hat{\Phi}(Q)}{\mathrm{d}Q}$ $\hat{\Phi}(Q) = \Phi_0 + \int M(Q)\mathrm{d}Q$	$i = W(\Phi)u$ $\dfrac{\mathrm{d}\Phi}{\mathrm{d}t} = u$ $W(\Phi) \overset{\text{def}}{=\!=} \dfrac{\mathrm{d}\hat{Q}(\Phi)}{\mathrm{d}\Phi}$ $\hat{Q}(\Phi) = Q_0 + \int W(\Phi)\mathrm{d}\Phi$

表 1-1 中，$\hat{\Phi}(Q)$ 和 $\hat{Q}(\Phi)$ 为分段连续且斜率有界的函数。

Leon Chua 教授使用磁通量 Φ 和存储电荷量 Q 之间的关系对忆阻器进行定义后，又进一步从忆阻器特性的角度考虑，将忆阻器定义为：当由引起相同频率的任何周期性电压或电流信号驱动时，能够在 U-I 平面上呈现出一个 "∞" 字形的捏压迟滞回线或捏滞回线的任何两端器件。图 1-3 所示的是一个典型的忆阻器捏压迟滞回线或捏滞回线。

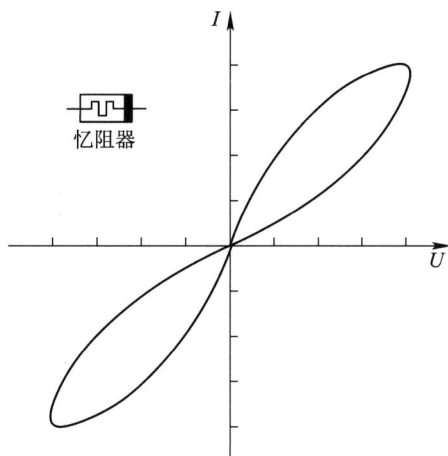

图 1-3　典型忆阻器在 U-I 平面上的捏压迟滞回线

利用捏滞回线定义忆阻器在很大程度上扩展了忆阻器的涵盖范围，使其不再局限于导体、半导体器件等传统意义上的电子器件，甚至可以包括有机和无机器件等非半导体器件。这些器件原理不仅涉及半导体学、电子学，而且涉及其他许多不相关的学科，如生物学、植物学、脑科学等。

　　无论是理想型还是其他类型的忆阻器，捏滞回线都是所有忆阻特性器件的霍尔标志。图 1-4 是呈现出忆阻器特性的一些功能性物质及对应的 U-I 特性图。其中，图(a)为早期发明的电弧灯的捏滞回线，图(b)为以 TiO_2 薄膜制备的半导体薄膜忆阻器的捏滞回线，图(c)为变形虫的捏滞回线，图(d)为捕蝇草的捏滞回线。

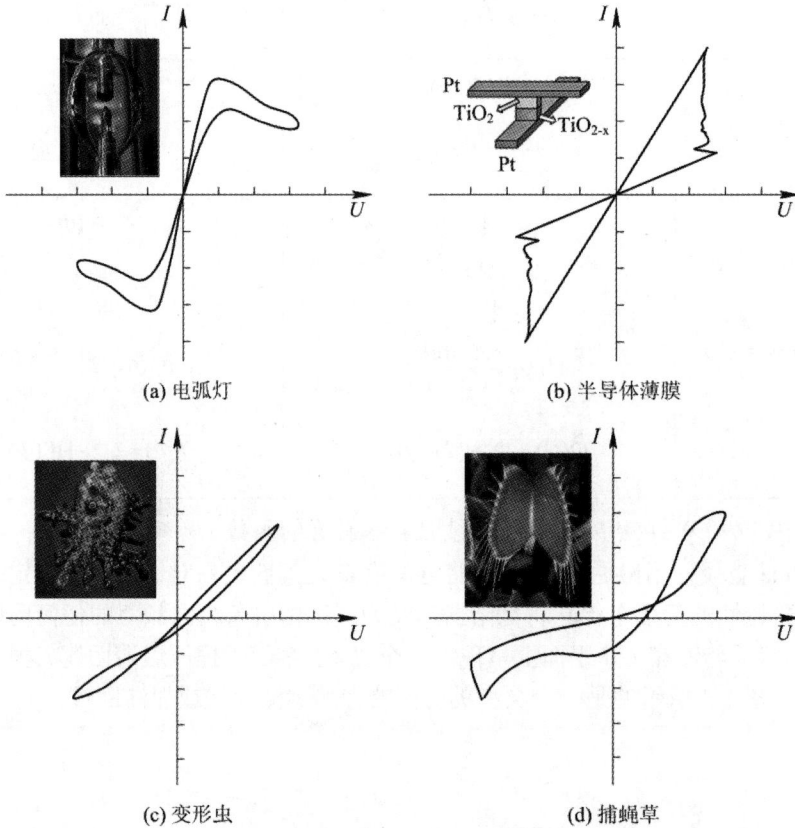

(a) 电弧灯　　　　　　　　　　　　　(b) 半导体薄膜

(c) 变形虫　　　　　　　　　　　　　(d) 捕蝇草

图 1-4　部分呈现忆阻器特性物质的捏滞回线

　　捏滞回线实际上描述了所有忆阻器数学模型的本质，包括早期提出的理想忆阻器和广义忆阻器模型的定义，也包括表 1-1 中的扩展型忆阻器、通用型忆阻器、理想型忆阻器。这些定义实际上没有本质的区别，所以根据这些定义进行分类的忆阻器，实质上也不是新型忆阻器，仅代表由不同数学公式描述的更精细的子类忆阻器。

　　另外，图 1-3 中所示的"∞"字形曲线仅是理想忆阻器在 U-I 平面上的情况，实际上很多忆阻器的捏压迟滞回线并不具有这种理想情况。图 1-4 中图(c)变形虫的捏滞回线和图(d)捕蝇草的捏滞回线都呈现出类似特点。为了区别于严格意义上的忆阻器定义，通常会将这种捏滞回线交叉点位于(0, 0)附近，但又不在(0, 0)上的忆阻器称为不完美型忆阻器。

1.3　忆阻器的特性

　　从电路理论角度考虑，忆阻器具有以下五个方面的性质。

(1) 无源准则：当且仅当增量忆阻器电阻 $M(Q)$ 为非负值，即 $M(Q) \geqslant 0$ 时，一个可以用可微且电荷控制型 Φ-Q 曲线表征的忆阻器是无源的。

(2) 等效定理：一个只包含忆阻器的单端口网络等效于一个忆阻器。

(3) 存在性和唯一性定理：任何仅包含有正增量忆阻的忆阻器的网络有且仅有一个解。

(4) 静态作用原理：当且仅当向量 A 是与网络 N 相关联的总作用 B 的一个静态点时，这个向量 A 就是包含仅电荷量控制或磁通量控制忆阻器网络 N 的一个解。

(5) 复杂度的阶数：若一个网络 N 包含电阻、电容、电感、忆阻器，以及独立电压源、电流源，则网络 N 的复杂度阶数 m 为

$$m = (a_L + a_C + a_M) - (b_M + b_{CM} + b_{LM}) - (c_M + c_{LJ} + c_{CM}) \tag{1-17}$$

式中，a_L 是网络中电感的数目，a_C 是网络中电容的数目，a_M 是网络中忆阻器的数目；b_M 是只包含忆阻器的独立回路数目，b_{CM} 是只包含电容和忆阻器的独立回路数目，b_{LM} 是只包含电感和忆阻器的独立回路数目；c_M 是只包含忆阻器的独立割集数目，c_{LJ} 是只包含电感和电流源的独立割集数目，c_{CM} 是只包含电容和忆阻器的独立割集数目。

图 1-5 是一组在不同激励频率下，忆阻器在 U-I 平面上的捏压迟滞回线。可以发现忆阻器的捏压迟滞回线具有以下特性：第一，不同激励频率下，忆阻器会在 U-I 平面上呈现出不同的"∞"字形的捏压迟滞回线；第二，随着激励信号频率的增大，捏压迟滞回线的两个波瓣的面积会逐渐减小，即当 $f_1 < f_2 < f_3$ 时，相应的波瓣面积有 $A_1 > A_2 > A_3$；第三，当激励频率趋于无穷大时，忆阻器在 U-I 平面的"∞"字形捏压迟滞回线会收缩为一条单值线性函数可表征的直线。因此，忆阻器的捏滞回线具有一些特殊的频率响应特性，即忆阻器的忆阻特性只能在一定频率范围内有效，忆阻器的非线性特性会随着激励频率的增加而逐渐趋于线性，并最终转变为纯电阻系统。

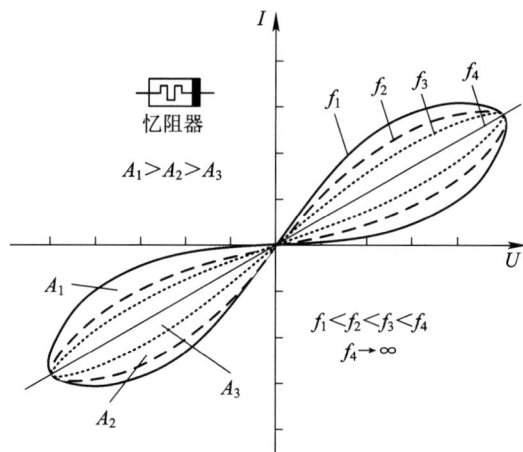

图 1-5　忆阻器的捏压迟滞回线特性

正是因为具有上述特点，忆阻器在实际应用中会呈现出时变性、记忆性和非易失性等基本特性。

1. 忆阻器具有时变性

忆阻器是一种双端器件，其电阻取决于施加到其上的电压、电流的大小和极性以及施

加电压、电流的时间。因此，忆阻器是具有一定时变性的非线性器件。

忆阻器的电阻变化取决于施加电压的时间和大小。施加正向电压的时间越长，电阻越低，直到达到最小值；施加反向电压的时间越长，电阻越高，直到达到最大值。同时，施加的电压幅值越大，忆阻器电阻改变的速度就会越快；相反，施加的电压幅值减小，忆阻器电阻改变的速度也会相对降低。当停止施加电压时，该装置的电阻都会"冻结"在原位，直到我们通过再次施加电压将其复位。

忆阻器的阻值是时变的，其大小取决于流经的电荷或电流。这是因为忆阻器的阻值是关于电荷量 Q 的函数，而 Q 表征的则是通过忆阻器的电流累积量。因此，可以通过控制流经忆阻器的电流信号的强度和持续时间来改变忆阻器的阻值。

HP(Hewlett Packard)实验室的 R Stanley Williams 曾用常见的水管来比喻忆阻器件，将通过的电流比喻为水流，而忆阻器电阻大小可以用水管的粗细来比喻。当有电流从忆阻器中通过时，就像水从一个方向流过去，水管会随着水流量的增加而越来越粗，可以理解为电阻的截面积越来越大，而忆阻器的电阻就会越来越小。如果把控制水流的水龙头关掉，尽管没有水流过，但水管的粗细却会维持不变，就相当于忆阻器的阻值保持不变。反之，当水从相反方向流动时，水管就会越来越细，相当于忆阻器的阻值会越来越大。

观察忆阻器在 $U\text{-}I$ 平面中的捏滞回线，可以发现电压首先从零增加到最大正值，然后减少到最小负值，最后返回到零。在生物学中，神经元之间的突触连接可以根据化学或电信号的极性、强度和长度而变得更强或更弱。对比神经元和忆阻器的这种时变特性及行为，可发现它们之间的运作方式惊人地相似。所以，我们可以用忆阻器模拟神经元及神经系统中的突触，比其他电子元器件可以获得更好的天然性和契合性。

2. 忆阻器具有记忆性

忆阻器的阻值取决于从时间 $t = -\infty$ 到 $t = t_0$ 时刻忆阻器电流对时间变量的积分。在一个给定的 t_0 时刻，忆阻器的行为就像一个普通电阻，但是它的阻值取决于过去整个时间段内通过忆阻器的电流。这种现象也证明了这种器件被称为记忆性电阻或忆阻器的准确性。

在将忆阻器比作水管的形象比喻中，水管会随着水流的不断通过而越来越粗，也就是说水管的粗细可以间接表征通过水管的水流量，这所反映出的就是忆阻器的记忆特性。

3. 忆阻器具有非易失性

去掉忆阻器两端器件的电压后，忆阻器会记住它最近的电阻，保持不变，直到下次打开电压开关。而且，这种"历史"的保存和记忆，可以达到数年或者数十年之久。

在将忆阻器比作水管的形象比喻中，把控制水流的水龙头关掉的时候，水管的粗细会维持不变，这就相当于忆阻器的阻值会保持在水龙头关断的那一时刻，或者可以直观地想象关闭水流后，管道直径被"冻结"起来。另外，只要没有新的水龙头开关事件发生，或者没有反向水流的通过，水管的粗细就不会变化。对于忆阻器来说，只要没有新的电源开关事件发生，或者没有反向电流的通过，忆阻器的阻值就不会变化和丢失。

可以想象这样一种情况，当我们的电脑突然没有电了，或者电源突然掉了，而当时电脑上的文件和工作还没有来得及保存，或者还没有来得及正常退出。这时候如果使用的是目前主流的内存或存储系统，我们肯定会为丢失的工作成果垂头丧气、后悔不已。但如果将具有记忆性和非易失性特性的忆阻器应用于计算机的计算和存储系统，则当重新通电或安装电池后，计算机屏幕上会重新呈现出刚才令人"懊恼不已"的那一刻的工作成果。就算一天甚至一年后通电，使用了忆阻器的计算机还会恢复出断电前的文件及工作成果。

4. 其他特点

另外，从应用和结构角度来看，忆阻器还具有一些不同的特点。

1) 从应用角度

从应用角度来看，除了时变性、记忆性和非易失性等基本特性，忆阻器还具有以下特点：

(1) 由于忆阻器是连续器件，因此存储的精度可以是无限的；

(2) 由于忆阻器是基础元器件，因此可以方便地将忆阻器设计在电路中，获得一些复合型、混合型的电路；

(3) 根据使用目的与控制方式的不同，忆阻器可以以数字和模拟两种状态工作。

2) 从结构角度

从结构角度来看，忆阻器还具有以下特点：

(1) 实验发现，器件尺寸做得越小，忆阻特性就越明显，这一点从理论上也可推测出；

(2) 忆阻器件与 MOS 器件相比，本身结构就容易做到几纳米的尺寸，据报道，HP 实验室正在研制 3 nm 级、开关时间在 1 ns 的忆阻器，而目前 MOS 器件很难做到这一点；

(3) 忆阻器的结构与当前集成电路工艺兼容性较好，这就降低了成本，加快了忆阻器应用的市场化和产业化。

1.4　忆 阻 系 统

忆阻器有许多不同于普通电阻、电容、电感的特性，行为类似于具有记忆特性的线性电阻器，而且能够在 $U\text{-}I$ 平面上呈现出一个"∞"字形的捏压迟滞回线。由于普通电阻、电容、电感这些无源器件的组合不能复现这些特性，所以忆阻器应该是一种基本的电路元件。但有很多物理器件和系统的特性类似于忆阻器，但却无法对其进行实际建模以实现其行为特性，通常将这类系统称为忆阻系统。

通常，一个忆阻系统应满足以下条件：

$$\dot{x} = f(x, z, t) \tag{1-18}$$

式中，z 是忆阻系统的输入，x 是系统的状态变量。函数 $f(\,\cdot\,)$ 是一个连续的 n 维向量函数。

$$y = g(x, z, t)z \tag{1-19}$$

式中，y 是忆阻系统的输出，函数 $g(\,\cdot\,)$ 是一个持续的标量函数。

假设式(1-18)中的状态方程对于任何初始状态 $x \in \mathbf{R}$ 都有唯一的解，在式(1-19)中的输出方程中，输出 y 等于输入 z 和标量函数 g 之间的乘积。如果不考虑忆阻系统的状态变量 x，在任何时候，只要 $z=0$，则输出量 $y=0$。这也说明忆阻系统会像忆阻器器件一样，在 $U\text{-}I$ 平面上的捏滞回线的交叉点会位于$(0, 0)$。

根据忆阻系统的定义，一个 n 阶电流控制型忆阻系统的表达式为

$$\dot{x} = f(x,i,t) \tag{1-20}$$

$$u = M(x,i,t)i \tag{1-21}$$

同理，一个 n 阶电压控制型忆阻系统的表达式为

$$\dot{x} = f(x,u,t) \tag{1-22}$$

$$i = g(x,u,t)u \tag{1-23}$$

式(1-22)、(1-23)中，u 和 i 分别是电压和电流。另外，函数 $f(\,\cdot\,)$ 和 $g(\,\cdot\,)$ 与式(1-18)、(1-19)中的 $f(\,\cdot\,)$ 和 $g(\,\cdot\,)$ 类似。

忆阻系统在某种意义上也不是传统意义上的电子器件。尽管它们的行为类似于电阻器件，但它们可以又被赋予相当独特的各种动态特性。这些器件虽然具有记忆能力，并表现出小信号感应或电容效应，但它们不能放电，并且输入和输出波形之间也不会引入相移。

在线性系统中，任意时刻的忆阻器阻值是一个常数。此时，忆阻器就如同一个普通的固定阻值的电阻。从数学角度考虑，忆阻器本身是电荷量的函数，而电荷量是回路中电流对时间的积分，所以会产生一些非线性因素。在正弦输入情况下，电荷量和磁通量之间的这种非线性关系的 *I-U* 特性通常可表现为与频率相关的 Lissajous 图。同时，忆阻系统呈现出一定的捏滞特性，其 Lissajous 图会随激励信号频率而变化。在非常低的频率下，忆阻系统与非线性电阻无法区分，而在非常高的频率下它们则会退化为线性电阻。

1.5 HP 忆阻器

2008 年，HP 实验室的 R Stanley Williams 团队在 *Nature* 发表了论文 "The missing memristor found"，验证了 1971 年 Leon Chua 教授的 *Memristor——The Missing Circuit Element* 的推论，终止了近四十年没有物理器件特性与提出的数学模型相一致的历史，开启了忆阻器研究和应用的一个新时代，在忆阻器发展史上具有里程碑式意义。为了表述的简洁性，我们这里将 HP 实验室开发的这种忆阻器统称为 HP 忆阻器。

我们知道电路中许多有价值的特性主要取决于器件的非线性，因此，如果非线性忆阻器与主流的半导体集成电路技术相结合，就可以提供更多新功能和新特性，如热敏电阻、神经元和 Hodgkin–Huxley 模型等非线性系统。

HP 忆阻器的示意结构如图 1-6 所示。HP 忆阻器阵列由横纵交叉的 Crossbar 组成，这些横纵交叉 Crossbar 的每个交叉点就是一个忆阻器。每个 HP 忆阻器由一个 40 nm 的 TiO_2 立方柱体和上下两个宽度 D 为 40～50 nm、厚度为 2～3 nm 的铂电极层组成。其中，TiO_2 立方柱体可分为上、下两层。下层的 TiO_2 层中的 O-Ti 具有完美的 2∶1 比例，使其成为较好的绝缘体；上层中的 TiO_2 层缺少 0.5% 的 O，因此，TiO_{2-x} 中的 x 约为 0.05。由于氧缺少而产生的空位称为氧空位，这些氧空位使 TiO_{2-x} 材料具有一定的金属性和导电性。

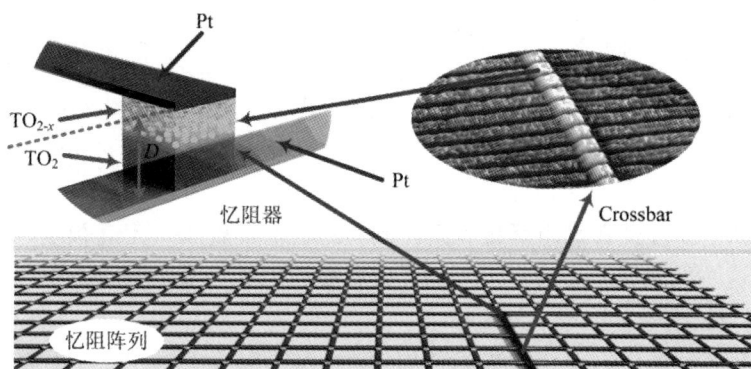

图 1-6　HP 忆阻器示意结构图

HP 忆阻器的工作原理示意图如图 1-7 所示。

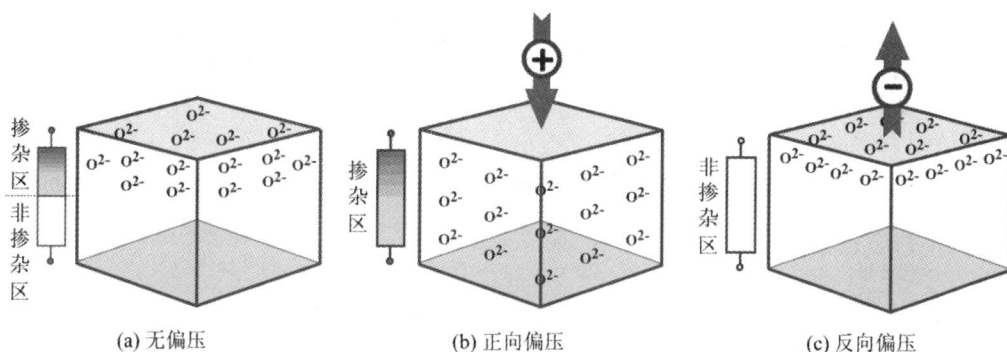

图 1-7　HP 忆阻器的工作原理示意图

当忆阻器无偏压时，HP 忆阻器保持原始状态。

当在忆阻器的上、下铂电极之间施加正向偏压时，电极上的正电压会排斥上部 TiO_{2-x} 层中的正价氧空位，使其进入下面的 TiO_2 绝缘层中，这会导致两种材料之间的边界向下移动，从而增加下层 TiO_{2-x} 的导电率，从而影响整个忆阻器的导电性。施加的正电压越大，TiO_2 立方柱体的导电性就会越好。

当在忆阻器的上、下铂电极上施加反向偏压时，电极上的负电压会吸引带正电荷的氧空位，仿佛将其从 TiO_2 中拉出，电阻 TiO_2 增加。如果将忆阻器作为一个整体电阻来看待，施加的负电压越大，TiO_2 立方柱体的导电性就会越差。

从电路角度分析，电流控制型 HP 忆阻器最基本的数学微分形式为

$$u = M(w)i \tag{1-24}$$

同时，

$$\frac{\mathrm{d}w}{\mathrm{d}t} = i \tag{1-25}$$

式中，w 是忆阻器件的状态变量，$w \in [0, D]$，D 为整个 TiO_2 薄膜的厚度；$M(w)$ 是电阻形式的变量，而且其数值大小取决于器件内部的电荷状态。

从忆阻系统角度考虑，式(1-24)和(1-25)可表述为

$$u = M(w, i)i \tag{1-26}$$

和

$$\frac{\mathrm{d}w}{\mathrm{d}t} = f(w,i) \tag{1-27}$$

式中，$M(w,i)$和$f(w,i)$是关于时间的显式函数，而且其数值大小不再由电荷唯一定义。式(1-26)可用于区分忆阻系统和其他动态器件。而且可以看出，当忆阻器两端的电压降为零时，没有电流流过忆阻系统。

由于忆阻器的非线性和忆阻器边界条件控制的状态变量 w，上述模型产生了丰富多样的捏滞行为。这些现象进一步解释了一些开关和滞回电导、多电导状态和表现为负微分电阻器件的 I-U 特性。

如果将 HP 忆阻器作为电子开关来使用，则可以使相关逻辑和存储电路的功能扩展远远超出 CMOS 器件。这种器件中电阻切换和电荷传输的微观本质仍在争论之中，但有一种说法是，磁滞需要某种原子重排来调节电子电流。基于这一假设，可以制备一个夹在两个金属接触电极之间的厚度为 D 的三明治半导体薄膜结构。该器件的总电阻由串联连接的两个可变电阻器确定，其中电阻的整体长度为 D。在器件中，半导体薄膜中的高浓度掺杂区域为低电阻区域，其阻值可记为 R_{on}；其余区域为低掺杂区，具有高电阻特性，其阻值可记为 R_{off}。

当在 HP 忆阻器两端施加外部偏压 $u(t)$时，掺杂粒子将在电场作用下漂移，使两个区域之间的边界产生移动。对于欧姆电子传导，在均匀场中具有粒子平均迁移率为 μ_{v} 的最简单情况下，我们有

$$u(t) = \left[R_{\mathrm{on}} \frac{w(t)}{D} + R_{\mathrm{off}} \left(1 - \frac{w(t)}{D} \right) \right] i(t) \tag{1-28}$$

式中，R_{on} 为整个半导体薄膜均为高浓度掺杂区域时的导通电阻；R_{off} 为整个半导体薄膜均为低浓度掺杂区域时的阻断电阻；$w(t)$为半导体薄膜中高浓度掺杂区域的宽度；D 为整个半导体薄膜的厚度。

此时，掺杂粒子的平均漂移速度为

$$\frac{\mathrm{d}w(t)}{\mathrm{d}t} = \mu_{\mathrm{v}} E = \mu_{\mathrm{v}} \frac{R_{\mathrm{on}}}{D} i(t) \tag{1-29}$$

式中，E 为电场强度；μ_{v} 为粒子的平均迁移率，单位为 $\mathrm{cm}^2/(\mathrm{V} \cdot \mathrm{s})$。

对式(1-29)两端对时间求积分，结合式(1-7)，可得

$$w(t) = \mu_{\mathrm{v}} \frac{R_{\mathrm{on}}}{D} Q(t) \tag{1-30}$$

将式(1-30)代入式(1-28)，可以得到

$$M(Q) = R_{\mathrm{off}} + (R_{\mathrm{on}} - R_{\mathrm{off}}) \frac{\mu_{\mathrm{v}} R_{\mathrm{on}}}{D^2} Q(t) \tag{1-31}$$

当 $R_{\mathrm{on}} \ll R_{\mathrm{off}}$时，则有

$$M(Q) = R_{\mathrm{off}} \left[1 - \frac{\mu_{\mathrm{v}} R_{\mathrm{on}}}{D^2} Q(t) \right] \tag{1-32}$$

由式(1-32)，可以观察到 $Q(t)$项是忆阻器的关键项。当 HP 忆阻器制备完成后，R_{on} 是恒定常数。此时，忆阻器的阻值与掺杂迁移率 μ_{v} 成正比，与半导体薄膜厚度 D 的平方成反比。

其中，由于 $M \propto (1/D^2)$，因此半导体薄膜厚度 D 对忆阻器的阻值影响非常大，尤其是随着器件特征尺寸的减小，忆阻器的特性会更加明显。状态变量 w 与穿过器件的电荷量 Q 成比例，数值上与掺杂粒子的漂移距离有关，漂移的最大边界条件为薄膜厚度 D。

1.6 忆阻器的发展历程

通常，人们认为忆阻器的发现源于 1971 年 Leon Chua 教授提出的忆阻器概念，但是随着忆阻器理论和特性研究的深入，研究人员发现忆阻器，或者具有忆阻器特性的器件实际上出现得更早。

1801 年，Humphry Davy 在准备用电子灯取代当时主流使用的汽灯的研究中，开发了一种由两个反向研磨锐利，且由一个狭窄的气隙隔开的碳棒组成的双端电子装置。随后，他将一千多个伏打电池串联在一起，并将其产生的超过 1000 多伏的直流电压施加在其碳棒装置上。2014 年，香港大学研究者通过设计一个类似 Davy 碳棒的电弧放电装置，验证了相关实验过程，而且通过观察 *U-I* 特性，发现其 Lissajous 图呈现了忆阻器独特的捏滞回线特性。

Humphry Davy 的弧光灯应该是有记载的第一个不使用火的人工照明装置，并且迅速促进了各种类型放电电子管的商业化。在对放电电子管的 Lissajous 图的分析中，人们发现这种电子管也具有捏滞回线的特性，所以从严格意义上来讲，它也是一种忆阻器。

1962 年和 1968 年，Hickmott 和 Argall 分别报道了使用 15～100 μm 氧化物薄膜制备的电子器件，它们的 Lissajous 图也都呈现出了忆阻器的捏滞回线特性。

尽管从忆阻器概念的提出，到忆阻系统、定义和特性的逐步完善，都为忆阻器的发展奠定了良好基础，但是由于忆阻器实物器件的缺失，使忆阻器的应用发展非常缓慢，甚至一定程度上陷入了沉寂。

直至 2008 年，HP Labs 的 R Stanley Williams 团队在 *Nature* 发表了论文 "The missing memristor found"，宣布发现了世界上第一个可工作的实物忆阻器，该 HP 忆阻器由 TiO_2 和 TiO_{2-x} 所形成的 40 nm 薄膜器件构成，当电流通过时，其电阻值就会改变，该实验所证实的器件结构性质与 Chua 所预测的忆阻器性质高度一致。该实物模型的发现是忆阻器研究史上的重要里程碑，不仅引起了工业和学术界对忆阻器研究的热潮，而且从那以后相关的研究成果及出版物也呈指数式上升。*Applied Physics A: Material Science & Processing*、*Proceedings of the IEEE* 和 *Nanotechnology* 等学术期刊和会议都进行了相关专题的发布。

除了传统的半导体或硅基半导体忆阻器，还出现了许多由无机半导体或非晶材料制成的忆阻器。Macvittie 和 Katz 报道的电化学系统就是一种由有机材料制成的忆阻器，它的捏滞回线与以前出现的器件不太相同，它的捏滞回线的交叉点不是正好处于原点，而是出现在其附近。当然在具体应用中，这种对忆阻器定义中原始交叉点的偏离可以通过添加寄生电路元件、电源来完成相关要求。

除了这些实际物理器件，人类、动物、植物的某些生理组织也会表现出一些类似忆阻器的行为和特性。

人类的体液和汗液都是导体，因此通过皮肤毛孔及其中的汗液可以进行电传导。如果假设向上流动的导电液体有助于电流流过汗孔，相反向下流动的导电液体会增加皮肤阻力，则可以发现，当向前臂腹侧施加正弦交流电压时，皮肤的电导率会随着电流的通过而增加，此时，Lissajous 图会呈现出典型的捏滞回线特性，也就是说此时我们人体的皮肤也具有忆阻器效果。而且，即使电流不是周期性的，Lissajous 图中的电流、电压也会在同一时间通过(0, 0)。另外，像一些单细胞生物或其组成的生物系统也具有忆阻器的类似特性。

最近，中国科学家在 *Science* 发表了论文"Neuromorphic functions with a polyelectrolyte-confined fluidic memristor"，报道了一种聚电解质限域的流体忆阻器，并实现了类似大脑神经化学信号与电信号传导的模拟，相关研究给人们读取大脑的"化学语言"以及更好地模拟类脑智能提供了一种新的解读方式。作为一类新的忆阻器件，流体忆阻器有望模拟人类大脑的"离子通道"功能，实现与大脑的智能交互，从而有望帮助人们解读大脑，实现神经形态计算和类脑智能传感。

除了动物组织，许多植物也表现出类似忆阻器的特性和行为。Volkov 等人通过一对 Ag/AgCl$^+$电极向捕蝇草植物的叶子施加非常慢的正弦电压，并测量其捏滞回线，发现其也具有不完美忆阻器的忆阻特性。在含羞草植物上进行的类似实验也呈现了相关忆阻器的捏滞回线特性，但这种捏滞回线交叉点位于(0, 0)附近而不在(0, 0)上。

Olko 等人将不同频率的交流电压施加在植物上，研究其 Lissajous 图的 *U-I* 特性，发现在植物、水果、根和种子等众多生物体的质膜中也发现了忆阻器特性。通过双极性周期性三角形波或正弦电压波对苹果进行电刺激，会激发出类似忆阻器的捏滞回线特性。苹果的忆阻特性与电压门控钾离子通道的特性有关。如果在钾离子通道中添加四乙基氯化铵作为抑制剂，苹果中的忆阻器将转变为电阻。

研究者在一些机械装置上也发现了类似忆阻器的行为。Liu 等人展示了用微钢丝线圈制作的弹射器，当施加 3.1 V 的直流电压在线圈两端时，线圈中通过电流引起的焦耳热会使线圈曲率突然减小，线圈直径相应增大。由于拉伸钢丝的长度保持不变，因此线圈直径随着螺旋匝数的相应减少而增加，随之会引起快速而强大的机械反冲。这种微动力装置可以在其五倍长度的距离上弹射出比自身重 50 倍的物体，而且可以瞬间完成。对其 *U-I* 特性的测量显示出收缩的捏滞回线，捏滞回线交叉点位于(0,0)，其波瓣面积随着施加正弦电压的激励频率的增加而收缩。因此，该微动力装置也显示出忆阻器的相关特性。

◢ 1.7 忆阻器应用状况

1.7.1 基础电路中的应用

由于忆阻器与电阻、电容、电感三种基本元器件之间不可互相替代，而且也不可由其他三种元器件之间的组合来实现或模拟，所以其是除其他三种器件外的一种独立基本元器件。

虽然电容和电感也具有一定的非线性，可以对能量进行存储，但在应用中存储的能量将会很快地释放掉，不能在断电后保持很久。但是，忆阻器在关断施加的电压后，忆阻值的阻值却会保存下来，具有一定的记忆性和非易失性。忆阻器的这些特性与其他三种基本电路元器件有着显著的区别。

作为第四种基本电路元器件，忆阻器的出现极大地丰富了传统的 R、L、C、M 四种基本电路元件类型，使四种基本元器件的组合电路设计方案扩充到 RL、RC、RM、LC、LM、CM、RLC、RLM、LCM、$RLCM$ 共十种电路。

在这十种电路中，RC、RL、LC、RLC 这四种基本组合电路具有固定的电路参数，而 RM、LM、CM、RLM、LCM、$RLCM$ 这六种电路，由于忆阻器的可变性，具有更广泛的功能性和调节性。

电路设计的基本要求是集成度高、功耗低、体积小，而这正是忆阻器所具有的基本特点，因此将忆阻器引入基本电路设计中不仅可以大大提高电路的性能，而且也将极大地扩展电路的功能和用途。目前，忆阻器已经被用于逻辑电路设计中，可以实现与门、或门、非门，以及与非门、或非门、异或门等基本布尔逻辑电路。另外，忆阻器在振荡器、调幅器、分离器、复用器等基本电路中也有较多研究和应用。

HP 实验室曾报道了一种 TiO_2 薄膜忆阻器与 CMOS 混合结构的可编程逻辑芯片，并随后实现了基本的布尔逻辑运算操作，因此从理论上讲，忆阻器可以完全实现和替代目前所有的数字逻辑电路。通过忆阻器实现某些逻辑电路，不仅可以节省电路面积，还能更加有效地与存储结构互联，实现存储与计算的有机融合。

忆阻器实际上是一种有记忆功能的非线性电阻，通过控制电流的变化可改变其阻值，如果把高阻值定义为"1"，低阻值定义为"0"，则这种电阻就可以实现存储数据的功能，因此，忆阻器也可以作为开关器件来使用。Wang 等人提出了多值忆阻器的概念和数学模型，这让忆阻器的研究不仅有连续型忆阻器和二值忆阻器，而且可以扩展到三值或多值忆阻系统。

忆阻器所具有的时变性、记忆性、非易失性和多值性等特点，不仅会对人工智能、科学研究、医疗卫生、物联网、消费电子、航空航天领域产生积极的促进作用，而且会对现代电子学产生深远的影响。另外，忆阻器的制备工艺与现代半导体器件工艺完全兼容，在器件设计、集成、制备、封装、测试等方面基本没有什么技术壁垒和障碍。目前，单个忆阻器器件尺寸可达 2 nm，开关速度可小于 100 ps，开关比可达 10^6，器件寿命大于 10^{12} 个开关周期，器件单脉冲功耗可低至 4.28 aJ。因此，在众多器件性能方面，忆阻器已经远远超过 MOS、BJT 等传统半导体器件。

通过调整忆阻器的电流的大小可以改变电阻，并且断电的时候依然能保持，这使得忆阻器成为天然的、非挥发性的存储器。因此，忆阻器的出现可以使未来的电子元件变得更小，使单位面积上电路的集成规模和密度更大。因此，忆阻器与现有电子器件相比，具有速度更快、功耗更低、密度更高、体积更小、功能更强、成本更低等优点，有望成为下一代的电子器件的主要发展方向。

目前，华为、Toshiba、Fujitsu、Sharp、Samsung、SK 海力士、TI、IBM、Intel、AMD、Adesto、Cypress、HP、Apple、Google、Microsoft 和 NVIDIA 等众多国内外企业都积极涉足忆阻器的研究领域。

1.7.2　人工智能器件中的应用

人类大脑是一个高度复杂、相当神秘的生物神经网络，包含约 10^{11} 个神经元和 10^{15} 个突触，功耗却仅在 20 W 左右。每个神经元又可通过 $10^3 \sim 10^4$ 个突触与其他神经元连接。突触是人脑中数量最多的基本信息处理单元，也是神经元之间连接的关键组织，每个生物突触大约宽 $20 \sim 40$ nm，通过改变其连接强度可以传递神经元产生的生物电脉冲。

人工神经网络(Artificial Neural Network，ANN)是一种在模拟生物大脑神经元和神经网络结构、功能的基础上而建立的一种现代信息处理系统。它是人类在认识和了解生物神经网络的基础上，对大脑组织结构和运行机制进行抽象、简化和模拟的结果。其实质是根据某种数学算法或模型，将大量的神经元处理单元按照一定规则互相连接而形成的一种具有高容错性、智能化、自学习和并行分布特点的复杂人工网络结构。目前，人工神经网络技术已经在模式识别、预测评估、检测分析、拟合逼近、优化选择、博弈游戏等方面得到了广泛的应用。在这种情况下，如何实现一个类似的，甚至超越人类大脑的"人工大脑"就成为人类实现自我和超越自我的重大工程。

人工神经网络之所以具有自组织、自适应、自学习的能力，关键在于其权值连接强度的可调节性。因此，如何实现权值可调的"人工突触"就成为人工神经网络硬件"智能化开发"的关键问题。在生物神经网络中，突触是神经元与神经元、神经元与神经网络之间连接的主要组件，其数量约为神经元数量的 10^4 倍。因此，如何研究、开发出高性能的人工神经突触就是"人工大脑""人工神经网络""类脑计算"……实现的关键所在。

从器件角度考虑，目前可模拟人工突触的有 CMOS 集成电路、晶体管、忆阻器和自旋电子器件等，也涌现了诸如 TPU、DaDianNao、Tianjic、Thinker 等多款智能芯片。其中，忆阻器具有简单的两端结构、优异的尺寸缩放性、超低功耗、超快运行速度等优势，正成为人工突触的研究热点。

忆阻器是一种两端无源器件，相当于生物神经突触结构中的突触前膜和突触后膜。通过施加合适的脉冲信号，就可以实现忆阻器电导的连续变化。因此，忆阻器在许多方面与生物神经网络中的神经元细胞有着十分相似的功能与特点。在功能方面，忆阻器中掺杂离子或氧空位的导电机理，与神经元细胞中神经递质进行信息传递的功能方式十分类似；在特点方面，忆阻器的特点与神经元细胞的时变性、记忆性、非易失性、非线性非常相近。另外，忆阻器在低功耗、高集成度方面的优势，使其实现的神经元有望达到人类大脑神经网络的密度和强度。

从信号角度考虑，人工突触器件的实现方式主要有模拟、数字、数模混合三种。其中，模拟实现方式多采用可充放电的电容来实现权值向量的调节，用电容存储电量的多少来表征任意时刻人工神经网络的权值向量。但是，由于电容本身的易失性，在电路系统的设计中需要增加刷新、保持和存储设备。数字方式多采用 E^2PROM，这种方式虽然克服了易失性，但是在改变权值向量时需要较高的电压，而且电压调节精度的局限性在一定程度上限制了精度的提高。混合方式虽然克服了前两种方式的弊端，但需要进行多次 A/D、D/A 转换，也在一定程度上增加了额外设备或系统。

由于忆阻器具有时变性、记忆性和非易失性的特点，所以将忆阻器应用于人工神经网络权值器件具有非常好的前景。相比于使用电容实现权值器件中的易失性的缺点，忆阻实现方式减少了刷新电路，保留了高精度。与 E^2PROM 相比，由于忆阻器采用了模拟方式存储，因而具有比 E^2PROM 更高的精度。同时，由于忆阻器是基本的电路元件，因而不需要单独的存储设备。与混合方式相比，忆阻器的片载特性省去了多次的 A/D、D/A 转换，因而在节省了权值传输的时间同时保持了精度。

忆阻器独特的电学性质在很大程度上类似于生物神经突触在权值调节影响下的记忆特征，即对于一个强度较大的神经刺激信号，记忆往往保留的时间也会较长；而对于反向电压信号，权值会随之逐渐降低。这一点证实了离子的扩散会导致电导发生改变，使得忆阻模型更贴近生物神经突触的工作机制。从这个角度上讲，忆阻器是目前已知的功能最接近神经元突触的器件，可以以与大脑相同的脉冲时序的可塑性(Spike Timing Dependent Plasticity，STDP)模式来响应同步电压脉冲，提供了目前最好的构筑模拟神经网络的基础条件。目前，利用忆阻器模拟的人工神经元已经可以实现条件反射、Spike-timing 依赖可塑性、量子计算以及赫布型学习等类似神经元的功能。

长安大学的研究者设计了一种双层结构忆阻器，实现了突触仿生器件的基本功能，包括双脉冲易化和抑制、脉冲时间依赖突触可塑性和经验式学习等，还对器件的信息感知、传递特性和稳定性进行了研究，发现该器件的脉冲测试结果满足神经网络处理时空信息的基本要求，这一结果为忆阻器在类脑芯片中的应用提供了许多有用的参考。

河北大学的研究学者曾报道过一种全新的材料结构，用钛酸钡掺杂低介电系数材料 CeO_2 的垂直排列纳米复合铁电薄膜作为忆阻介质，成功地获得了硅基外延铁电薄膜。通过这种新结构的引入，铁电忆阻器件实现了生物突触模拟功能。该器件的鲁棒耐用性可达 10^9 次循环，器件的处理速度也可以达到 100 MHz。

清华大学的研究者提出过一种集成了八个 2048 单元的忆阻器阵列实现方案，并构建了一个基于五层忆阻器的 CNN (Convolutional Neural Network，卷积神经网络)系统以执行 MNIST10 图像识别，实现了 96%以上的高精度。用忆阻器阵列实现的 CNN 神经形态系统的能效比最先进的图形处理单元要高出两个数量级以上，而且可以扩展到像残差神经网络等更大的人工神经网络中，还有望为深度人工神经网络和边缘计算、神经形态计算提供一种可行的基于忆阻器的非 John von Neumann 硬件解决方案。

中国科学技术大学的研究者制备了高质量的 $Ag/BaTiO_3/Nb:SrTiO_3$ 铁电隧道结非易失存储器，其中铁电势垒层厚约 2.4 nm。基于隧道结能带的设计，以及其对阻变速度、开关比、操作电压的调控，使该原型存储器信息写入速度快至 1.7 GHz，要比固态硬盘的开关速度高 2 个数量级，且在 85℃时依然稳定，可在室温环境下稳定保持约 100 年；可重复擦写次数达 $10^8 \sim 10^9$ 次。铁电隧道结非易失存储器具有超快、超低功耗、高密度、长寿命、耐高温等优异特性。

National University of Singapore、Indian Association for the Cultivation of Science、Hewlett Packard Enterprise、University of Limerick 等机构的研究者以大脑为灵感，通过优化由分子生长出来的软晶体的电学性质，以忆阻器为载体提出了一种新型的计算结构。在五个不同的分子氧化还原状态的忆阻器中，使用电压驱动的条件逻辑相互连接，嵌入到多个决策树中，并使一个忆阻器中包含 71 个节点。这种分子忆阻器的 I-U 特性表现为在一个扫描周期内两个电导层之间的八个循环和历史相关的非易失性开关跃迁。这种忆阻器可以实现更小、更快、更节能的计算机，这正是神经形态计算、边缘计算、物联网和人工智能应用所需要的。

1.7.3   感存算功能电路中的应用

John von Neumann 架构的工作机理是中央处理单元从内存中读取数据，然后将结果再存回到内存，并记录存储地址。但这种架构在当初构建时，是假设处理器和存储器速度接近，但随着集成电路技术的快速发展，处理器速度的性能提升远远超过了存储器速度的性能提升，频繁的数据通信消耗了大部分信息处理的时间和功耗，这就给处理器和存储器之间制造了一道"瓶颈墙"。

忆阻器的时变性、记忆性、非易失性特点，可以将数据计算单元和存储单元有机融合为一体，减少数据传输，降低功耗，有效提高计算效率。另外，忆阻器在敏感、传感等感知领域的研究和应用，有望打破 John von Neumann 架构的"瓶颈墙"障碍，为忆阻器在感、存、算一体化方向的发展提供了一种极大的可能性。

下面，我们可以从感、存、算三个方面对忆阻器的应用进行了解。

1. 感知器

作为一种基本电路元器件，忆阻器根据内在所处状态的不同，有模拟和数字两种类型。假设将忆阻器的高阻态用"0"表示，低阻态用"1"表示，如果不考虑多值情况，只考虑忆阻器在高低阻态之间转变，即"$0 \rightarrow 1$"或"$1 \rightarrow 0$"，则忆阻器可作为数字器件或开关器件使用。如果考虑到忆阻器阻态变化的渐变过程，即高阻态到低阻态，或低阻态到高阻态的缓慢变化过程，则忆阻器可作为模拟器件使用。这种"模拟"的缓变过程，可以实现感知过程的全程应变和存储，因此，忆阻器具有可作为传感器、感知器、神经突触，以及人工智能等功能器件使用的潜在能力。

目前，已经有报道称利用忆阻器阻值可以随着流过的电荷量变化而变化，而电荷量又可以表征为电流的时间积分的特性，建立起了忆阻器的阻值与被测量之间的函数映射关系，进而实现了曝光量、气体累积流量、紫外光累计量、核辐射累积量等物理量的测量。

2. 存储器

由于忆阻器的电阻会随外加电压而改变，即具有一定的时变性，因此可以作为阻变式存储器(Resistance Random Access Memory, RRAM)来使用。

作为未来非易失性存储器件 RRAM 的主要器件实现方式，忆阻器具有优异的非易失特性，其记忆时间可达数十年，优于目前应用的其他非易失性器件。并且忆阻器具有优异的抗疲劳特性，已经证实其读写次数在 10^{10} 以上，与目前动态随机存储器相当，未来可以提高至 10^{16} 以上。忆阻器还具有极快的开关速度，开关时间在 10 ns 以下，这对于未来计算机领域高速缓存的发展具有重要的推动作用。与 CMOS 器件相比，忆阻器另一个重要优势是其能耗低，单位能耗值在 10 pJ/b 以下，而 CMOS 器件目前的能耗总体在 10 pJ/b 以上。此外，忆阻器易于实现多态存储以及与 CMOS 器件兼容等优点，对其未来发展应用也具有重要意义。

忆阻器的阻变存储材料主要包括二元氧化物材料、复杂氧化物材料、固体电解质材料以及有机介质材料。其中，纳米结构二元氧化物具有结构简单、稳定性好以及制备工艺与CMOS 工艺兼容等特点，在忆阻器的研究中被广泛使用。到目前为止，在实验上已被用于忆阻器的二元氧化物材料包括 TiO_2、HfO_2、GaO_x、ZnO、WO_3、NiO、In_2O_3、TaO_x 和 CeO_2 等。其中，具有一维有序结构的 TiO_2 纳米线因其独特的阻变存储特性而获得了研究者们的广泛关注，在下一代非易失性高密度存储器方面具有重要的应用潜力。

University of Michigan 的研究者制备了一种线宽为 120 nm，存储密度为 1 KB(32×32)，单位面积的数据密度可达 2 GB/cm^2 的非晶硅基 Crossbar 忆阻阵列，并且有望将非晶硅基 Crossbar 忆阻阵列与 CMOS 组件进行兼容和集成，从而产生更多高性能混合忆阻器/CMOS 存储器和逻辑系统。

Intel 与 Numonyx 公司公布了一项突破性的相变存储器(Phase Change Memory, PCM)研究成果，这种新的非易失性存储器技术结合了目前各种存储器的优势。研究人员展示了能够在单个硅片上堆叠或放置多个 PCM 阵列层的 64 MB 测试芯片。这些研究成果为制造更高容量、更低能耗的存储器设备铺平了道路，能够为随机存取非易失性存储器和存储应用降低所占用的空间。不过，PCM 在晶态转换时会产生局部高温，与 TiO_2 薄膜器件相比，可能开关速度较慢，需要更多的能量。

电脉冲信号流过忆阻器之后，忆阻器的阻值就会被重置。如果把脉冲信号看作信息，那么这个信息就被忆阻器保存下来了，而且断电之后也不会改变。作为未来非易失性存储器件 RRAM 的主要元件，忆阻器具有优异的非易失特性，其保存时间可以长达数十年，好于目前应用的其他非易失性器件，如 Flash 等。另外，忆阻器具有良好的抗疲劳特性，已经证实其读写次数在 10^{10} 以上，与目前的动态随机存储器相当，未来则有望提高至 10^{16} 以上。因此，忆阻器存储器也常被称为非易失性随机存储器(Non-Volatile Random Access Memory, NVRAM)。

NVRAM 既具有闪存的特点，又具有动态随机存取内存(Dynamic Random Access Memory, DRAM)和静态随机存取存储器(Static Random-Access Memory, SRAM)的功能。SRAM 使用触发器进行存储，而 DRAM 使用动态元件电容进行存储。SRAM 只要保持通电，里面储存的数据就可以恒常保持。而对于 DRAM 机制，由于存储单元被访问时是随机的，有些存储单元可能在较长的时间内得不到访问，不需要进行存储器的 R/W 操作，但是由于电容泄漏问题的存在，这些长时间得不到访问的存储单元内的存储信息将会逐渐消失。因此，DRAM 需要采用定时刷新的方法，对全部基本单元电路进行数据的更新和保存，一般这个刷新周期为 2 ms 左右。SRAM 不需要像 DRAM 那样进行电容的充放电，因此存储速度要快很多。而当使用忆阻器作为基本存储单元时，既不需要像 SRAM 那样需要一直通电存储数据，也不需要像 DRAM 那样必须刷新。另外，忆阻器的功耗与体积比传统存储单元要小，集成性和兼容性也更好，所以其优点更突出。

就像我们前面所述的情况：当我们的电脑或手机突然没有电了，或者电源突然掉了，而我们的文件和工作还没有来得及保存，或者还没有来得及正常退出。如果使用的是忆阻器型 NVRAM 系统，当重新通电后，智能设备会恢复到我们想要的结果。根据相关实验结果报道，由 5 nm 尺寸的忆阻器阵列组成的存储器，存储密度就可以达到 466 GB/cm^2，甚至只用最原始的第一代忆阻器存储芯片，一台服务器的性能就能提升 6 倍。在计算能力相同的情况下，忆阻器型服务器的体积仅为 PC 服务器的 10%，消耗的电力仅为 PC 服务器的 1.25%。

目前成熟的存储技术包括 DRAM、SRAM、Flash 等，它们均采用晶体管构建存储位元，而基于忆阻器的存储技术则具有以下特点：

(1) 以忆阻器为代表的阻变存储器以其尺寸小、功耗低、非易失性，以及存储、读写速度快等特点，被认为是最有望替代 DRAM 的代表性器件，也成为未来存储技术发展的方向。

(2) 忆阻器的阻性非易失性存储，可以使计算机保留关机时的状态。

(3) 忆阻器的存储与运算融合等特点有望改变当今计算机体系结构，改变计算机存储与处理信息方式，提高机器运行效率。

(4) 忆阻器的器件结构和制备工艺与现有 CMOS 工艺相兼容。

因此，作为一类新型的非易失性存储器，与传统存储器相比，忆阻器不仅结构简单、存储密度高、速度快、功耗低，并且具有多值存储、三维存储以及小型化的发展潜力，它可以在数个纳米级的器件单元中实现器件阻变开关的转变，在器件的高密度存储方面具有重要的应用前景。

3. 运算处理器

忆阻器的电阻值大小取决于施加到其上的电压的大小和极性以及施加电压的时间。在任意时刻，忆阻器的外在特征就像一个普通电阻，但是它的阻值取决于过去整个时间段内通过忆阻器的电流。因此，可以通过控制流经忆阻器的电脉冲信号的强度和持续时间，来改变忆阻器的阻值。

当一个正向电脉冲施加在忆阻器上时，忆阻器的阻值将被设定为某个固定阻值，而当另一个电脉冲施加到忆阻器上时，忆阻器的阻值将再次增加，这时忆阻器的新阻值将是两个脉冲累计电荷作用效果之和。此时，忆阻器就不仅仅是一个存储器，而是加法器和存储器的集成系统，而且当施加一个反向电脉冲时，忆阻器的阻值将减小，新阻值是忆阻器未施加反向脉冲之前的阻值与反向脉冲产生的阻值变量之间的差值，这样忆阻器又实现了减法器功能。根据数理计算逻辑，我们知道有了加法器和减法器，乘法器和除法器的功能就必然可以实现了。有研究报道，利用非线性的模拟存算一体机制，能够在忆阻器阵列中实现稀疏矩阵压缩与高并行计算，再加上忆阻器实现逻辑运算的可行性，使用忆阻器就有可能实现存算一体化的功能器件。

有报道预测：忆阻器相对于晶体管的跃进，也许和晶体管相对于真空管的跃进一样影响巨大。忆阻器的时变性、记忆性和非易失性，预示着感知、运算和存储将有趋于一体化的前景。

人脑神经系统的信息活动具有大规模并行、分布式存储与处理、自组织、自适应和自学习等特征，数据存储与处理没有明显的界线，在处理非结构化数据等情况下具有非凡的优势。而忆阻器在感、存、算方面的巨大潜力，将突破 John von Neumann 架构存在的"瓶颈问题"，构建一种新的感、存、算一体化智能计算架构。

习　　题

1. 画出电阻、电容、电感、忆阻器四种电子器件与电压、电流、电荷量、磁通量四种参量之间的关系图。

2. 结合电荷量和磁通量之间的关系，简述忆阻器的定义。

3. 根据忆阻器在 U-I 平面上的特性，阐述忆阻器捏压迟滞回线定义及频率特性。

4. 以变形虫或捕蝇草为例，说明生物系统中体现出来的不完美型忆阻器特性。

5. 简述忆阻器的时变性、记忆性和非易失性等基本特性。

6. 结合 HP 忆阻器的结构、参数，给出其参数表达式。

7. 简述忆阻器的发现和发展历程。

8. 阅读文献，综述忆阻器在基础应用电路、人工智能器件和感存算功能电路中的应用现状和前景。

参 考 文 献

[1] CHUA L O. Memristor：the missing circuit element [J]. IEEE Trans. Circuit Theory, 1971, 18(5): 507-519.

[2] STRUKOV D B, SNIDER G S, STEWART D R, et al. The missing memristor found [J]. Nature, 2008, 453(7191): 80-83.

[3] WILLIAMS R S. How we found the missing memristor [J]. Spectrum, IEEE, 2008, 45(12): 28-35.

[4] LIN D, HUI S Y R，CHUA L O. Gas discharge lamps are volatile memristors [J]. IEEE Transactions on Circuits and Systems I, 2014. 61: 2066-2073.

[5] CHUA L O. If it's pinched, it's a memristor[J]. Semiconductor Science Technology, 2014, 29(10): 104001.

[6] HICKMOTT T W. Low-frequency negative resistance in thin anodic oxide films [J]. Journal of Applied Physics, 1962, 33: 2669-2682.

[7] ARGALL F. Switching phenomena in titanium oxide thin films [J]. Solid-State Electronics, 1968, 11(5): 535-541.

[8] MACVITTIE K, KATZ E. Electrochemical system with memimpedance properties [J]. Journal of Physical Chemistry C, 2013, 117(47): 24943-24947.

[9] VOLKOV A G, TUCKET C, REEDUS J, et al. Memristors in plants [J]. Plant Signaling & Behavior, 2014, 9: e28152.

[10] LIU K, CHENG C, SUH J, et al. Powerful, multifunctional torsional micromuscles activated by phase transition[J]. Advanced Materials, 2014, 26(11): 1746-1750.

[11] OLKOV A G, MARKIN V S. Electrochemistry of gala apples: memristors in vivo [J]. Russ J Electrochem, 2017, 53: 1011-1018.

[12] JO S H, KIM K H, LU W. High-density crossbar arrays based on a Si memristive system [J]. Nano letters, 2009, 9(2): 870-874.

[13] BORGHETTI J, SNIDER G S, KUEKES P J，et al. 'Memristive' switches enable 'stateful' logic operations via material implication [J]. Nature，2010，464: 873-876.

[14] YAO P, WU H Q, GAO B, et al. Fully hardware-implemented memristor convolutional neural network [J]. Nature, 2020, 577: 641-646.

[15] WANG X Y, ZHOU P F, JIN C X, et al. Mathematic modeling and circuit implementation on multi-valued memristor [C]. 2020 IEEE International Symposium on Circuits and Systems (ISCAS), Seville, Spain, 2020: 1-5.

[16] GOSWAMI S, PRAMANICK R, PATRA A, et al. Decision trees within a molecular memristor [J]. Nature, 2021, 597: 51-56.

[17] 朱玮, 刘兰, 文常保, 等. 双层结构突触仿生忆阻器的时空信息传递及稳定性[J]. 物理学报, 2021, 70(17): 328-336.

[18] RAO M Y, TANG H, WU J B, et al. Thousands of conductance levels in memristors integrated on CMOS [J]. Nature, 2023, 615: 823-829.

[19] 文常保, 宿建斌, 胡馨月, 等. 一种基于忆阻器的感知器神经网络电路及其调节方法[P]. 中国专利: ZL 201910062532.0. 2019-10.

[20] 文常保, 宿建斌, 全思, 等. 一种忆阻器型全域值 BP 神经网络电路 [P]. 中国专利: ZL 201910460414.5. 2019-10.

[21] WEN C B, XU L, ZHA J, et al. A novel nuclear radiation cumulant sensor based on spintronic memristor [J]. Sensors and Actuators: A. Physical, 2022, 346: 113842.

[22] 文常保, 洪吉童, 宿建斌, 等. 一种基于忆阻器的核辐射累积剂量测量系统[P]. 中国专利: ZL 201811054735.7. 2018-11.

[23] 文常保, 姚世朋, 全思等. 一种硅基集成曝光量测量器件[P]. 中国专利: ZL 201710743725.3. 2017-10.

[24] 文常保, 洪吉童, 茹锋, 等. 基于忆阻器的气体累积流量测量系统[P]. 中国专利: ZL 201810628288.5. 2018-10.

[25] WEN C B, HONG J T, RU F, et al. A novel memristor-based gas cumulative flow sensor [J]. IEEE Transactions on Industrial Electronics, 2019, 6(12): 9531-9538.

第 2 章

忆阻器的物理机制及特性

忆阻器作为一种无源器件，具有独特的电学特性，即阻值能够随着流经电荷的变化而相应增加或减小，并在电荷停止流通时保持当前阻值。忆阻器发现之初，研究人员即开始进行大量器件电学测试，在电学特性的基础上分析物理机制，完成了基础理论研究。本章将介绍忆阻器的物理机制及电学特性。

2.1 忆阻器的物理机制

忆阻器的物理机制是指在脉冲电压、压力等外部激励发生时，器件内部电流发生非线性变化所呈现出的一系列规律性特性。目前，忆阻器阻变机制主要有离子迁移、导电丝、电流传输三种解释形式。

2.1.1 离子迁移机制

离子迁移机制是忆阻器诸多阻变机理中发展最早的理论，也是目前较普遍的解释之一。忆阻材料内出现的活跃离子与材料本身、制备电极的活跃金属等因素有关，一般分为活跃金属离子和氧空位两类，均带正电荷。

在离子迁移原理中，忆阻器的阻值可以随不同电场方向和强弱而改变，这一过程主要是由忆阻器内部带正电离子在不同方向电场影响下迁移而实现的。图 2-1 解释了不同电场方向和强弱情况下，忆阻器电流强弱与离子迁移的关系。当施加 0 V 至 1 V 的正向电压时，忆阻器处于图 2-1 中的过程 1 状态，此时电子由底电极向金属氧化物与顶电极界面迁移，并先与界面处的氧空位发生复合使得氧空位耗尽，界面处的肖特基势垒降低。随着该方向电场增强，电子会进一步与薄膜内的氧空位结合，而带正电荷的活跃金属离子也会在顶电极与金属氧化物薄膜界面处开始沉积，此时器件电流会持续增大。当扫描电压增加至 1 V 即达到最大值后开始逐渐减小，如过程 2 所示。继续施加 1 V 至 0 V 的正向电压，由于电场方向不变，因此离子迁移的方向不变，活跃金属离子持续在界面处沉积，这会进一步引起忆阻器阻值降低并且器件电流略高于过程 1 的电流。若给器件施加反向电压，忆阻器中的离子迁移与上述情况类似，但离子迁移方向相反，器件内部的电子会由顶电极向底电极迁移，原本在顶电极与阻变层材料界面处堆积的活跃离子会逐渐扩散，肖特基势垒升高，器件导通电流减小，忆阻器处于过程 3 状态；如果持续施加反向电压，随着活跃离子进一步扩散，忆阻器阻值会持续升高，电流持续减小，如过程 4 所示。

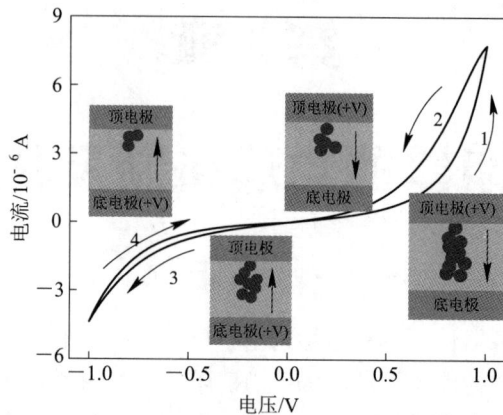

图 2-1   忆阻器的 *I-U* 特性曲线

由图 2-1 忆阻器的 *I-U* 特性曲线可以发现，连续的正向扫描电压信号会增加器件的导电性，并且随着施加的电压幅值逐步增加，器件导电特性也会逐渐增强，对应的器件内可迁移的带正电离子在正向电场作用下从顶电极至底电极方向累积增加，并且随着电压增大，可迁移离子的扩散率也会增加，对应图 2-1 的过程 1 和 2。连续的负向扫描电压信号会降低器件的导电性，电压幅值增大时器件导电性会减小，对应的器件内带正电的可迁移离子在负向电场作用下从底电极至顶电极方向扩散减少，随着电压增大，可迁移离子的扩散率也会增加，对应图 2-1 的过程 3 和 4。

2.1.2   导电丝机制

导电丝机制也是目前一种较流行的忆阻器导电机制。最初的导电丝理论特指在阻变材料内形成的一条金属导丝，当金属导丝连接时，器件阻值变小，器件开启；当金属导丝断开时，器件阻值变大，器件关闭。后来有学者通过高倍透射电子显微镜观察到金属导电丝在阻变材料内的"生长"情况，更奠定了这一理论的物理基础。此后，随着阻变材料种类的增加，也有部分研究将由氧空位或活跃金属离子在材料内部形成了一条导电通道的情况归属为离子导电丝机制，但是这一类导电通道难以被高倍透射电子显微镜捕捉。因此，导电丝机制包括金属导电丝和离子导电丝两种，这两种不同性质的导电丝忆阻器所属的阻变机制也有区别。另外，金属导电丝连接忆阻器开启后器件内电流可达 $10^{-3} \sim 10^{-2}$ A，远高于离子导电通道形成后的电流值。金属导电丝机制一般应用于具有采用活泼金属材料制作的顶、底电极，并且阻变材料富含活泼金属的忆阻器中。随着阻变材料种类的丰富，离子导电丝也逐渐成为导电丝机制的主流。

金属导电丝机制是指在电压激励下，器件内部的活泼金属离子发生氧化反应变成金属原子即形成金属导电丝，后又发生还原反应，还原为金属离子，使金属导电丝发生断裂。随着金属原子积累形成连接顶底电极的导电丝，导通电流突然增大，器件从高电阻状态(High Resistance State，HRS)变为低电阻状态(Low Resistance State，LRS)，也称置位或 Set。反之，当导丝在高电压作用下产生大量热并发生氧化还原反应时导电丝断开，导通电流瞬间减小，器件随之从低阻态变为高阻态，则称为复位或 Reset。图 2-2 是模拟忆阻器内部金属导电丝连接和断开状态的示意图。金属导电丝的连接和断开不与电压极性或电场方向直接相关，在正向或反向电场影响下，都会造成金属导电丝的连接和断开。另外，顶电极的材料也会影响导电丝的连接和断开，如果顶电极采用活泼金属材料，则金属离子会在电场作用下迁移进入或者离开阻变层，参与到导电丝的连接和断开过程中。

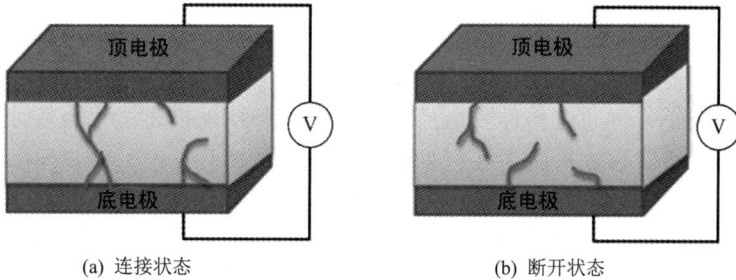

(a) 连接状态　　　　　　　　　　　　(b) 断开状态

图 2-2　忆阻器内部导电丝状态示意图

忆阻器内金属导电丝的粗细程度会对置位和复位过程产生影响。图 2-3(a)展示了同种材料不同粗细导电丝的两种忆阻器，I-U 特性如图 2-3(b)所示。对比两种样品在图 2-3(b)中的复位电压 U_{reset} 和置位电压 U_{set} 可以发现，样品 1 的复位电压值比样品 2 要高。这是由于复位过程对应着导电丝的断裂，样品 1 较粗的导电丝需要较高的复位电压 U_{reset}，表明粗导电丝需要更多的能量才会断裂；而样品 1 的置位电压 U_{set} 值却比样品 2 低，这是因为较粗的导电丝在高电阻状态(High Resistance State，HRS)下会流过较大的电流，可以加快活跃离子的累积，因此只需要较低的电压就可以使导电丝重新连接。

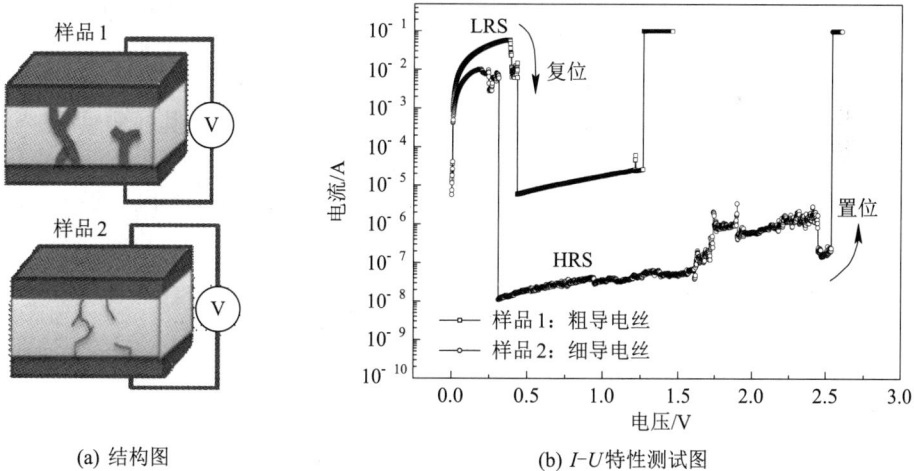

(a) 结构图　　　　　　　　　　　　(b) I-U 特性测试图

图 2-3　导电丝形成粗细对忆阻器阻变特性的影响

离子导电丝机制是指依靠阻变材料中的氧离子、活跃金属离子或氧空位等在电场作用下发生迁移运动，并在靠近负电极与阻变材料界面处逐渐沉积，从而形成一条或多条由活跃离子、氧空位等构成的离子导电通道。与金属导电丝机制不同的是，离子导电丝机制不要求阻变材料中含有活跃金属成分，而导电通道的有效横截面积决定了器件的阻值大小，导电通道变窄则器件阻值增大，器件电流减小。与金属导电丝机制不同，这类离子导电通道难以用高倍电子透射显微镜直接观察到。在离子导电丝机制中，忆阻器的电学特性会直接受到电场强度和方向的影响，置位和复位过程大多发生在不同极性电压作用下。若施加正向电压，活跃离子会在负电极处沉积并向正电极方向逐渐累积形成导电通道；而在反向电压下，活跃离子会向反方向迁移导致原本的导电通道断开。这一过程与离子迁移原理有近似之处，但二者最大的差别在于离子导电丝机制影响下的器件电流更容易观察到阶跃式增大或减小，而离子迁移机制影响下的器件电流更接近非线性变化。

2.1.3　电流传输机制

电流传输机制是一种通过器件内电流的传输方式和特性描述忆阻器特性的方法。目前，用于分析忆阻器的电流传输机制主要包括欧姆传导、肖特基发射、PF(Poole-Frenkel)效应、FN(Fowler-Nordheim)隧穿效应和空间电荷限制电流传导。通常来讲，忆阻器低电场下的电流传输机制符合欧姆传导机制；高电场下的电流传输机制相对复杂。另外，忆阻器的电流传输机制与材料结构、成分及薄膜界面等因素也密切相关。

1. 欧姆传导

在低电场下，忆阻器内的电流传输可以描述为热激发电子从一个能级状态跃迁到另一个能级状态，这种电子跳跃相较于肖特基发射更易发生。

根据欧姆传导关系，电流密度 J_{ohmic} 为

$$J_{ohmic} = CE_i \ exp\left(\frac{-\Delta E_{ac}}{k_B T}\right) \tag{2-1}$$

式中，C 是一个常数，E_i 是跨越电介质层的电场，ΔE_{ac} 是电子的活化能，k_B 是玻尔兹曼常数，T 是绝对温度。

式(2-1)表明，在一定温度下，欧姆传导过程中的电流与电场存在一定的线性关系。如图 2-4 所示，室温时 $\ln I$ 和 $\ln U$ 的斜率应接近 1，这是欧姆传导区别于其他传输机制的关键。幂律拟合 $I = AU^n$ 中的 I 为电流，A 为比例常数，U 为电压，n 为幂律指数。另外，根据 $\ln(J_{ohmic})$ 和 $1/T$ 之间的线性关系，活化能 ΔE_{ac} 可以通过斜率作为 E_i 的函数来确定。活化能被认为与该传输机制下电子跃迁所需能量有关。

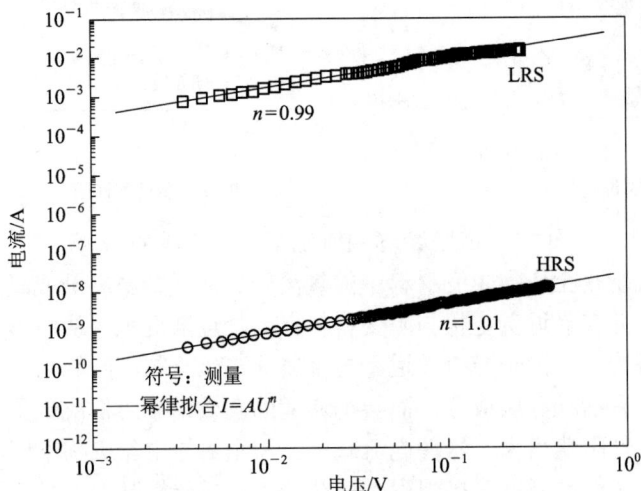

图 2-4　忆阻器低电压下的电流传输机制——欧姆传导

2. 肖特基发射

肖特基发射本质上是一种电子热激发过程，其中电子的热能可以克服金属/电介质或电介质/半导体势垒。如图 2-5 所示，来自金属或半导体导带的电子会遇到势垒 Φ_B，在外部电场影响下，由于电子极化了电极表面，通过电场力降低了 Φ_B。因此，电子被热激发并通过降低的势垒上方发射到阻变层的导带。

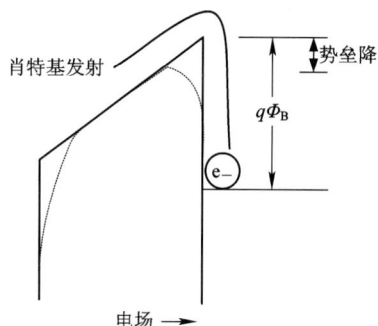

图 2-5　在电场作用下电子越过势垒的肖特基发射能带

肖特基发射电流的表达式为

$$J_{SE} = A^* T^2 \exp\left\{ -\frac{q}{k_B T}\left[\Phi_B - \left(\frac{qE_i}{4\pi\varepsilon_0\varepsilon_r} \right)^{\frac{1}{2}} \right] \right\} \tag{2-2}$$

式中，A^* 是有效理查森常数，q 是电子电荷，Φ_B 是金属/电介质的势垒高度，ε_0 是自由空间的介电常数，ε_r 是阻变材料介电常数。$[qE_i/(4\pi\varepsilon_0\varepsilon_r)]^{1/2}$ 项是由肖特基效应引起的势垒降低的量。与 PF 效应类似，肖特基发射在很大程度上依赖于测量温度。

结合式(2-2)，$\ln(J_{SE}/T^2)$ 和 $E_i^{1/2}$ 的线性关系为

$$\ln\left(\frac{J_{SE}}{T^2} \right) = A_{SE} + B_{SE}\frac{E_i^{\frac{1}{2}}}{T} \tag{2-3}$$

式中，线性关系的 y 轴截距 A_{SE} 为

$$A_{SE} = \ln A^* - \frac{q}{k_B T}\Phi_B \tag{2-4}$$

线性关系的斜率 B_{SE} 为

$$B_{SE} = \frac{q}{k_B}\left(\frac{q}{4\pi\varepsilon_0\varepsilon_r} \right)^{\frac{1}{2}} \tag{2-5}$$

因此，肖特基势垒高度 $q\Phi_B$ 和介电常数 ε_r 可以从 $\ln(J_{SE}/T^2)$ 和 $E_i^{1/2}/T$ 之间的线性关系中得到。

3. PF 效应

PF(Poole-Frenkel)效应描述了在外加电场作用下，电子从局部陷阱向介质层导带的热发射过程，是肖特基发射的一种特殊情况，也是目前忆阻器的电流传输机制之一。在外加电

场的驱动下，陷阱一侧的势垒高度降低，并且由于热激发，俘获的电子可以从陷阱逃逸到导带，如图 2-6 所示。

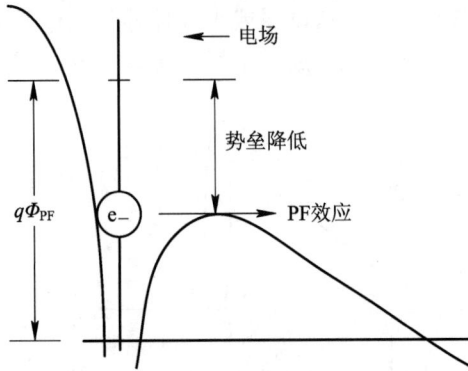

图 2-6   电场作用下绝缘体陷阱中的 PF 效应

　　PF 效应适用于描述具有陷阱的阻变材料层的电流传输机制。在中等温度和较高电场下，具有陷阱的阻变层电流传输由靠近导带边缘的高密度陷阱引起的捕获和发射过程来控制。PF 电流密度的表达式为

$$J_{PF} = C_{PF} E_i \exp\left\{ -\frac{q}{k_B T}\left[\Phi_{PF} - \left(\frac{qE}{\pi \varepsilon_0 \varepsilon_r} \right)^{\frac{1}{2}} \right] \right\} \tag{2-6}$$

式中，C_{PF} 是一个比例常数，Φ_{PF} 是衡量陷阱势阱深度的屏障高度。PF 效应对测量温度是敏感的，而这种温度依赖性可以区分 PF 传导过程机制与其他与温度无关的机制，如 FN 隧穿效应。

　　在典型的 PF 图中，$\ln(J_{PF}/E_i)$ 与 $E_i^{1/2}$ 呈线性关系，因此式(2-6)也可以被写为

$$\ln\left(\frac{J_{PF}}{E_i} \right) = A_{PF} + B_{PF} E_i^{\frac{1}{2}} \tag{2-7}$$

式中，直线的 Y 轴截距 A_{PF} 为

$$A_{PF} = \ln C_{PF} - \frac{q}{k_B T}\Phi_{PF} \tag{2-8}$$

直线的斜率 B_{PF} 为

$$B_{PF} = \frac{q}{k_B T}\sqrt{\frac{q}{\pi \varepsilon_0 \varepsilon_r}} \tag{2-9}$$

　　因此，我们根据 $\ln(J_{PF}/E_i)$ 和 $E_i^{1/2}$ 之间的线性关系，可以得到陷阱深度 $q\Phi_{PF}$ 和介电常数 ε_r。

4. FN 隧穿效应

　　FN(Fowler-Nordheim)隧穿是强电场作用下通过圆角三角形势垒的波动力学隧穿。图 2-7(a)为没有偏置电压的 MOS 结构的能带图。电子从 Si 导带到 SiO₂ 导带需要克服的势垒能 Φ_e 为 3.25 eV，而空穴从 Si 价带到 SiO₂ 价带需要克服的势垒能 Φ_h 为 3.8 eV。金属中电

子的势垒高度 Φ_M 取决于金属的费米能级。

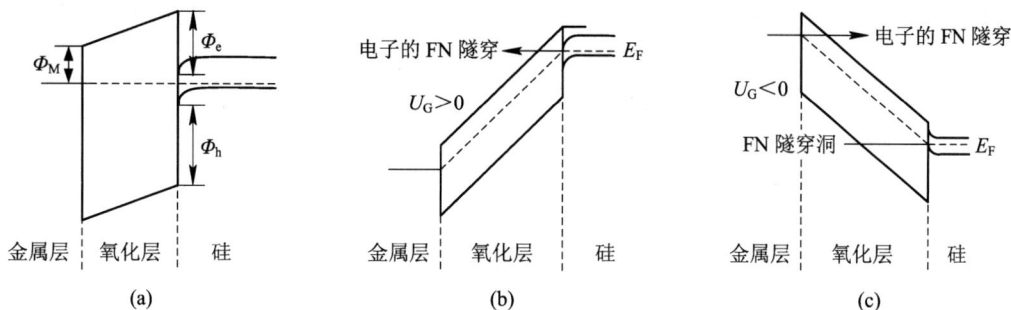

图 2-7　强电场作用下的电子隧穿效应

在零偏压情况下，SiO_2 表现为良好的绝缘体。然而，在外部栅极施加偏压情况下，SiO_2 上会产生强电场。如图 2-7(b)所示，在栅极上有大的正偏压情况下，发生电子从 Si 导带边缘附近到 SiO_2 导带的 FN 隧穿。同样，在栅极上有大的负偏压情况下，电子从电极费米能级附近到 SiO_2 导带发生 FN 隧穿，如图 2-7(c)所示。同时，也可能发生空穴从 Si 价带到 SiO_2 导带的 FN 隧穿。然而，与电子隧穿相比，空穴隧穿是不太有利的过程，因为空穴的势垒高度相对较大($\Phi_h = 3.8$ eV)。

FN 隧穿电流密度 J_{FN} 为

$$J_{FN} = A_{FN}E_i^2 \exp\left(-\frac{B_{FN}}{E_i}\right) \tag{2-10}$$

式中，E_i 是穿过介电层的外加电场。常数 A_{FN} 为

$$A_{FN} = \frac{q_3}{16\pi^2 h\Phi_{FN}} \tag{2-11}$$

常数 B_{FN} 为

$$B_{FN} = \frac{4}{3}\frac{\left(2m^*\right)^{\frac{1}{2}}}{qh}\Phi_{FN}^{\frac{3}{2}} \tag{2-12}$$

式中，m^* 是氧化层中电子或空穴的有效质量，h 是约化普朗克常数，Φ_{FN} 是电子或空穴的隧穿势垒高度。从式(2-10)可以发现 $\ln(J_{FN}/T^2)$ 是关于斜率为 B_{FN} 的线性函数。因此，势垒高度 Φ_{FN} 可以由图 2-7 中电子的 FN 隧穿图中直线的斜率来确定，即 $\ln(J_{FN}/T^2)$ 对 $1/E_i$ 的隧穿特性。

值得注意的是，标准 FN 隧穿电流与测量温度是无关的，这使得人们能够快速区分 FN 隧穿与其他温度相关的电流传导机制。在基于浮栅设计的典型闪存非易失性存储器器件中，FN 隧穿是用于编程以及擦除的常见机制。

5. 空间电荷限制电流传导

空间电荷限制电流传导也是描述忆阻器电流传输的主要机制，即器件内电流传输受到空间电荷的限制。当阻变材料包含陷阱时，大部分注入的空间电荷会在这些陷阱中积累，

如图 2-8 所示。其中，Φ_m 为金属电极势能，Φ_i 为半导体势能，X_j 为电荷累积降低势能。由于陷阱的占有率是与温度有关的函数，因此空间电荷限制电流也会表现出温度依赖性。

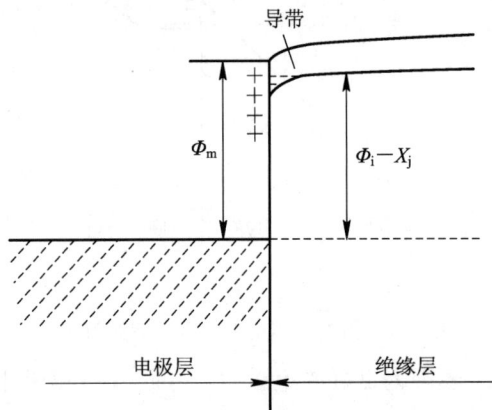

图 2-8   绝缘体上金属电极包含陷阱的能量图

假设浅陷阱位于半导体的导带之下，能量为 E_i，密度为 N_t，则自由电荷与陷阱电荷的比值 θ 为

$$\theta = \frac{N_C}{N_t} \exp\left(-\frac{E_i}{k_B T}\right) \tag{2-13}$$

式中，N_C 是导带中的态密度。因此，考虑浅陷阱效应，空间电荷限制电流密度为

$$J = \frac{9\mu\varepsilon_r\varepsilon_0\theta U^2}{8d^3} \tag{2-14}$$

式中，μ 是有效载流子迁移率，d 是阻变材料薄膜的厚度。

2.2   忆阻器的电学特性

忆阻器的电学特性描述了器件在电场作用下内部电流的变化情况，主要包括电流-电压 (I-U) 特性、电容-电压 (C-U) 特性和脉冲电压特性等。这些基本的电学特性能直观地反映出忆阻器的阻变、记忆等忆阻行为，也是忆阻器作为新型电子器件应用于存储器、智能芯片等领域的理论基础。

2.2.1 I-U 特性

对忆阻器的顶、底电极施加电压，测量器件内导通电流数值，并将电压作为横坐标，电流作为纵坐标，对测试数值作图，所得到的曲线称为电流-电压 (I-U) 曲线。I-U 曲线表征了器件电流跟随电压变化的情况，可以直接反映出器件的电学特性。

在研究忆阻器的 I-U 特性时用到的测量仪器包含各类数字源表，以探针台为主要测试平台，将探针与忆阻器电极接触，通过施加扫描电压进行电流测试。常见的忆阻器阻变层材料厚度为几十纳米，为防止器件在测量时被击穿，正反向电压最大值通常控制在 −5 V～

+5 V，部分阻变特性敏感的材料可设定在 −2 V～+2 V。测量时跨步电压 U_{step} 应根据电压测量量程调整，一般为 0.01～0.05 V。

电压扫描测试分为正向偏压扫描(Positive Biasing)和反向偏压扫描(Negative Biasing)，如图 2-9 所示。正向偏压扫描即在顶电极持续施加正电压，反向偏压扫描即在顶电极持续施加负电压。实际器件在测量时的正向和反向偏压扫描结果并不会呈现图 2-9(a)和(b)的完全中心对称，这是由于实际的忆阻器件顶、底电极采用了不同的金属材料，或材质上存在差异，这种不对称结构会导致器件在正向和反向电压扫描时的电流值有所不同。

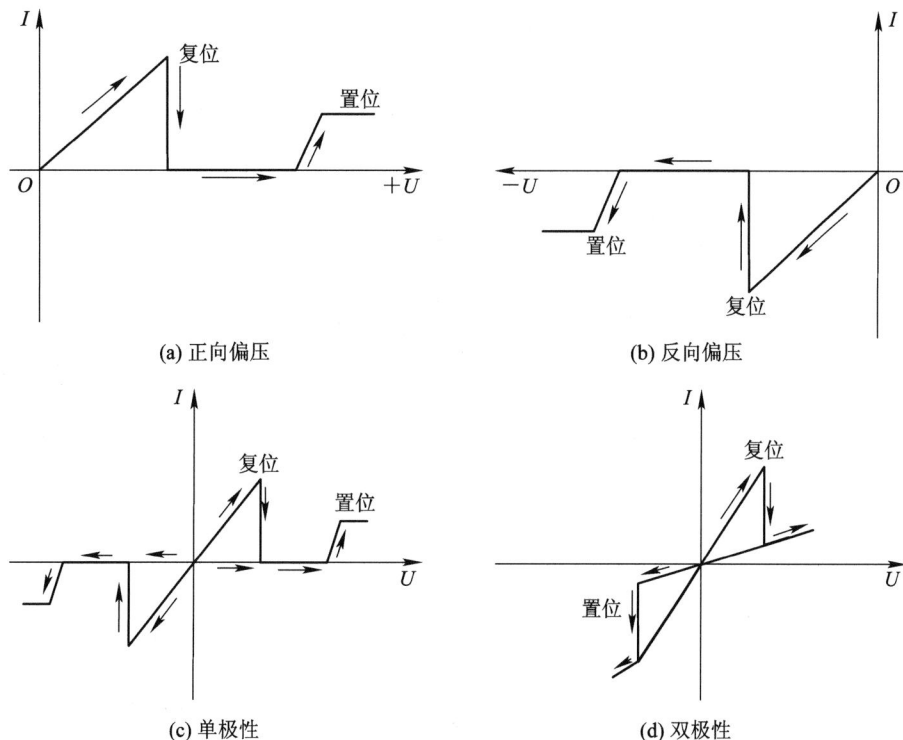

(a) 正向偏压　　　　　　　　　　　(b) 反向偏压

(c) 单极性　　　　　　　　　　　(d) 双极性

图 2-9　忆阻器的正、反向偏压测试和单、双极性

忆阻器的阻值一般可分为高阻态(High Resistance State，HRS)和低阻态 LRS(Low Resistance State，LRS)两种状态。阻值从 HRS 到 LRS 的过程称为置位，对应器件开启，处于低阻态；从 LRS 到 HRS 的过程称为复位，对应器件关闭，处于高阻态。忆阻器可观察到较为明显的置位、复位过程，也是其成为阻变器件的基础。

根据置、复位发生时的电压极性不同，忆阻器可以大致分为单极性和双极性两类。单极性是指同一极性电压下只发生置位或复位的器件，而双极性指置位和复位发生在同一电压极性的器件，如图 2-9(c)和(d)所示，它们分别是在正负极性电压下不同忆阻器的单极性和双极性特点。

忆阻器的单、双极性与阻变材料结构和成分密切相关，同类材料也可能表现出单极性和双极性的不同特性。图 2-10 是铝基薄膜忆阻器的单、双极性特性，除了阻变材料的原子成分含量不同，这两种器件的阻变薄膜厚度基本相同，并且都使用金属 Al 作为电极材料。实验发现，含有铝纳米颗粒的氧化铝薄膜忆阻器具有单极性，当施加 0～1.2 V 正向电压时，忆阻器电流在正向电压为 1.1 V 时从约 10^{-7} A 增大到 10^{-2}A，器件同时从高阻态 HRS 向低阻态 LRS 转变。第二次测试在同个器件上再次施加 0～1.2 V 的正向电压，忆阻器电流在正向电压约为 0.4 V 时瞬间从约 10^{-2}A 降低到 10^{-7}A，器件完成了从 LRS 向 HRS 的转变。第三次和第四次进行反向电压 *I-U* 测试可以得到类似的测试结果，置位和复位过程分别发生在 -1.2 V 和 -0.3 V，如图 2-10(a)所示。若对氮氧化铝 AlN_xO_y 薄膜忆阻器施加正向和反向电压，并各进行 10 次电压扫描，结果如图 2-10(b)所示。可以发现正向电压扫描会引起电流逐渐增大，而反向电压扫描会引起电流逐渐减小，器件置位和复位过程在不同电极的电压下发生，表现出双极性的特性。

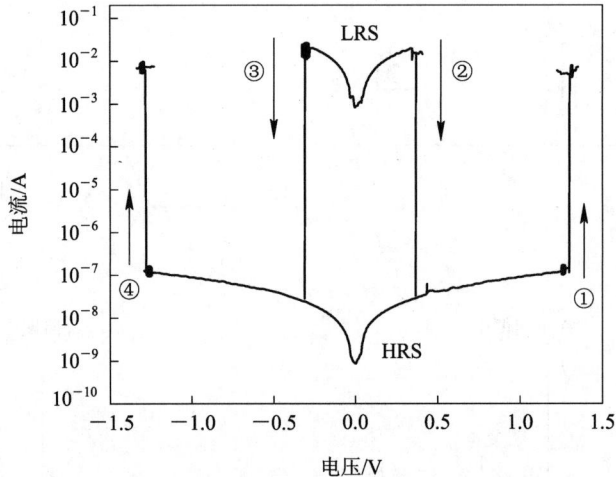

(a) 含有铝纳米颗粒的铝基薄膜忆阻器的单极性

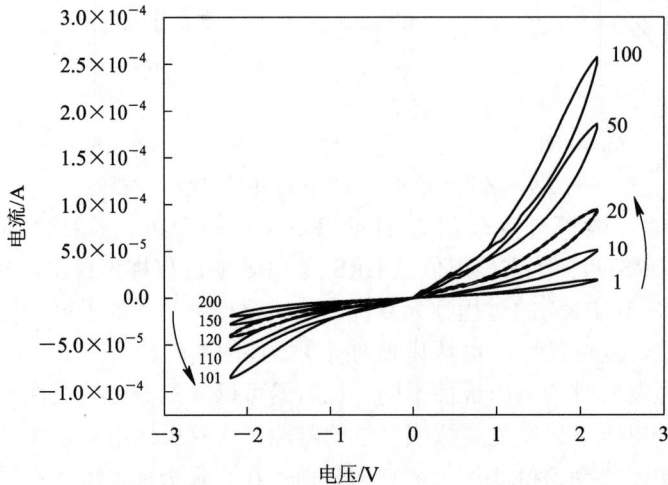

(b) 氮氧化铝薄膜忆阻器的双极性

图 2-10   不同方法制备下铝基薄膜的单、双极性特性

除了材料组成成分本身会对器件 *I-U* 特性产生影响，研究发现，限制电流的设置也可以影响器件开态电流 I_{on} 和开态电阻 R_{on}。限制电流 I_{cc} 越大，R_{on} 越小，反之越大。限制电流限制了测试时忆阻器内可流经的最大电流，一般认为越大的限制电流可以让器件内更多

的活跃离子参与电流传输，导致 R_{on} 降低。因此，可以通过设定不同限制电流的方式来控制忆阻器的多值特性。

根据忆阻器导通电流数值的变化范围，这里分别设置限制电流 I_{cc} 为 10 mA、1 mA、100 μA 和 10 μA，在同一器件上进行多次复位测试。此时，器件的开态电流 I_{on} 会随着限制电流的减小而减小。因此，R_{on} 随限制电流的减小而增加，意味着限制电流减小导致材料整体阻值增加。研究表明，设置限制电流就约束了器件测试时经历的最大电场强度，在较强电场下离子迁移活跃，或形成的导电丝较粗，开态电流较大。反之，较弱电场下离子迁移缓慢，或形成的导电丝较细，开态电流较小。

器件的复位电压会随着限制电流的减小而增加，这是因为导电通路的断开与作用于其的功率有关，若开态电流变小，其所需的复位电压会相应增加。若限制电流持续减小，即施加的电场过小，有可能无法形成器件开态，复位过程也难以观测。目前，忆阻器的多值特性大多依靠设置不同的限制电流来完成。如图 2-11 所示的四值忆阻器，可将四种不同限制电流下器件的开态分别认定为同一器件的四个不同组态。随着阻变材料和结构愈加丰富，有研究发现，同一忆阻器可设定 2048 个以上的不同阻态，但依靠设定限制电流获取不同阻态的方法难以在集成电路上实现，目前通过脉冲电压幅值和频率的变化获得不同阻态的忆阻器应用相对较多。

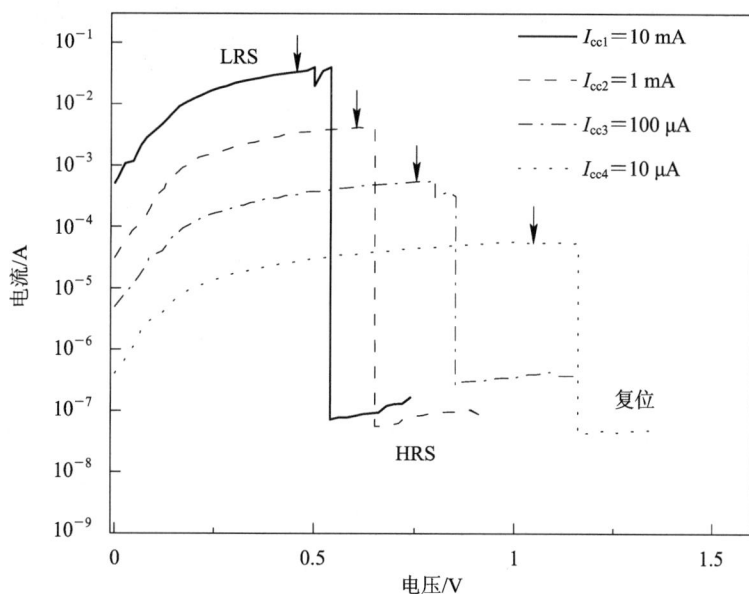

图 2-11　铝基薄膜忆阻器在不同限制电流下的复位特性

2.2.2　C-U 特性

根据忆阻器的物理机制，其阻值变化来源于离子扩散区宽度的调整，而势垒宽度的变化势必会影响势垒电容。为了得到忆阻器 C-U 特性，就需对忆阻器器件进行电压-电容测试。

图 2-12 是氧化钨忆阻器的 C-U 测试图。在忆阻器两端施加三角波电压，可以测量到器件的电容变化。图 2-12(a)为器件在接受 0 V—2 V—0 V 三个连续的正向三角波电压扫描时，

电容随电压变化的关系曲线。在 0 V—2 V 范围，即过程 1 到过程 2，忆阻器件内建电场会被外电场中和，势垒电容逐渐减小；在 2 V—0 V 范围，即过程 3 到过程 4，随着外电场的减小，内电场逐渐恢复，势垒电容逐渐增大，在过程 4 电容值达到最大值。这是因为电压扫描造成了势垒区氧离子迁移，增加了掺杂浓度，进而增大了势垒电容；在 0.3 V—0 V 范围时，势垒电容从一个极大值逐渐减小，这是由于内建电场的增大和氧浓度梯度的原因诱导了部分的氧离子向反方向扩散，中和了势垒区的部分氧空位，降低了掺杂浓度，进而减小了势垒电容。图 2-12(b)描述了器件在接受三个连续负向三角波电压扫描时电容的变化曲线。与正向电压扫描时不同，负向电压扫描不开启肖特基势垒，外电场会诱导更多的氧离子回迁并中和更多的氧空位，降低掺杂浓度，使势垒电容逐渐减小。

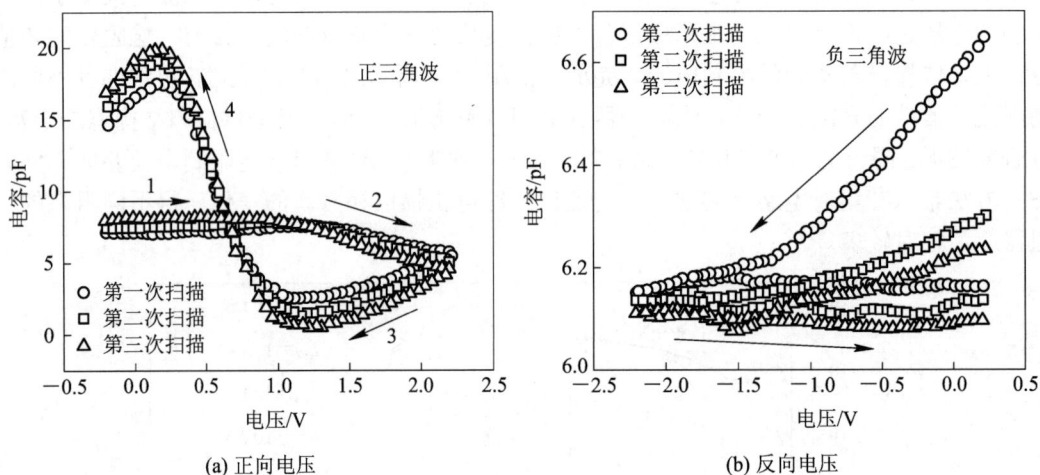

(a) 正向电压   (b) 反向电压

图 2-12   氧化钨忆阻器的 C-U 特性

2.2.3   脉冲电压特性

脉冲电压是一种在电路中突然出现并发生变化的电压信号，这种信号持续时间很短，但具有相对较高的峰值电压，可以被描述为随时间变化的函数，它在一个瞬间内发生突变，并在此后迅速恢复到原来的水平。忆阻器的脉冲电压特性是指对忆阻器器件施加一定宽度、频率和数量的脉冲电压激励信号，同时测量器件相应的电流和阻值随之变化的特性。

大脑神经系统大多以脉冲波的形式进行信息传递，只有当神经元接收的信号到达一定强度才会引起神经突触感知并传递到下一神经元，强度较小的脉冲则被视为噪声信息。脉冲电压测试模仿了生物神经系统这一激励过程，通过对忆阻器施加不同频率、幅值和极性的脉冲电压信号，并测试流经器件电流的变化，进一步明确器件的阻变机理以及器件权值与外界电压刺激间的联系。

器件权值是针对忆阻器模拟神经突触行为提出的特殊概念，其在数值上等于电导率或对阻值的导数，相对于权值本身的数值，其变化趋势更能反映器件特性。与 I-U 测试不同，脉冲电压测试主要用于研究忆阻器的电学特性与人脑神经突触信息传递方式的相似性，是决定其能否成为突触器件的关键。

　　单极性忆阻器适合制备阈值型忆阻器。这类忆阻器一般具有较高的开关比($>10^2$)和较快的开关速度($10^{-6} \sim 10^{-9}$s),从电学行为上来看类似于一个速度很快的开关,其阻变机理多基于导电丝原理。这类忆阻器的脉冲电压特性如图 2-13 所示,通过施加不同幅值的脉冲电压,器件权值有较明显的开关变化以及权值保持窗口,此类器件在人工神经网络中可用于模拟人工神经元的功能。

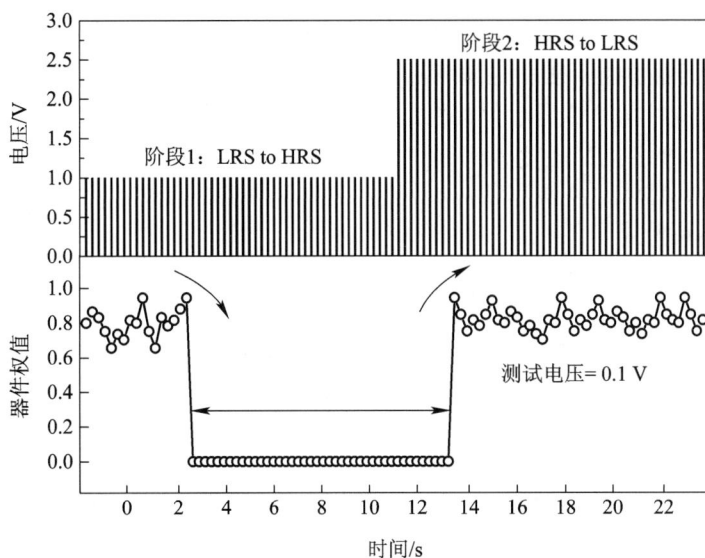

图 2-13　单极性忆阻器的脉冲电压特性

　　双极性忆阻器更适合制备扩散型忆阻器,这类忆阻器的权值会随脉冲电压的施加显示出与非线性相关的某些特性。一般而言,该类型忆阻器权值会随正向脉冲电压的持续施加而逐步变大,随反向脉冲的持续施加而逐步减小。扩散型忆阻器可能无法观察到较明显的开关比,其脉冲电压特性如图 2-14 所示。

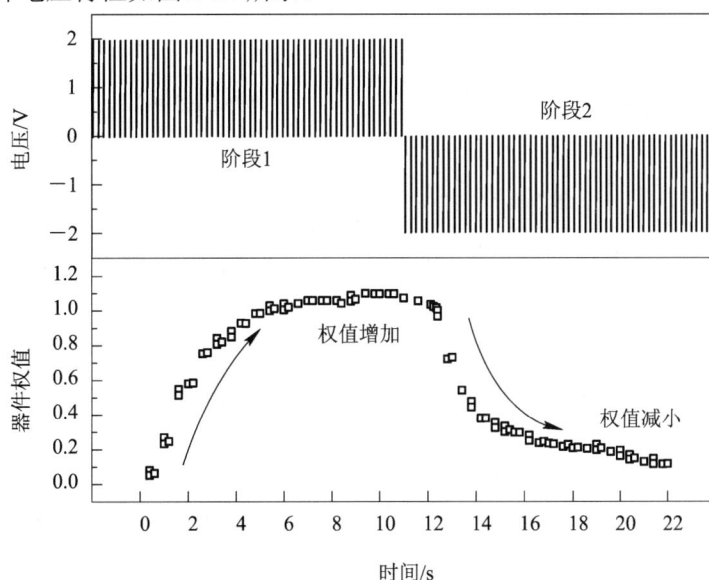

图 2-14　双极性忆阻器的脉冲电压特性

2.3   忆阻器的稳定性测试

目前，忆阻器的稳定性测试主要包括电压循环测试、阻值保持测试和高温测试。作为新型电子器件，忆阻器能否在室温和高温下经历电压循环测试，并维持较高的开关比、较长的高/低阻态保持时间等都是检测其稳定性的重要指标。这里的稳定性测试以高介电常数材料——铝基薄膜制备的忆阻器为例。

2.3.1   电压循环测试

电压循环测试是检测忆阻器稳定性的常见方法，属于抗疲劳测试一类，主要是通过给忆阻器施加多组循环的高低电压，测试忆阻器的高阻态和低阻态保持状态是否出现明显衰退来判定器件的稳定性的。铝基薄膜忆阻器的电压循环测试结果如图 2-15 所示。

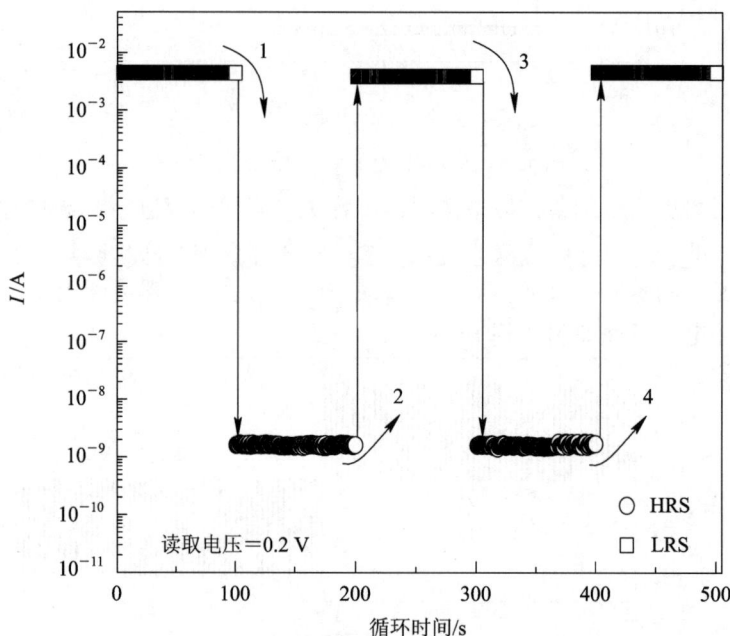

图 2-15   忆阻器的电压循环测试

结合图 2-15 忆阻器的电压循环测试结果，给忆阻器施加幅值为 0.5 V、宽度为 1 s 的脉冲电压后，忆阻器可由保持的低阻态转变到高阻态，并在高阻态保持 100 秒；在同一器件上继续施加 1.5 V、1 ms 的脉冲电压后，忆阻器由保持的高阻态向低阻态转变，即导电丝重新连接，并在低阻态保持 100 秒。忆阻器在经过四个置复位交替测试后依旧保持较高的开关比(约为 10^6)，高阻态稳定在 $10^9\,\Omega$ 而低阻态稳定在 $10^2\,\Omega$，说明该忆阻器内导电丝的形成和断裂状态较为稳定，表明忆阻器具有较好的电压稳定性。

2.3.2　阻值保持测试

忆阻器能否在高、低阻态保持较长时间，是器件稳定性研究的一个重要测试内容。与普通电子元件不同的是，忆阻器的阻态保持时间尚无明确标准，尤其是应用于人工神经网络中的忆阻器阻值的保持时间大多具备可调的特性，即器件权值保持时间会随着接收到的脉冲刺激增强而增加，类似于人类的记忆保持时间，也存在几分钟的短时记忆到数年的长时记忆。因此，不同材料和工艺制备的忆阻器保持时间差异较大，高介电常数材料制备的忆阻器通常具有较长的阻态保持时间，但高温环境会对器件阻值保持特性产生影响。

将处于高、低阻态的铝基薄膜忆阻器分别放置在温度为 25℃ 和温度为 50℃ 的探针台衬底上进行阻态保持时间测试，测试过程设置读取电压为 0.2 V。将不同阻态的器件静置，测试经过 1 s、5 s、10 s、50 s、100 s、500 s、1000 s、5000 s、10 000 s、50 000 s 后，器件高低阻态的阻值情况如图 2-16 所示。从图 2-16(a)中可发现，室温下忆阻器的高阻态和低阻态在超过 10 000 s 的时长下仍能保持高、低阻态稳定，器件的开关比基本保持不变，从而验证了器件在室温下阻值保持的可靠性。图 2-16(b)将测试温度升高至 50℃，静置一段时间后器件阻值保持有明显变化，显示发生了部分电荷流失，表明温度会对器件权值保持时间产生影响。

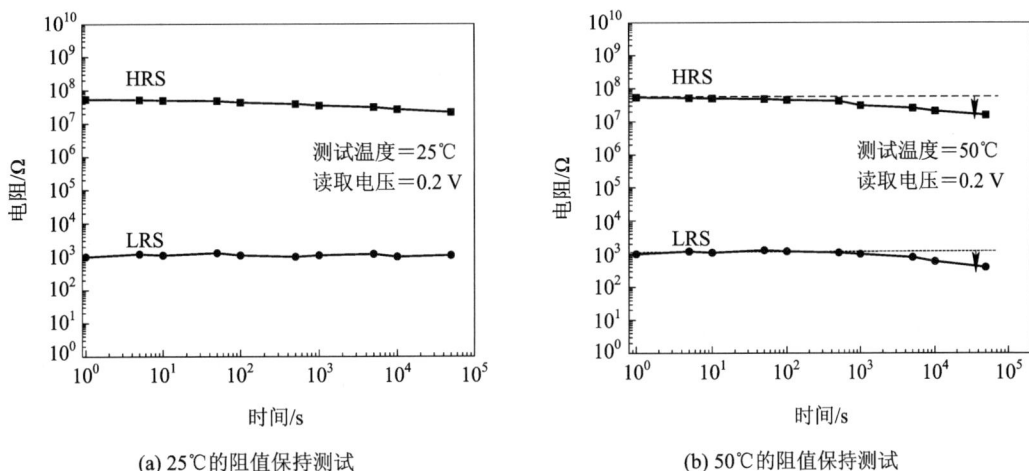

(a) 25℃的阻值保持测试　　　　(b) 50℃的阻值保持测试

图 2-16　忆阻器的阻值保持测试

2.3.3　高温测试

高温测试是检查电子器件稳定性的常用方法之一，忆阻器的高温测试可结合其阻值保持特性测试。忆阻器的阻值会受温度的影响，高温条件下会加速器件内存储电荷的流失。这里将电荷流失 50% 所经历的时间设定为器件能够存储记忆的保持时间。将制备的铝基薄膜忆阻器分别放置在温度为 175℃、200℃、225℃ 和 250℃ 的衬底上进行 LRS 和 HRS 阻态保持时间测试，给忆阻器施加幅值为 1 V、宽度为 5 ms 的脉冲电压。忆阻器件在高温下的保持时间如图 2-17 所示。通过线性拟合，可以预测出环境温度为 85℃，忆阻器的 LRS 阻值保持时间大约为 115.7 天；在 25℃ 室温下可保持 126 年之久，远超目前电子元件的工作寿命需求。因此，忆阻器阻值保持时间基本满足设计要求，但突触仿生忆阻器的阻值保持时间还应视具体应用而定。

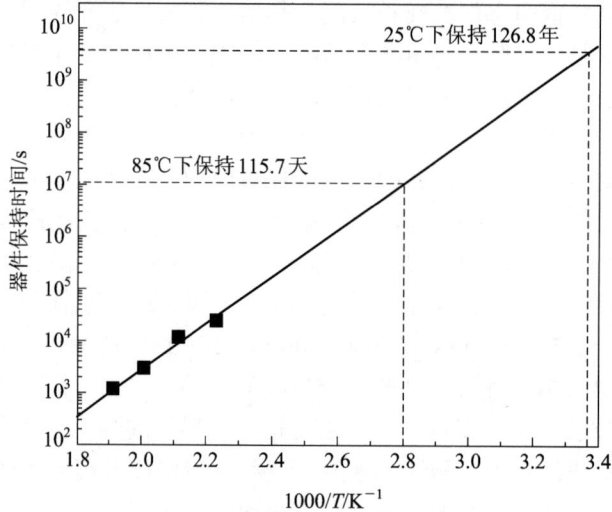

图 2-17   忆阻器的高温测试

习   题

1. 阐述 I-U 特性的分类方式及特点。
2. 结合忆阻器特性，解释说明脉冲电压测试的过程。
3. 简述忆阻器的扩散原理和导电丝原理，并说明二者的区别。
4. 简述忆阻器阻变开关过程的充放电过程。
5. 说明忆阻器稳定性测试的目的，并阐述忆阻器的几种稳定性测试原理和测试过程。

参 考 文 献

[1]   林亚. WO$_x$ 基忆阻器件的构筑及其神经突触仿生研究[D]. 长春：东北师范大学, 2018.

[2]   LIN Y F, JIAN W B, WANG C P, et al. Contact to ZnO and intrinsic resistances of individual ZnO nanowires with a circular cross section [J]. Appl. Phys. Lett., 2007, 90(22): 223117.

[3]   刘兰，朱玮，文常保，等. 氧空位含量对铝基薄膜忆阻器的影响及稳定性研究[J]. 电子元件与材料, 2021, 40(07): 665-669.

[4]   余志强. TiO$_2$ 纳米线忆阻器的研究[D]. 武汉：华中科技大学, 2017.

[5]   YANG J Q, WANG R, WANG Z P, et al. Leaky integrate-and-fire neurons based on

perovskite memristor for spiking neural networks[J]. Nano Energy, 2020, 74: 104828.

[6]　YANG X, FANG Y C, YU Z Z, et al. Nonassociative learning implementation by a single memristor-based multi-terminal synaptic device[J]. Nanoscale, 2016, 8(45): 18897.

[7]　LIU Q, GUAN W, LONG S, et al. Resistive switching memory effect of ZrO_2 films with Zr~+ implanted[J]. Applied Physics Letters, 2008, 92(1): 012117.1-012117.3.

[8]　GUPTA I, SERB A, KHIAT A, et al. Real-time encoding and compression of neuronal spikes by metal-oxide memristors[J]. Nature Communications, 2016, 7: 12805.

[9]　YU T, HE J, ZHOU Z，et al. Hf0.5Zr0.5O2-based ferroelectric memristor with multilevel storage potential and artificial synaptic plasticity[J]. Science China Materials, 2021, 64(3): 727-738.

[10]　RAO M, TANG H, WU J, et al. Thousands of conductance levels in memristors integrated on CMOS. Nature, 2023, 615: 823-829.

第3章

忆阻器的材料与制备工艺

作为忆阻器器件的载体，忆阻材料对器件结构、擦写速度、集成特性等性能有很大影响。本章从钙钛矿、金属氧化物、硫化物、有机材料出发，对忆阻器的制备材料及特性进行了阐述，同时围绕忆阻器结构对薄膜、光刻等制备工艺进行了简单介绍。

3.1 概　　述

在忆阻器概念提出之初，人们并没有找到能具体表征电荷与磁通量之间关系的忆阻材料。直到 2008 年，HP 实验室第一次发现了具有忆阻特性的二氧化钛材料，才开启了忆阻器研究和应用的新时代。目前，忆阻材料体系主要包括钙钛矿、金属氧化物、硫化物、有机材料四大类。

钙钛矿是指具有简单钙钛矿、双钙钛矿或层状钙钛矿结构的一类陶瓷氧化物材料总称。这类材料通常呈晶状立方体，在高温变体转变为低温变体时会产生聚片双晶结果，在晶体上呈现出平行晶棱的条纹。高温变体结构中，钛离子与六个氧离子形成八面体配位，配位数为 6，钙离子位于由八面体构成的空穴内时，配位数为 12。钙钛矿材料由于其快速载流子和离子传输、多数载流子控制、高光吸收系数和可调带隙等特性，已成为制备忆阻器的重要材料。目前，钙钛矿结构类型化合物的制备方法主要有高温固相法、溶胶-凝胶法、水热合成法、高能球磨法和沉淀法，此外还有气相沉积法、超临界干燥法、微乳法及自蔓延高温燃烧合成法等。

金属氧化物是过渡金属与氧元素组成的二元化合物，金属离子和氧离子相互扩散，施加电压后，金属离子会向氧离子移动，导致材料电阻发生变化。金属氧化物同时具有双稳态特性，即电流作用下，电阻值随着时间的推移发生变化，电阻值会稳定在两个不同的值上，因而可以用作忆阻和阻变材料，广泛应用于电子存储器、人工智能、神经网络和模拟电路等领域。

硫化物是传统的固态电解质材料，主要用于 ECM 器件中，依据阳离子迁移的机理实现电阻状态的转变。硫化物在光刻、剥离等工艺手段之后，可以制备成忆阻器，广泛应用于类脑神经形态计算方面。另外，在实验过程中，硫化物类忆阻器可以产生稳定的捏滞回线和良好的多值渐变特性，以及稳定的高速开关特性。因此，硫化物类忆阻材料在类脑神经形态电路搭建、高速忆阻逻辑电路等研究方面具有很大的潜力。

有机材料制备的忆阻器有许多优点，如材料种类多、操作简便、柔性好、电学双稳态良好等；其也存在许多不足，如不能与 COMS 技术兼容、热稳定性差等。但是由于柔性较好，因此有机材料制备的忆阻器有望在柔性电子器件领域有所发展。

表 3-1 是目前一些主要的忆阻体系与材料。

表 3-1　主要忆阻体系与材料

忆阻体系	主要忆阻材料
钙钛矿	$R_{1-x}Ca_xMnO_3(R=Pr/La/Nd)$、$La_{0.67}Sr_{0.33}$、$MnO_3$、$SrTiO_3$、$BaTiO_3$、$SrZrO_3$
金属氧化物	NiO、TiO_2、CuO_x、ZrO_2、Ta_2O_5、Al_2O_3、CoO、HfO_x、MgO_x、MoO_x、ZnO、WO_3
硫化物	$CuI_{0.76}S_{0.1}$、Ag^-Ge^-S、Ag_2S、Cu_2S、$Zn_xCd_{1-x}S$
有机材料	AIDCN、PVK、PS、$PCmF_{12}$、TPN、PI-DPC、CuTCNQ、AgTCNQ、o^-PPV、Alq_3、P_3HT

3.2　钙　钛　矿

钙钛矿源于矿物 $CaTiO_3$，ABX_3 是钙钛矿材料的化学通式，A 位通常为 +1 价有机阳离子，如 MA^+、FA^+；B 位为 +2 价金属阳离子，如 Pb^{2+}、Sn^{2+}、Eu^{2+}、Mn^{2+}；X 位为 −1 价卤族元素，如 F^-、Cl^-、Br^-、I^-。钙钛矿材料是一种优良的离子导体，其所制备的忆阻器在外加电压下能够完成从 p-i-n 结构到 n-i-p 结构的转换，实现器件电阻的逐渐变化，具有非易失、高速和低功耗等良好性能，是极具潜力的一种新型忆阻材料。

钙钛矿材料由于其光吸收系数高、载流子迁移率大、合成方法简单等优点，被认为是下一代最具前景的光电材料之一。同时，钙钛矿特有的光敏感离子、电子传输特性能够赋予忆阻器光电逻辑运算、光控信息存储、模拟生物光遗传学等多种光电耦合新功能。下面主要介绍两种常见的钙钛矿材料：钛酸钡和钛酸锶。

3.2.1　钛酸钡

钛酸钡是钙钛矿型结构的铁电阻变材料，化学式为 $BaTiO_3$，分子量为 233.192，熔点为 1625℃，密度约为 6.08 g/cm^3，介电常数可达 16~1900，常温下为白色粉末，不溶于水，可以通过固相法将 $BaCO_3$ 与 TiO_2 高温反应合成。

$BaTiO_3$ 是一种典型的钙钛矿型阻变材料，因其独特的介电、压电和铁电性能，在电子器件领域具有重要地位。它的阻变机制主要与其晶体结构中的铁电畴动态和缺陷工程密切相关。在钙钛矿结构中，钛离子在氧八面体中心的位移形成自发极化，而氧空位等缺陷的存在则为载流子输运提供了通道。当施加电场时，铁电畴的翻转或氧空位的迁移可导致界面势垒的调制，从而实现高阻态与低阻态之间的可逆转换。

$BaTiO_3$ 阻变器件的性能优势体现在以下几个方面。首先，其铁电性赋予器件非易失性

存储特性，断电后仍能保持电阻状态；其次，钙钛矿结构的可调性允许通过元素掺杂优化
阻变参数，例如将开关比提升至 $10^3 \sim 10^4$ 量级，操作电压降低至 1 V 以下；此外，界面型
阻变机制在钛酸钡体系中尤为突出，金属/铁电体界面形成的肖特基势垒受极化电荷调控，
这种物理机制相较于传统的丝状导电机制具有更好的均一性和可控性。因此，$BaTiO_3$ 作为
阻变材料不仅延续了传统铁电材料的性能优势，更通过缺陷与界面调控开辟了新型存储技
术路径，为后摩尔时代的高密度存储和类脑计算提供了重要材料基础。

3.2.2　钛酸锶

钛酸锶是锶和钛的氧化物，在室温下具有中心对称的钙钛矿结构顺电态介质材料，外
观呈白色粉末片或冲压件，其化学式为 $SrTiO_3$。由于钛酸锶具有高介电常数、低介电损耗、
好的热稳定性等优点，被广泛使用在电子、机械、忆阻器制备等方面。

研究人员发现在工程缺氧的独特室温环境下，合成的钙钛矿氧化物 $SrTiO_3$ 薄膜，可以
实现高性能且可以扩展的金属氧化物忆阻阵列。利用脉冲激光沉积和磁控溅射原理制备的
$SrTiO_3$ 忆阻器，如果在易氧化电极和在惰性金属电极中加入易氧化的金属粒子，就能够调
节忆阻器电阻态的时间保持特性，且可以模拟实现突触具有可调滑动频率阈值的 BCM 学
习法则。

3.3　金属氧化物

许多二元金属氧化物材料中均存在电阻转变效应。与其他阻变材料相比，二元金属氧
化物具有结构简单、材料组分容易控制、制备工艺容易与 CMOS 工艺兼容等优点。目前，
对二元金属氧化物忆阻器的研究仍处于探索阶段，这主要是由于影响器件性能的因素较多，
如材料、电极、制备条件等。

3.3.1　二氧化钛

二氧化钛是一种白色固体或粉末状的两性氧化物，其化学式为 TiO_2。TiO_2 具有无毒、
熔点高等特性，在涂料、造纸、印刷油墨等方面得到了广泛应用。同时，TiO_2 的介电常数
较高，具有优良的电学性能和半导体性能，它的电导率会随温度上升而增加，而且对氧气
也极其敏感。此外，TiO_2 具有良好的忆阻和阻变特性，可以作为忆阻器的制备材料。

TiO_2 是早期使用的忆阻器材料之一，HP 实验室的忆阻器就是由两个金属电极夹着一片
双层的 TiO_2 薄膜形成了 $Pt/TiO_2/Pt$ 结构，其中一层 TiO_{2-x} 掺杂了氧空位，成为半导体，另
一层 TiO_2 不作任何掺杂，呈现绝缘体的自然属性。当电流通过时器件电阻值会发生改变，
通过检测交叉开关两端铂电极的电阻特性，从而可以判断忆阻器的"开"或者"关"状态。
TiO_2 阻变器件由于具有较短的转换时间和长期可靠性而受到研究者的广泛关注，可通过各
种方法制备出来，比如溶胶-凝胶法、原子层沉积、离子强化原子层沉积、射频溅射和电子
束蒸发方法等。

3.3.2　氧化镍

氧化镍的化学式为 NiO，为绿色或黑绿色立方晶体粉末，过热时会变为黄色，不溶于水，可以用作搪瓷的密着剂和着色剂、陶瓷和玻璃的颜料，也可用于制造镍盐原料、镍催化剂，并在冶金、显像管中应用。NiO 加热至 400℃时，因吸收空气中的氧气而变成三氧化二镍；600℃时又还原为一氧化镍。低温下制得的一氧化镍具有化学活性，1000℃高温煅烧制得的一氧化镍呈绿黄色，活性小。随制备温度的升高，NiO 密度和电阻增加，溶解度和催化活性降低。

NiO 有着优良的忆阻特性，也是目前主要的忆阻材料之一，可与多种电极材料，如 Pt、Au、W、Ru 和 Ni 等实现阻变和忆阻特性。利用这些电极材料，NiO 可实现单极转变效应，用二极管替代晶体管实现存储阵列的读写选择性管理功能。然而，NiO 忆阻器中存在的普遍问题是其阻变一致性较差，并且已成为实现低错误率和多级转变效应的主要障碍。一些研究表明，NiO 忆阻器的阻变一致性可以利用新颖的纳米限制结构来提高。除了常规的单极转变特性，NiO 也在双极转变型忆阻器中得到广泛的应用。目前制备的多层结构的 NiO 忆阻器，可获得较高的存储窗口，利用此特性可制备多级存储器件。

3.3.3　氧化铝

氧化铝的化学式为 Al_2O_3，是一种在高温下可电离的离子晶体，它的原料丰富，易于获得，且具有高硬度、高熔点和高沸点等特性。此外，Al_2O_3 具有约 8.8 eV 的超大带隙，绝缘性好，使得基于 Al_2O_3 的忆阻器的开关电流较小，能有效降低器件的功耗而有益于大规模集成。这些优点使得 Al_2O_3 成为一种有前途的忆阻器候选材料。

在研究过程中，我们发现 Al_2O_3 产生了电阻转变现象。Al_2O_3 由于较低的开关电流备受关注，这可能与其较大的禁带宽度有关。大部分忆阻器在早期的报道中其开关电流都在毫安或几百微安级别。但是，当基于 Al_2O_3 的忆阻器的开关电流降至几百纳安时，其功耗会降低。另外，低开关电流使得低电阻增大至兆欧级并有效地降低了低阻状态下的漏电流，这将有利于大阵列存储器的生产。Al_2O_3 还能与其他忆阻器材料联合使用，可以提升器件性能的一致性。例如，利用氧化铝作为缓冲层，可以提高忆阻器信息读取的抗干扰能力；可以得到比单纯氧化铪忆阻器更好的电阻转变一致性；还可以利用 Al_2O_3 与 HfO_2 形成多层氧化层，将器件与神经网络电路连接起来，利用器件的多级存储特性，模拟人类内脑神经的电流特性。目前，对 Al_2O_3 的研究主要集中在双层或多层结构中，其良好的绝缘特性可以极大地提高器件的性能，为未来忆阻器的制备和应用提供更多的选择性。

3.3.4　氧化铪

氧化铪的化学式是 HfO_2，通常用作催化剂或光谱分析材料，是一种耐熔材料，也用作高性能半导体场效应管门绝缘层中的高介电材料，HfO_2 还是一种优异的阻变材料。在早期氧化铪体系的研究过程中，$TiN/HfO_x/Pt$ 体系常用于制备双极转变性能的忆阻器。在这个结构中，TiN 起到了氧槽的作用。后续研究中为了提高与 CMOS 工艺的兼容性，又发明了 $TiN/中间层/HfO_x/Pt$ 的结构，其中中间层起到了氧槽的作用，用于吸收氧化层中的氧。引入 Ti 作为中间层，可以调节 HfO_2 的介电常数。该结构具有极高的电阻转变速度、稳定的阻变可靠性、较长的高温稳定性、多级存储特性以及高产率等特性。HfO_2 的电阻率高于其他类似的材料，如二氧化钛和氧化锆。一些研究发现，基于 HfO_2 的忆阻器可以呈现出优秀的生物突触性能，具有低训练电流、低功耗、低操作电压、速度快、重复性好等优势。目前 HfO_2 是二元氧化物体系中最成熟的忆阻器材料之一。

3.3.5　氧化锗

氧化锗的化学式为 GeO_2，为白色粉末或无色结晶，主要用于制作金属锗，也用作半导体和光谱分析材料。GeO_x 是一种特殊氧化物半导体，其带隙宽度受其中氧含量所调控。因此，当其作为半导体材料时，GeO_2 表现出良好的忆阻特性。然而，鉴于氧空位导电细丝型的阻变机制，以 Ge 氧化物为材料体系的忆阻器在工作中状态转换由缺陷主导，GeO_x 恰好能发挥其多缺陷态的特性。以 $GeO_x/Al_2O_3/HfO_2$ 的忆阻器结构为例，忆阻器初始化时，在电场作用下氧负离子定向迁移至 $GeO_x/Al_2O_3/HfO_2$ 界面，GeO_x 因缺陷态特征而具有较高的氧负离子储存能力，它将持续迁移至 $GeO_x/Al_2O_3/HfO_2$ 界面处的氧负离子不断抽出，使生成氧空位缺陷态的氧化还原反应的反应平衡向正方向进行，为阻变层注入更多氧空位缺陷态，促进局部导电细丝生成并贯穿阻变层，完成初始化过程。

在氧化锗类忆阻器擦除过程中，存储于 GeO_x 中的氧负离子在反向电场作用下背离 $GeO_x/Al_2O_3/HfO_2$ 界面反向迁移重新回到 Al_2O_3/HfO_2 中间层薄膜中，并与其中局域富集的氧空位缺陷态发生可逆的氧化还原反应。当贯穿阻变层的导电细丝局部氧空位被中和时，导电细丝断开，器件也随之从低阻态转变为高阻态。

3.3.6　氧化钽

氧化钽的氧化物包括 TaO_2 和 Ta_2O_5，为白色结晶粉末，是钽最常见的氧化物，主要用作提拉钽酸锂单晶和制造高折射低色散特种光学玻璃的材料，也可作为半导体材料用于电子工业。一些研究发现，Ta_2O_5 具有良好的忆阻特性，并且具有高抗疲劳性，因而在神经形态计算中具有良好的应用前景。TaO_x 忆阻器结构开关层通常由两层组成：导电性较强的 TaO_2 层和绝缘性较强的 Ta_2O_5 层。当氧化钽忆阻器器件厚度为 10 nm 时，开关电流为 30～300 μA，开关比大于 100，具有较好的抗疲劳特性。另外，Ta_2O_5 忆阻器的阻变速率可达到亚纳秒级别，具有非常高的写入/擦除速度，有望成为重要的忆阻器材料之一。

3.3.7　氧化铜

氧化铜的化学式为 CuO，是一种铜的黑色氧化物，主要用于制作人造丝、陶瓷、搪瓷与电池等。由于 Cu 在先进半导体互连工艺中具有明显的优势，其氧化物 Cu_xO 在集成方面也有着广泛的应用。Cu_xO 忆阻器件制备相对简单，成本低廉而且与传统 CMOS 工艺完全兼容，因此相关阻变材料的报道较多。一些研究发现，在 $Ti/Cu_xO/Pt$ 忆阻器结构中可实现多值存储特性。

Cu_xO 阻变材料由 CuO 与 Cu_2O 混合形成，组分比例多变，不易控制，其阻变行为也较复杂。例如，制备的 Ni/CuO/Pt 结构单元通过实验证明，其开关行为由 CuO 本身的氧化还原反应决定，低阻态时形成 Cu 导电丝。

3.3.8　氧化锌

氧化锌的化学式为 ZnO，禁带宽度和激子束缚能较大，透明度高，有优异的常温发光性能，在半导体领域的液晶显示器、薄膜晶体管、发光二极管等产品中均有应用。此外，微颗粒的氧化锌作为一种纳米材料在忆阻器材料领域也发挥了巨大作用。基于 Cu/ZnO/Pt 的忆阻器器件结构具有很高的可靠性，导电机制为活性金属的氧化还原性，导电细丝的生长方向具有阳极向阴极生长的定向特性。通过给器件施加不同的脉冲信号，可以完成对神经突触的短程可塑性模拟。氧化锌忆阻器通常最初电阻较大，会表现出高阻态，但随着施加电压的加大，器件会由高阻态变为低阻态。当施加反向电压时，器件则会由低阻态转变为高阻态，器件表现出良好的循环稳定性。研究发现，经 800℃ 处理的 ZnO 薄膜制备的忆阻器不仅具有忆阻性能，而且可观察到无电形成过程的忆阻效应。因此，ZnO 在制作耐高温的忆阻器器件方面具有很大的优势。

3.4　硫　化　物

硫化物是指由电正性较强的金属或非金属与硫形成的一类化合物，这类材料能够很容易地从非晶态或结晶态转变。正是由于这种很独特的特性，硫化物可以用于实现忆阻器电导值的连续调节，从而能够去模拟神经突触的可塑性。硫化物材料可以在电压的驱动下，在高阻非晶态和低阻晶态之间可逆转换，这一相变特性已经被成熟地应用在阻变光盘和阻变随机存储器中。

3.4.1　硫化银

硫化银的化学式为 Ag_2S，外观为灰黑色粉末。Ag_2S 既是一种半导体，同时也是一种离子导体。其电学性质比较特殊，具有电阻变化迟滞的特性，可以应用到纳米器件中作为开关元件、非挥发性记忆元件、可编程金属单元元件、忆阻器制备材料等。

Ag_2S 发生阻变现象的原因是金属性导电细丝的形成和断裂，而其形成与断裂又是由易氧化金属电极材料的电化学反应和阳离子迁移造成的。电化学反应中，一般用 Ag 为反应电极，Pt 为底电极，给反应电极施加正电压，Ag 失去一个电子变成 Ag^+ 离子，此后 Ag^+ 离子在电场的作用下往底电极移动，并在底电极 Pt 附近获得一个电子变成 Ag 原子，在底电极附近银原子逐渐累积，慢慢变成连接底电极和反应电极的纳米细丝。

此时，Ag_2S 忆阻器件就实现了阻态的转换，即从低阻态转变成为高阻态。当电场方向改变时，银细丝中的银原子失去电子变成 Ag^+ 离子，Ag^+ 离子在电场的作用下向反应电极移动，金属细丝逐渐不再联通两个电极，器件就又会发生阻态变化，从高阻态转变为低阻态。

通过器件在高阻态和低阻态之间的反复转化，可以实现存储状态"0"和"1"的转变。由于这种变化为物理变化，器件成分不会发生改变，所以用 Ag_2S 作为忆阻器材料具有寿命较长等优势。

3.4.2 硫化锌

硫化锌的化学式为 ZnS，为白色或微黄色粉末，见光颜色会变深。硫化锌作为固态电解质，离子迁移率较高且具有双极性的忆阻性能。

研究发现，基于 ZnS 制备的 Cu/ZnS/Pt 的忆阻器，当离子在 ZnS 内部快速迁移时，可以减小器件的操作电压。向该器件连续施加正向电压时，器件的电阻逐渐减小；施加负向电压时，器件的电阻逐渐增大，这表明该器件具有非线性电学特性，这与大脑神经突触的非线性传输相似。类比生物突触，ZnS 忆阻型电子突触可以通过增加刺激信号的幅值、频率和持续时间去增加突触之间的连接强度，实现短程向长程的转变。对器件施加脉冲信号，可实现对突触的长短程可塑性的模拟。因此，ZnS 也是极具潜力的忆阻材料之一。

3.4.3 硫化铜

硫化铜是最重要的金属硫化物之一，其化学式为 CuS，是最一种较难溶的物质。因其优异的物理和力学性能，硫化铜在光催化、太阳能电池、传感器以及可充电锂电池的阴极材料等方面有着广泛的应用。

硫化铜具有优异的金属性能，在 1.6 K 左右可以很容易地转变成超导体。与块体材料不同，纳米 CuS 粒子表现出优异的光学、电磁学、表面性质等特性。CuS 在半导体材料中的重要性在于其非线性光学特性、高温下增加的电导率、优异的太阳辐射吸收特性，以及可作为锂二次电池中的高容量阴极材料。通过改变形貌可以很容易地调节硫化铜的带隙，并且在紫外光区域和可见光区域提供不同的吸收边缘。

由基于磁控溅射法制备的透明导电 CuS 薄膜构建的 CuS/ZnS/ITO 透明忆阻器会表现出稳定的忆阻性能与良好的均一性，并在可见光范围内表现出了高达 82%的透过率。与 Cu 制备的忆阻器电极相比较，采用 CuS 制备的忆阻器电极可以抑制铜离子向 ZnS 介质层中大量迁移，有利于提高器件的稳定性。因此，CuS 也是非常有前景的忆阻器材料之一。

3.4.4 硫化亚锡

硫化亚锡的化学式为 SnS，是一种外观呈灰色、暗棕色或黑色固体的无机化合物，不溶于水，存在于罕见的硫锡矿中。

作为半导体无机化合物的 SnS 具有二维材料的性质，其组成元素为过渡金属元素 Sn 和Ⅵ族元素 S。在自然状态下的 SnS 通常表现为 p 型半导体性质，作为半导体无机化合物的 SnS 同样具有忆阻特性。SnS 的结构是二维的，由于二维材料的特性，其厚度层数的不断减小会使材料的间接带隙结构变为单层材料的直接带隙结构，其带隙也由窄变宽。作为二维材料中的 p 型半导体，SnS 具有很大的比表面积和良好的柔性特点，在气体传感器、光电转换、柔性传感器、忆阻器等领域均有很大的应用潜力。此外，由于 SnS 无毒性、污染小、化学性质稳定，并且对酸性与碱性具有很好的抑制性，在制备忆阻器的过程中，SnS 能适应各种酸碱环境，因而其也是一种优良的忆阻材料。

3.4.5　二硫化钼

二硫化钼的化学式为 MoS_2，通常是黑色固体粉末，有金属光泽，是辉钼矿的主要成分，可作为高温高压下的固体润滑剂。

MoS_2 是由钼和硫两种化学元素组成的二维层状材料，它具有抗磁性，可用作线性光电导体和显示出 p 型或 n 型导电性能的半导体材料，具有整流和换能的作用。MoS_2 在电子器件(如场效应晶体管)和光电器件(如光探测器)中表现出优异的性能。近年来，MoS_2 在忆阻器方面的研究也逐渐受到关注。目前已有报道表明，MoS_2 具有较好的忆阻特性，其在耐热性和循环寿命方面具有显著优势，因此 MoS_2 在忆阻器领域有着非常可观的应用前景。

3.5　有机材料

有机材料就是使用有机化合物制成的材料，主要制作方法是将小分子有机物等通过化学方法合成大分子聚合物。有机材料与无机材料相比最大的优点是易于成膜，并且有良好的柔韧性，质量轻、成本低，是制备柔性忆阻器的首选材料。目前，许多研究人员致力于研究通过利用有机材料中的电学双稳态特性制备存储器，这种制备主要是依靠向有机物中掺杂纳米级别的微小颗粒的方法实现的。

然而，由于大多数有机材料本身是不稳定的，在很大程度上影响了有机材料的应用。有机阻变存储器的基本工作原理是在不同的电压条件作用下，有机材料的电阻可在高阻态和低阻态之间进行可逆转换，和无机阻变存储器一样，在施加电压时，很多有机材料都表现出存储的特性。根据不同的电阻状态，有机存储器件可以存储 0 或 1 信息。

3.5.1　有机小分子材料

有机小分子材料是指分子量相对较小的有机化合物，其中小分子是指分子量小于 1000 道尔顿的生物功能分子，这些化合物可以通过化学合成、天然合成或者提取纯化等方式得到，它们结构简单，通常可用于催化反应、晶体管的制造、忆阻材料、生物医药等领域。

有机小分子材料与高分子聚合物加热会分解的特点不同，小分子材料可以通过热蒸镀法沉积，从而获得大面积均匀致密的薄膜。常见的具有忆阻性能的小分子材料有 Alq_3、并五苯、金属酞菁等。目前，虽然基于有机材料的忆阻器整体性能仍有很大不足，但在某些特定的领域却有突出的表现，如酞菁材料，其热稳定性能好、分解温度较高。利用一氯代酞菁铜作为电极之间的介质层，可研制出具有耐高温空气环境的稳定型忆阻器。有机小分子忆阻器具有持续的高电阻和低电阻状态，施加电压后，可在高导电性和低导电性之间发生变化，通过两级开关的特性，其输出就可以被数字化并存储起来。

3.5.2　聚合物材料

聚合物材料具有易加工、成本低、稳定性好、功耗低、可实现 3D 堆积以及存储密度高等优点。聚合物材料由于分子量非常大，容易受热分解成单体结构，所以一般使用溶液加工法，如通过旋涂溶液来制备薄膜。常见的具有忆阻性能的聚合物材料有聚苯乙烯、聚乙烯基咔唑(PVK)等。通过滴铸和热退火形成掺有银盐的聚环氧乙烷(Ag-PEO)固态电解质薄膜制备的 Ag/Ag-PEO/Pt 器件在外电压扫描下能够表现出双极性电阻开关行为。

选用天然生物材料——鲤鱼鱼鳞中提取的鱼胶(FC)作为阻变介质层材料，柔性聚亚胺(Polyimine)薄膜作为器件衬底，利用旋涂法和磁控溅射的方式制备的 Ag/FC/Ag/Polyimine 有机聚合物忆阻器具有可重复读写数据的存储功能，器件在重复变形的操作下可提供可靠的机械和电学性能。这种灵活的生物基记忆器件表现出潜在的生物突触模拟行为，包括记忆特性和兴奋性电流响应，在连续的电脉冲下能够表现出电导率递增的变化。此外，聚合物忆阻器有望大大缓解电子垃圾造成的环境问题。

聚合物忆阻材料可以在水中快速分解，并能很好地回收利用，是一种有前景的瞬态记忆和信息安全候选材料。利用简单的电化学聚合和磁控溅射的方式可在 ITO/PET 柔性衬底制备 Ag/P33DTh/ITO/PET 和 Ag/PTh-33DTh/ITO/PET 结构的柔性有机聚合物忆阻器。Ag/P33DTh/ITO/PET 存储器件表现出单极双开关的特性，开关比达到 10^4。选取不同的限制电流，器件会表现出不同的电阻状态，且在 1 V 的恒定电压下各阻态稳定性均明显提升。通过对测试数据的分析，P33DTh 的阻变机制由电荷陷阱捕捉和导电细丝形成，其中导电细丝起主导作用。这种电化学聚合方式在实现大面积成膜的同时控制了聚噻吩的微观纳米结构，为有机忆阻器的未来研究提供了更多的可能。

南京邮电大学研究团队曾以可低温溶液加工的聚[[2-[(3,7-二甲基辛基)氧基]-5-甲氧基-1,3-苯]-1,2-乙烯二基](MDMO-PPV)为忆阻功能层材料，构建了具有 77～573 K 超宽工作温度范围的有机聚合物人工突触器件，模拟出生物突触的基本功能。

3.6　制 备 工 艺

3.6.1　忆阻器结构

典型的单个忆阻器为金属-绝缘体-金属(Metal-Insulator-Metal, MIM)三层结构，包括上、下电极和中间功能层，如图 3-1 所示。该结构利用不同的上、下电极以及中间功能层材料进而实现阻值的可调和基本存储功能。上、下电极材料可以相同也可以不同，常见的电极材料有银、铝、金、铂、铜等活跃金属或 ITO 等透明导电材料。电极厚度为 300～500 nm，两个电极之间夹有厚度为 10～100 nm 的阻变材料薄膜。另外，一些研究表明，在阻变层和金属电极之间添加几十纳米厚的过渡层或离子活跃层，可以获得更稳定的阻变特性。

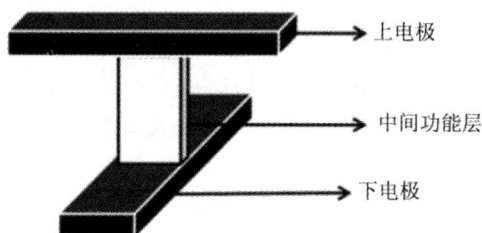

图 3-1　忆阻器单元结构示意图

忆阻器阵列由两个相互连接的长条状电极和其交叉点的阻变层构成，其中底部和顶部电极由各种金属和导电聚合物制成，阻变层是金属氧化物、电介质、绝缘体或聚合物等材料形成的阻变材料层。通过将忆阻器单元按列和行放置，可以很容易地将忆阻器装置集成到一起，形成一个特定的 M×N 大小的阵列。图 3-2 所示为忆阻器阵列结构示意图。

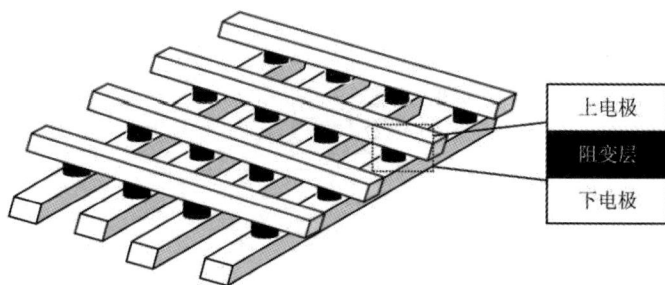

图 3-2　忆阻器阵列结构

忆阻器阵列使用横条电极作为底部和顶部电极夹住阻变层，忆阻器阵列中上、下电极由交叉的横杆构成。忆阻器阵列的实现过程是在底部光刻完成的基础上通过对底部电极进行沉积，然后利用掩板将阻变层的范围进行限定进而通过沉积工艺对中间功能层进行沉积，接着在中间功能层沉积的基础上对顶部电极进行光刻、沉积，最终实现对忆阻器交叉阵列的制备。

这种忆阻器阵列结构具有工艺简单、成本低以及存储密度高等优势，并且由于其独特的结构，每个单元的尺度都可由电极直接控制。忆阻器中阻变层的制备，可以利用磁控溅射、脉冲激光沉积、离子蒸发、原子层沉积以及光刻等技术方法来实现。

3.6.2　薄膜制备

1. 磁控溅射技术

磁控溅射(Magnetron Sputtering)是二十世纪七十年代发展起来的溅射技术，主要用于制备金属、半导体以及多种材料，是物理气相沉积(Physical Vapor Deposition，PVD)的方法之一，其优势在于沉淀速率快，可控性好，能够大面积制备高质量的薄膜，用于薄膜制作时具有设备简单、制备过程可控性强、成膜速率快、薄膜的黏附性好、与 CMOS 工艺兼容等特点。

磁控溅射原理是电子在电场的作用下，在飞向基片的过程中碰撞氩原子，电离产生出一个 Ar^+ 和新电子对，新电子飞向基片，Ar^+ 在电场作用下加速飞向阴极靶，并以高能量轰击靶表面，使靶材发生溅射。在溅射粒子中，中性的靶原子或分子沉积在基片上形成薄膜，而产生的二次电子会受到电场和磁场共同作用，运动轨迹近似于一条摆线。若为环形磁场，则电子就以近似摆线的形式在靶表面做圆周运动，它们的运动路径不仅很长，而且被束缚在靠近靶表面的等离子体区域内，且在该区域中电离出大量的 Ar^+ 来轰击靶材，从而实现了高的沉积速率。随着碰撞次数的增加，二次电子的能量消耗殆尽，逐渐远离靶表面，并在电场的作用下最终沉积在基片上。磁控溅射原理如图 3-3 所示。

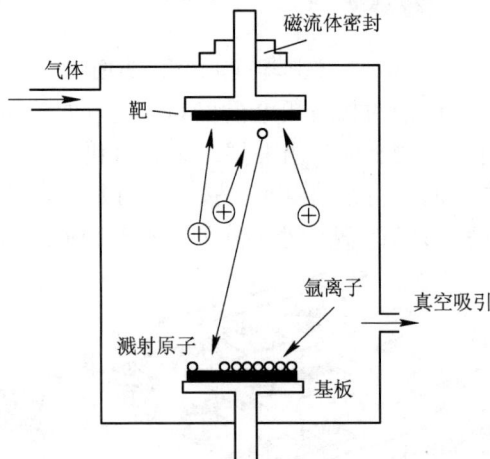

图 3-3　磁控溅射原理图

　　磁控溅射不仅可得到很高的溅射速率，而且在溅射时还可避免二次电子轰击而使基片保持或接近冷态，这对使用单晶和塑料基片具有重要意义。磁控溅射具有直流溅射和射频溅射模式，直流溅射需要施加直流电压，并且要求导电性较好的沉积材料，多用于制备各种金属和合金电极；射频溅射对材料的导电性没有特殊要求，多用于制备氧化物薄膜材料。

　　下面是利用磁控溅射技术制备 TiN/Ti/TiN 薄膜的主要工艺流程及参数。

　　(1) 磁控溅射 TiN 下电极：采用 Ti 靶直流反应磁控溅射的方法在 SiO_2 表面沉积 100 nm 的 TiN 薄膜。在腔内通入氮气，溅射过程中 Ti 原子在腔内直接与氮气反应生成 TiN 沉积于基片表面。溅射背底气压为 1×10^{-4} Pa，靶基距为 120 mm，自转速度为 135 rad/min，衬底温度为室温。溅射之前先通入 0.5 Pa 氩气在 50 W 的溅射功率下对 Ti 进行 5 min 预溅射，目的是去除 Ti 靶表面杂质及氧化层并且调节溅射腔内氛围溅射。溅射过程中通入氩气和氮气混合气体进行反应溅射，氩气流量为 60 sccm，氮气流量为 5 sccm，溅射压强为 0.8 Pa，直流溅射功率为 150 W，溅射速率为 10 nm/s，共需要溅射 1000 s。

　　(2) 磁控溅射 Ti 和 TiN 上电极：Ti 和 TiN 上电极均使用高纯 Ti 靶进行溅射，可以在一次溅射工艺中完成以保证界面的良好接触。Ti 电极采用直流溅射的方法，溅射厚度为 5～50 nm，溅射时间为 25～250 s。TiN 溅射方法与步骤(1)中给出的方法一致。由于溅射上电极时样品表面会携带有图形化的光刻胶作为掩膜，为防止溅射过程持续的原子轰击导致样品表面温度升高使光刻胶变性而难以剥离，溅射过程中采用周期性关闭溅射靶电源的方法，如溅射 100 s，关闭电源冷却 100 s，这样可以防止样品温度过高。

2. 脉冲激光沉淀

　　脉冲激光沉积(Pulsed Laser Deposition，PLD)是一种利用激光对材料进行轰击，通过在衬底上沉淀所轰击出来的物质得到薄膜的方法。脉冲激光沉积是将脉冲准分子激光所产生的高功率脉冲激光束聚焦作用于真空室内的靶材，使靶材表面材料在极短的时间内被加热熔化、气化直至使靶材表面产生高温高压等离子体，形成一个看起来像羽毛状的发光团——羽辉；等离子体羽辉垂直于靶材表面定向局域膨胀发射从而在基片上沉积形成薄膜。图 3-4 为脉冲激光沉积工作原理示意图。

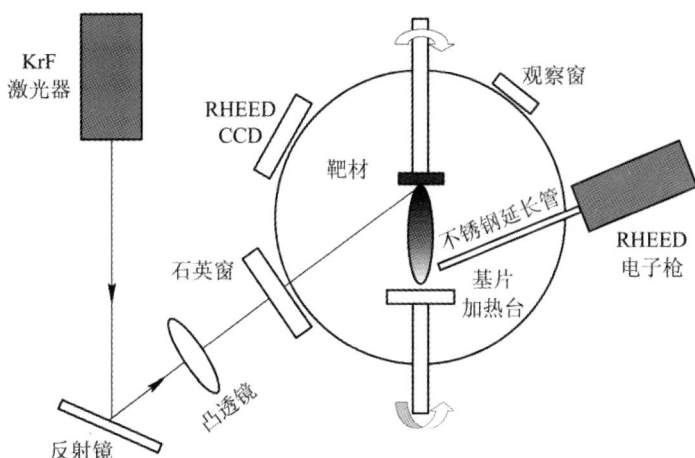

图 3-4　脉冲激光沉积工作原理示意图

通常，脉冲激光沉积成膜过程可分为激光与靶作用、等离子体输运和沉积成膜三个阶段。

第一阶段是激光束聚焦在靶材表面，在足够高的能量密度下和短的脉冲时间内，靶材吸收激光能量并使光斑处的温度迅速升高至靶材的蒸发温度以上，产生高温及烧蚀，靶材进而气化蒸发。被蒸发出来的物质反过来又继续和激光相互作用，其温度会进一步提高，形成区域化的高温高密度的等离子体。等离子体通过逆韧致吸收机制吸收光能，形成一个具有致密核心的明亮的等离子体火焰。第二阶段是等离子体火焰继续受到激光束作用，进一步电离导致温度和压力迅速升高，并在靶面法线方向形成大的温度和压力梯度。同时等离子体的非均匀分布形成相当强的加速电场。在这些极端条件下，高速膨胀过程发生在数十纳秒之内，迅速形成了一个沿法线方向向外的细长的等离子体羽辉。第三阶段是等离子体中的高能粒子轰击基片表面，然后在基片上成核、长大形成薄膜。随着晶核超饱和度的增加，临界核开始缩小，直到高度接近原子的直径，此时薄膜的形态呈二维的层状分布。在晶核长大成膜的过程中，靶材表面喷射出的高速离子对已成膜的反溅射作用、易挥发元素的损失和液滴的存在，均会对薄膜质量产生一定的影响。

脉冲激光沉积技术是非常有前途的制膜技术，其通过非加热方法控制局部电子能量分布，是一种非平衡的制膜方法。

相比于磁控溅射等制备技术，脉冲激光沉积技术在制备材料方面主要有以下特点。

(1) 可以生长和靶材成分一致的多元化合物薄膜，甚至含有易挥发元素的多元化合物薄膜。

(2) 激光能量高度集中，可用于金属、半导体、陶瓷等多种材料的蒸发，也可用于难熔材料(例如硅化物、氧化物、碳化物、硼化物等)的薄膜沉积。

(3) 易于在较低温度(如室温)下原位生长取向一致的织构膜和外延单晶膜，因此适用于制备高质量的光电、铁电、压电、高锝超导等多种功能薄膜。

(4) 能够沉积高质量纳米薄膜。高的粒子动能具有显著增强二维生长和抑制三维生长的作用，促使薄膜的生长沿二维展开，因而能够获得极薄的连续薄膜而不易岛状化。

(5) 灵活的换靶装置，便于实现多层膜及超晶格薄膜的生长，多层膜的原位沉积便于产生原子级清洁的界面。

脉冲激光沉积技术也存在一些缺点，如小颗粒的形成以及薄膜厚度不够均匀等。

3. 电子束蒸发

电子束加热蒸发可用于真空蒸发镀膜，是利用在真空条件下电子束轰击原物质，原物质受电子束的轰击，获得能量蒸发气化并向基片输运，在基片上凝结形成薄膜的方法。在电子束蒸发装置中，被加热的物质放置于水冷的坩埚中，可避免蒸发材料与坩埚壁发生反应影响薄膜的质量。因此，电子束蒸发沉积法可以制备高纯薄膜，在同一蒸发沉积系统中也可装置多个坩埚，实现同时或分别蒸发，沉积多种不同物质的薄膜。图 3-5 是电子束蒸发原理图。

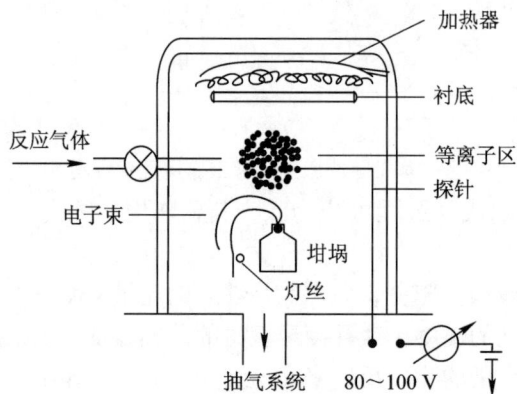

图 3-5　电子束蒸发原理图

电子束蒸发主要用来蒸发高熔点材料，相比于一般的电阻加热，该技术的蒸发热效率高、束流密度大、蒸发速度快，制成的薄膜纯度高、质量好，并且其厚度可以较准确地控制，广泛应用于制备高纯薄膜和导电玻璃等各种光学材料薄膜。电子束蒸发通常只会沉积在目标表面，不会或很少覆盖在目标三维结构的两侧，这也是电子束蒸发和磁控溅射方法的显著区别。

4. 原子层沉积技术

原子层沉积技术(Atomic Layer Deposition，ALD)是一种基于有序、表面自饱和反应的化学气相薄膜沉积技术，通过将气相前驱体交替脉冲通入反应室并在沉积基体表面发生气固相化学吸附反应形成薄膜的一种方法。目前，ALD 常被用于制造金属薄膜以及金属氧化物、金属硫化物和用于半导体的金属氮化物薄膜。其基本原理是：首先，将第一种反应物引入反应室使之发生化学吸附直至衬底表面达到饱和，过剩的反应物则从系统中抽出清除；然后，将第二种反应物放入反应室，使其和衬底上被吸附的物质发生反应；最后，剩余的反应物和反应副产物将再次通过泵抽或惰性气体清除的方法清除干净，这样就可得到目标化合物的单层饱和表面。这种 ALD 的循环可实现一层接一层的生长，从而可以实现对沉积厚度的精确控制。原子层沉积过程示意图如图 3-6 所示。其中，热原子沉积技术(Thermal

Atomic Layer Deposition, TALD)和等离子增强原子层沉积系统(Plasma Enhanced Atomic Layer Deposition, PEALD)都是基于 ALD 的原子层沉积技术。

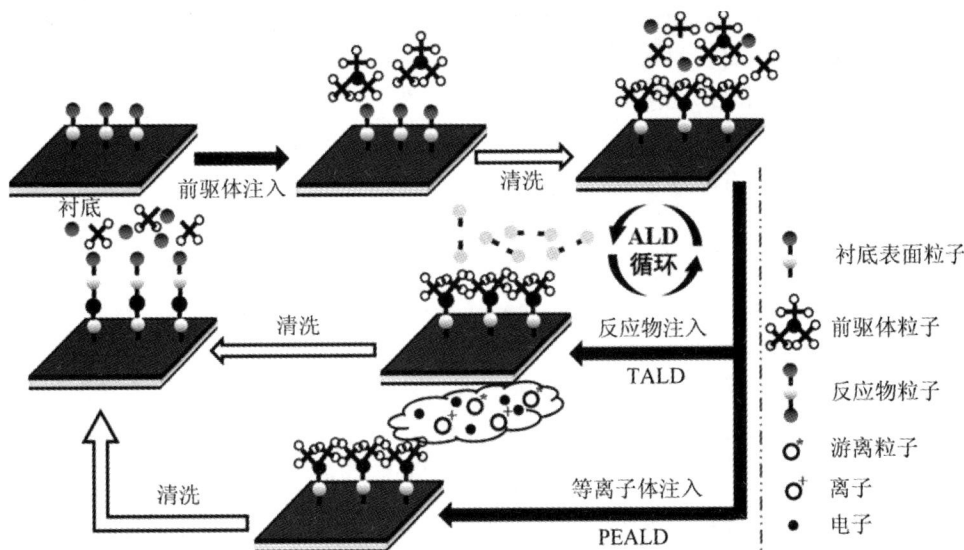

图 3-6　原子层沉积过程示意图

ALD 技术的主要优点有：能够实现原子级别薄膜厚度的精确控制以及良好的保形性、界面控制性、大面积均匀性、重复性等。此外，ALD 的温度会影响沉积材料的结晶度，沉积材料在特定温度下会从无定形材料转向多晶材料。

3.6.3　光刻技术

在制备忆阻器忆阻材料的过程中，光刻是极其重要的一步。光刻技术是指在光照作用下，借助光致抗蚀剂(又称光刻胶)将掩膜板上的图形转移到基片上的技术，其主要步骤如图 3-7 所示。

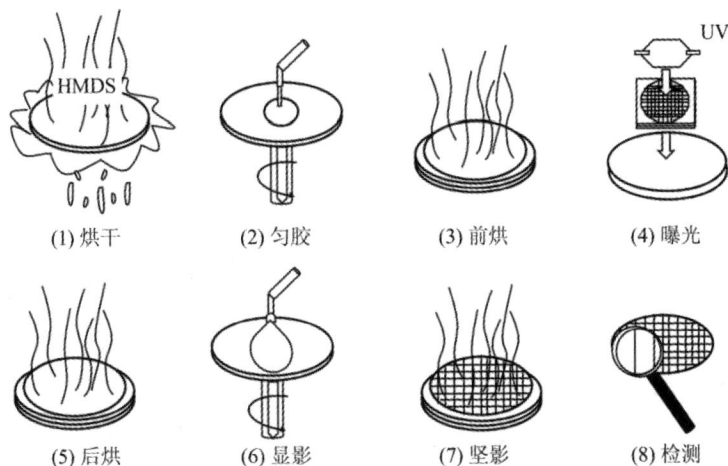

图 3-7　光刻主要步骤

(1) 烘干：先用气枪将样品表面的残留液体和灰尘吹净，然后在 140℃的烘箱中烘烤样品 3～4 min，然后自然冷却至室温。

(2) 匀胶：将样品以真空吸附的方式固定在匀胶机转子中心处，使样品表面均匀涂覆光刻胶，然后分别以较低的 800 r/m 转速匀胶 10 s 左右，较高的 3500 r/m 转速匀胶 40 s。

(3) 前烘：在 140℃的烘箱中烘烤样品 3 min，然后自然冷却。

(4) 曝光：将已压印好特定图案的掩膜板放在光刻机的掩模槽上，将样品置于所需电极尺寸对应的掩模区域内，进行曝光。

(5) 后烘：将样品置于 100℃的烘箱中烘烤 3 min。

(6) 显影：在准备好的显影液中浸泡样品约 18 s，然后用清水洗去样品表面残留的显影液。

(7) 坚影：为使样品表面对应的图案更加稳定，在 120℃的烘箱中烘烤样品 5 min。

(8) 检测：通过以上步骤后，按照电极制备工艺，利用光刻胶将电极金属沉积层、下层膜接触面与其他区域隔开，进而经过丙酮溶液进行 100 W 超声功率的剥离，留下圆形的阵列化电极，最后将高温胶带移除后，得到可用于测试的忆阻器阵列。

下面将通过忆阻器的具体制备步骤对其制备工艺进行介绍。

1. 衬底清洗

器件的底部电极采用 p 型重掺 Si，因此我们首先要对 p^+-Si 的底部电极衬底进行清洗。衬底表面附着的杂质和由于长时间暴露在空气中形成的原生氧化层都会对薄膜的沉积附着产生不良影响，影响薄膜和器件的质量，因此首先要对衬底进行清洗，确保薄膜制备的准确性。清洗步骤如下：

(1) 将从晶圆上切割下来的基片从保护膜上摘下，用水和少量清洁剂打湿无尘布，适度搓洗基片，清除表面如指纹等大颗粒污染物。

(2) 因为氢氟酸溶液对玻璃有腐蚀作用，所以应将搓洗完毕的基片置于塑料烧杯中，进而用缓慢水流冲洗残余清洁剂。

(3) 加入氢氟酸溶液，用锡箔纸密封烧杯口，放置 13 min。

(4) 倒去烧杯中的废液，加入无水乙醇，在 100 W 超声功率下清洗 6 min。

(5) 清洗完毕后，将烧杯中的无水乙醇倒去，加入新的无水乙醇，防止基片被空气中的杂质污染，利用锡箔纸将烧杯密封，以便后续实验使用。

2. 多层薄膜沉积

在沉积介质薄膜前，需对衬底进行掩模，预留出干燥衬底的一角，以便后续测试时作为底电极接触窗口，图 3-8 中的虚线围成的区域使用高温胶带进行粘贴。在制备氧化铪忆阻器的实验中，需要制备 HfO_x、$HfO_x:Ag$、HfO_y、AlO_x 和 Ag 五种薄膜，由于其中四种薄膜含氧，所以需要用到混气柜气路输入一定比例的氧气，真空腔内实际工作气体的氧氩比由混气柜中氧氩比、混气柜气路流量与氩气气路流量共同决定。其中所使用的几种氧氩比分别为：纯氩、1:30、1:15 和 1:7。根据实际氧氩比，通过混气柜配置对应的氧氩比和两条气路的流量比，计算得出纯氩气气

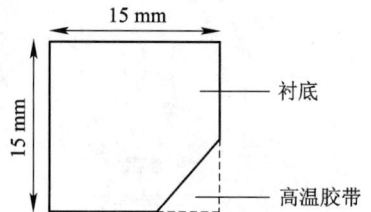

图 3-8　衬底预留电极窗口示意图

路流量在 15～25 sccm 范围内，混气柜气路流量在 10～40 sccm 范围内。

溅射工艺参数如表 3-2 所示。

表 3-2　溅射工艺参数表

溅 射 参 数	参 数 数 值
本底压强/Pa	9.0×10^{-4}
工作压强/Pa	0.5
衬底温度/℃	25
射频功率/W	200
直流电流/A	0.12
Ar/sccm	15～25
Ar:O₂/sccm	10～40
金属块数量/个	0～6
预溅射时间/min	5～15
预溅射时间/min	2～15

薄膜沉积时，设置射频电源功率为 200 W、直流源电流为 0.12 A、本底压强为 8×10^{-4} Pa 时开始工作，工作压强为 0.5 Pa，衬底常温不加热。制备 HfO_x:Ag 时，根据需要将若干个 Ag 粒均匀放置在 HfO_2 靶的溅射磁道上，采用共溅射的方法制备出 HfO_x:Ag 薄膜。

3. 阵列上电极图形化

电极制备过程中使用圆形电极掩膜板进行光刻，光刻板的深色区域遮挡紫外光，其他区域可以透过紫外光。紫外曝光机和 NR9-3000PY 负性光刻胶共同作用下可以制备出 6 种尺寸的圆形电极。图 3-9 为电极光刻板的示意图。

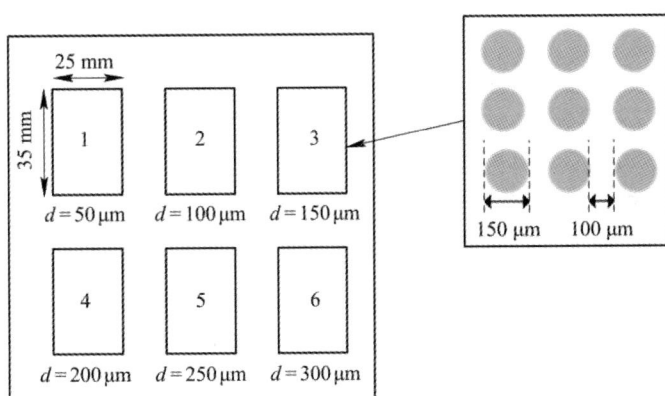

图 3-9　电极光刻板示意图

坚膜完成后，样品的圆形区域裸露在外，其他区域则被光刻胶覆盖。随后按照电极薄膜制备工艺，将电极金属 Ag 沉积在圆形凹槽内与下层薄膜直接接触，其他区域则被光刻胶隔开。经过丙酮溶液和 100 W 超声功率的剥离后，只留下圆形的阵列化电极，进而将高温胶带移除后，便可获得可用于测试的忆阻器阵列。

参 考 文 献

[1]   BAE Y C, LEE A R, BAEK G H, et al. All oxide semiconductor-based bidirectional vertical p-n-p selectors for 3D stackable crossbar-array electronics [J]. Sci Rep. 2015, 5: 13362.

[2]   李芬, 朱颖, 李刘合, 等. 磁控溅射技术及其发展[J]. 真空电子技术, 2011(3): 49-54.

[3]   CORTESE S, KHIAT A, CARTA D, et al. An amorphous titanium dioxide metal insulator metal selector device for resistive random access memory crossbar arrays with tunable voltage margin [J]. Applied Physics Letters. 2016,108 (3): 833-840.

[4]   PATEL T A, PANDA E. Thickness induced microstructure, electronic structure and optoelectronic properties of Cu_2S films deposited by radio frequency magnetron sputtering[J]. J. Appl. Phys, 2019, 126 (24): 245101.

[5]   KELLY P J, ARNELL R D. Magnetron sputtering: a review of recent developments and applications[J]. Vacuum, 2000, 56(3): 159-172.

[6]   JO S H, CHANG T, EBONG I, et al. Nanoscale memristor device as synapse in neuromorphic systems[J]. Nano Letters, 2010, 10(4): 1297-1301.

[7]   国强, 贺中亮, 刘剑, 等. 二氧化铪(HfO_2)薄膜制备的研究进展[J]. 陶瓷, 2009(02): 10-12.

[8]   魏子健. 盐辅助化学气相沉积法制备硫化亚锡纳米片及其在忆阻器中的应用[D]. 郑州: 河南农业大学, 2023.

[9]   熊汉利. 基于有机聚合物忆阻器的制备及性能研究[D]. 无锡: 江南大学, 2023.

[10] 陈晓平, 楼玉民, 赵宁宁, 等. 基于异质结构忆阻器的研究进展[J]. 材料导报, 2022, 36(10): 21-30.

[11] 徐顺, 陈冰. 基于忆阻器结构的 Ge 基光控晶体管制备及其光电性能研究[J]. 半导体光电, 2023, 44(04): 543-550.

[12] 王成旭. 新型氧化铪基忆阻器及其规模集成研究[D]. 武汉: 华中科技大学, 2022.

[13] 杨凡凡. 基于二维 $WSe_{2-x}O_y$ 的忆阻器阻变性能研究[D]. 武汉: 华中科技大学, 2022.

[14] 秦及贺. 二元金属氧化物忆阻器制备及关键特性研究[D]. 成都: 电子科技大学, 2020.

第4章

忆阻器的突触仿生特性

人工神经网络可以模拟人类大脑处理信息的方式，通过调节各神经突触之间的权值来增强或减弱人工神经元间的联系。当权值增强时，神经元联系逐渐紧密，类似大脑"学习"的过程；当权值减弱时，神经元联系逐渐疏远，类似大脑"遗忘"的过程。人工神经网络硬件实现的基础，就是这种权值可调器件或称为仿生突触器件的实现。本章将介绍如何使用忆阻器模拟实现生物神经突触和神经元的各种功能，以及仿生突触器件的基本特性，主要包括仿生突触器件的短时程突触可塑性、长时程突触可塑性、学习和遗忘特性、经验式和联合式学习特性、脉冲频率响应特性，以及忆阻器在感觉系统和脉冲神经网络中的应用。

4.1　神经突触基本功能的忆阻器模拟

神经突触是生物神经系统信息传递的最小功能单位，任何反射活动都要经过神经突触才能完成，因此对神经突触的功能模拟是人工神经网络模拟的关键。

忆阻器的阻值随着外界施加电压的改变呈连续变化，这种独特的电学性质类似于生物神经突触的非线性传输特性，即两者的传递能力在外界刺激下都能发生改变。此外，在结构上忆阻器和突触相似，都属于两端结构。生物神经突触一般由突触前膜、突触后膜和突触间隙组成，如图 4-1 所示，与忆阻器的顶电极、底电极和阻变层相对应。忆阻器尺寸可以缩小到纳米量级，其集成的阵列密度甚至可以达到生物神经系统中突触的密度。在传输机理上，生物突触通过传递 Ca^{2+}、K^+ 等离子，从而实现连接程度的变化。忆阻器的扩散原理和生物神经突触的传输机制一样，主要通过氧空位在电场的作用下发生迁移，从而使得金属氧化物界面的氧空位浓度升高或降低，引起肖特基势垒增加或减少，最终导致器件的阻值发生变化。

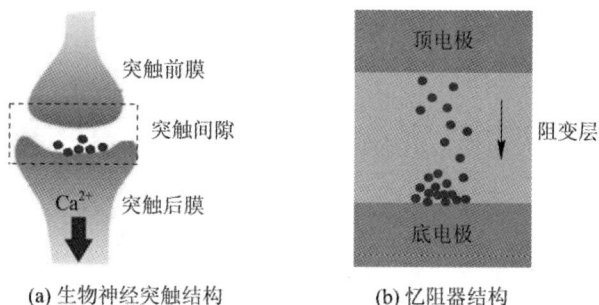

(a) 生物神经突触结构　　　　　(b) 忆阻器结构

图 4-1　生物神经突触与忆阻器结构

　　因此，忆阻器不论是从结构上还是电学特性上都与生物神经突触非常相似。从结构上讲，忆阻器具有金属-绝缘体-金属(Metal-Insulator-Metal，MIM)的三明治结构，这与生物神经突触的前突触-突触间隙-后突触的结构对应；大脑神经网络中有数千亿个神经突触，忆阻器的纳米级尺寸结构也非常适合构建庞大的神经网络。从基本电学特性角度看，忆阻器具有独特的电学特性，其阻值能够随着流经的电量而发生连续变化并能够记住该变化。通过改变输入信号参数，如幅值、频率等，就能实时地改变忆阻器阻值的大小，进而实现人工神经突触权值的调节，这与生物神经突触的非线性传输特性相似。因此忆阻器从器件结构和电学特性上来模拟神经突触具有独特的优势。

　　这里以 Pd/WO$_x$/W 氧化钨忆阻器为例，其数学模型为

$$i = (1-w)\alpha[1-\exp(-\beta u)] + w\gamma\sinh(\delta u) \tag{4-1}$$

式中，u 表示输入电压信号，i 表示输出电流，w 是器件内部的状态变化量，α 是肖特基势垒高度，β 是隧道势垒高度，γ 是肖特基势垒区域的耗尽层宽度，δ 是导电区有效的隧道距离。

　　此时，位置状态微分方程为

$$\frac{\mathrm{d}w}{\mathrm{d}t} = \lambda[\exp(\eta_1 u) - \exp(-\eta_2 u)]f(w) - \frac{w-u_1}{\tau} \tag{4-2}$$

式中，λ 是相关系数，η_1、η_2 表示影响参数，u_1 表示记忆保留值，τ 表示遗忘时间。

　　遗忘时间变化率的微分方程为

$$\frac{\mathrm{d}\tau}{\mathrm{d}t} = a[\exp(\eta_1 u) - \exp(-\eta_2 u)] \tag{4-3}$$

　　记忆保留值变化率的微分方程为

$$\frac{\mathrm{d}u}{\mathrm{d}t} = b[\exp(\eta_1 u) - \exp(\eta_2 u)]f(w) \tag{4-4}$$

　　另外，使用的窗函数为

$$f(w) = 0.25[(\text{sign}(u)+1)(\text{sign}(1-w)+1) + (\text{sign}(-u)+1)(\text{sign}(w)+1)] \tag{4-5}$$

式中，w 应控制在[0, 1]之间。

　　此时，Pd/WO$_x$/W 结构的忆阻器特性如图 4-2 所示。

　　当给忆阻器施加三角波时，结果如图 4-2 所示。图 4-2(a)分别展示了施加的电压信号和输出的电流信号随时间变化关系图。通过给忆阻器施加正、负电压信号可以发现，当施加正电压信号时，电流是正向电流，并且是逐渐增大的；而施加负电压信号时，电流是负向电流，并且也是逐渐增大的。从图 4-2(b)可以发现：连续的正向扫描电压信号会增加器件的导电性，并且当施加的电压幅值逐步增加时，器件导电性也会逐渐增大；连续的负向扫描电压信号会降低器件的导电性，电压幅值增大时，器件导电性会减小。由此可以看出忆阻器具有独特的阈值特性，即当电压在 −0.2 V 至 0.2 V 之间时，电流几乎是没有发生变化的，这说明了忆阻器的阻值也不会发生变化，只有当外部刺激达到阈值时，电流才会发生改变，这在很大程度上类似于生物的记忆特征，对于一个强度较大的神经刺激信号，记忆往往保留的时间也会较长；对于反向电压信号，权值会逐渐降低。这一特性是忆阻器模拟神经突触各类功能的基础。

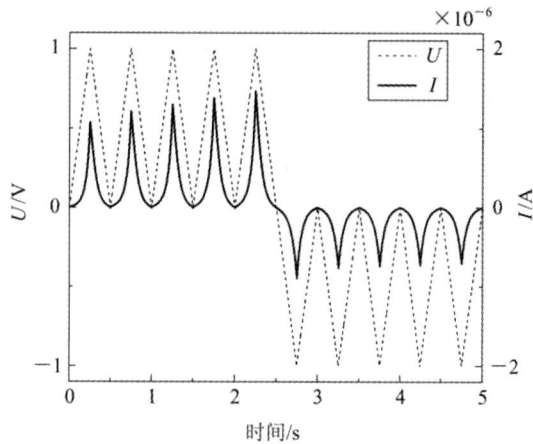

(a) 电流电压随时间变化关系图

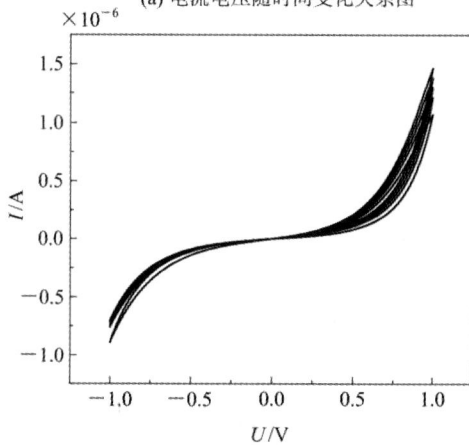

(b) *I-U*图

图 4-2　氧化钨忆阻器特性

突触可塑性主要包括短时程可塑性(Short-Term Plasticity，STP)、长时程可塑性(Long-Term Plasticity，LTP)、学习和遗忘特性、经验式和联合式学习特性。

4.1.1　短时程突触可塑性

短时程突触可塑性是指由短促的刺激触发，并且在短的时间内能够迅速恢复，主要包括易化(Facilitation)、增强(Potentiation)和抑制(Depression)三种形式。短时程突触可塑性不仅能够调节大脑皮层兴奋和抑制之间的平衡，还参与了注意、睡眠节律和学习记忆等神经系统高级功能的实现。这里介绍两种典型的短时程突触可塑行为——双脉冲易化(Paired-Pulse Facilitation，PPF)和双脉冲抑制(Paired-Pulse Depression，PPD)效应。

PPF 是典型的短时可塑性表现形式之一，指的是在神经递质分泌量不足的神经突触中，反复多次刺激突触前神经元导致神经递质得到权值积累，进而引起突触后电流增大。在器件中的表现是指当前突触接收两个间隔时间较短的脉冲电压刺激时，第二个刺激在后突触所产生的兴奋性突触后电流(Excitatory Post-Synaptic Current，EPSC)幅值 n_2 会明显大于第一个刺激所产生的电流幅值 n_1，结果如图 4-3(a)～(c)所示。可以发现，当第二个刺激越靠近第一个刺激时，易化的程度越明显；当第二个刺激远离第一个刺激时，易化效果不明显。

双脉冲抑制 PPD 指的是在神经递质分泌较多的突触中，刺激到来的间隔较短导致后续神经递质分泌量跟不上，从而使突触后电流降低。在器件中的表现是指当突触前膜接收两个间隔时间较短的刺激时，第二个刺激在突触后膜所产生的抑制性突触后电流(Inhibitory Post-Synaptic Current，IPSC)幅值 n_2 会明显小于第一个刺激所产生的电流幅值 n_1。结果如图 4-3(d)所示，当双脉冲幅值为 −1 V、脉冲间隔为 40 ms 时，第二个脉冲引起的 IPSC 也有明显增强的趋势。

双脉冲易化比(PPF index)和双脉冲抑制比(PPD index)能很好地表示出 PPF 和 PPD 的幅度大小，其表达关系为$[(n_2 - n_1)/n_1] \times 100\%$，双脉冲易化和抑制比与脉冲间隔的关系如图 4-3(e)所示，只有在脉冲间隔足够小的时候，才能观察到 PPF 和 PPD 现象。随着脉冲间隔的增加，双脉冲易化比和双脉冲抑制比会大幅减小，从这一结果也可以推理出脉冲频率会对器件权值的增强和减弱幅度产生影响。因此，针对不同类型的忆阻器，脉冲间隔的调整将对器件的输出电流产生重要影响。

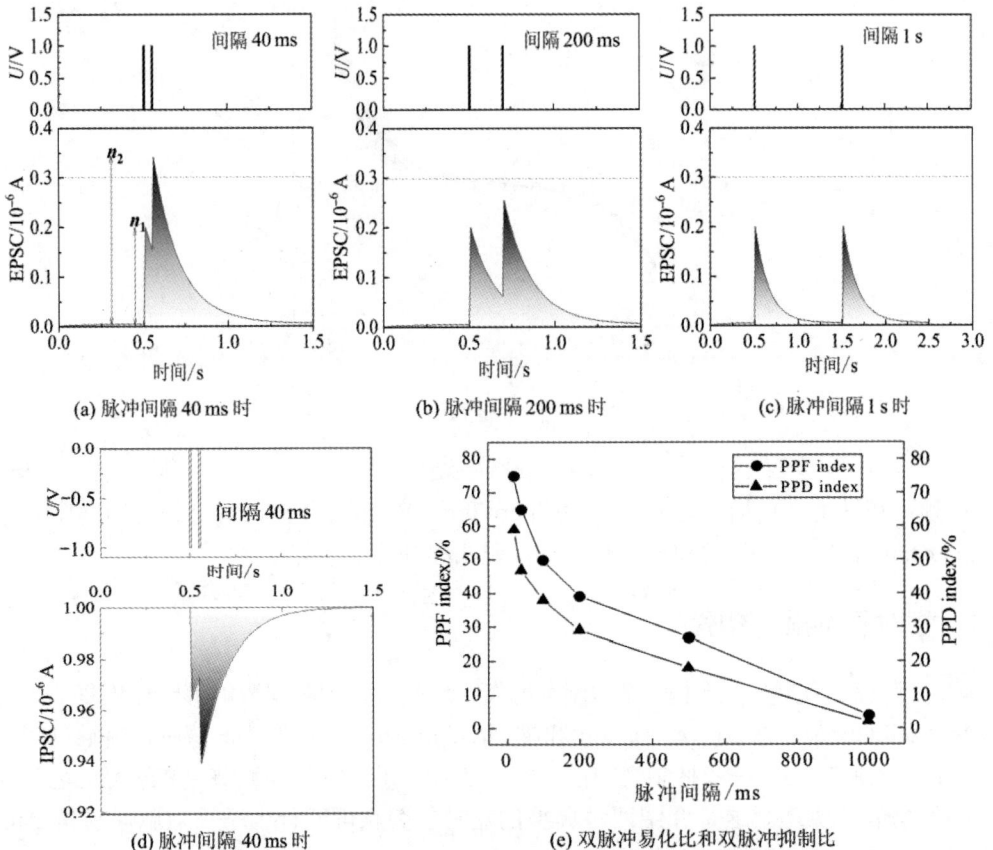

(a) 脉冲间隔 40 ms 时　　(b) 脉冲间隔 200 ms 时　　(c) 脉冲间隔 1 s 时

(d) 脉冲间隔 40 ms 时　　(e) 双脉冲易化比和双脉冲抑制比

图 4-3　短时程突触可塑性

4.1.2　长时程突触可塑性

长时程突触可塑性是由大量外界刺激引起的，连接程度持续性增强或抑制。其表现形式为长时程增强(Long-Term Potentiation，LTP)和长时程抑制(Long-Term Depression，LTD)，两者被认为是学习记忆活动细胞水平的生物学基础行为。脉冲时间依赖突触可塑性(Spiking Time Dependent Plasticity，STDP)作为神经突触可塑性中长时可塑性的表现形式之一，是学习和记忆的基本机制，并且它能很好地诠释 LTP 和 LTD 之间的关系，因而本节主要介绍长时程突触可塑性中的 STDP 现象，这也是忆阻器模拟神经突触功能的重要特征之一。

　　STDP 是指当前神经元脉冲先于后神经元发生时，突触权值应加强；当后神经元脉冲先于前神经元发生时，突触权值应减小。若将仿生忆阻器的上、下电极视为接收前后神经元信息的连接部分，分别对两极施加不同时序的脉冲信号，可以测量到器件的 STDP 特性如图 4-4 所示。如果将正脉冲信号施加在前神经元，负脉冲施加在后神经元，将前一个刺激的终态和后一个刺激的始态的时间间隔设为 Δt，施加前神经元脉冲的时刻记为 t_1，施加后神经元脉冲的时刻记为 t_2，则当 $\Delta t = t_1 - t_2 > 0$ 时，表示突触前神经元信号先于后神经元发生，突触连接程度增强，表现为器件权值的增加，并且相隔时间越短，增加幅度越大；当 $\Delta t = t_1 - t_2 < 0$ 时，则表示突触前神经元信号后于突触后神经元发生，突触连接程度减弱表现为器件权值的减小。

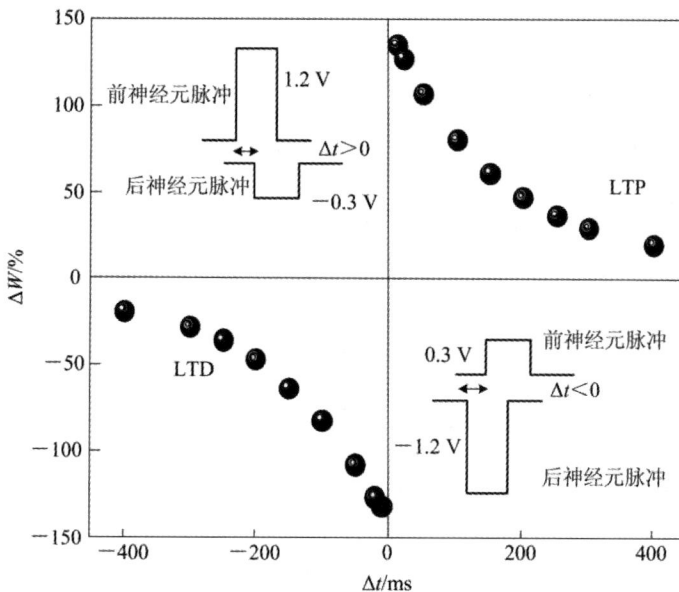

图 4-4　长时程突触可塑性

4.1.3　学习和遗忘特性

　　基于 STDP 特性，忆阻器可进一步实现"学习"和"遗忘"的功能，是神经突触的基本特性之一。神经突触的连接程度决定了学习和遗忘的不同过程，它随着外界的刺激呈现非线性变化。而忆阻器能够模拟神经突触的重要原因在于它的电阻值也能随着流经电量而发生连续的变化，这样的非线性特性和神经突触的非线性传输具有高度的相似性。突触的连接程度在接受连续的正向刺激脉冲时，其权值会逐渐增加对应"学习"的过程；当该正向脉冲刺激消失或施加反向脉冲刺激时，器件权值逐步减小，对应"遗忘"的过程。这样的非线性变化可以通过施加连续电压脉冲观察到，如图 4-5 所示。对器件施加幅值为 1.2 V、脉冲宽度为 50 ms 的正脉冲序列，器件权值会随着施加的脉冲数量增加而变大；当器件权值达到最大值 1 时，此时需要的脉冲个数为 21，对应的学习时间为 2 s，这一过程对应突触的学习过程。

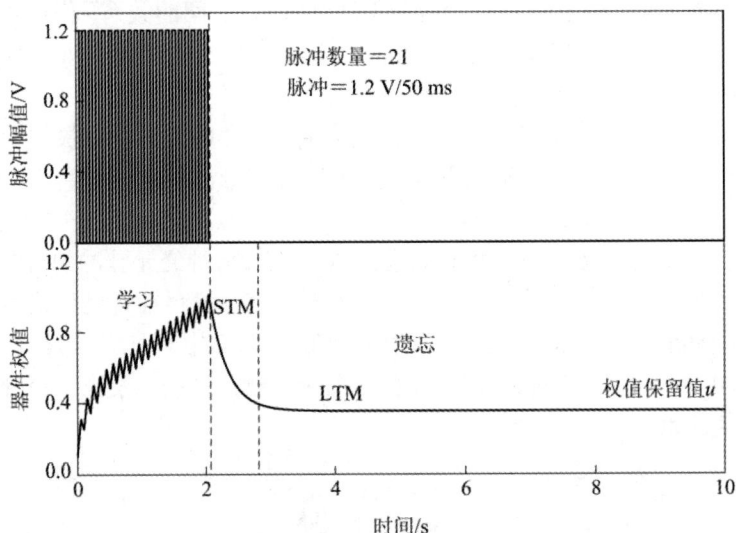

图 4-5　学习和遗忘特性

当器件权值达到 1 后，如果不再施加脉冲刺激，则可以发现权值呈现了缓慢衰退的过程。这一衰退过程和人类大脑的遗忘过程非常相似，突触权值在经过了一个快速的衰退过程后趋于稳定，但并没有完全恢复到权值的初始状态，而是有一定的保留值。器件权值快速的衰退过程正好与心理学中的短期记忆(Short-Term Memory，STM)和长期记忆(Long-Term Memory，LTM)相对应。因此，可以得出忆阻器和生物神经突触在行为上有着高度的相似性，为进一步模拟突触功能提供了实现载体。

4.1.4　经验式和联合式学习特性

除了学习和遗忘过程，生物体还具有更高级的经验式学习特性，这也是神经网络具有长时程突触可调特性的主要表现之一。

经验式学习是指生物体在发生第一次学习经历的一段时间后，即使对此学习结果已经遗忘，但在第二次面对同类刺激时只需要较少时间就可完成自身权值增强。图 4-6 展示了经验式学习的模拟过程，施加的正向脉冲幅值为 1.2 V，宽度和间隔均为 50 ms，需要 21 个脉冲刺激器件权值达到最大值 1，即第一次学习过程需要 2 s 完成；撤去脉冲刺激后器件权值降低出现了遗忘过程，在 4 s 后降低到权值保留值 u_1。在经历一次遗忘后，第二次继续施加同样频率的正脉冲，注意第二次学习过程的权值初始值为第一次学习过程最终的权值保留值，此时器件权值仅需要 5 个脉冲就可以达到最大值 1，表示第二次学习仅需 0.5 s 就能完成第一次学习的同样效果。撤去脉冲刺激后，器件权值经过第二次遗忘过程降到权值保留值 u_2，u_2 的值也明显大于第一次的权值保留值 u_1，表明长时记忆 LTM 得到了加强，通过反复的刺激训练可以实现忆阻器短时记忆 STM 向长时记忆 LTM 的转变，这说明在经历过经验式学习后，生物体认知可形成保持时间长达数十年的长久性记忆。

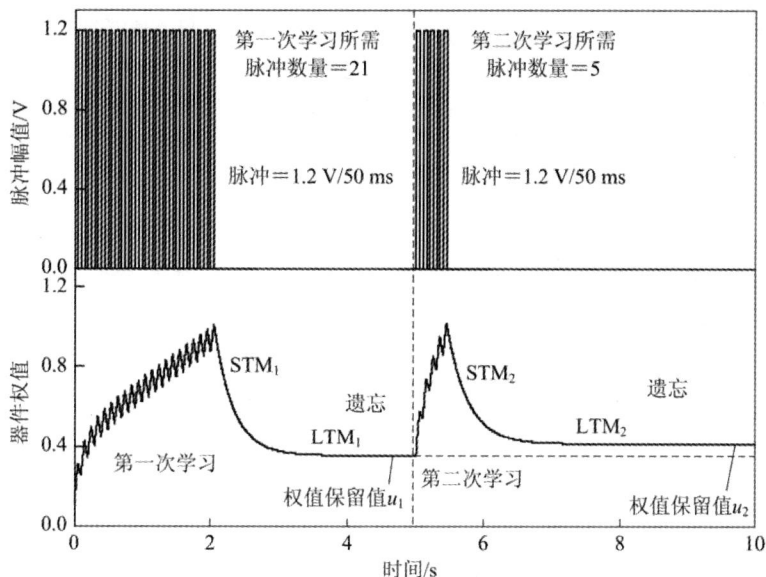

图 4-6　经验式学习

　　忆阻器除了可以实现经验式学习，还可以实现更高阶的学习行为，即联合式学习。联合式学习是指在刺激和反应之间形成的联系。诺贝尔奖奖金获得者、俄国生理学家 Ivan Pavlov 提出著名的 Pavlov 经典条件反射就是一种典型的联合式学习。

　　Pavlov 的实验通过给狗投喂食物，并测量其唾液分泌来建立食物与唾液分泌间的联系，如果给出食物的同时反复给一个中性刺激，例如铃声，狗就会逐渐"学会"在即使只有铃声的情况下也分泌唾液。根据这项实验 Pavlov 提出了条件反射学说，条件反射是动物通过后天的学习产生的一种反应，可以增强其适应周围环境的能力，也是动物在自然环境中生存下来的基础。"食物"是非条件刺激，"铃声"刚开始为中性刺激，经过联想记忆后变成条件刺激。

　　给狗投喂实验的训练过程如表 4-1 所示。这里用 1 表示施加信号或者狗做出反应，用 0 表示未施加信号或狗未做出反应。实验训练主要分为四个阶段：第一阶段单独施加"铃声"信号刺激时，狗没有反应，不会分泌唾液；第二阶段单独施加"食物"信号刺激时，狗会分泌唾液；第三阶段同时施加"铃声"和"食物"信号刺激时，狗会分泌唾液；第四阶段在第三阶段的基础上撤销"食物"信号，可以发现狗在没有"食物"刺激的情况下，依旧会分泌唾液。完成条件反射之后单独施加"铃声"信号时狗也会分泌唾液，这说明了狗可以通过联合式学习将分泌唾液行为和铃声之间建立一定的联系。

表 4-1　Pavlov 的给狗投喂实验训练过程

训练过程	食物	铃声	狗的反应
第一阶段	1	0	1
第二阶段	0	1	0
第三阶段	1	1	1
第四阶段	0	1	1

　　Pavlov 的给狗投喂实验的模拟测试电路如图 4-7(a)所示，神经元与神经突触相连接，用忆阻器的两个输入端来表示两个神经元，其中输入端 $Input_1$ 表示接收"食物"信号的神

经元 1，输入端 Input$_2$ 表示接收"铃声"信号的神经元 2，忆阻器作为神经突触，连接听觉/视觉神经元和分泌唾液的动作神经元，可以通过监控定值电阻 R 的分压 U_R 来判断电子突触的连接程度和活跃状态，进而判断狗是否分泌唾液。因此，定值电阻的实时分压 U_R 为

$$U_R = \frac{R}{R + R_M} U \qquad (4\text{-}6)$$

式中，U 为总电压，即 $U = U_M + U_R$；R_M 为忆阻器(狗神经实触)电阻。

实验遵循 4-1 表，结果如图 4-7(b)所示。若设定"食物"信号为非条件刺激信号，"铃声"为中性刺激信号，选择幅值较大的 0.5 V 脉冲信号作为"食物"信号刺激，幅值较小的 0.3 V 脉冲信号作为"铃声"刺激，脉冲宽度和脉间间隔分别为 100 ms 和 300 ms。通过实验可以发现，在第一阶段时，单独给狗施加 0.3 V 的脉冲序列"铃声"信号时，分压 U_R 为 6～8 mV；第二阶段时，单独给狗施加 0.5 V 的脉冲序列"食物"信号时，分压 U_R 为 18～24 mV；在第三阶段时，同时给狗施加 0.5 V 的脉冲序列"食物"信号和 0.3 V 的脉冲序列"铃声"信号，分压 U_R 为 18～28 mV，略高于第二阶段时的分压；随后进行第四阶段，撤除 0.5 V 的脉冲序列"食物"信号，即单独施加 0.3 V 的脉冲序列"铃声"信号，会发现分压 U_R 在 10.5～11.5 mV 之间。

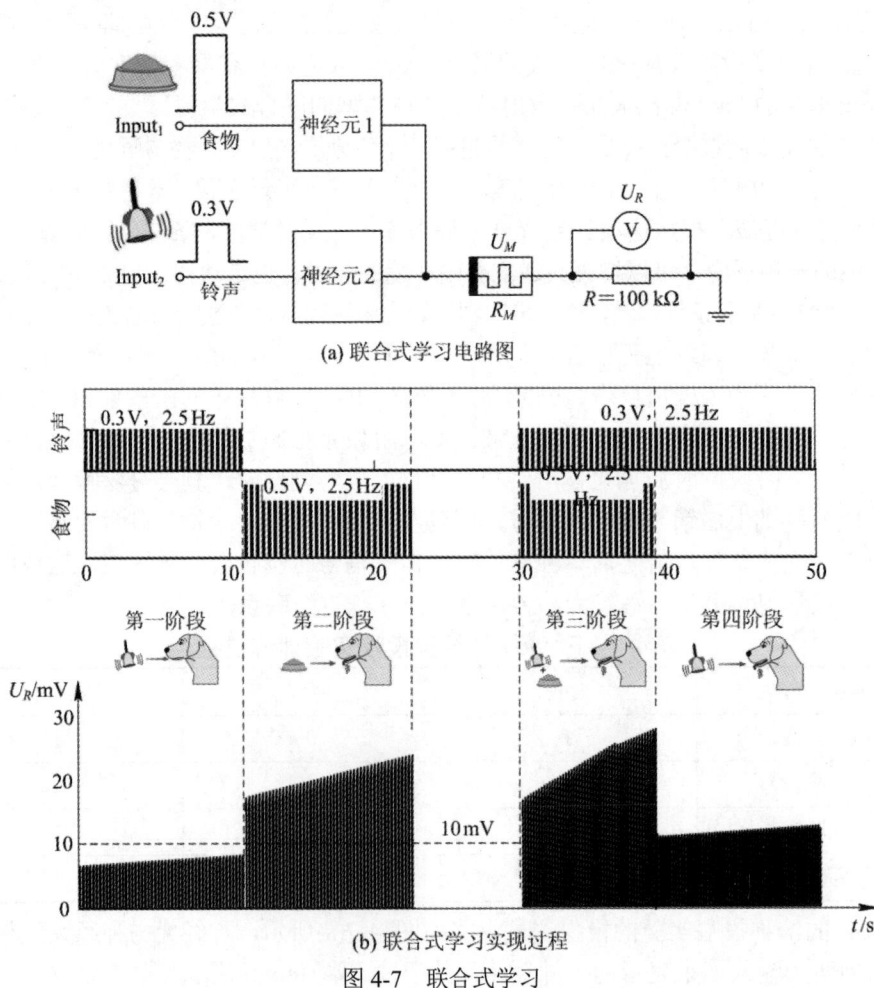

(a) 联合式学习电路图

(b) 联合式学习实现过程

图 4-7   联合式学习

根据四个阶段 U_R 分压的变化区间，设定阈值电压为 $U_{th} = 10\ mV$，并设定当 $U_R > U_{th}$ 时，狗分泌唾液；当 $U_R < U_{th}$ 时，狗不分泌唾液。图 4-7(b)的结果很好地解释了生物体的联合式学习现象，在第一阶段时，对狗单独施加"铃声"刺激时，$U_R < U_{th}$，则认为狗不分泌唾液；在第三阶段，同时施加"铃声"和"食物"刺激时，$U_R > U_{th}$，则表明狗分泌了唾液；在第四阶段时，撤出"食物"刺激，只有"铃声"刺激时，$U_R > U_{th}$，说明狗也分泌了唾液，从而说明此时狗产生了联合式学习，即不需要食物信号也会分泌唾液，验证了生物体经过训练后产生的联想记忆。

虽然上述神经突触行为是电路模拟的结果，但研究表明实际器件测试会得到相似特性，包括更高阶的经验式和联合式学习行为，这为忆阻器在脉冲神经网络中的应用提供了一定的参考。

4.2　脉冲频率响应特性

生物神经科学的研究表明，人工神经网络基于脉冲信号处理信息，其信息处理机制接近生物神经元。在处理非连续信号时，信号频率也可以成为信息传递的内容之一，忆阻器具有非线性特性，能很好地传递脉冲信号，并且可以通过不同频率的脉冲信号，表现出不同的突触权值特性，这就是对脉冲频率特性的响应，也是脉冲神经网络区别于卷积神经网络的重要特征之一，为忆阻器在脉冲神经网络中的作用提供了理论依据。

4.2.1　脉冲频率对器件权值的影响

历史依赖可塑性(History-Dependent Plasticity，HDP)是突触适应功能的重要表现，也是实现频率响应特性的重要特征。为了验证忆阻器的历史依赖可塑性的可行性，可对忆阻器施加脉冲序列(1V，10 ms)，包括四个不同频率的脉冲信号，如图 4-8 所示。

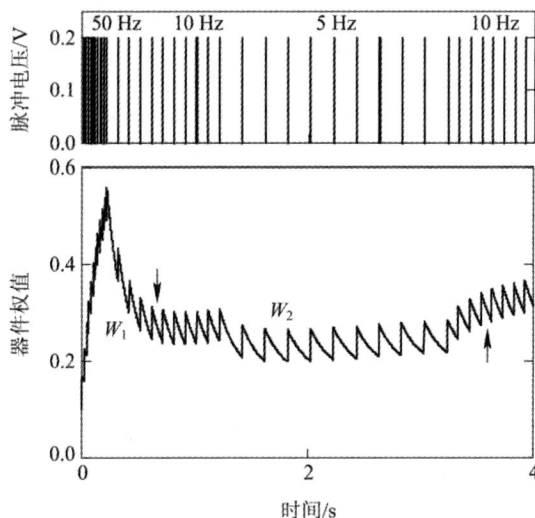

图 4-8　历史依赖可塑性

在第一阶段，施加频率相对较高(50 Hz)的脉冲序列，忆阻器的器件权值呈现了增加的趋势；在第二阶段，施加频率较低(10 Hz)的脉冲序列，降低了器件权值，即突触抑制；在第三阶段施加 5 Hz 的脉冲序列，在第四阶段施加 10 Hz 的脉冲序列，再次增加器件权值，即突触增强。值得注意的是，第二阶段和第四阶段尽管使用了相同的 10 Hz 脉冲序列，却引起了相反的器件权值变化。在该实验中，若将 50 Hz 刺激后的器件权值状态视为经验权值 W_1，5 Hz 刺激后的器件权值状态可视为经验权值 W_2，50 Hz 的脉冲和 5 Hz 脉冲视为不同的"经历"或"历史"，则通过不同的"经历"或"历史"，10 Hz 的突触后尖峰序列可以根据经历过的 W_1 被更高的 50 Hz 频率激活而诱导抑制，或者根据经历过的 W_2 被更低的 5 Hz 频率激活而诱导增强，从而表明实现了历史依赖的可塑性，这一突触可塑性也为器件的频率响应提供了理论支持。

对历史依赖的可塑性实现，表明了脉冲的频率对器件的权值具有一定的影响。为了验证这一特点，可设置不同频率的脉冲，观察器件权值的变化，得出的结果如图 4-9 所示。给定一个初始值 $w_0 = 0.2$，当施加的脉冲频率较小时(10～50 Hz)，器件权值反而降低，对应了器件的 PPD 现象，即脉冲频率较低时反而可以引起器件权值的降低。当脉冲频率较大(100 Hz 以上)时，器件权值是上升的，这表明了较高的脉冲频率才可在较短时间内引起器件权值的连续增强，对应了器件的 PPF 现象。由此可知，器件 PPF 和 PPD 现象的产生取决于输入脉冲频率的大小，这一特性称为器件的脉冲频率相关可塑性(Spiking Rate Dependent Plasticity，SRDP)，也是忆阻器进行频率响应的必要条件。

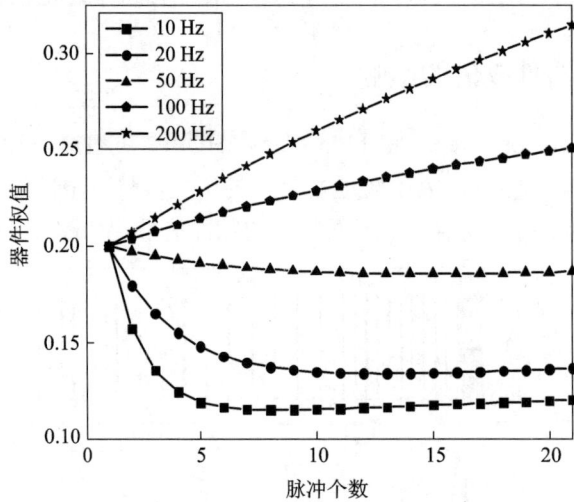

图 4-9　频率对器件权值的影响

4.2.2　脉冲频率响应特性的模拟

脉冲神经网络善于处理复杂的脉冲信号，特别是对于信号的频率信息尤为敏感。神经元的放电模式有很多种，为了实现忆阻器频率响应特性模拟，可设定四种不同频率特征的脉冲信号，分别对应神经网络四种不同的神经放电模式，即规律型、不规律型、刺激型和适应型，并设定单个脉冲幅值为 0.2 V，脉冲宽度为 1 ms。规律型表示一组频率为固定值的脉冲信号，不规律型表示一组频率随机变化的脉冲信号，刺激型表示会集中出现频率较高的脉冲组，适应型表示一组频率由高逐渐降低的脉冲信号。

　　四种脉冲信号不同的频率变化以及它们分别对应的器件权值变化示意图如图 4-10 所示。从图 4-10(a)可以看出，当将规律型脉冲信号施加在忆阻器两端时，可以发现当有脉冲信号刺激时，器件权值是上升的，脉冲信号消失时器件权值会有所下降，器件权值的变化整体会呈现规律性，这与施加的规律型脉冲信号可以相对应。当给忆阻器两端施加不规律型脉冲信号时，结果如图 4-10(b)所示，器件权值会呈现出时而上升、时而下降的无规律状态变化，整体呈现出一种不规则性。图 4-10(c)展示了给忆阻器两端施加刺激型脉冲的结果，可以看出当有强烈脉冲信号组刺激时，器件权值会显著上升，连续刺激加强器件权值会达到一个相对高峰的位置，没有脉冲信号刺激时，器件权值会逐渐下降。从图 4-10(d)可以看出，当给忆阻器施加适应型脉冲信号时，器件权值在整体上也会呈现出一种与输入信号对应的适应型变化趋势，即随着脉冲信号频率变小，器件权值也会逐渐减小。虽然生物体的脑神经脉冲信号要比这四种情况复杂得多，但通过模拟四种比较典型的神经元放电模式，在忆阻器模型中器件权值会展现出跟随脉冲频率变化的趋势，从而可以证明忆阻器应用于脉冲神经网络具有一定的可行性。

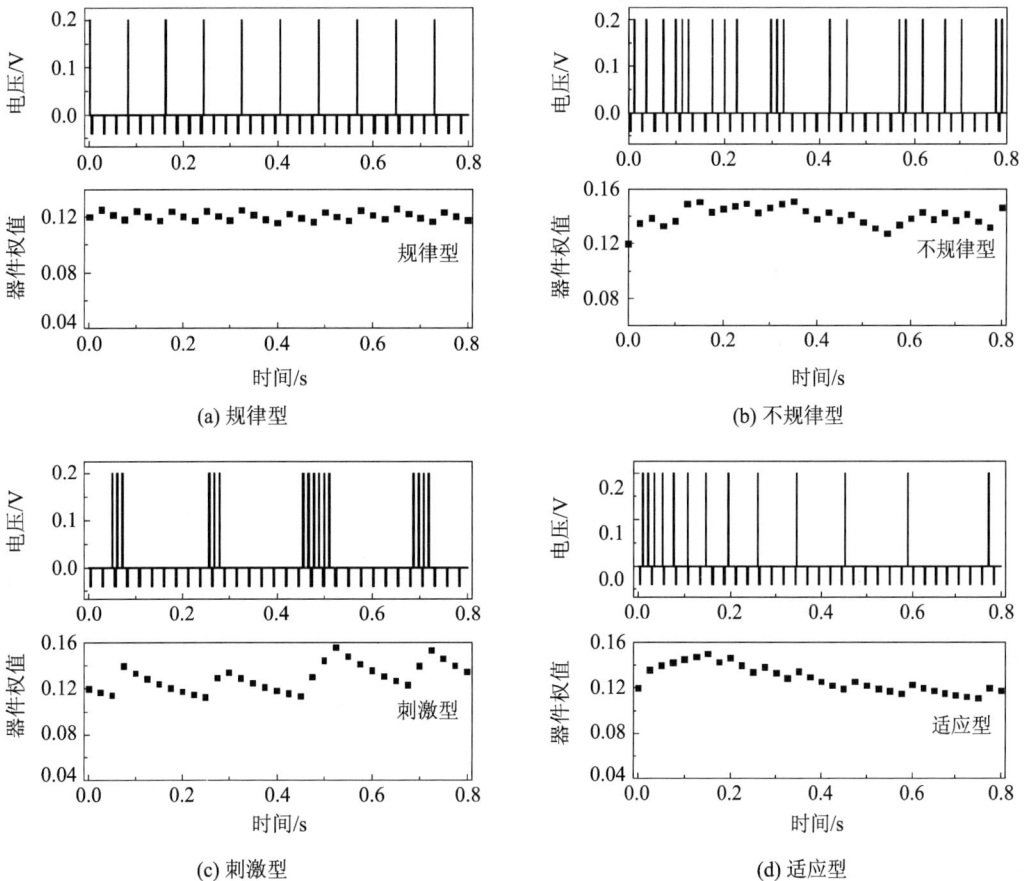

(a) 规律型　　　　(b) 不规律型

(c) 刺激型　　　　(d) 适应型

图 4-10　四种不同脉冲模式器件权值的实时变化示意图

4.2.3 脉冲频率响应的意义

脉冲频率响应在输入为脉冲序列的情况下，反映了器件权值随输入频率变化的规律性，表征了忆阻器件的频率特性。通过频率对器件权值的影响和对频率响应特性的模拟可以发现，较大的脉冲频率可以引起器件权值的连续增强，正好对应着短时程可塑性中的 PPF 现象，而较低的脉冲频率则会导致器件权值的连续降低，正好与短时程可塑性中的 PPD 现象对应。这说明器件的频率响应特性与短时程可塑性息息相关，频率对于突触的可塑性有着紧密的联系。

对四种不同频率的神经元放电模式进行模拟，进一步说明了频率对器件权值的影响，说明了忆阻器可以很好地处理一些复杂的脉冲信号。这一特点与脉冲神经网络的原理基本一致，都是通过脉冲序列来传递信息，使用脉冲的频率信号来表示生物的特征，这一点进一步说明了忆阻器可以应用于脉冲神经网络的模拟和实现。

4.3 忆阻器在感觉系统中的应用

4.3.1 LIF 模型中的忆阻器

LIF(Leaky Integrate and Fire，LIF)神经元模型是为了模拟生物神经元模型的工作过程而提出来的，该神经元模型的等效电路如图 4-11 所示。其电路组成为一个膜电容 C_m 与一个膜电阻 R_m 并联在一起，当突触前神经元送出一个脉冲时，与之相连的突触细胞就会有一个与之对应的电流 I。产生的电流流向两个方向，一部分给电路中的膜电容 C_m 充电，诠释了 LIF 模型中 Integrate 的含义，即为累积电压的过程；另一部分从膜电阻上流出，诠释了 LIF 模型中 Leaky 的含义，即为泄漏掉的电流。LIF 神经元的激活机制是：一旦膜电容 C_m 上

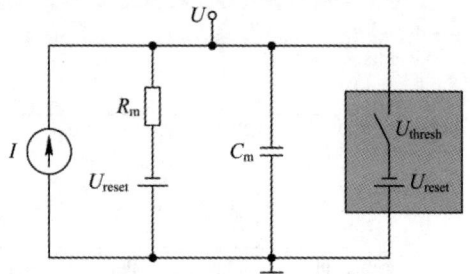

图 4-11 LIF 模型的等效电路

的电压高于预先设定的阈值电压，该神经元将发出脉冲送到与之相连的下一神经元，该过程诠释了 LIF 模型中 Fire 的含义。由此得知，LIF 模型的输出与电压有关，电压是电路内部和外部之间的电位差。

生物神经元只有在获得外界刺激并且超过一定阈值时才会向与其相连的其他神经元传递刺激信号，进而实现信息交流。LIF 模型目前是脉冲神经网络中使用最广泛的神经元模型，LIF 模型从生物电子学的角度对生物神经元进行了模拟，使用电子的转移来模拟生物神经系统中离子的转移，将神经元的动作电位描述为对所有输入的累积，当膜电位累积到临界电压阈值时神经元便会触发一个脉冲。若将忆阻器 M 接入到 LIF 模型中，就可以验证作为神经突触的忆阻器在 LIF 神经元模型中的优势。

图 4-12 是忆阻器模拟 LIF 模型电路原理图。通过比较器设定阈值电压，120 pF 的电容

C_m 具有储存电荷的功能，$2\,k\Omega$ 的电阻 R_1 和 $150\,\Omega$ 的 R_2 主要用于分压，并且能将输出脉冲电压幅值控制在一定范围内，还需接入一个用于提供放电功能的接地 N 型半导体晶体管。在整个电路中，输入信号通过忆阻器进行传递，忆阻器可以模拟神经突触的基本功能，因此也可以用来模拟神经元的信息传递，这与 LIF 模型的机理一致，因此忆阻器模型可以很好地应用在 LIF 模型模拟中，并且实现 LIF 神经元的功能。

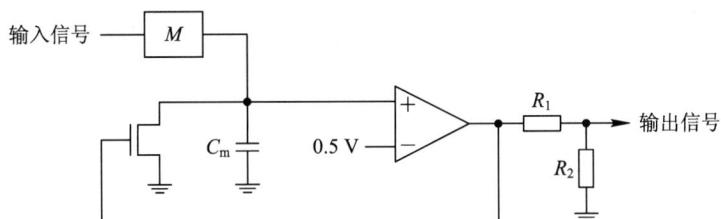

图 4-12　忆阻器模拟 LIF 模型电路

4.3.2　忆阻器模拟神经元的信息传递

在生物神经系统中，神经元之间是通过神经突触连接的，信息传递就是通过这些神经突触从前神经元传递到后神经元。其基本结构示意图如图 4-13 所示。

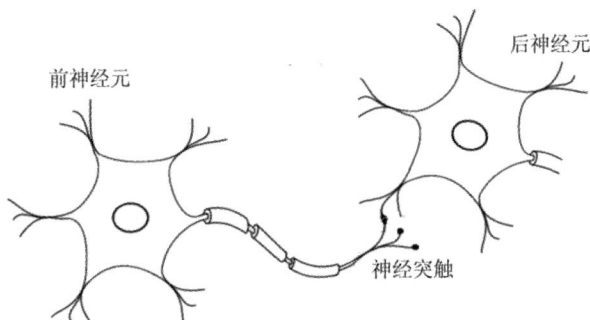

图 4-13　神经系统结构图

每个神经元的输出信号与接收到的输入信号在幅值和频率上存在一定的相关性。图 4-14 是神经系统的信息传递原理。当同个后神经元的多个神经突触各自接收到与前神经元频率不同的信号时，高频率信号可更快引起神经突触内感应电流激增，从而迅速激发后神经元，后神经元因此输出特有频率的脉冲信号；而低频率脉冲无法在神经突触内产生强烈的感应电流，从而无法激发后神经元产生输出。

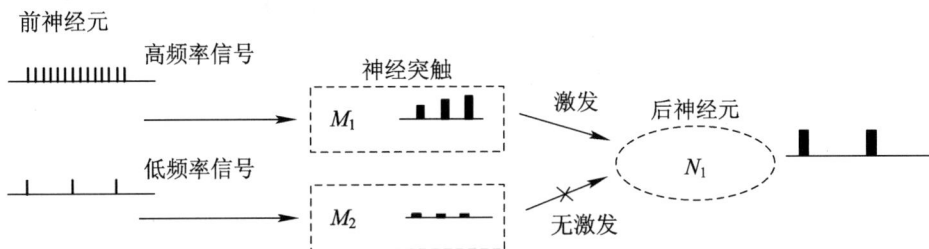

图 4-14　神经系统信息传递原理

神经系统的信号处理过程可以用 LIF 神经元模型模拟,图 4-15 是用忆阻器实现的 LIF 神经元模型。和神经元相连的各个神经突触可接收到不同频率和幅值的脉冲信号,在脉冲神经网络中称为时空信号。不同幅值和频率的时空信号传递到神经元时,神经元接收后可根据自身属性发出特有频率的输出脉冲信号。这里的神经元可用比较器和忆阻器来实现,设置比较器阈值,当忆阻器受到足够信号刺激并超过自身阈值时,才会释放出一个自身特有幅值的脉冲信号。当刺激信号持续时,阈值忆阻器就可以释放出一连串特有频率的信号,通常频率会低于输入信号。只有足够高频率的输入信号才会引起阈值型忆阻器的激发。

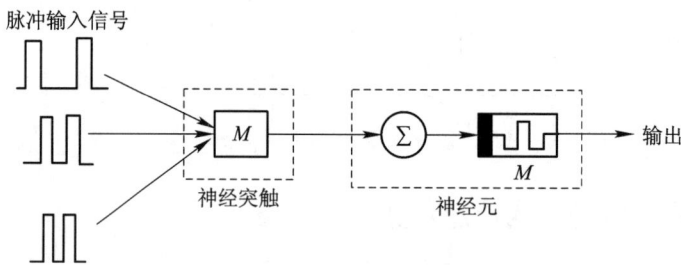

图 4-15　忆阻器的 LIF 模型

器件脉冲频率响应测试(Spiking Rate Dependent Plasticity,SRDP)如图 4-16 所示。从图 4-16(a)可以看出,当给器件输入脉冲频率较低的信号时,神经突触内感应电流的变化很小,使其无法激发后神经元。当增大脉冲信号的频率时,神经突触内感应电流会出现猛增的现象,能够迅速引起后神经元激发,使其有对应的输出信号,这表明器件内的感应电流受脉冲频率影响较大,突增的脉冲频率可引起神经突触内电流急剧增加,这使得与神经突触连接的后神经元更快超过设定阈值从而产生输出脉冲,如图 4-16(b)所示。器件脉冲频率响应测试进一步解释了神经系统信息传递的原理:当同个后神经元的多个神经突触各自接收到不同前神经元的频率各异的信号时,高频率信号可更快引起神经突触内电流激增,从而迅速激发后神经元,后神经元因此将输出特有频率的脉冲信号;而低频率脉冲无法在神经突触内产生强神经突触内电流,从而无法激发后神经元产生输出。由此可见,神经网络在进行信号处理时会优先传递频率较高的信号,这也是时空信息传递的基本要求。

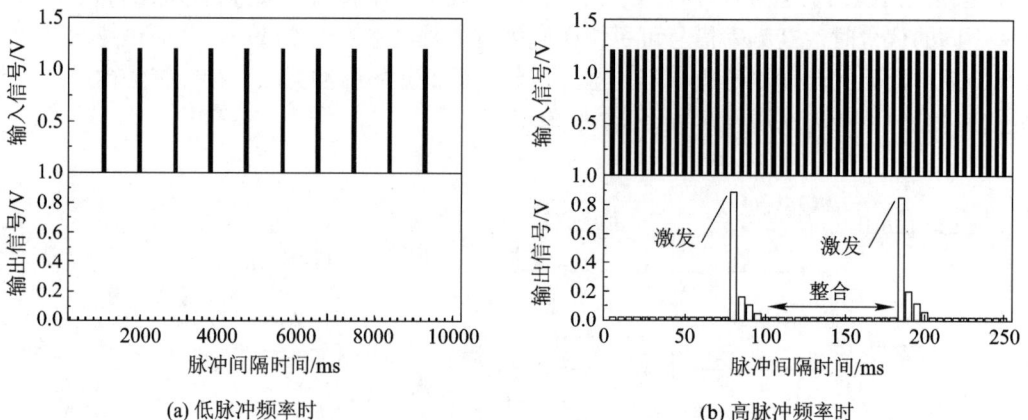

(a) 低脉冲频率时　　　　　　　　　　　(b) 高脉冲频率时

图 4-16　低、高频神经元器件的脉冲频率响应测试

4.4　脉冲神经网络及应用

近年来，生物神经学研究取得了显著进展，研究人员通过实验捕捉了大脑内部神经元的行为模式，进一步阐明了大脑活动和感知之间的关系，并不断揭示生物神经元的新特性。神经科学研究表明，生物神经元是使用脉冲信号来计算和传递信息的，神经元之间的脉冲响应取决于连接两个神经元的突触强度。

1997 年，奥地利科学家 Wolfgang Maass 在其发表的论文 "Networks of spiking neurons: The third generation of neural network models" 中提出了 "第三代神经网络" ——脉冲神经网络(Spiking Neural Networks，SNN)。SNN 是由计算机学科与生物神经学科交叉形成的研究方向，它的出现为模拟大脑复杂的信息处理机制提供了一种潜在的计算范式，其对信息在时间和空间上的编码与解码，以及模拟大脑的解释模型的能力，使得人工神经网络具有更强大的仿生特性，因此 SNN 是一种基于生物启发的非常有效的信息处理方法。

4.4.1　脉冲神经网络基本特性

不同于 ANN 神经元连续的模拟值输出，SNN 神经元之间通过非 0 即 1 的脉冲来进行信息传递。突触前神经元发出脉冲，经突触传递后在突触后神经元中产生突触电流。突触后神经元的膜电位在时间上进行累积直到达到某一特定阈值，进而发出新的脉冲传递给下一个神经元，如图 4-17 所示。因此，SNN 很好地模拟了生物神经元丰富的时间动态信息，并且能表示和整合诸如时间、频率、相位等不同的维度信息，为模拟大脑复杂的信息处理机制提供了极具潜力的计算范式。所以与实际的生理机制相比，脉冲神经网络是一种可以高度模拟实际神经元的模型。脉冲神经元的输入和输出在特定时间段内使用稀疏脉冲进行时间编码，在脉冲神经网络中，输入信息必须以二进制脉冲序列的形式呈现给每个神经元。因此，需要将复杂的模拟值编码为二进制形式，而如何高效地利用此类信息，并进行信息的快速获取，仍然是待解决的难题。

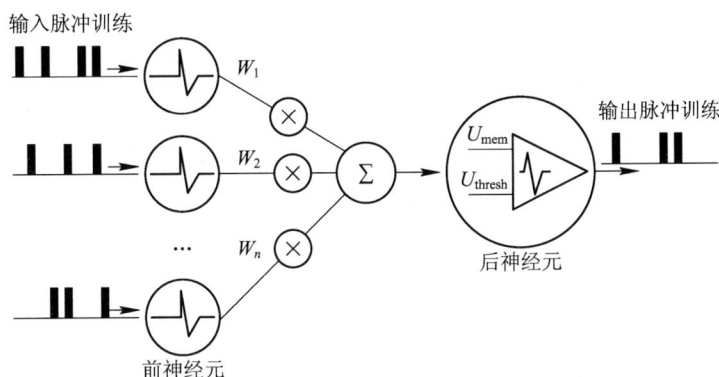

图 4-17　脉冲神经元结构图

SNN 的基本单位是脉冲神经元，其状态主要由膜电势以及激活阈值决定。膜电势主要由来自上一层所有连接的突触后电势决定，突触是允许神经元之间互相传递消息的连接节点。突触后电势分为激励型和抑制型，其中激励型突触后电流(EPSC)能够提高神经元的膜电势，抑制型突触后电流(IPSC)能够降低神经元的膜电势。这两种电势概念类似于生物大脑中的两类神经元——兴奋型神经元和抑制型神经元。

在 SNN 中，当神经元的膜电势达到激活阈值后，神经元就会被激活并随之产生一个脉冲信号，该脉冲信号传递到与该神经元相连的下一个神经元，脉冲神经元的激活状态，如图 4-18 所示。脉冲神经元模拟神经细胞受到刺激、产生动作电位和发出脉冲的过程，表明神经元之间通过传播离散的脉冲进行交流和传递信息。以脉冲的发放时间作为主要特征是脉冲神经网络的编码方式，同时使用相应的神经元突触的训练算法，结合延迟操作，这样会更具生物神经元特性。

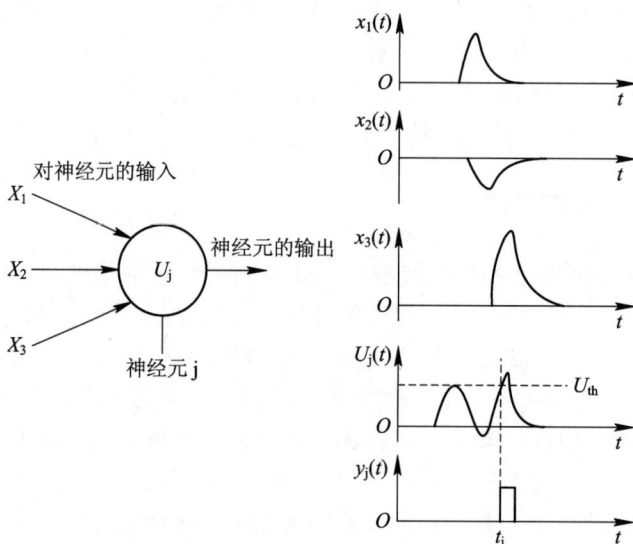

图 4-18　当接收到输入脉冲时神经元的激活状态

4.4.2　忆阻器在脉冲神经网络中的作用

在人工智能和物联网快速发展的今天，传统 John von Neumann 架构存在的存储墙和大功耗等问题，已经无法满足大数据发展时代下的高性能、低功耗计算的需求。为弥补 John von Neumann 体系结构的不足，研究人员提出了存储计算融合的新模式，其中包括类神经计算和逻辑计算。忆阻器的出现也使存算一体化的可行性进一步提高。

研究人员发现，忆阻器具有较好的生物特性，是生物突触的最佳替代者。忆阻器既可以用来进行数据存储，也可以用来计算，同时忆阻器还具有并行计算的能力，而且其性能与生物神经元很相似，是构建存算一体化系统的有力之选，这样新型的存算一体化系统可以用来构建脉冲神经网络。忆阻脉冲神经网络作为基于忆阻器的类神经计算的一种新型模式，具有类生物性和超低功耗的优势，是目前的研究热点。基于忆阻器的新型体系结构主要可以分为两类：一类是实现逻辑计算，即 Logic in memory；另一类是实现神经形态计算，即 Neuromorphic computing。当基于忆阻器的逻辑计算在解决逻辑计算问题时，基于忆阻器的神经形态计算尤其适合现今的神经网络计算。

基于忆阻器的神经形态计算又可大致分为忆阻模拟神经网络和忆阻 SNN。忆阻模拟神经网络用电压或者电流大小作为载体进行信号传递，而忆阻 SNN 则用电压脉冲作为载体进行信号传递。相比忆阻模拟神经网络而言，忆阻 SNN 具有更好的生物模拟性、更好的鲁棒性以及更低的能耗。总而言之，在传统 John von Neumann 体系结构面临着诸多挑战的今天，忆阻 SNN 成为未来高性能、低功耗计算的有力竞争者，研究忆阻 SNN 相关理论与技术将具有重要的理论意义和实践价值。

图 4-19 所示为常用的忆阻 SNN 结构，三角形符号代表 CMOS 神经元，具有脉冲积分与发射的功能，每个忆阻器作为突触存储权值。当采用不同的工作模式与学习算法时，具体结构会进行相应的改变，但是交叉阵列结构依然是此类网络结构的基础。

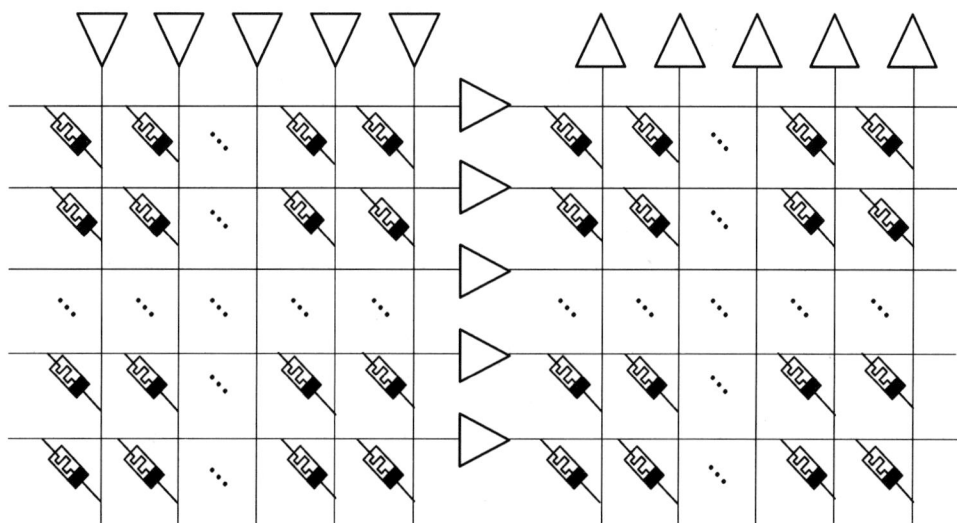

图 4-19　忆阻 SNN 结构示意图

4.4.3　脉冲神经网络应用案例

基于 LIF 神经元模型的多层脉冲神经网络可成功应用于轴承故障诊断问题。采用互补集合经验模态分解(Complementary Ensemble Empirical Mode Decomposition，CEEMD)方法对轴承的原始振动信号进行分解，并对其进行特征提取，接着构建故障诊断模型，通过大量数据训练好的模型对轴承信号进行故障诊断。

振动信号的采集、特征提取和故障识别是轴承故障诊断的主要过程。信号采集部分主要是通过传感器对机器的振动信号、电压信号等进行监测，以反映机器的健康状况。特征提取部分是对各传感器采集到的监控数据进行信号处理，并从中抽取出对应的故障特征。故障识别部分是将抽取到的故障特征输入到神经网络中，利用专家系统或人工智能方法，对这些特征所携带的故障信息进行识别。基于脉冲神经网络的诊断方法如图 4-20 所示。首先，使用加速度传感器采集异步电机的振动信号，预处理后对得到的数据进行 CEEMD 分解，将振动的时域数据分解为各个内涵模态分量(Intrinsic Mode Functions，IMF)；然后去掉不需要的分量，再把其余的分量进行快速傅里叶变换(Fast Fourier Transform，FFT)，送入搭建好的脉冲神经网络进行故障分类检测。

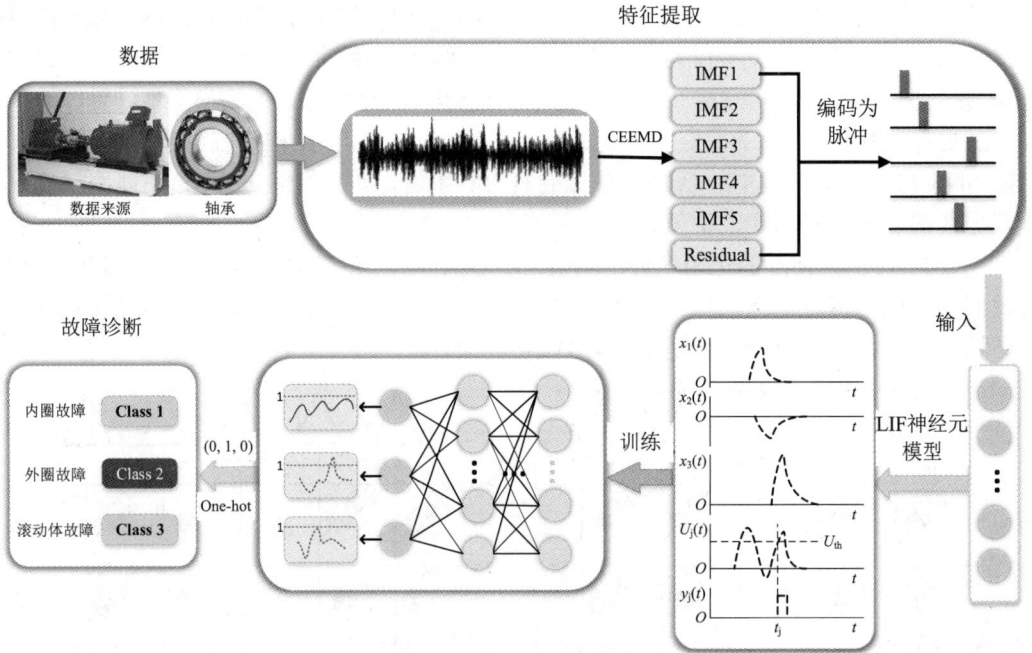

图 4-20 轴承故障诊断流程图

图 4-21 是信息传递过程及对数据集故障模式的透明度示意图。脉冲神经网络中的脉冲信号会在突触前神经元的轴突上进行传递，并同时释放出一种神经递质，神经递质承担着神经元之间的信息传递功能。当多个突触前神经元向一个突触后神经元传递脉冲时，经过累积后，突触后神经元的膜电压此时可能会超过设定的边界阈值 U_{th}，此时突触后神经元被激发并放电。

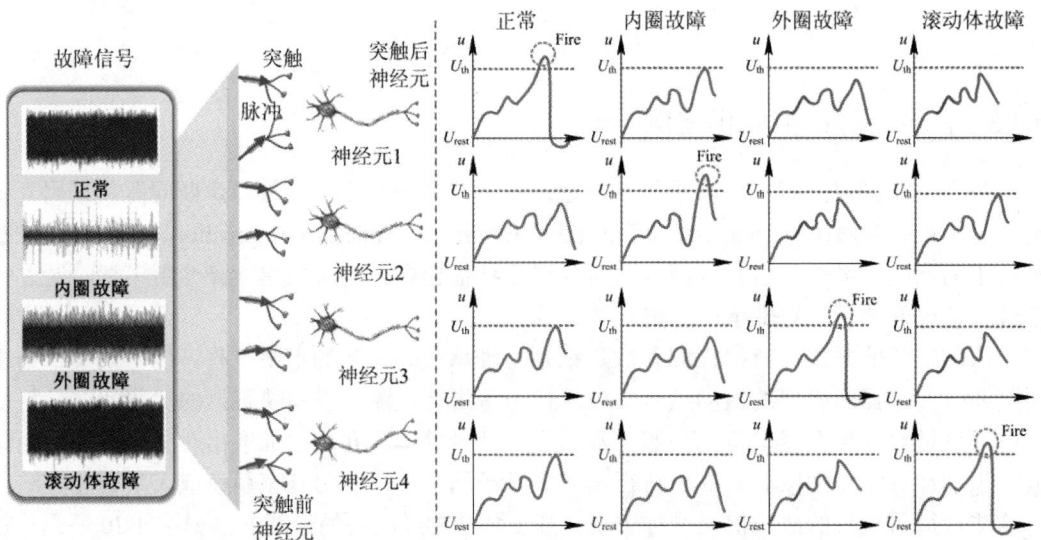

图 4-21 信息传递过程及对数据集故障模式的透明度示意图

实验选用 Case Western Reserve University(CWRU)数据中心的轴承数据集作为轴承故

障数据。实验提出的轴承故障模式是透明的，因此可以清楚地看到每个神经元的激活状态。CWRU 数据集有四种显示正常或故障类型的信号，即正常、内圈故障、外圈故障和滚动体故障，各类轴承信号经过信号处理和提取都被转换为脉冲形式输入到突触前神经元中。经过多层神经元的迭代，脉冲均匀地传递到输出层突触后神经元中的神经元 1～神经元 4，分别对应正常和不同类型的故障。因此，脉冲神经元可以通过膜电压超过阈值 U_{th} 或未超过阈值 U_{th} 的触发机制来具体响应轴承故障情况。如图 4-21 所示，对于内圈端故障信号，只有脉冲神经元 2 累积的膜电压超过设定的边界阈值 U_{th}，而其他脉冲神经元的膜电压均小于 U_{th}，因此只有神经元 2 能激活脉冲，说明神经元 2 能准确识别内圈故障特征。同样，另外三个神经元也可以识别正常、外圈故障和滚动体故障的特征，脉冲神经网络给不同的故障模式提供了良好的透明性。

实验利用 CWRU 数据集对所提出的多层脉冲神经网络算法进行了故障诊断训练测试，并与采用该数据集的同类型诊断方法进行了比较。为了充分利用数据，实验采用的是 K 折交叉验证这种常用到的实验方法，其具体步骤是：首先，将实验数据均匀地分为 K 个小组，为了确保公平性，每个小组都会有一个验证集，剩余的 $K-1$ 个小组就会成为一个训练集，通过多次对 K 组的学习训练后，得到 K 个分类结果；然后，将 K 个结果的平均精度作为最终的分类准确度，用来衡量分类器的性能指标。实验采用 5 折交叉验证的方法对所提出的算法模型进行了训练和测试，最终以 5 次交叉实验的平均诊断准确度作为对算法性能的衡量标准。CWRU 的全部 1920 个样本以随机方式分成两组，取样本中 80% 的数据作为训练集，其余 20% 的数据作为对比用的测试集。

实验还需对网络结构的参数进行设置。多层脉冲神经网络中输入层和隐层的峰值神经元数量分别设置为 120 和 48，而输出层的峰值神经元数量与轴承故障类型数量一致，设为 4。初始突触权值遵循区间[0,1]的均匀分布，衰减时间常数 τ 为 12 ms。隐层阈值电压 U_{th1} 和输出层阈值电压 U_{th} 均设为 1 V。每一层的学习率设置为不同的值，第一层 α_1 学习率设为 0.1，第二层 α_2 学习率设为 0.001。在此基础上，对网络参数进行反复实验，直到训练周期超过设定的最大迭代次数，或者是分类精度已经达到了期望，从而获得了脉冲神经网络模型经过优化后的模型参数。最后，将训练好的模型用于对测试样本数据的故障诊断中，得到最终的分类结果。

经过上述的实验流程，得到了在 CWRU 数据集上进行 5 折交叉验证的训练和测试结果，如表 4-2 所示。经过 5 次训练得到 5 个训练结果，最终将 5 个训练结果的平均精度作为最终的分类准确度，用来衡量分类器的性能指标。训练集和测试集的平均分类准确度分别为 99.178% 和 99.656%。通过对实验数据的分析，证明了所提出的算法对各种类型的轴承故障都有很好的分类效果。

表 4-2　CWRU 数据集实验的准确度　　　　单位：%

实验指标	1	2	3	4	5
训练精确度	97.92	98.96	100.00	99.48	99.53
测试精确度	100.00	99.56	100.00	100.00	98.72

为了进一步了解 CWRU 数据集上哪种类型的故障分类结果有偏差，可查看 5 次实验结果的总体混淆矩阵，如图 4-22 所示。主对角线上的数值是这一类故障的正确检测点的准确

度，其他位置上的数值是识别错误检测点准确度。由混淆矩阵可以看出在故障检测中，该算法对不同类别的故障诊断结果大不相同，其中滚动体故障端的测试准确度达到了96.20%，且与外圈故障端的检测结果最易混淆。而其他三种不同故障端的测试准确度都在97.10%以上，其中正常端的轴承数据测试准确度高达99.50%，内圈端的轴承数据测试准确度为98.40%。另外，从图4-22的混淆矩阵可知，分类时很容易将内圈端和外圈端的数据混淆，证明两个样本的数据分布存在一定程度的重叠。

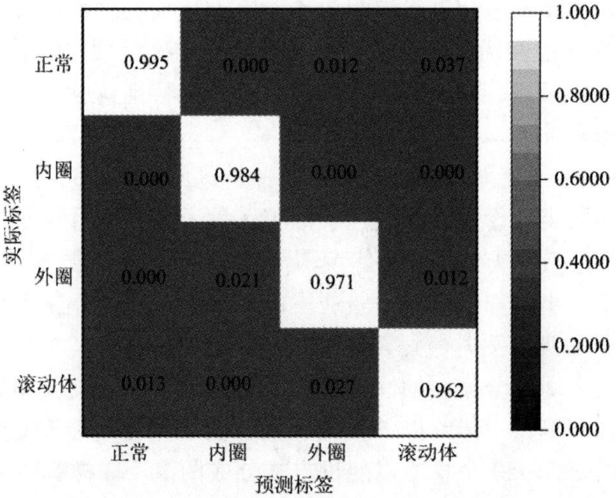

图 4-22　CWRU 数据集上测试数据的混淆矩阵

轴承故障诊断算法具体流程代码如算法 4-1 所示。

算法 4-1　轴承故障诊断算法

```
# 初始化数据加载器
train_set = Path(r'输入数据位置')
train_loader = data.DataLoader(dataset=train_set,batch_size=batch_size,shuffle=True, drop_last=False)
test_set = Path(r'输入数据位置')
test_loader = data.DataLoader(dataset=test_set,batch_size=batch_size,shuffle=True, drop_last=False)
# 定义并初始化网络
net = nn.Sequential(nn.Flatten(),nn.Linear(120, 4, bias=False),neuron.LIFNode(tau=tauT))
net = net.to(device)
optimizer = torch.optim.Adam(net.parameters(), lr=lr)
encoder = encoding.PoissonEncoder()
train_times = 0
max_test_accuracy = 0
test_accs = []
train_accs = []
for epoch in range(train_epoch):
    print("Epoch {}:".format(epoch))
    print("Training...")
```

```
train_correct_sum = 0
train_sum = 0
net.train()
for img, label in tqdm(train_loader):
    img = img.to(device)
    label = label.to(device)
    label_one_hot = F.one_hot(label, 5).float()
    label_one_hot = torch.reshape(label_one_hot, (1, 5))
    optimizer.zero_grad()
    for t in range(T):
        if t == 0:
            out_spikes_counter = net(encoder(img).float())
        else:
            out_spikes_counter += net(encoder(img).float())


        out_spikes_counter_frequency = out_spikes_counter / T
        loss = F.mse_loss(out_spikes_counter_frequency, label_one_hot)
    loss.backward()
    optimizer.step()
    functional.reset_net(net)
    # 准确度的计算方法
    train_correct_sum += (out_spikes_counter_frequency.max(1) [1] ==
                        label.to(device)).float(). sum().item()
    train_sum += label.numel()
    train_batch_accuracy = (out_spikes_counter_frequency.max(1)[1] ==
                        label.to(device)).float().mean().item()
    writer.add_scalar('train_batch_accuracy', train_batch_accuracy, train_times)
    train_accs.append(train_batch_accuracy)
    train_times += 1
train_accuracy = train_correct_sum / train_sum
```

　　将脉冲神经网络应用在机械轴承故障诊断领域得到了很好的测试结果，这将为实现复杂工况下的机械装备的健康运行提供理论依据和技术支持，并为目前困扰轴承故障诊断领域的难题提供新思路和新方法。

　　脉冲神经网络采用的新型神经元模仿了生物体内神经元的传递方式，更加具有科学性和生物性，是近些年来人们正在努力探索的新领域。而且 SNN 与之前的 ANN 相比，采用的生物神经元模型更具有生物特性。同时，由于网络的输入都要进行特定的编码，因此基于脉冲的编码方式能蕴含更多的信息，包含时间和空间上的特性。SNN 使用脉冲序列表示与传达信息，所采用的不同编码方式就可以包含信息的多个方面，可以用更少的脉冲表达更丰富的信息。另外，脉冲神经网络的功耗更低，每个神经元单独工作，部分神经元在没有接收到输入信息时不会进行工作，这样能节约更多的能耗。脉冲神经网络使用脉冲信号传递信息，在计算资源的功耗和所需硬件资源的大小上有着独特的优势。使用脉冲进行乘加操作时，只需计算加法操作即可。研究表明，一个 32 位浮点型的乘法累加操作将会消耗 4.6 pJ 功耗，但是对于累积操作而言，只有 0.9 pJ 的功耗；一个 32 位整型的乘法累加操作将会消耗 3.2 pJ 功耗，但是对于累积操作而言，只有 0.1 pJ 的功耗。因此，用脉冲神经网络来实现各种复杂任务，具有很可观的计算优势。

另一方面，存储与运算单元分离的 John von Neumann 架构不再适应大数据、智能化时代的计算要求。数据在内存和数据处理单元之间的频繁存取操作带来了高功耗、高延时等问题，使得基于 John von Neumann 架构的计算系统效率远低于人脑。因此，人们需要探索新的神经形态的计算方式来帮助神经网络应用到功耗低的领域中。

SNN 最具优势的一点是其模拟大脑运行的原理和机制，探索 SNN 的应用有助于促进类脑计算以及未来的神经形态计算的发展，并反过来促进神经科学的研究。SNN 通过脉冲进行信息传递，而电脉冲信号又是物理电路上的传输单元，因此 SNN 模型可以和各种物理电路进行匹配，在类脑芯片研究方面有着巨大的发展潜力。

利用互补金属氧化物半导体(Complementary Metal Oxide Semiconductor，CMOS)或忆阻器来模拟脉冲神经元模型，逐渐成为类脑芯片研究的重要方向。大脑利用脉冲来处理信息，这使得生物能够在现实世界中感知和行动，几乎在生活的每个方面都超越了最先进的机器人。近年来，神经科学、电子学和计算机科学等领域的新兴硬件技术和软件知识的巨大发展使设计受大脑启发并由脉冲神经网络控制的生物仿真机器人成为可能。SNN 在电机控制领域有许多实际应用，如 De Wolf 等人提出了一种运动皮层和小脑的脉冲神经元模型，用于自适应手臂控制的运动控制系统。目前，SNN 已经被成功应用于语音识别、图像识别、目标检测等多个领域。从这些研究中可以看出，SNN 在这些应用中都表现出不错的性能。此外，绿色人工智能的研究正在成为人工智能的一个重要子领域，SNN 能耗低的优点使得其在绿色人工智能应用中有着巨大的潜力。

习　　题

1. 对比说明生物神经突触与忆阻器在结构上的相似性。
2. 阐述氧化钨忆阻器的 *I-U* 特性及其原因。
3. 阐述突触可塑性的分类及特点。
4. 结合人类的学习和遗忘特点，简单描述忆阻器模拟神经突触的学习和遗忘过程。
5. 根据经验式学习的特点，推断经过多次学习后权值的变化以及输入信号幅值对经验式学习的影响。
6. 输入信号的频率对器件权值有何影响，是什么原因导致的？
7. 简单描述忆阻器是如何实现神经元的信息传递的。

8. 说明 LIF 神经元模型的等效电路。

9. 相对于传统器件，忆阻器的特点有哪些？

10. 阐述相对于人工神经网络，脉冲神经网络具有的优势。

参 考 文 献

[1]　CHEN L, LI C, HUANG T, et al. A synapse memristor model with forgetting effect[J]. Physics Letters A, 2013, 377(45-48): 3260-3265.

[2]　孟凡一，段书凯，王丽丹，等. 一种改进的 WO_x 忆阻器模型及其突触特性分析[J]. 物理学报，2015(14): 11.

[3]　YANG J Q, WANG R, WANG Z P, et al. Leaky integrate-and-fire neurons based on perovskite memristor for spiking neural networks[J]. Nano Energy, 2020, 74: 104828.

[4]　YANG X, FANG Y C, YU Z Z, et al. Nonassociative learning implementation by a single memristor-based multi-terminal synaptic device[J]. Nanoscale, 2016, 8(45): 18897.

[5]　朱玮，郭恬恬，刘兰，等. 铝基薄膜忆阻器作为感觉神经系统的习惯化特性[J]. 物理学报，2021, 70(6): 8.

[6]　WANG Z, ZENG T, REN Y, et al. Toward a generalized Bienenstock-Cooper-Munro rule for spatiotemporal learning via triplet-STDP in memristive devices[J]. Nature communications, 2020, 11(1): 1510.

[7]　GUPTA I, SERB A, KHIAT A, et al. Real-time encoding and compression of neuronal spikes by metal-oxide memristors[J]. Nature Communications, 2016, 7: 12805.

[8]　DAYAN P, ABBOTT L F. Theoretical neuroscience: Computational and mathematical modeling of neural systems[M]. Cambridge: The MIT Press, 2005.

[9]　PANDA D, SAHU P P, TSENG T Y. A collective study on modeling and simulation of resistive random access memory[J]. Nanoscale Research Letters, 2018, 13(1): 8.

[10]　MAASS W. Networks of spiking neurons: the third generation of neural network models[J]. Neural Networks, 1997, 10(9): 1659-1671.

[11]　邱赐云，李礼，张欢，等. 大数据时代：从冯·诺依曼到计算存储融合[J]. 计算机科学，2018, 45 (11A): 71-75.

[12]　ZHANG Y, LI Y, WANG X, et al. Synaptic characteristics of Ag/AgInSbTe/Ta-based memristor for pattern recognition applications[J]. IEEE Transactions on Electron Devices，2017, 64 (4): 1806-1811.

[13]　YU Q, YAN R, TANG H, et al. A spiking neural network system for robust sequence recognition. IEEE Trans Neural Netw Learn Syst, 2016, 27(3): 621-635.

[14]　姜芳，李国和，岳翔. 基于语义的文档关键词提取方法[J]. 计算机应用研究，2015, 32(1): 142-145.

[15]　PEI J, DENG L, SONG S, et al. Towards artificial general intelligence with hybrid tianjic

chip architecture[J]. Nature, 2019, 572(7767): 106-111.

[16]   SENIOR A W, EVANS R, JUMPER J, et al. Improved protein structure prediction using potentials from deep learning [J]. Nature, 2020, 557: 706-710.

[17]   KUMAR A, ROTTER S, AERTSEN A. Spiking activity propagation in neuronal networks: reconciling different perspectives on neural coding[J]. Nature Reviews Neuroscience, 2010, 11: 615-627.

[18]   MCCULLOCH W S, PITTS W J T. A logical calculus of the ideas immanent in nervous activity[J]. Bull Math Biophys, 1943, 5(4): 115-133.

第5章

基于忆阻器的逻辑运算电路

作为一种新型无源器件，忆阻器具有非易失性和多值特性，在信息存储方面以及数字逻辑运算等领域有巨大的应用潜能，目前越来越多的研究集中在忆阻器的电路设计、存算一体化以及神经网络应用等方面。在逻辑运算方面，忆阻器具有功耗低和运行速度高等显著优势。忆阻器作为纳米级器件在设计中可以与 CMOS 晶体管兼容，因此在设计中忆阻器-CMOS 混合的比例逻辑在二值乃至多值中可广泛使用。在实际器件制备中，忆阻器器件可以与 CMOS 工艺很好地集成，从而突破 CMOS 器件集成的尺寸瓶颈，同时在很大程度上提高逻辑电路的运行速度。本章主要介绍了基于忆阻器的逻辑运算电路，包括逻辑电路中的 Yakopcic、VTEAM、Knowm 基本模型，与门、或门、非门、或非门、异或门等基本逻辑门，以及加法器、乘法器、编码器、译码器等基本组合逻辑电路，还介绍了四值逻辑电路的基本原理和仿真结果。

5.1 逻辑电路中的忆阻器模型

5.1.1 Yakopcic 模型

2013 年，一种通用忆阻器的 SPICE 模型被 Chris Yakopcic 等人提出，这种模型可以更加准确地模拟之前已提出的忆阻器。该模型在多达 256 个忆阻器的大型电路中进行了测试，与其他模型相比，该模型不易导致收敛误差，其 I-U 特性的精确性使得基于忆阻器的电路的功率和能量计算更加精确。

Yakopcic 模型的 I-U 关系方程为

$$I(t) = \begin{cases} a_1 x(t) \sinh(bU(t)), & U(t) \geqslant 0 \\ a_2 x(t) \sinh(bU(t)), & U(t) < 0 \end{cases} \tag{5-1}$$

式(5-1)可以更全面地模拟类似于金属-绝缘体-金属结构忆阻器的 I-U 关系。参数 a_1、a_2、b 用于将该模型与不同的忆阻器器件结构相匹配。由于忆阻器在正向偏置时具有更好的导电性，因此需要根据 a_1、a_2 的振幅参数控制输入的电压极性，利用拟合参数 b 控制与输入电压幅值相关的阈值函数的强度，状态变量 $x(t)$ 是一个介于 0 和 1 之间的值，能够直接影响电导率。

每个忆阻器器件的状态变量为

$$\frac{\mathrm{d}x}{\mathrm{d}t} = \eta g(U(t)) f(x(t)) \tag{5-2}$$

式中，η 用于确定状态变量的运动方向。

状态变量的变化主要是由于函数 $g(U(t))$ 和 $f(x(t))$ 的变化。$g(U(t))$ 在状态变量的运动过程中起到阈值的作用，根据输入电压极性的不同产生与之对应的阈值，对忆阻器模型产生更一致的拟合效果。

式(5-3)中减去的指数值在模拟过程中是一个常数项，用于确保输入电压一旦超过电压阈值，函数 $g(U(t))$ 的值便从 0 开始。除了正负阈值 U_p 和 U_n，指数 A_p 和 A_n 的大小也可以调整，用于改变状态变量的变化速度。

$$g(U(t)) = \begin{cases} A_p(\mathrm{e}^{U(t)} - \mathrm{e}^{U_p}), & U(t) > U_p \\ -A_n(\mathrm{e}^{U(t)} - \mathrm{e}^{U_n}), & U(t) < -U_n \\ 0, & -U_n \leqslant U(t) \leqslant U_p \end{cases} \tag{5-3}$$

由于大量前期研究的忆阻器模型在运动边界存在非线性掺杂，会导致常见的漂移现象，因此在实际的模型中会增加 $f(x(t))$ 来模拟忆阻器的非线性特性。由于状态变量在两个方向上的运动并不等效，因此 $f(x(t))$ 会根据输入电压的极性对状态变量的运动进行不同建模，当 $\eta U(t) > 0$ 时，状态变量运动由式(5-4)描述，否则由式(5-5)描述。参数 η 表示状态变量相对于电压极性的运动方向。当 $\eta = 1$ 时，高于阈值的正电压将使状态变量增大，当 $\eta = -1$ 时，正电压将使状态变量减小。

$$f(x) = \begin{cases} \mathrm{e}^{-\alpha_p(x - x_p)} w_p(x, x_p), & x \geqslant x_p \\ 1, & x < x_p \end{cases} \tag{5-4}$$

$$f(x) = \begin{cases} \mathrm{e}^{\alpha_n(x + x_n - 1)} w_n(x, x_n), & x \leqslant 1 - x_n \\ 1, & x > 1 - x_n \end{cases} \tag{5-5}$$

窗函数的表达式为

$$w_p(x, x_p) = \frac{x_p - x}{1 - x_p} + 1 \tag{5-6}$$

$$w_n(x, x_n) = \frac{x}{1 - x_n} \tag{5-7}$$

式(5-6)中的 $w_p(x, x_p)$ 用于确保当 $x(t) = 1$ 时，$f(x) = 0$。式(5-7)中的 $w_n(x, x_n)$ 用于确保当电流反向时 $x(t) \geqslant 0$。

Yakopcic 模型的子电路描述如表 5-1 所示。

表 5-1 Yakopcic 模型的子电路描述

```
*    SPICE model for memristive devices
*    Created by Chris Yakopcic

*    Connections:
*    TE - top electrode
*    BE - bottom electrode
*    XSV - External connection to plot state variable
*    that is not used otherwise
.subckt mem_dev TE BE XSV
*    Fitting parameters to model different devices
*    a1, a2, b:          Parameters for IV relationship
*    Up, Un:             Pos. and neg. voltage thresholds
*    Ap, An:             Multiplier for SV motio intensity
*    xp, xn:             Points where SV motion is reduced
*    alphap, alphan:     Rate at which SV motion decays
*    xo:                 Initial value of SV
*    eta:                SV direction relative to voltage
.params a1=0.17 a2=0.17 b=0.05 Up=0.16 Un=0.15 Ap=4000 An=4000 xp=0.3 xn=0.5 +alphap=1
alphan=5 xo=0.11 eta=1
*    Multiplicative functions to ensure zero state
*    variable motion at memristor boundaries
.func wp (U)    { (xp-U) / (1-xp)+1 }
.func wn (U)    { U / (1-xn) }
*    Function G( U(t) ) - Describes the device threshold
.func G(U)    { If (U <= Up, If (U >= -Un, 0, -An*( exp(-U)-exp(Un) ) ), Ap*(exp(U) -exp(Up) ) ) }
*    Function F(U(t), x(t) ) - Describes the SV motion
.func F(U1,U2)    { If (eta*U1 >= 0, If (U2 >= xp, exp(-alphap*(U2-xp) )*wp(U2), 1), If +(U2 <= (1-xn),
exp(alphan * (U2+xn -1) )*wn(U2) ,1) ) }
*    IV Response - Hyperbolic sine due to MIM structure
.func IVRel(U1, U2)    { If (U1 >= 0, a1*U2*sinh(b*U1), a2*V2*sinh(b*U1) ) }
*    Circuit to determine state variable
*    dx/dt = F(U(t), x(t) )*G( U(t) )
Cx XSV 0 {1}
.ic V(XSV) = { xo }
Gx 0 XSV
+value={ eta*F(U(TE, BE) , U(XSV, 0) )* G(U(TE, BE) ) }
*    Current source for memristor IV response
Gm TE BE value = {IVRel ( U (TE, BE), U (XSV, 0) ) }
.ends mem_dev
```

利用 LTSpice(Linear Technology Simulation Program with Integrated Circuit Emphasis)将该忆阻器模型搭建构成仿真器件，施加正弦交流电压验证忆阻器模型的相关关系，其中电压频率 $f = 100$ Hz，通过对比 I-U 特性曲线可以验证该忆阻器模型与理论的一致性。图 5-1 是 Yakopcic 模型的 I-U 特性曲线图。

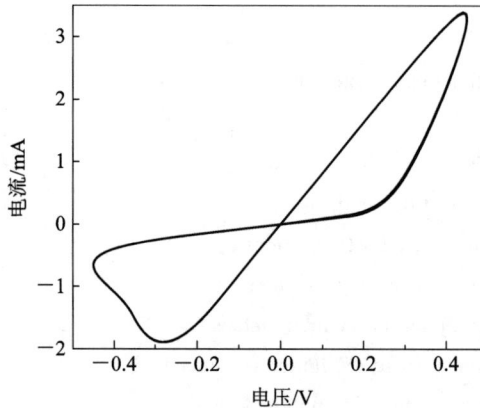

图 5-1　Yakopcic 模型的 I-U 特性曲线图

5.1.2　VTEAM 模型

2013 年，Kvatinsky 等人提出了电流阈值自适应忆阻器(Threshold Adaptive Memristor，TEAM)模型。当该模型的电流值低于设定的阈值时，忆阻器阻值保持原有状态不会发生变化；当电流值高于设定的阈值时，忆阻器阻值会随之改变。实验数据和结果表明，相比于忆阻器电流，利用忆阻器电压进行控制更为简便。此外，对于某些逻辑和存储器应用来说，具有阈值电压的忆阻器应用更为广泛。2015 年，Kvatinsky 等人在 TEAM 模型基础上提出了电压阈值自适应忆阻器(Voltage Threshold Adaptive Memristor，VTEAM)模型，该模型可以通过调节参数构成不同的压控忆阻器。与之前的忆阻器模型相比，通过不同的技术实验，VTEAM 模型参数精确，相对均方根误差低于 1.5%，计算效率高。与 HP 忆阻器模型相比，VTEAM 模型不用通过窗口函数进行非线性的特性控制，在逻辑设计与存储方面具有一定的实用性。

VTEAM 模型的表达式为

$$\frac{\mathrm{d}w(t)}{\mathrm{d}t} = \begin{cases} k_{\mathrm{off}} \left(\dfrac{u(t)}{u_{\mathrm{off}}} - 1 \right)^{\alpha_{\mathrm{off}}} f_{\mathrm{off}}(w), & 0 < u_{\mathrm{off}} < u \\ 0, & u_{\mathrm{on}} < u < u_{\mathrm{off}} \\ k_{\mathrm{on}} \left(\dfrac{u(t)}{u_{\mathrm{on}}} - 1 \right)^{\alpha_{\mathrm{on}}} f_{\mathrm{on}}(w), & u < u_{\mathrm{on}} < 0 \end{cases} \tag{5-8}$$

式中，k_{off}、k_{on}、α_{off} 和 α_{on} 是常数，u_{on} 和 u_{off} 是阈值电压。其中，参数 k_{off} 为正数，k_{on} 为负数。函数 $f_{\mathrm{off}}(w)$ 和 $f_{\mathrm{on}}(w)$ 为窗口函数，可以使忆阻器模型呈现出非线性特征，同时该窗口函数表示状态变量 w 对状态变量 $w(t)$ 导数的依赖性，并将状态变量 w 限制在 $w \in [w_{\mathrm{on}}, w_{\mathrm{off}}]$。

VTEAM 模型的阻值表达式为

$$M_{\text{VTEAM}} = R_{\text{ON}} + \frac{R_{\text{OFF}} - R_{\text{ON}}}{w_{\text{off}} - w_{\text{on}}} (w - w_{\text{on}}) \qquad (5\text{-}9)$$

而实际上由于忆阻器内部的离子迁移是非线性的,因而相应的阻值也存在非线性特征,阻值表达式为

$$M_{\text{VTEAM}} = R_{\text{ON}} \exp\left[\frac{\lambda}{w_{\text{off}} - w_{\text{on}}} (w - w_{\text{on}}) \right], \quad e^{\lambda} = \frac{R_{\text{off}}}{R_{\text{on}}} \qquad (5\text{-}10)$$

仿真使用窗函数表达式为

$$f_{\text{off}}(w) = \exp\left[-\exp\left(\frac{w - a_{\text{off}}}{w_c} \right) \right] \qquad (5\text{-}11)$$

$$f_{\text{on}}(w) = \exp\left[-\exp\left(-\frac{w - a_{\text{on}}}{w_c} \right) \right] \qquad (5\text{-}12)$$

VTEAM 模型的子电路描述如表 5-2 所示。

表 5-2　VTEAM 模型子电路描述

```
*VTEAM model

.SUBCKT VTEAM Plus Minus

.PARAMS kH=2.49e-6 kL=-2.2e-4 AlphaH=3 AlphaL=3 wc=1.07E-10
+RH=1600 RL=100 Vth1=0.16 Vth2=-0.15 xini=8.9e-9 xH=10e-9 xL=0
******* differential equation modeling *******
Gx 0 x value={ f(U(x), U(Plus, Minus) ) }
Cx x 0 1 IC={ xini }
Raux x 0 1T
******* ohm's law *******
Emem Plus aux    value = { I( Emem )*( RH-RL )*( U(x)-xL ) / (xH-xL) }
Rs aux Minus { RL }
Emx Mx 0    value = { (RH-RL)*(U(X)-xL) / (xH-xL)+RL }


******* FUNCTIONS *******
.func f(x, u)    { If (v>Uth1, f1(x, u), If (v<Uth2, f2(x, u), 0) ) }
.func f1(x, u)    { kH*( u/Uth1-1 )**AlphaH*exp(-exp( (x-xH) / wc) ) }
.func f2(x, u)    { kL*( u/Uth2-1 )**AlphaL*exp(-exp( (xL-x) / wc) ) }
.ENDS VTEAM
```

与 Yakopcic 仿真模型验证相同,利用上面的程序在 LTspice 程序中构建 VTEAM 忆阻

器电路模型，对该模型的 I-U 特性进行仿真验证，两端施加正弦电压 $U(t) = 0.3\sin(2\pi ft)$，其中 $f = 100$ Hz，其曲线图与忆阻器的理论特性相符，相应的仿真结果如图 5-2 所示。

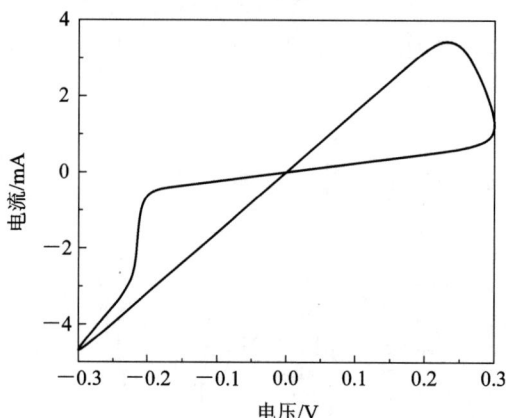

图 5-2　VTEAM 忆阻器模型 I-U 特性曲线图

5.1.3　Knowm 模型

Knowm 忆阻器模型与 HP 忆阻器模型以及 VTEAM 忆阻器模型不同。Knowm 忆阻器模型基于金属离子迁移理论，而并非 HP 模型通过氧空穴的移动产生高低阻值，但最终其产生的仿真结果与根据忆阻器得到的结果相一致。Knowm 模型是目前可以商用的忆阻器模型。

Knowm 模型的表达式为

$$\begin{cases} i = G(x)u = \left(\dfrac{x}{R_{ON}} + \dfrac{1-x}{R_{OFF}} \right)u \\ \dfrac{\mathrm{d}x}{\mathrm{d}t} = \dfrac{1}{\tau}\left[\dfrac{1}{1+e^{-1/(T\cdot k/e)(u-U_{ON})}} \right](1-x) - \left[\dfrac{1}{1+e^{-1/(T\cdot k/e)(u-U_{ON})}} \right]x \end{cases} \tag{5-13}$$

Knowm 模型的子电路描述如表 5-3 所示。

表 5-3　Knowm 模型的子电路描述

*Knowm model
* Knowm Mean Metastable Switch Memristor SPICE Model
* Copyright Tim Molter Knowm Inc. 2017
* Connections:
* TE:　Top electrode
* BE:　Bottom electrode
* XSV: External connection to plot state variable
*　　　that is not used otherwise
.SUBCKT MEM_KNOWM TE BE XSV

```
* Ron:    Minimum device resistance
* Roff:   Maximum device resistance
* Von:    Threshold voltage to turn device on
* Voff:   Threshold voltage to turn device off
* TAU:    Time constant
* T:       Temperature
.params Ron=500 Roff=1500 Uoff=0.27 Von=0.27 TAU=0.0001 T=298.5 x0=0
* Function G(U(t)) - Describes the device threshold
.func G(U) = U/Ron+(1-U)/Roff
* Function F(U(t),x(t)) - Describes the SV motion
.func F(U1,U2) = (1/TAU)*((1/(1+exp(-1/(T*boltz/echarge)*(U1-Yon))))*(1-U2)-(1-(1/(1+exp(-1/(T*
boltz/echarge)*(U1+Uoff)))))*U2
* Memristor I-U Relationship
.func IVRel(U1,U2) = U1*G(U2)
* Circuit to determine state variable
* dx/dt = F(U(t),x(t))*G(U(t))
Cx XSV 0 {1}
.ic V(XSV) = x0
Gx 0 XSV value={F(U(TE,BE),V(XSV,0))}
* Current source for memristor IV response
Gmem TE BE value={IVRel(U(TE,BE),U(XSV,0))}
.ENDS MEM_KNOWM
```

利用表 5-3 对 Knowm 忆阻器模型进行封装并进行仿真验证，器件模型两端施加幅值为 0.5 V，频率为 100 Hz 的正弦交流电压时，可得到如图 5-3 所示的 *I-U* 特性曲线，其表现为非线性器件的滞回效应且经过坐标原点。

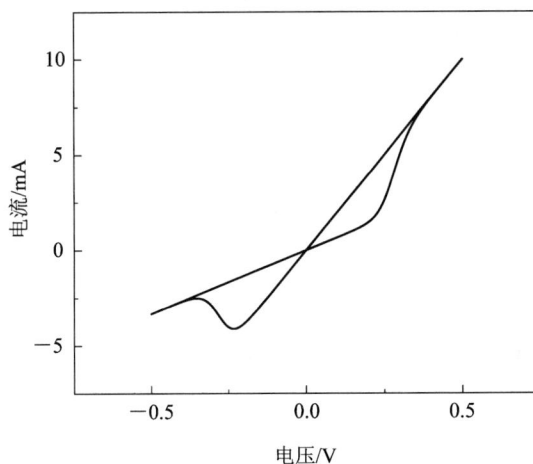

图 5-3　Knowm 忆阻器 *I-U* 曲线

图 5-4 为 Knowm 忆阻器电阻与电压的关系,可以看出忆阻器两端施加正向大于阈值的电压时,忆阻器状态会逐渐稳定到低阻态;当施加反向电压时,阻值状态变化相反。当电压值在 −0.27 V 与 0.27 V 之间时,忆阻器会保持原有的状态,这也是忆阻器断电时的一种主要特征。在断电状态下,忆阻器状态不会发生变化,而会保持原状态不变,其仿真结果中的阻值与表 5-4 所示的最大阻值、最小阻值对应。实验结果表明,Knowm 忆阻器模型可以用来进行相关逻辑电路的设计。

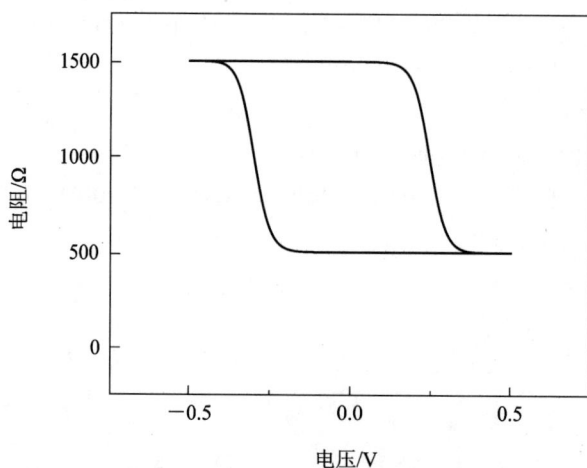

图 5-4   Knowm 阻值随电压变化关系

表 5-4   Knowm 忆阻器 SPICE 模型仿真参数

忆阻器模型参数	参 数 数 值
最小阻值 R_{ON}	500 Ω
最大阻值 R_{OFF}	1500 Ω
SET 设置电压 U_{ON}	0.27 V
RESET 恢复电压 U_{OFF}	−0.27 V
时间常数 t	0.1 ms
温度 T	298.5 K
状态变量初始值 x_0	0

5.2   基本逻辑门

忆阻器具有其独特的二值特性,也称为阈值特性,即当忆阻器通电时,其内部存在的掺杂区与非掺杂区的分界面会发生变化,随着电场的变化,内部的两个区域也会随之漂移到某一侧,从而导致忆阻器产生不同的状态,对二值乃至多值逻辑电路应用具有一定的优势。

Shahar Kvatinsky 曾提出一种 CMOS 和忆阻器的混合逻辑思路,即忆阻器比例逻辑

(Memristor Ratioed Logic, MRL)，这里的逻辑电路均采用 MRL 进行逻辑电路设计，在二值逻辑设计中选用 Yakpocic 忆阻器模型，实现基础二值逻辑与门、或门、或非门、异或门以及全加器、乘法器、编码器、译码器；在三值逻辑设计中选用 VTEAM 忆阻器模型，同样实现了基础三值逻辑与门、或门、非门、异或门以及加法器、乘法器。设计的逻辑电路均使用 LTspice 软件对相关电路进行仿真。

5.2.1　与门

图 5-5(a)是忆阻器器件的电路符号，左端为掺杂端，右端为非掺杂端，为了区分掺杂端和非掺杂端，通常将非掺杂端用黑色实心矩形块进行标注。施加不同极性电压到忆阻器时，会使忆阻器出现不同的状态。当施加正向电压时，掺杂区域增大，忆阻器阻值减小，并最终稳定在 R_{on}；反之，当施加反向电压时，忆阻器非掺杂区增大，其阻值增大，并稳定在 R_{off}。利用忆阻器的高低阻态切换特性，在 MRL 逻辑电路中可以构建基本逻辑门电路。

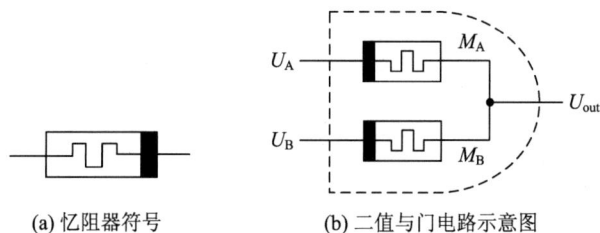

(a) 忆阻器符号　　　　　　(b) 二值与门电路示意图

图 5-5　忆阻器符号及二值与门电路示意图

图 5-5(b)是二值与门电路示意图，由两个掺杂端同向连接的忆阻器组成，忆阻器非掺杂端接输入电压 U_{A} 和 U_{B}，U_{out} 是输出电压，逻辑变量为输入输出的高低电平信号。

根据 Kirchhoff 定律，可知

$$\frac{U_{\text{A}} - U_{\text{out}}}{R_{\text{A}}} + \frac{U_{\text{B}} - U_{\text{out}}}{R_{\text{B}}} = 0 \tag{5-14}$$

式中，R_{A} 和 R_{B} 表示与门逻辑值中两个忆阻器 M_{A}、M_{B} 的阻值。

将式(5-14)简化，可得输出电压为

$$U_{\text{out}} = \frac{U_{\text{A}} \times R_{\text{B}} + U_{\text{B}} \times R_{\text{A}}}{R_{\text{A}} + R_{\text{B}}} \tag{5-15}$$

表 5-5 是二值与门真值表，可知与门具有四种逻辑组合情况。其中，逻辑"0"表示低电平 U_{L}，逻辑"1"表示高电平 U_{H}。

表 5-5　二值与门真值表

U_{A}	U_{B}	U_{out}
0	0	0
0	1	0
1	0	0
1	1	1

(1) 当输入相同均为逻辑"1"，即对应的高电平时，其输出端电压值 U_out 为

$$U_\text{out} = \frac{U_\text{A} \times R_\text{B} + U_\text{B} \times R_\text{A}}{R_\text{A} + R_\text{B}} = U_\text{A} = U_\text{B} = U_\text{H} \tag{5-16}$$

(2) 当 $U_\text{A} = U_\text{L}$、$U_\text{B} = U_\text{H}$ 时，根据忆阻器的阻值随电压变化的原理可得出，忆阻器 M_A 的阻值最终稳定为 R_on，M_B 的阻值稳定为 R_off，通过分压计算可得 U_out 为

$$U_\text{out} = \frac{U_\text{A} \times R_\text{off} + U_\text{B} \times R_\text{on}}{R_\text{on} + R_\text{off}} \approx U_\text{L} \tag{5-17}$$

(3) 当 $U_\text{A} = U_\text{H}$、$U_\text{B} = U_\text{L}$ 时，则 M_A 与 M_B 的阻值分别变化为 R_off 和 R_on，输出节点电压 U_out 为

$$U_\text{out} = \frac{U_\text{A} \times R_\text{on} + U_\text{B} \times R_\text{off}}{R_\text{off} + R_\text{on}} \approx U_\text{L} \tag{5-18}$$

(4) 当忆阻器输入情况相同且均为低电压，即 $U_\text{A} = U_\text{B} = U_\text{L}$ 时，此时忆阻器的状态不发生变化，则输出节点电压 U_out 值与输入电压值相同，表达式为

$$U_\text{out} = \frac{U_\text{A} \times R_\text{B} + U_\text{B} \times R_\text{A}}{R_\text{A} + R_\text{B}} = U_\text{A} = U_\text{B} = U_\text{L} \tag{5-19}$$

根据上述四种情况，利用 LTspice 软件对该基本逻辑与门进行仿真分析，结果如图 5-6 所示，可证明输出结果符合真值表逻辑。

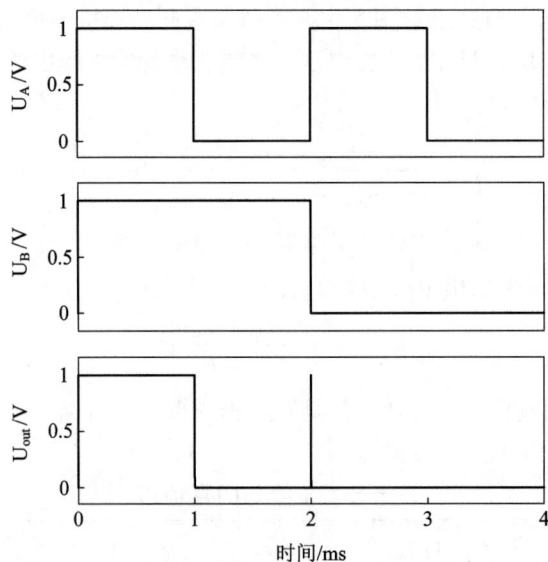

图 5-6 二值与门仿真结果

在二值逻辑设计的基础上，利用该逻辑进行三值逻辑电路的设计，原理与二值与门逻辑类似，其电路结构也是由两个忆阻器构成的，利用电压作为状态变量实现三值与门逻辑。三值与门真值表如表 5-6 所示。

表 5-6 三值与门真值表

U_A	U_B	U_{out}
0	0	0
0	1	0
0	2	0
1	0	0
1	1	1
1	2	1
2	0	0
2	1	1
2	2	2

根据三值逻辑真值表设计三值与门逻辑电路,其电路结构与图 5-5 中二值与门电路图相同,输入信号 U_A、U_B 连接忆阻器的非掺杂端,忆阻器的掺杂端相连作为三值与门的输出端,利用 Kirchhoff 定律的分压原理对该电路可进行相关理论分析。但三值与门逻辑电路与二值与门逻辑电路的不同之处是输入电压 U_A、U_B 不同。三值与门逻辑电路中,逻辑"0"表示低电平 0 V,逻辑"1"代表中间电平 1V,逻辑"2"表示高电平 2 V。三值与门具有三种逻辑组合情况。

(1) 当输入相同均为逻辑"2"、逻辑"1"以及逻辑"0"时,其输出端电压值 U_{out} 为

$$U_{out} = \frac{U_A \times R_B + U_B \times R_B}{R_A + R_B} = U_A = U_B \quad (5\text{-}20)$$

(2) 当输入状态为 $U_A > U_B$ 时,三值与门电路中电流沿顺时针方向流过忆阻器 M_A、M_B,根据忆阻器的阻值随电压变化的原理可得出,忆阻器 M_A 的阻值最终稳定为 R_{off},相反 M_B 的阻值稳定为 R_{on},通过分压原理可计算出 U_{out} 为

$$U_{out} = \frac{U_B \times R_{off} + U_A \times R_{on}}{R_{off} + R_{on}} \approx U_B \quad (5\text{-}21)$$

(3) 当输入状态为 $U_A < U_B$ 时,则 M_A 与 M_B 的阻值分别变化为 R_{on} 和 R_{off},输出节点电压 U_{out} 为

$$U_{out} = \frac{U_B \times R_{on} + U_A \times R_{off}}{R_{off} + R_{on}} \approx U_A \quad (5\text{-}22)$$

利用 LTspice 仿真软件对三值与门逻辑进行仿真验证,其仿真结果如图 5-7 所示。

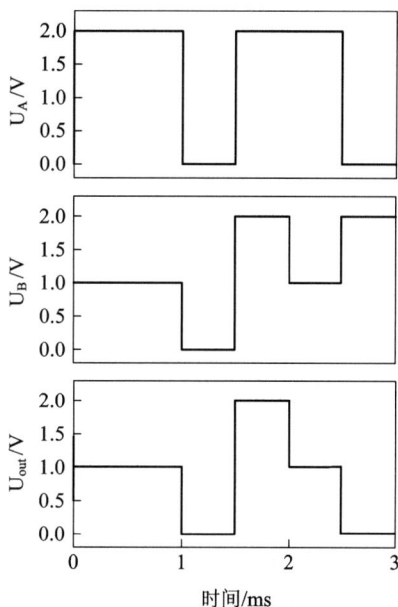

图 5-7 三值与门仿真结果

5.2.2 或门

二值或门电路中，忆阻器 M_A 和 M_B 的非掺杂端口相连，如图 5-8 所示，其正端输入为 U_A、U_B，输出电压为 U_{out}，逻辑变量为输入端电压和输出端电压。二值或门真值表如表 5-7 所示。

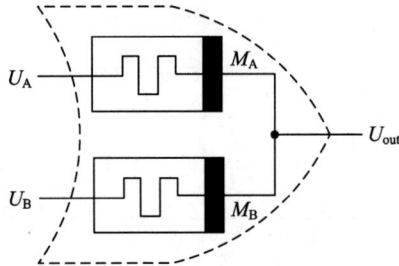

图 5-8　二值或门电路示意图

表 5-7　二值或门真值表

U_A	U_B	U_{out}
0	0	0
0	1	1
1	0	1
1	1	1

根据真值表产生或门逻辑的四种情况如下：

(1) 当输入 $U_A = U_B = U_H$ 时，忆阻器的状态不会发生变化，则输出端电压值 U_{out} 为

$$U_{out} = \frac{U_A \times R_B + U_B \times R_A}{R_A + R_B} = U_A = U_B = U_H \tag{5-23}$$

(2) 当输入 $U_A = U_L$、$U_B = U_H$，即 M_A 根据施加的低电平阻值变化为 R_{off}，M_B 的阻值稳定为 R_{on} 时，通过分压原理可得出 U_{out} 为

$$U_{out} = \frac{U_A \times R_{on} + U_B \times R_{off}}{R_{off} + R_{on}} \approx U_H \tag{5-24}$$

(3) 当 $U_A = U_H$、$U_B = U_L$ 时，则 M_A 与 M_B 的阻值变化情况也相反，则输出电压 U_{out} 为

$$U_{out} = \frac{U_A \times R_{off} + U_B \times R_{on}}{R_{on} + R_{off}} \approx U_H \tag{5-25}$$

(4) 当 $U_A = U_B = U_L$，即输入均为低电平时，电路中无通路，忆阻器状态不会发生变化，则输出节点电压 U_{out} 为

$$U_{out} = \frac{U_A \times R_B + U_B \times R_A}{R_A + R_B} = U_A = U_B = U_L \tag{5-26}$$

利用 LTspice 仿真软件对二值或门电路进行仿真验证，其结果如图 5-9 所示。

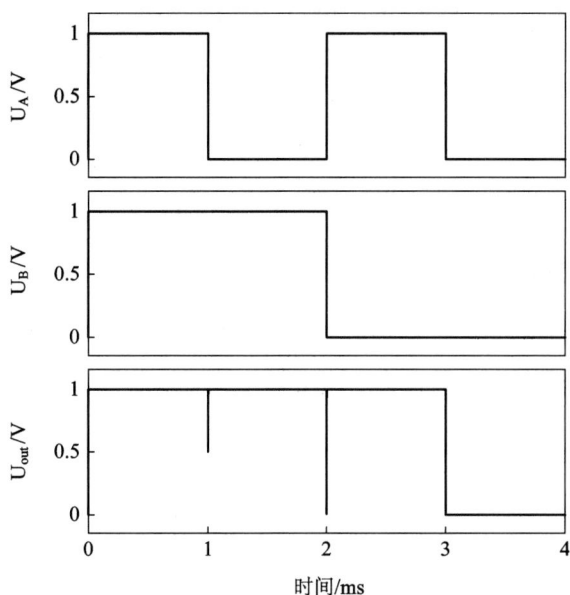

图 5-9　二值或门仿真结果

在此二值或门的基础上，同样利用忆阻器非掺杂端口相连构成三输入状态的三值或门逻辑，其中输入为 U_A、U_B，输出电压为 U_{out}，逻辑变量同样为输入端电压和输出端电压，其分析原理与二值或门分析原理相同，逻辑电路结构也与图 5-8 二值或门电路相同。表 5-8 是三值或门真值表，其原理等同于二值逻辑或门。

表 5-8　三值或门真值表

U_A	U_B	U_{out}
0	0	0
0	1	1
0	2	2
1	0	1
1	1	1
1	2	2
2	0	1
2	1	1
2	2	2

根据真值表产生或门逻辑的三种情况如下：

(1) 当输入相同时，即输入为逻辑"2"、逻辑"1"或逻辑"0"时，忆阻器的状态不会发生变化，则分析输出端电压值 U_{out} 为

$$U_{out} = \frac{U_A \times R_B + U_B \times R_A}{R_A + R_B} = U_A = U_B \tag{5-27}$$

(2) 当输入 $U_A > U_B$ 时，三值或门电路中电流沿顺时针方向流过忆阻器 M_A、M_B，根据忆阻器的阻值随电压变化的原理可得出，忆阻器 M_A 的阻值最终稳定为 R_{on}，相反 M_B 的阻值稳定为 R_{off}。由于 $U_A > U_B$ 的组合输入条件有三种，分别为$(1, 0)$、$(2, 0)$、$(1, 0)$，则通过分压原理可得出 U_{out} 为

$$U_{out} = \frac{U_B \times R_{on} + U_A \times R_{off}}{R_{off} + R_{on}} \approx U_A \tag{5-28}$$

(3) 当 U_A 与 U_B 与第二种情况相反时，即 $U_A < U_B$ 时，则 M_A 与 M_B 的阻值变化情况也相反，同样 $U_A < U_B$ 的组合输入条件也有三种，即$(0, 1)$、$(0, 2)$、$(1, 2)$，则输出电压 U_{out} 为

$$U_{out} = \frac{U_B \times R_{off} + U_A \times R_{on}}{R_{off} + R_{on}} \approx U_B \tag{5-29}$$

在理论分析的基础上，对三值或门电路利用 LTspice 仿真软件进行分析，其结果如图 5-10 所示。

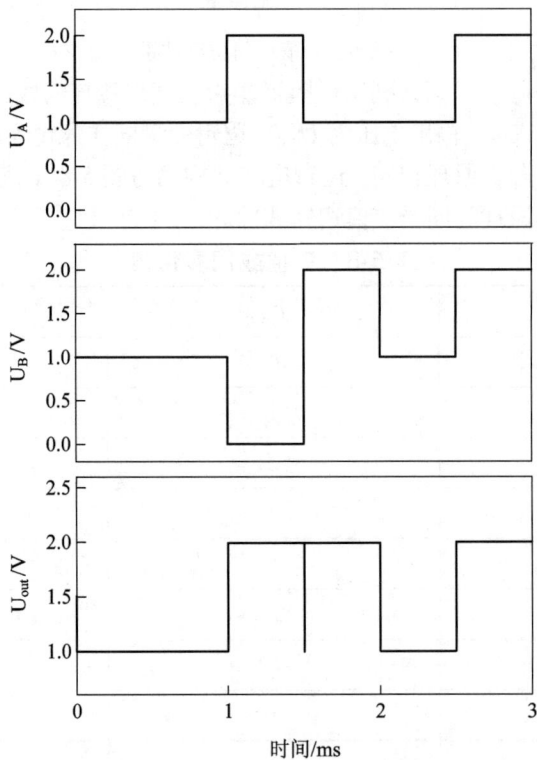

图 5-10　三值或门仿真结果

5.2.3　非门

常用的非门有两种形式，一种如图 5-11 所示，是利用 PMOS 与 NMOS 组合构成的 CMOS 反相器型非门。另一种是忆阻器型非门，如图 5-12 所示，由 1 个忆阻器和 1 个 NMOS 构

成。输入端选择 NMOS 管，两者相连的公共端作为输出端 U_{out}。相比于 CMOS 反相器型非门，忆阻器型非门具有速度快、功耗小以及集成度高等优点。同时，忆阻器器件与目前主流 CMOS 制备技术具有很好的兼容性和集成性。

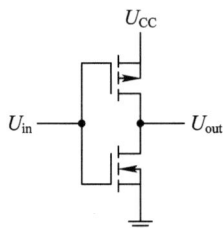

图 5-11　CMOS 反相器型非门　　　　图 5-12　忆阻器型非门

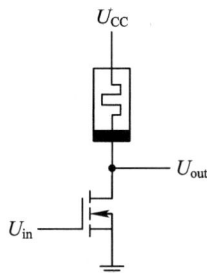

图 5-12 中的忆阻器型比例逻辑非门主要利用 NMOS 管的开关特性，即截止和导通两个状态，使得输出的电压值呈现不同的逻辑状态。

当输入信号 U_{in} 为高电平时，NMOS 导通，其导通电阻 $R_T \approx 0$，则输出 U_{out} 为

$$U_{out} = \frac{R_T}{R_M + R_T} U_{CC} \approx 0 \tag{5-30}$$

反之，当输入信号 U_{in} 为低电平时，NMOS 管截止，$R_T \approx \infty$，输出 U_{out} 为

$$U_{out} = \frac{R_T}{R_M + R_T} U_{CC} \approx U_{CC} \tag{5-31}$$

利用 LTSpice 对忆阻器型非门进行验证，可以得到图 5-13 所示的仿真结果。

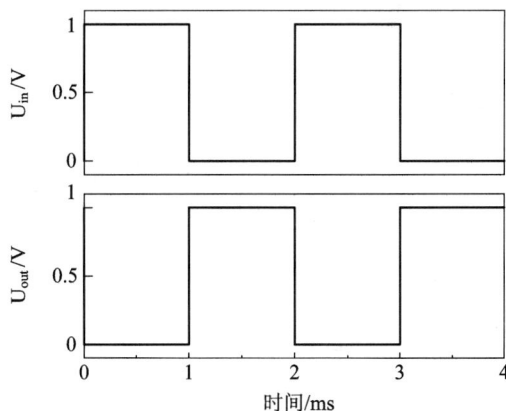

图 5-13　非门仿真结果图

相比于二值非门逻辑电路设计，三值非门分为平衡的三值逻辑非门与不平衡的三值逻辑非门两种，两者均含有三种不同的逻辑，包括标准三值非(Standard Ternary Inverter，STI)、负三值非(Negative Ternary Inverter，NTI)、正三值非(PositiveTernary Inverter，PTI)。对于平衡的三值逻辑非门，在设计中通常利用{-1, 0, 1}三个逻辑值来相应地代替三值输入逻辑。对于不平衡的三值逻辑非门，通常使用{0, 1, 2}三个逻辑值来代替三值非门输入逻辑。平衡的三值逻辑非真值表如表 5-9 所示。

表 5-9   平衡的三值逻辑非门真值表

U_{in}	STI	NTI	PTI
-1	1	1	1
0	0	-1	1
1	-1	-1	-1

对于不平衡三值非门逻辑设计，当输入为逻辑"0"时，三个逻辑门会产生不同的输出，因此在逻辑电路设计上与二值非门逻辑电路存在一定程度上的不同。不平衡的三值逻辑非门真值表如表 5-10 所示。

表 5-10   不平衡的三值逻辑非门真值表

U_{in}	STI	NTI	PTI
0	2	2	2
1	1	0	2
2	0	0	0

在对三值逻辑非门分析的基础上，可以利用忆阻器与 CMOS 器件对三值非门进行电路设计。图 5-14 为 NTI(PTI)设计结构，输入电压分别为 0、$U_{CC}/2$、U_{CC}，分别代表逻辑"0""1""2"三个不同的逻辑状态。

当 NMOS 器件的阈值电压小于 $U_{CC}/2$ 时，其逻辑电路为 NTI，当输入为逻辑"1"或"2"时，由于 NMOS 器件导通，其导通电阻 $R_{T_1/T_2} \approx 0$，使得逻辑电路输出电压值为 0 V，当输入为逻辑"0"时，NMOS 器件截止，输出电压值为 2 V。同理，当 NMOS 器件的阈值电压大于 $U_{CC}/2$，输入为逻辑"0"或"1"时，NMOS 器件截止，使得输出电压值为 0 V。输入为逻辑"2"时，NMOS 器件导通，输出电压值为 0 V，电路实现 PTI 逻辑功能，表达式如式(5-32)所示。PTI、NTI 分析与二值非门逻辑原理相似。具体计算过程如下：

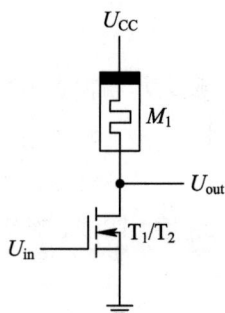

图 5-14   NTI(PTI)电路结构

$$U_{out} = \frac{R_{T_1/T_2}}{R_{off} + R_{T_1/T_2}} U_{CC} \approx 0 \qquad (5-32)$$

图 5-15 为 STI 电路结构，其不同之处为当输入为逻辑"1"时，输出逻辑也同样为逻辑"1"。其原理是在电路设计中，保证 $U_{T_1} < U_{CC}/2$，$U_{T_2} > U_{CC}/2$，当输入为逻辑"1"时，T_1 晶体管导通，T_2 晶体管截止，使得电压流通两个串联忆阻器，表达式如式(5-33)所示，最终输出电压值近似为 $U_{CC}/2$；当输入为逻辑"0"时，T_1、T_2 晶体管均截止，输出电压值为 U_{CC}，当输入为逻辑"2"时，T_1、T_2 晶体管均导通，其导通电阻 $R_{T_1} \approx 0$，$R_{T_2} \approx 0$，使得电路输出电压为 0 V，表达式如式(5-34)所示。

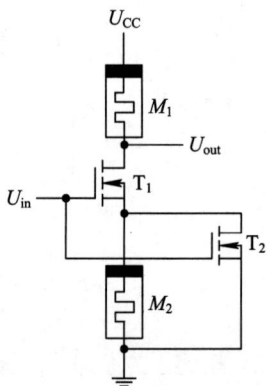

图 5-15   STI 电路结构

$$U_{\text{out}} = \frac{R_{\text{off}}}{R_{\text{off}} + R_{\text{off}} + R_{\text{T}_1}} U_{\text{CC}} \approx \frac{1}{2} U_{\text{CC}} \tag{5-33}$$

$$U_{\text{out}} = \frac{R_{\text{T}_1} + R_{\text{T}_2}}{R_{\text{off}} + R_{\text{T}_1} + R_{\text{T}_2}} U_{\text{CC}} \approx 0 \tag{5-34}$$

利用 LTspice 仿真软件对三值非门逻辑进行仿真验证，其仿真结果如图 5-16 所示。

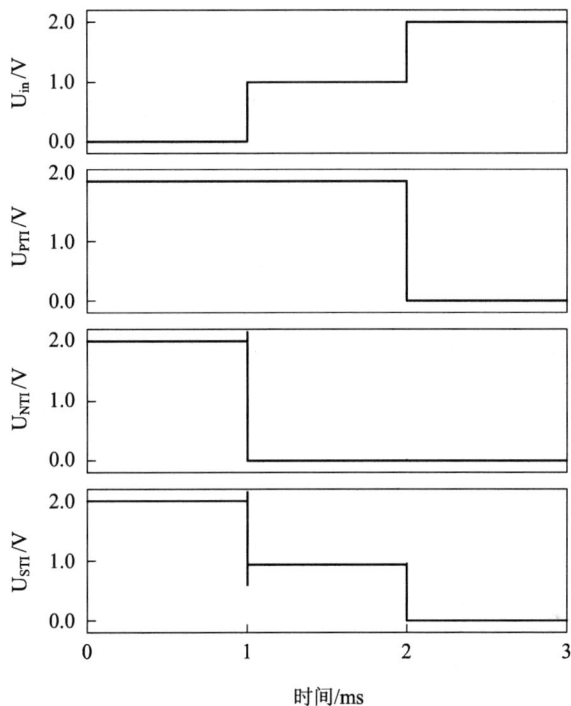

时间/ms

图 5-16　三值非门仿真结果

5.2.4　或非门

或非门的设计基于新型比例逻辑结构，由 NMOS 器件构成输入端，忆阻器构成或非门，在输入端可增加多个 NMOS，以构成多输入或非门。表 5-11 是二输入或非门真值表，U_A、U_B 是输入电平信号。

表 5-11　或非门真值表

U_A	U_B	U_{out}
0	0	1
0	1	0
1	0	0
1	1	0

图 5-17 是利用 MOS 管与忆阻器组合构成的或非门电路，由 1 个忆阻器、2 个 NMOS 器件构成，U_A、U_B 为输入端，U_{out} 为输出端。

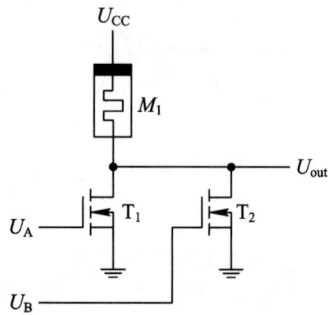

图 5-17　或非门电路图

M_1、T_1 和 T_2 组成的组合非门逻辑同样利用 NMOS 管的开关特性，当 U_A、U_B 端输入相同且为低电平时，T_1 和 T_2 均截止，即 $R_T \approx \infty$，此时 U_{out} 输出为 U_{CC}，即逻辑"1"。当 U_A、U_B 任意一个为高电平时，则相应的晶体管导通，其导通电阻 $R_T \approx 0$，使得 U_{out} 输出端变为低电平，即逻辑"0"。

图 5-18 为基于 LTspice 的逻辑或非门仿真结果。

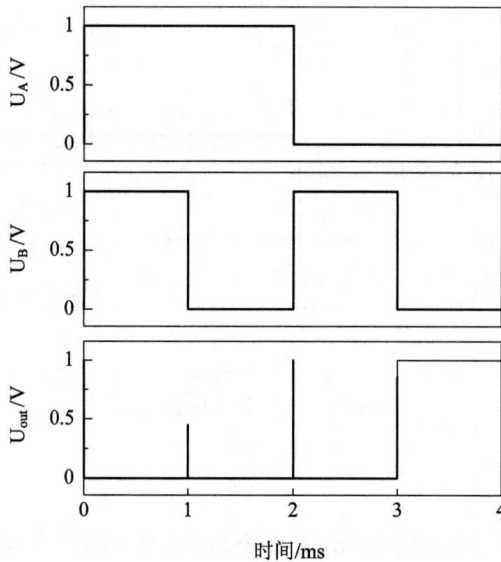

图 5-18　或非门仿真结果

5.2.5　异或门

只使用与门和或门是不能完成异或门的相关设计的，因为当与门和或门的输入都是 1 时，异或门输出为 0，因此在实现异或门的逻辑设计中必须利用非门进行组合设计。异或相当于加法器中不带进位的加法运算：在二进制逻辑中用 0、1 作为输入，则经过异或逻辑运算可得输入相同时输出为 0，不同时输出为 1，对于不带进位的加法器，从加法角度进行分析可得输入都为 0 或者都为 1 时输出低位结果为 0，输入为 0、1 时输出低位结果为 1。表 5-12 是二值异或门真值表。

表 5-12　二值异或门真值表

U_A	U_B	U_{out}
0	0	0
0	1	1
1	0	1
1	1	0

当输入相同时，输出为 0；当输入不同时，输出为 1。

异或门的逻辑表达式为

$$U_{out} = U_A \cdot \overline{U_B} + \overline{U_A} \cdot U_B \tag{5-35}$$

二值异或门电路如图 5-19 所示，由 5 个忆阻器和 1 个 NMOS 晶体管构成。

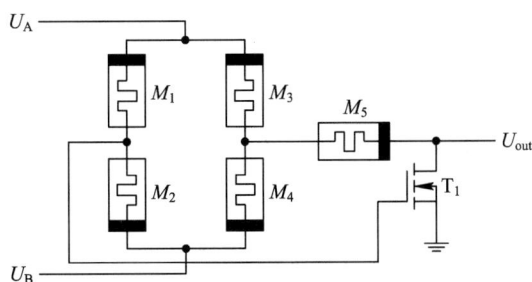

图 5-19　二值异或门电路图

若设

$$X_1 = U_A \cdot U_B, \quad X_2 = U_A + U_B \tag{5-36}$$

则二值异或门输出表达式为

$$U_{XOR} = \overline{X_1} \cdot X_2 = \overline{(U_A \cdot U_B)} \cdot (U_A + U_B) = \overline{U_A} \cdot U_B + U_A \cdot \overline{U_B} = U_A \oplus U_B \tag{5-37}$$

利用 LTspice 进行异或门仿真，其波形如图 5-20 所示。

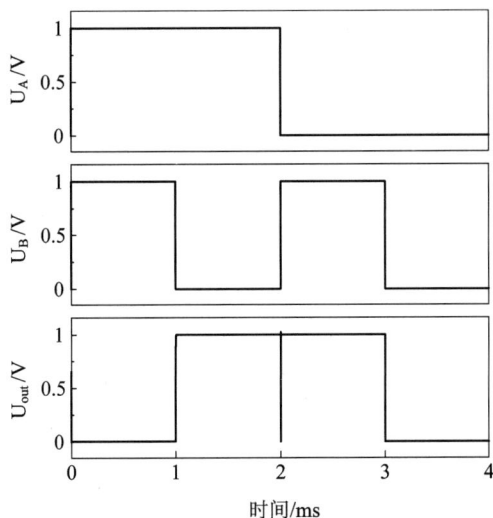

图 5-20　二值异或门仿真结果图

三值异或门的设计类似基础的二值异或门，利用基础的三值与、或以及三值标准非门组合构成三值异或门，在电路中尽可能多地使用忆阻器器件进而减少 CMOS 器件的数量，可减少电路面积，并且相比于二值异或门，传输的数据量更多。其输入由 0、1、2 逻辑值组合构成，三值异或门真值表如表 5-13 所示。

表 5-13   三值异或门真值表

U_A	U_B	U_{out}
0	0	0
0	1	1
0	2	2
1	0	1
1	1	1
1	2	1
2	0	2
2	1	1
2	2	0

三值异或门的逻辑表达式为

$$U_{XOR} = \overline{(U_A \cdot U_B)}(U_A + U_B) = \overline{U_A} \cdot U_B + U_A \cdot \overline{U_B} = U_A \oplus U_B \tag{5-38}$$

根据式(5-38)设计三值异或门逻辑电路，M_1 与 M_2 以及 M_7 与 M_8 构成两个三值与门，M_3 和 M_4 构成一个三值或门，T_1、T_2、M_5、M_6 构成三值标准非门，逻辑电路如图 5-21 所示。

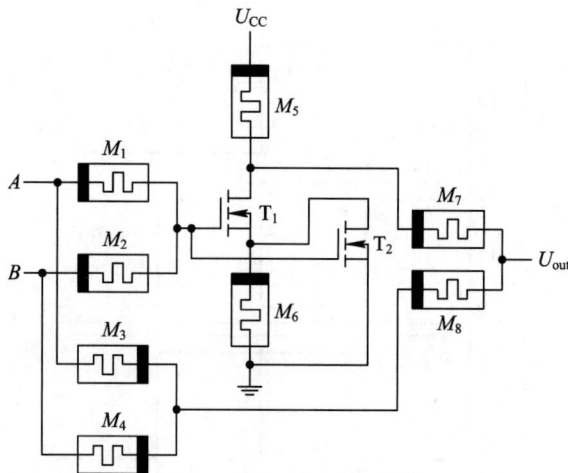

图 5-21   三值异或门电路图

利用 LTspice 进行异或门仿真，其波形如图 5-22 所示。

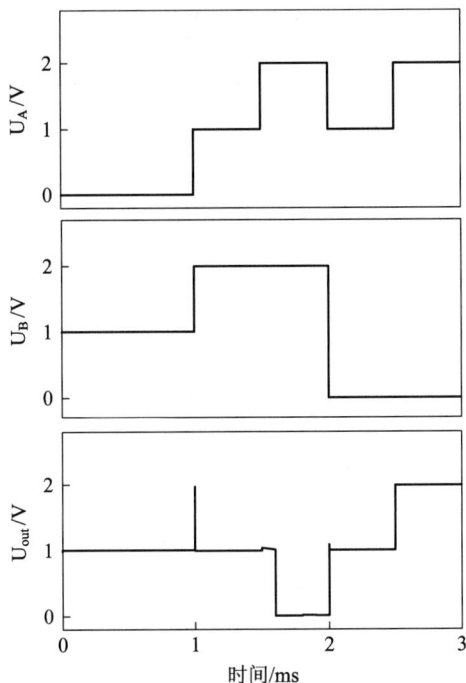

图 5-22　三值异或门仿真结果图

5.3　组合逻辑电路

相比于二值逻辑电路设计，三值逻辑可以携带更多的数据信息量，并且可以在一定程度上有效地提高信息的传输速率和存储的效率。本节将在基础逻辑设计的基础上，利用所提出的二值以及三值基础逻辑电路进行组合设计，进而介绍常见的二值以及相关的三值组合逻辑电路设计，即二值、三值加法器，二值、三值乘法器，编码器以及译码器。

5.3.1　加法器

在当前的数字计算机发展领域中，运用逻辑电路进行加减乘除运算的设计仍有很大的发展前景。在二进制的加法器逻辑运算中包含半加器以及全加器两种基础的数字逻辑运算，半加器是不考虑进位的二进制数相加的电路，全加器是使用逻辑电路来实现两个二进制数相加的电路，并考虑来自低位的进位，本质上相当于三个二进制数相加，同时会输出结果位与进位。

作为一种新型无源纳米级器件，忆阻器可代替 CMOS 进行组合逻辑设计，具有速度快、功耗小、体积小等优点，在加法器的逻辑设计中不仅能为数字电路的设计带来优势，并且对于存算一体的计算机技术也提供了新的技术方向。

全加器电路真值表如表 5-14 所示。

表 5-14 全加器真值表

进位信号	输 入		输 出	
	U_A	U_B	U_{sum}	U_{cout}
$U_{cin}=0$	0	0	0	0
	0	1	1	0
	1	0	1	0
	1	1	0	1
$U_{cin}=1$	0	0	1	0
	0	1	0	1
	1	0	0	1
	1	1	1	1

根据表 5-14，可知全加器的逻辑表达式为

$$U_{sum} = U_A \oplus U_B \oplus U_{cin} \tag{5-39}$$

$$U_{cout} = (U_A \bigcap U_B) \bigcup [U_{cin} \bigcap (U_A \oplus U_B)] \tag{5-40}$$

式中，U_A、U_B 为输入信号，U_{cin} 为进位信号，输出本位和为 U_{sum}，输出进位信号为 U_{cout}。

根据全加器的逻辑表达式，可得图 5-23 所示的二值全加器电路图。全加器由 1 个或门和 2 个异或逻辑模块构成，全加器的进位与高位结果输出端增加了由忆阻器与 NMOS 混合构成的非门逻辑作为输出结果的缓冲值。由于全加器由多个级联门构成，且忆阻器器件为无源器件，故其输出结果在一定程度上存在电压值的衰减。在 U_{sum} 与 U_{cout} 输出端分别增加缓冲器对该电路所导致的电压衰减值进行恢复及优化，使得其最终的输出结果电压值接近 1 V。其中，M_5 与 T_1 的公共端输出为 $U_A \oplus U_B$，M_{11} 的输入端信号为 $U_{cin} \bigcap (U_A \oplus U_B)$，$M_{12}$ 的输入端信号为 $U_A \bigcap U_B$。

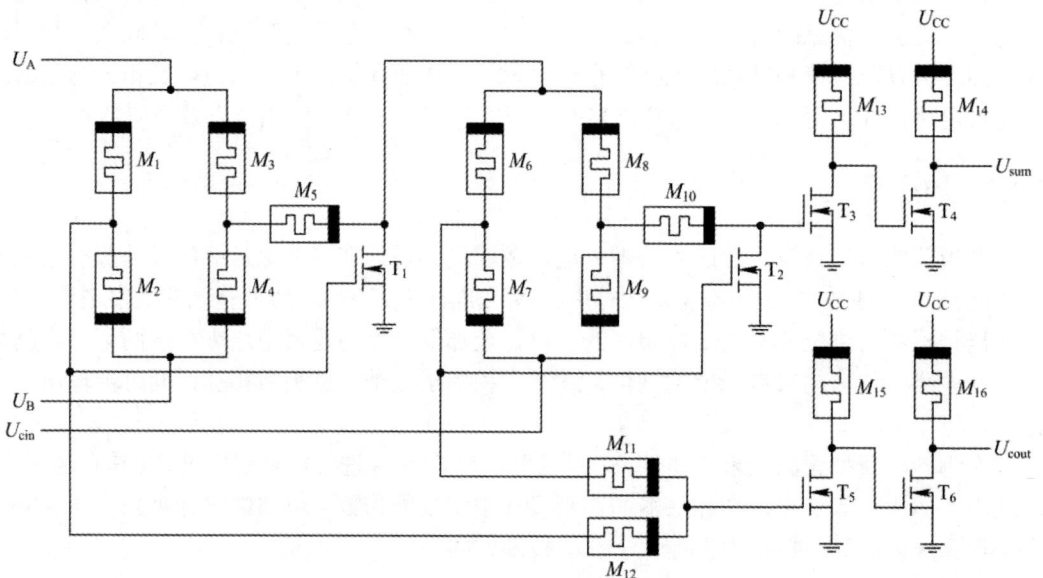

图 5-23 二值全加器电路图

通过 LTspice 对该电路进行仿真，仿真结果如图 5-24 所示，U_A、U_B、U_{cin} 为输入信号，输入高电平为 1 V，代表逻辑"1"，低电平为 0 V，代表逻辑"0"，U_{sum} 及 U_{cout} 为输出信号。

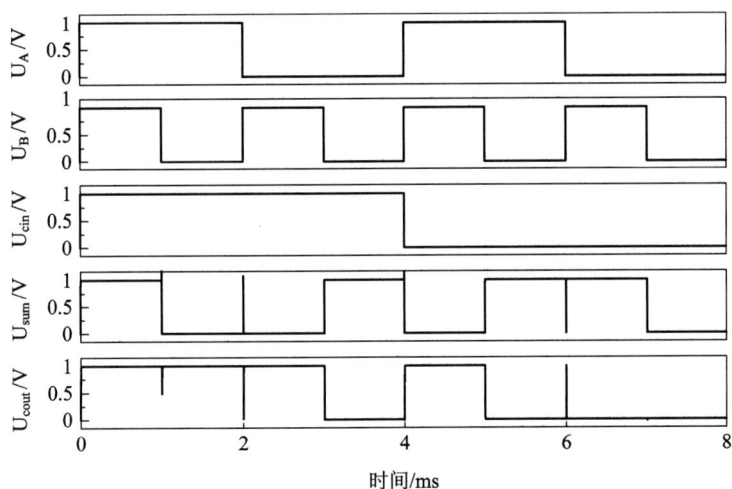

图 5-24　二值全加器仿真结果图

下面在二值加法器研究的基础上，利用三值基础逻辑电路进行复杂逻辑电路的设计。三值加法器的设计，主要利用三值非门逻辑以及基础与、或门构成三值加法器，相比于二值加法器，三值加法器在一定程度上可以提高运算速度，并且能处理较大的数据量，在未来的计算机领域中，三值逻辑有望成为新的计算机基础架构。三值加法器真值表如表 5-15 所示。

表 5-15　三值加法器真值表

输　　入		输　　出	
U_A	U_B	U_{sum}	U_{cout}
0	0	0	0
0	1	1	0
1	0	1	0
1	1	2	0
0	2	2	0
1	2	0	1
2	0	2	0
2	1	0	1
2	2	1	1

三值加法器的表达式为

$$U_{SUM} = 1 \cdot (A_0 B_1 + A_1 B_0 + A_2 B_2) + 2 \cdot (A_1 B_1 + A_0 B_2 + A_2 B_0) \tag{5-41}$$

$$U_{COUT} = 1 \cdot (A_1 B_2 + A_2 B_1 + A_2 B_2) \tag{5-42}$$

式中，输出本位和为 U_{SUM}，输出进位信号为 U_{COUT}。

　　根据三值加法器的真值表对加法器组合逻辑电路进行设计，利用忆阻器三值或门、三值负非门以及三值正非门逻辑构成译码器，即当输入 U_A、U_B 两个状态值时，U_A、U_B 均包含三个不同的逻辑状态。通过译码器输出 A_2、A_1、A_0 以及 B_2、B_1、B_0，使得输入的三种状态值{0，1，2}输出为两个不同的状态值{0，2}，进而利用所输出的状态进行与、或门组合设计，实现 COUT 位以及 SUM 位中的逻辑"1"状态。三值加法器逻辑电路结构如图 5-25 所示。

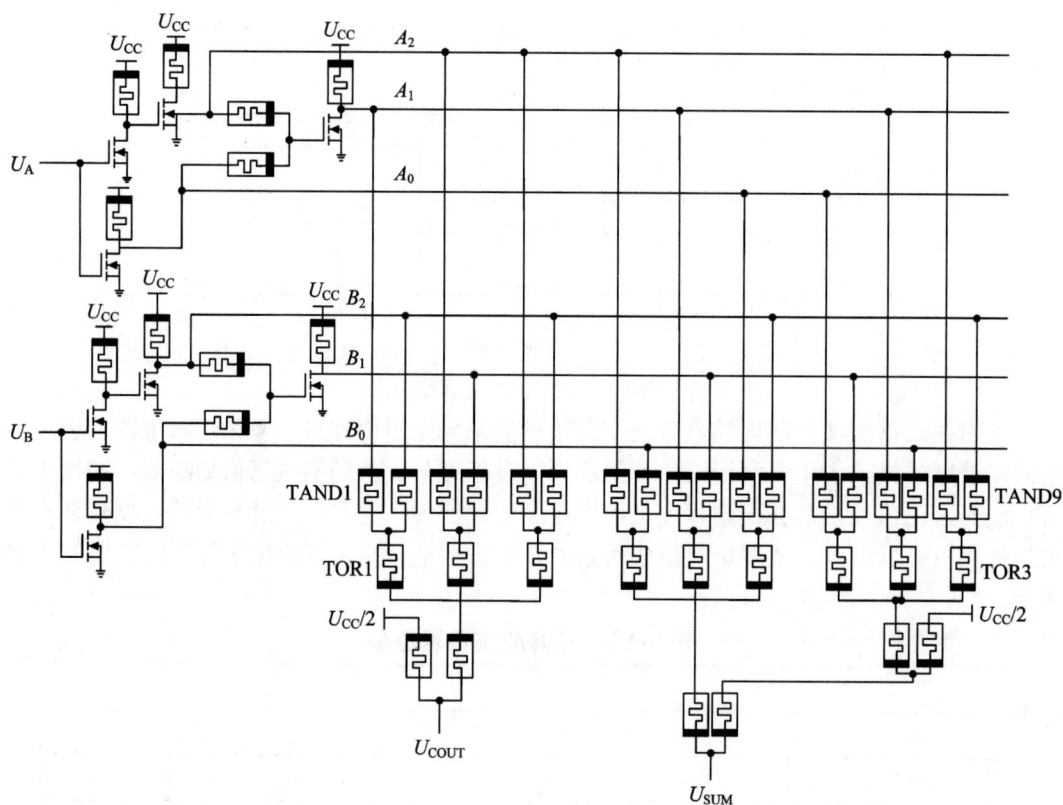

图 5-25　三值加法器电路图

　　下面以输入 U_A 为逻辑"1"，输入 U_B 为逻辑"2"为例，对三值加法器的组合输入进行相关分析。

　　(1) 输入 U_A 通过译码器电路使得 A_1 端口输出逻辑"2"，A_0、A_2 端口输出逻辑"0"，同样输入 U_B 通过译码器电路使得 B_2 端口输出逻辑"2"，B_0、B_1 端口输出逻辑"0"。

　　(2) 进入三值与门电路，TAND1 输出逻辑"0"，TAND2 与 TAND3 输出逻辑"0"，同样 TAND4 至 TAND9 均输出逻辑"0"。

　　(3) 进入三值或门逻辑，TOR1 输出逻辑"1"，TOR2 与 TOR3 输出逻辑"0"。

　　(4) TOR 输出逻辑"1"与外加电压与门使得输出逻辑"1"，即 U_{COUT} 为逻辑"1"；同样 TOR2 与 TOR3 输出逻辑"0"，经过与或逻辑门后输出仍为逻辑"0"，即 U_{SUM} 为逻辑"0"。

　　上述内容为输出为(1, 2)组合时的逻辑电路分析过程，对应的三值加法器的其余 8 种组合情况与之类似。

通过 LTspice 对该电路进行仿真，仿真结果如图 5-26 所示，U_A、U_B 为输入信号，输入高电平为 2 V，代表逻辑"2"，低电平为 0 V，代表逻辑"0"，中间值 1 V 代表逻辑"1"，U_{SUM} 及 U_{COUNT} 为输出信号。

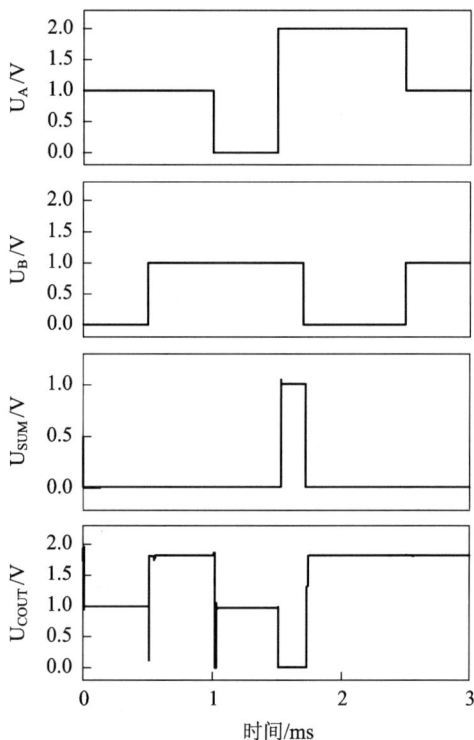

图 5-26　三值加法器仿真结果图

5.3.2　乘法器

在数字系统中，乘法器是一种基本运算器件，像智能算法中卷积运算实际上也是乘法操作。相比于利用 CMOS 构成的乘法器，将忆阻器设计到乘法器电路中能在更大程度上提高电路运算性能。

2×2 乘法器真值表如表 5-16 所示。

表 5-16　2×2 乘法器真值表

输　入				输　出			
A_1	A_0	B_1	B_0	S_3	S_2	S_1	S_0
0	0	0	0	0	0	0	0
0	0	0	1	0	0	0	0
0	0	1	0	0	0	0	0
0	0	1	1	0	0	0	0
0	1	0	0	0	0	0	0
0	1	0	1	0	0	0	1

续表

输　入				输　出			
A_1	A_0	B_1	B_0	S_3	S_2	S_1	S_0
0	1	1	0	0	0	1	0
0	1	1	1	0	0	1	1
1	0	0	0	0	0	0	0
1	0	0	1	0	0	1	0
1	0	1	0	0	1	0	0
1	0	1	1	0	1	1	0
1	1	0	0	0	0	0	0
1	1	0	1	0	0	1	1
1	1	1	0	0	1	1	0
1	1	1	1	1	0	0	1

2×2 乘法器的逻辑表达式为

$$\begin{cases} S_0 = A_0 B_0 \\ S_1 = \overline{A_1} A_0 B_1 + A_0 B_1 \overline{B_0} + A_1 \overline{A_0} B_0 + A_1 \overline{B_1} B_0 = A_0 B_1 \oplus A_1 B_0 \\ S_2 = A_1 B_1 \overline{B_0} + A_1 \overline{A_0} B_1 = A_1 A_0 B_1 B_0 \oplus A_1 B_1 \\ S_3 = A_1 A_0 B_1 B_0 \end{cases}$$

(5-43)

图 5-27 是乘法器逻辑电路，包括 4 个与门以及 2 个异或逻辑模块。

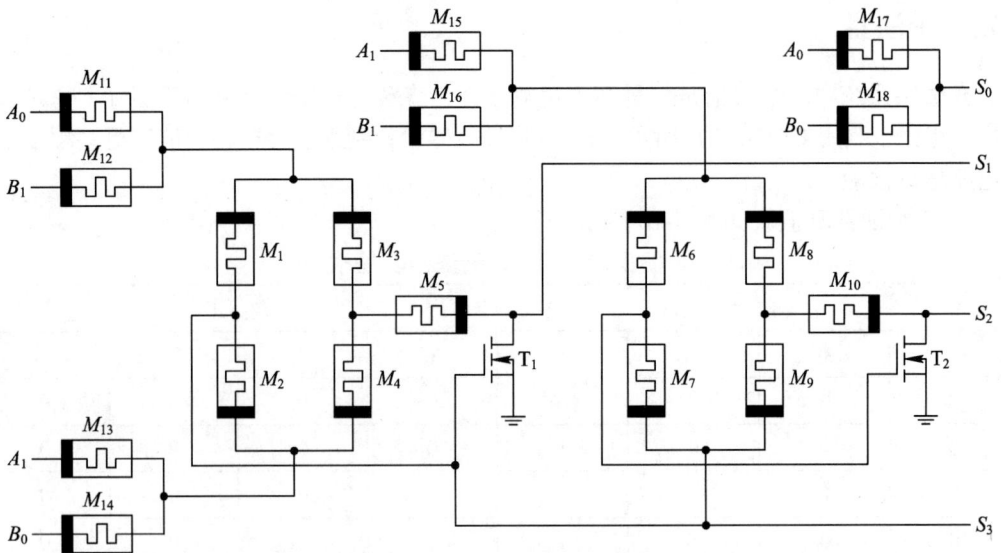

图 5-27　2×2 乘法器电路图

图 5-28 是利用 LTspice 进行 2×2 乘法器电路仿真的结果，A_1、A_0 和 B_1、B_0 作为输入，

其中高电平为 1 V 代表逻辑 "1"；逻辑 "0" 表示低电平 0 V，S_0~S_3 为输出端。

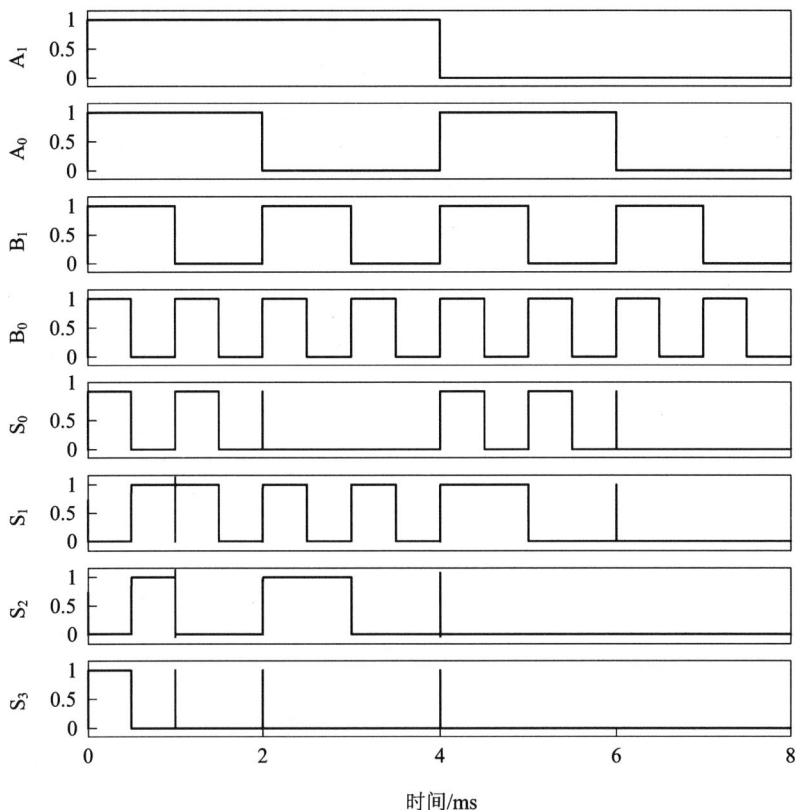

图 5-28　2×2 乘法器仿真结果图

在乘法器的二值电路的基础上，可以利用忆阻器以及 CMOS 器件组合设计三值乘法器逻辑电路。相比于二值乘法器，三值乘法器能携带更多的数据量，能弥补二值乘法器逻辑运算的局限性。表 5-17 是三值乘法器真值表。

表 5-17　三值乘法器真值表

输　　入		输　　出	
U_A	U_B	U_S	U_C
0	0	0	0
0	1	0	0
1	0	0	0
1	1	1	0
0	2	0	0
1	2	2	0
2	0	0	0
2	1	2	0
2	2	1	1

三值乘法器的逻辑表达式为

$$U_S = 1 \cdot (A_1 \cdot B_1 + A_2 \cdot B_2) + 2 \cdot (A_1 \cdot B_2 + A_2 \cdot B_1) \tag{5-44}$$

$$U_C = 1 \cdot (A_2 \cdot B_2) \tag{5-45}$$

图 5-29 是三值乘法器逻辑电路图，包括 6 个三值与门、3 个三值或门及 12 个三值逻辑非门逻辑模块。在三值乘法器的设计中一般使用逻辑非门，目的是避免逻辑电路中多个忆阻器级联所造成的信号衰减问题。由于忆阻器为无源器件，在电路设计中无法放大信号，因此在多个级联门设计中多使用缓冲器或门非门逻辑对此类问题进行改善，以保证三值乘法器输出结果的准确性。

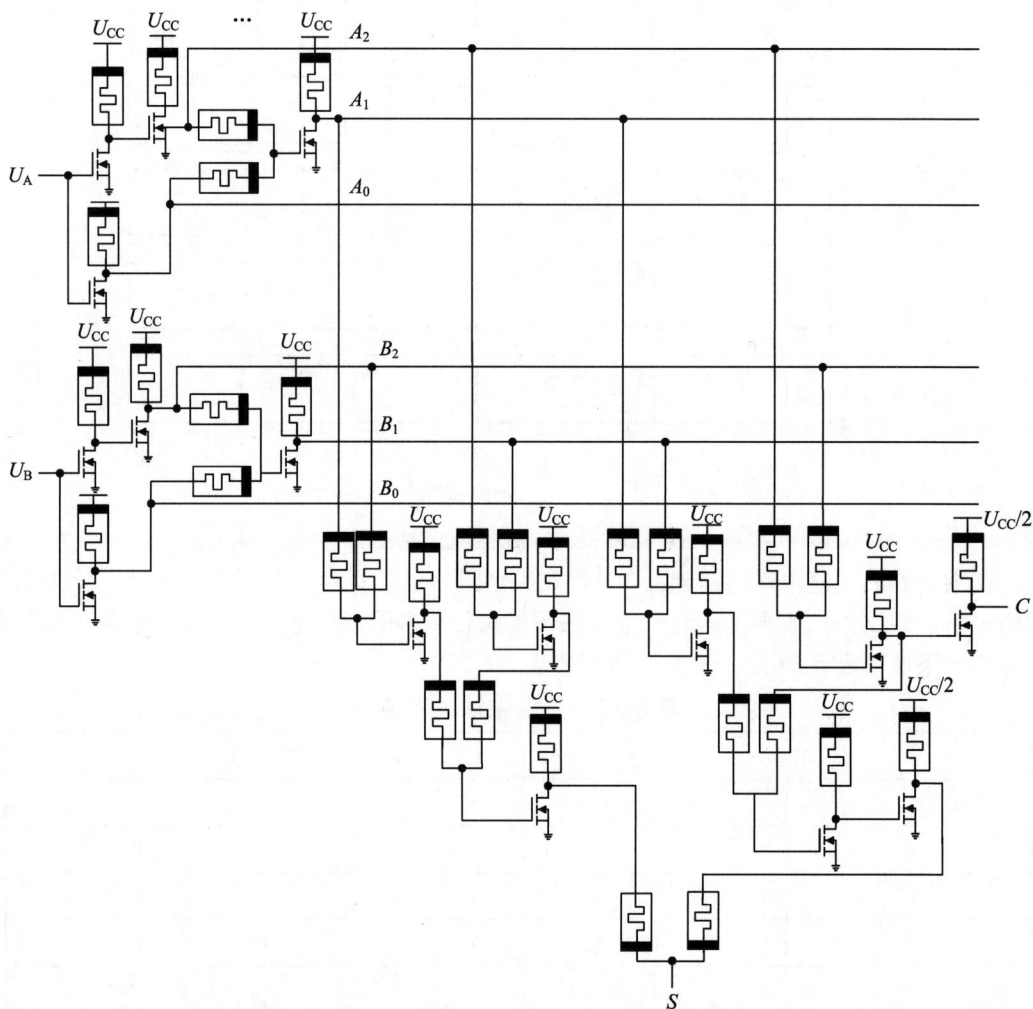

图 5-29   三值乘法器电路图

对三值乘法器的分析与三值加法器类似。根据三值乘法器逻辑电路图，利用仿真软件 LTspice 进行逻辑电路的验证，仿真结果如图 5-30 所示，U_A、U_B 是输入信号，其中高电平为 2 V 代表逻辑 "2"，逻辑 "0" 表示低电平 0 V，中间电平 1 V 代表逻辑 "1"，U_S、U_C 为输出端。

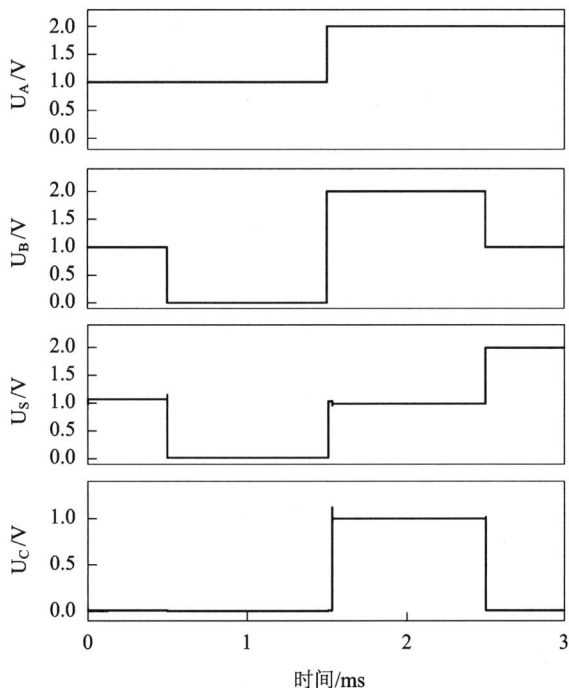

图 5-30　三值乘法器仿真结果图

5.3.3　编码器

编码器作为能实现相关编码过程的数字电路，可以将输入的电平信号数据转化为与之对应的二进制数值进行输出。在数字系统中，当输入为二进制数据时，会将相关信息转换为二进制数值，同时对于三值编码器，当输入为二进制数据时，也会将相关信息转换为三进制数值，因此在该转化过程中编码器就是必不可少的。

在二值逻辑电路的设计中，其输入的信号均以高低电平的形式给出。这里设计实现的是将多输入数据电平编码成 3 输出逻辑，即 8-3 编码器。表 5-18 是二进制编码器真值表。

表 5-18　二进制编码器真值表

输　入								输　出		
X_0	X_1	X_2	X_3	X_4	X_5	X_6	X_7	Y_2	Y_1	Y_0
1	0	0	0	0	0	0	0	0	0	0
0	1	0	0	0	0	0	0	0	0	1
0	0	1	0	0	0	0	0	0	1	0
0	0	0	1	0	0	0	0	0	1	1
0	0	0	0	1	0	0	0	1	0	0
0	0	0	0	0	1	0	0	1	0	1
0	0	0	0	0	0	1	0	1	1	0
0	0	0	0	0	0	0	1	1	1	1

当编码器中存在 n 个输入时，即输入为 X_0，X_1，$\cdots$，X_{n-1}，同时存在 m 个输出端 Y_0，Y_1，$\cdots$，Y_{m-1}。在编码过程中为了防止输出产生混乱的信号导致编码错误，在任何时刻，规定 n 个输入端中有且仅有一个高电平或低电平有效，以防止信号的混乱导致编码错误。

由表 5-18 可得编码器的逻辑表达式为

$$\begin{cases} Y_2 = X_4 + X_5 + X_6 + X_7 \\ Y_1 = X_2 + X_3 + X_6 + X_7 \\ Y_0 = X_1 + X_3 + X_5 + X_7 \end{cases} \tag{5-46}$$

图 5-31 是利用 MRL 逻辑构建的一个 3 位二进制译码器电路，$X_1 \sim X_7$ 作为输入信号，Y_0、Y_1、Y_2 为输出端，其中 M_1、T_1、T_2、T_3、T_4 构成多输入的"或非门"，"或非门"的输入信号分别为 X_1，X_3，X_5，X_7，最终经过 Y_0 端口连接的非门结构，输出信号 $Y_0 = X_1 + X_3 + X_5 + X_7$。同理，输出信号 Y_1，Y_2 也可用类似方法分析得出。

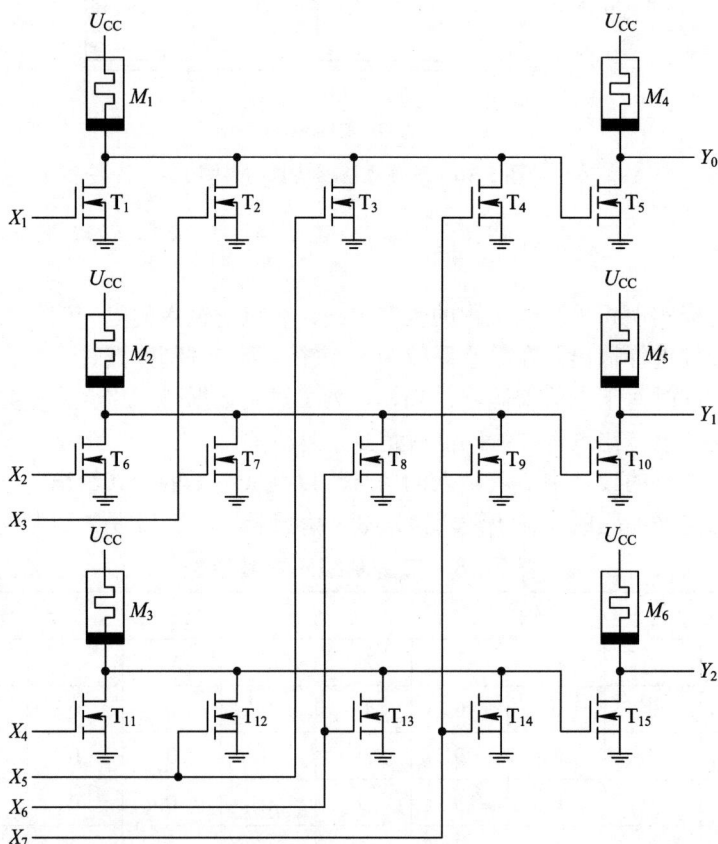

图 5-31　编码器电路图

使用 LTSpice 进行验证，X_1 至 X_7 为输入端，1、0 分别表示高、低电平，Y_0 至 Y_2 为输出端。仿真结果如图 5-32 所示，其输入输出信号之间的逻辑关系与编码器真值表相符合。

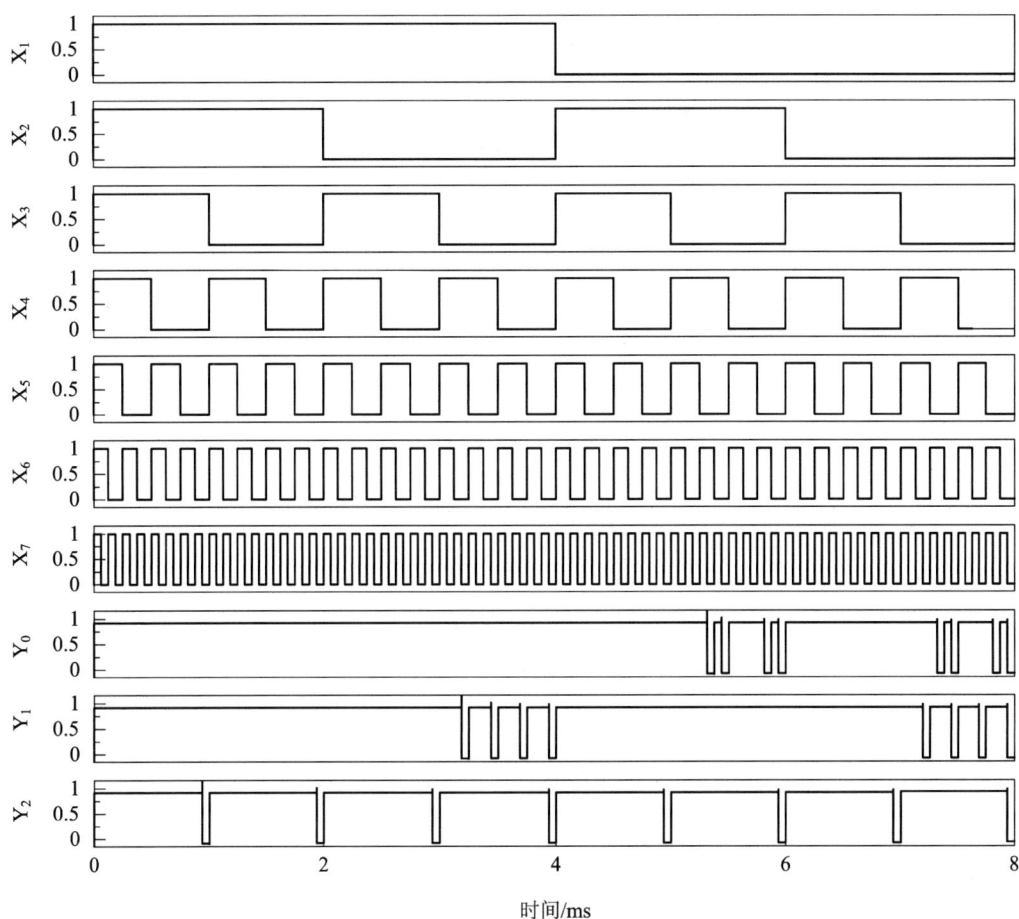

图 5-32　编码器仿真结果图

在二值 8-3 编码器的基础上，利用基础三值逻辑门的组合设计，将多个二值输入信号转变为一个三值逻辑信号，实现 3-1 三值编码器设计，对应的真值表如表 5-19 所示。

表 5-19　三值编码器真值表

输　　入			输　出
X_0	X_1	X_2	Y
1	0	0	0
0	1	0	1
0	0	1	2

根据 3-1 编码器真值表得出逻辑表达式为

$$Y = \begin{cases} 0, & X_0 = 1, X_1 = 0, X_2 = 0 \\ 1, & X_0 = 0, X_1 = 1, X_2 = 0 \\ 2, & X_0 = 0, X_1 = 0, X_2 = 1 \end{cases} \tag{5-47}$$

图 5-33 是三值编码器逻辑电路结构图。

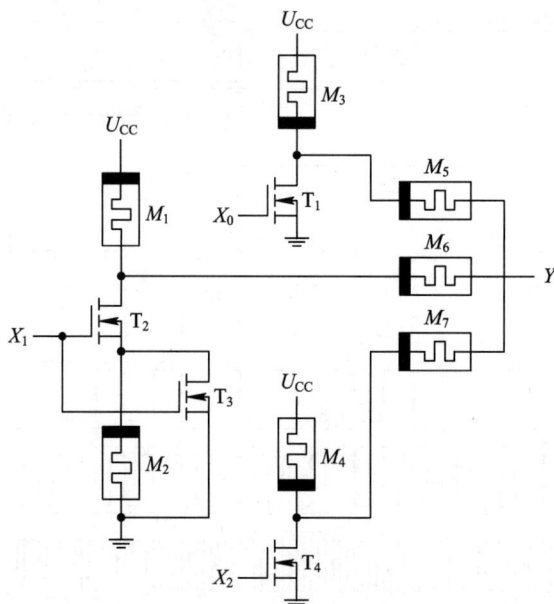

图 5-33 三值编码器电路图

在某一时刻三值编码器有且仅有一个高电平有效，具体可分为三种情况。

(1) 当输入 X_0 = "1"，$X_1 = X_2$ = "0" 时，X_0 经过 T_1、M_3 构成的三值负非门后输出逻辑 "0"，X_1 经过 M_1、T_2、T_3、M_2 构成的标准三值非门输出逻辑 "2"，X_2 经过 T_4、M_4 构成的三值正非门输出逻辑 "2"，进而三个输出经过 M_5、M_6、M_7 构成的逻辑与门，输出结果 Y 为逻辑 "0"。

(2) 当输入 X_1 = "1"，$X_0 = X_2$ = "0" 时，X_0 经过 T_1、M_3 构成的三值负非门后输出逻辑 "2"，X_1 经过 M_1、T_2、T_3、M_2 构成的标准三值非门输出逻辑 "1"，X_2 经过 T_4、M_4 构成的三值正非门输出逻辑 "2"，进而三个输出经过 M_5、M_6、M_7 构成的逻辑与门，输出结果 Y 为逻辑 "1"。

(3) 当输入 X_2 = "1"，$X_0 = X_1$ = "0" 时，X_0 经过 T_1、M_3 构成的三值负非门后输出逻辑 "2"，X_1 经过 M_1、T_2、T_3、M_2 构成的标准三值非门输出逻辑 "2"，X_2 经过 T_4、M_4 构成的三值正非门输出逻辑 "2"，进而三个输出经过 M_5、M_6、M_7 构成的逻辑与门，输出结果 Y 为逻辑 "2"。

对三值编码器电路进行仿真分析，其结果如图 5-34 所示。

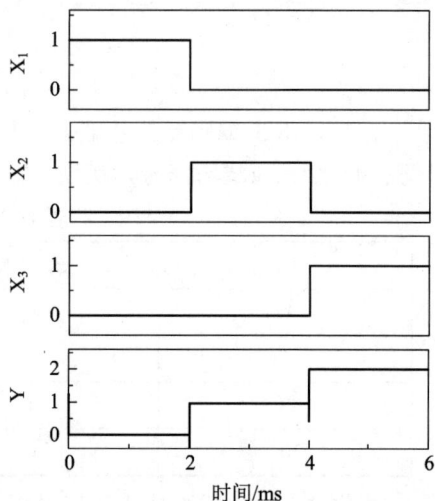

图 5-34 三值编码器仿真结果图

5.3.4 译码器

译码是对输入代码的状态进行分析进而进行翻译的过程。具体来说，每一种输入的二进制码都具有其特定的数据信息或者信号，将其特定含义的码态"翻译"出来的过程称为译码，从原理上讲译码器与编码器的作用相反。表 5-20 是译码器真值表。

表 5-20　译码器真值表

输　入			输　出							
X_2	X_1	X_0	Y_0	Y_1	Y_2	Y_3	Y_4	Y_5	Y_6	Y_7
0	0	0	1	0	0	0	0	0	0	0
0	0	1	0	1	0	0	0	0	0	0
0	1	0	0	0	1	0	0	0	0	0
0	1	1	0	0	0	1	0	0	0	0
1	0	0	0	0	0	0	1	0	0	0
1	0	1	0	0	0	0	0	1	0	0
1	1	0	0	0	0	0	0	0	1	0
1	1	1	0	0	0	0	0	0	0	1

假设译码器也存在 n 个输入端，则对应存在 2^n 个输出信号，输入输出逻辑信息相互对应，并且在 2^n 个输出中只有一个为 1 或 0 有效，其余输出端均不起作用。二进制译码器可以编译出不同输入组合产生的全部状态，故也称为变量译码器。

由真值表可以推导出译码器的逻辑表达式为

$$\begin{cases} Y_0 = \overline{X_2}\,\overline{X_1}\,\overline{X_0} \\ Y_1 = \overline{X_2}\,\overline{X_1}\,X_0 \\ Y_2 = \overline{X_2}\,X_1\,\overline{X_0} \\ Y_3 = \overline{X_2}\,X_1\,X_0 \\ Y_4 = X_2\,\overline{X_1}\,\overline{X_0} \\ Y_5 = X_2\,\overline{X_1}\,X_0 \\ Y_6 = X_2\,X_1\,\overline{X_0} \\ Y_7 = X_2\,X_1\,X_0 \end{cases} \tag{5-48}$$

图 5-35 是 3-8 译码器电路结构，其中，$X_2 \sim X_0$ 为输入端，$Y_0 \sim Y_7$ 为输出端。利用比例逻辑非门可构成 M_1-T_1、M_2-T_2 等逻辑非门。M_5、T_5、T_6 分别为信号 $\overline{X_1}$、X_2、X_0 的输入端，进行 $\overline{X_1 \cdot X_2 + X_0}$ 逻辑运算，并输出信号 $Y_0 = \overline{X_2} \cdot \overline{X_1} \cdot \overline{X_0}$。其余的输出信号也可同理得出。

根据译码器电路图，在 LTSpice 中进行逻辑验证，仿真结果如图 5-36 所示，可以发现输入输出信号之间的逻辑关系与译码器真值表相符。

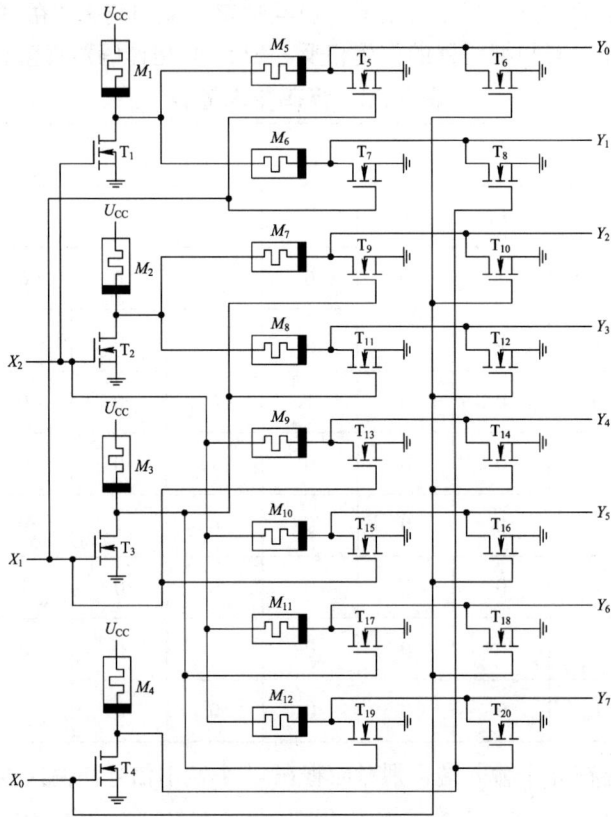

图 5-35　二值 3-8 译码器电路图

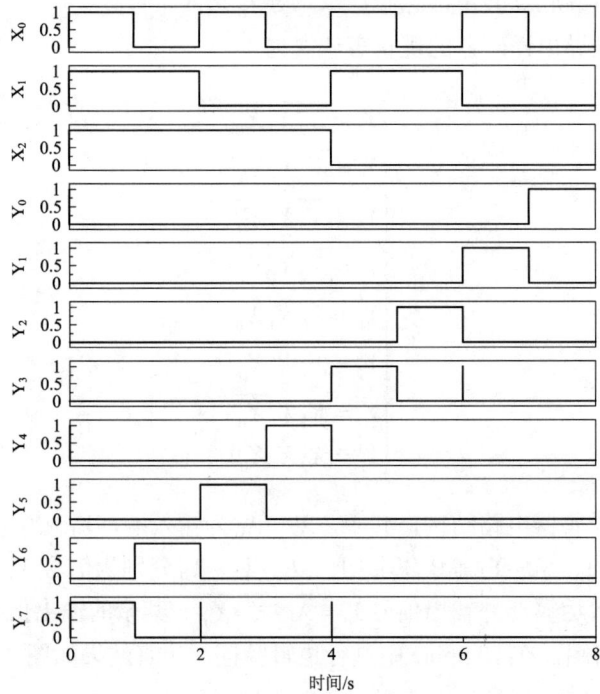

图 5-36　译码器仿真结果图

在二值 3-8 译码器的基础上，可以利用三值逻辑组合设计三值译码器，实现将三值输入信号转换为三路二值信号。三值 1-3 译码器真值表如表 5-21 所示。

表 5-21　三值 1-3 译码器真值表

输　入	输　出		
X	Y_0	Y_1	Y_2
0	2	0	0
1	0	2	0
2	0	0	2

根据真值表可以推导出三值译码器表达式为

$$Y_i = \begin{cases} 2, & X = i \\ 0, & X \neq i \end{cases} \tag{5-49}$$

图 5-37 是三值 1-3 译码器逻辑电路图，该电路包括 T_1 构成的一个三值正非门逻辑，T_2 构成的 3 个三值负非门逻辑以及一个三值或门逻辑，其中输入端为 X，输出端为 Y_0、Y_1、Y_2。

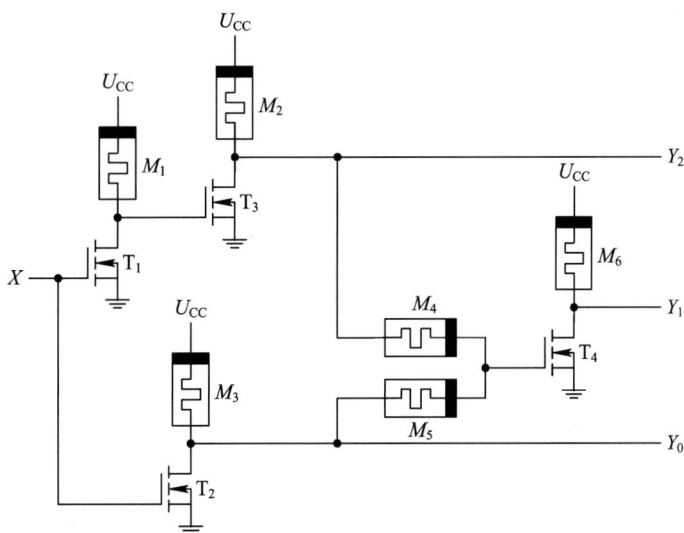

图 5-37　三值 1-3 译码器电路图

在三值译码器分析中，主要有以下三种情况。

(1) 当输入 X 为逻辑"0"时，通过三值正非门逻辑后转换为逻辑"2"输出，进而通过 M_2 构成的三值负非门输出逻辑"0"，即 Y_2 输出逻辑"0"。输入 X 通过 M_3 构成的三值负非门后输出逻辑"2"，即 Y_0 输出逻辑"1"。Y_0 与 Y_2 通过 M_4、M_5 构成的三值或门后输出逻辑"2"，最后通过 M_6 构成的三值非门输出逻辑"0"，即 Y_1 输出逻辑"0"。

(2) 当输入 X 为逻辑"1"时，通过三值正非门逻辑后转换为逻辑"2"输出，进而通过 M_2 构成的三值负非门输出逻辑"0"，即 Y_2 输出逻辑"0"。输入 X 通过 M_3 构成的三值负非门后输出逻辑"0"，即 Y_0 输出逻辑"0"。Y_0 与 Y_2 通过 M_4、M_5 构成的三值或门后输出逻辑"0"，最后通过 M_6 构成的三值非门输出逻辑"0"，即 Y_1 输出逻辑"2"。

（3）当输入 X 为逻辑"2"时，通过三值正非门逻辑后转换为逻辑"0"输出，进而通过 M_2 构成的三值负非门输出逻辑"2"，即 Y_2 输出逻辑"2"。输入 X 通过 M_3 构成的三值负非门后输出逻辑"0"，即 Y_0 输出逻辑"0"。Y_0 与 Y_2 通过 M_4、M_5 构成的三值或门后输出逻辑"2"，最后通过 M_6 构成的三值非门输出逻辑"0"，即 Y_1 输出逻辑"0"。

在理论分析的基础上，对三值编码器电路进行仿真分析，其结果如图 5-38 所示。

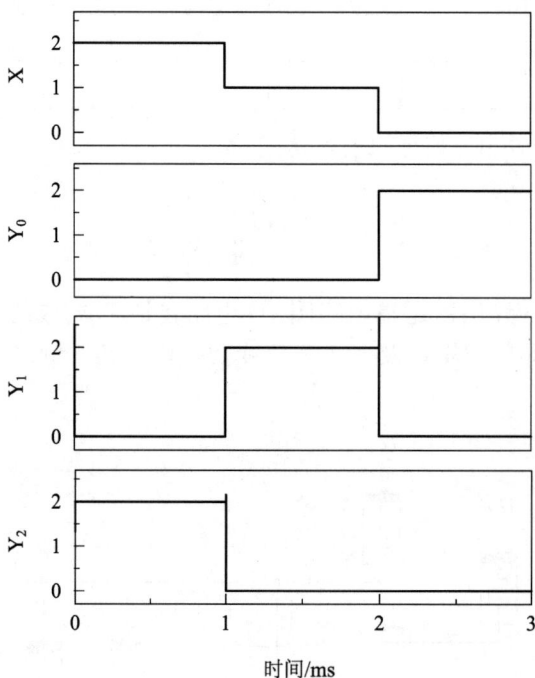

图 5-38　三值译码器仿真结果图

5.4　四值逻辑电路

在三值逻辑研究的基础上，利用忆阻器设计四值逻辑电路，可以有效地解决 CMOS 等器件在实际应用中的限制，如器件自身的高功耗、高成本、漏电流大、可靠性及产率低等问题。在四值逻辑电路设计中电压值 0 V 表示逻辑"0"，0.3 V 表示逻辑"1"，0.6 V 表示逻辑"2"，1 V 表示逻辑"3"。

5.4.1　基础四值逻辑电路

利用忆阻器可以设计基础四值逻辑电路，电路结构如图 5-39 所示。当忆阻器施加正向电压时，忆阻器阻值切换到 R_{on}。反之，当忆阻器施加反向电压时，忆阻器阻值切换到 R_{off}，且 $R_{off} \gg R_{on}$。

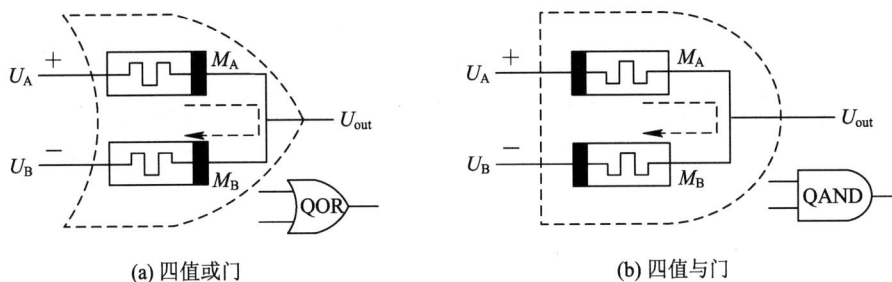

(a) 四值或门　　　　　　　　　　　　　　　　(b) 四值与门

图 5-39　基础四值逻辑电路

表 5-22 是基础四值逻辑电路的真值表，不同输入对应不同的输出逻辑状态。

表 5-22　基础四值逻辑电路真值表

U_A	U_B	QAND	QOR
0	0	0	0
1	0	0	1
2	0	0	2
3	0	0	3
0	1	0	1
1	1	1	1
2	1	1	2
3	1	1	3
0	2	0	2
1	2	1	2
2	2	2	2
3	2	2	3
0	3	0	3
1	3	1	3
2	3	2	3
3	3	3	3

当或门输入 $U_A > U_B$ 时，电流由 M_A 流向 M_B，使得 M_A 与 M_B 的阻值变化相反，M_A 阻值变为 R_{on}，M_B 阻值变为 R_{off}，通过分压定律，可知输出电压 U_{out} 为

$$U_{out} = \frac{U_A \times R_{off} + U_B \times R_{on}}{R_{off} + R_{on}} = U_A \tag{5-50}$$

同样，当与门输入 $U_A > U_B$ 时，电流流向相同，此时，M_A 阻值变化为 R_{off}，M_B 阻值变为 R_{on}，通过分压定律，可知输出电压为

$$U_{\text{out}} = \frac{U_{\text{A}} \times R_{\text{on}} + U_{\text{B}} \times R_{\text{off}}}{R_{\text{off}} + R_{\text{on}}} = U_{\text{B}} \tag{5-51}$$

利用 LTspice 仿真软件对所设计的逻辑电路进行验证，仿真结果如图 5-40 所示。

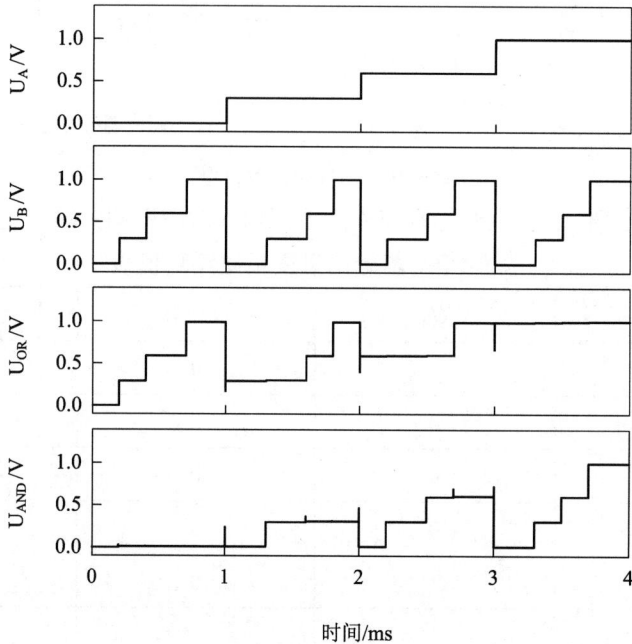

图 5-40　四值与、或门仿真结果

对于不同的四值逻辑组合状态，其分析方法类似，输出结果与四值与或门真值表对应。利用基础与或门可设计四值最大值、最小值逻辑电路。

四值最大值逻辑电路，即输入多个不同的逻辑值时，输出为输入中最大的逻辑状态值，对应二输入的四值或门逻辑为输入最少的最大值电路，其表达式为

$$Q \quad (u_1, u_2, u_3, \cdots, u_n) = \text{Max}[u_1, u_2, u_3, \cdots, u_n] \tag{5-52}$$

同理，最小值电路为当输入多个不同的逻辑时，输出为输入状态中最小的逻辑状态，二输入的四值与门逻辑电路为最少输入的最小值电路，其表达式为

$$Q \,\&\, (u_1, u_2, u_3, \cdots, u_n) = \text{Min}[u_1, u_2, u_3, \cdots, u_n] \tag{5-53}$$

四值逻辑非门具有 4 个不同的逻辑状态，其中包括四值正非(PTI)、四值负非(NTI)、四值非(IQI)、四值标准非(SQI)，表 5-23 是四值逻辑非门真值表。

表 5-23　四值逻辑非门真值表

U_{in}	I_0	I_1	I_2	I_3
0	3	0	0	0
1	0	3	0	0
2	0	0	3	0
3	0	0	0	3

四值逻辑非门不同状态的区别在于：对于四值逻辑的中间状态值呈现出不同的输出值。

图 5-41(a)为 PQI、NQI 以及 IQI 电路结构图，通过改变 NMOS 的阈值电压使得四值逻辑非门逻辑输出不同的逻辑值。图 5-41(b)为 3 个忆阻器与 3 个 NMOS 构成的 SQI 四值标准非门。相比于其余的四值非门结构，SQI 的输出逻辑状态更多，电路复杂度也较高，所应用范围也更广。

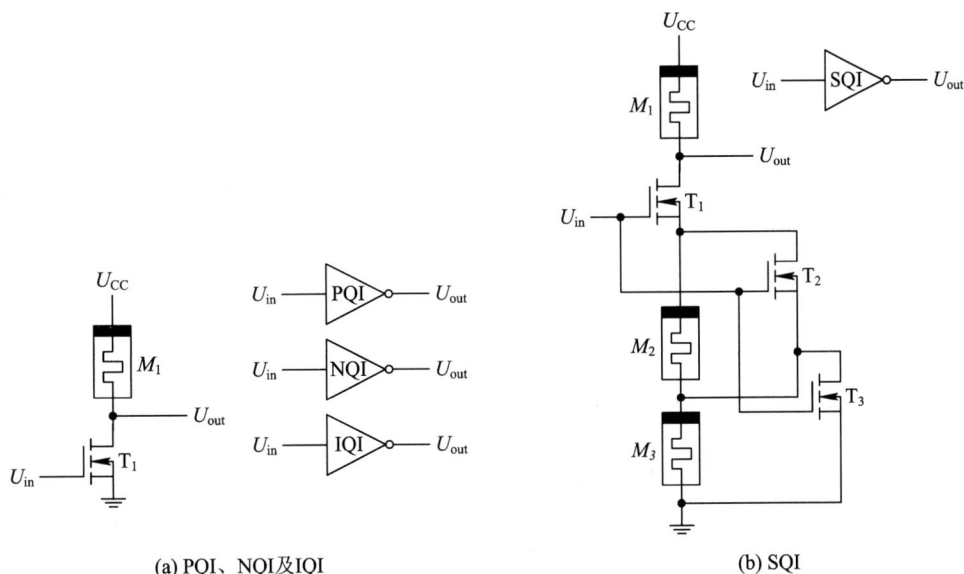

(a) PQI、NQI及IQI　　　　　　　　　　(b) SQI

图 5-41　四值非门逻辑电路图

四值非门 PQI 电路、SQI 电路的工作原理如下：

PQI 电路设计中，NMOS 的阈值电压为 0.75 V，当输入为 0 V、0.3 V、0.6 V 时，NMOS 器件关断，使得四值非门输出值为 1 V。当输入为 1 V 时，NMOS 器件导通，使得输出值为 0 V。NQI 电路设计中，NMOS 的阈值电压设计为 0.2 V，当输入为 0 V 时，NMOS 器件关断，使得四值非门输出值为 1 V。当输入为 0.3 V、0.6 V、1 V 时，NMOS 器件导通，使得输出值为 0 V。IQI 电路设计中，NMOS 的阈值电压设计为 0.5 V，当输入为 0 V、0.3 V 时，NMOS 器件关断，使得四值非门输出值电压为 1 V。当输入为 0.6 V、1 V 时，NMOS 器件导通，输出接地，使得输出值为 0 V。

SQI 电路设计中，其中 T_1 的阈值电压设置为 0.2 V，T_2 的阈值电压设置为 0.5 V，T_3 的阈值电压设置为 0.75 V，当输入为 0 V 时，T_1、T_2、T_3 均关断，使得输出电压值为 U_{CC}，即 1 V。当输入为 0.3 V 时，T_1 导通，T_2、T_3 关断，根据分压定律，U_{out} 近似等于 $\frac{2}{3}U_{CC}$，即电压近似为 0.6 V。当输入为 0.6 V 时，其中 T_1、T_2 导通，T_3 关断，同样根据分压定律，U_{OUT} 输出近似为 $\frac{1}{3}U_{CC}$，即输出为 0.3 V。当输入为 1 V 时，T_1、T_2、T_3 均导通，输入端接地，使得输出为 0 V，即逻辑 "0"。

图 5-42 为四值非门仿真结果，其中四值非门中 PQI、NQI、IQI、SQI 对应不同的逻辑输出结果。所设计的四值基础逻辑门的仿真结果与理论值相对应，也证明所设计基础四值逻辑门结构的准确性。

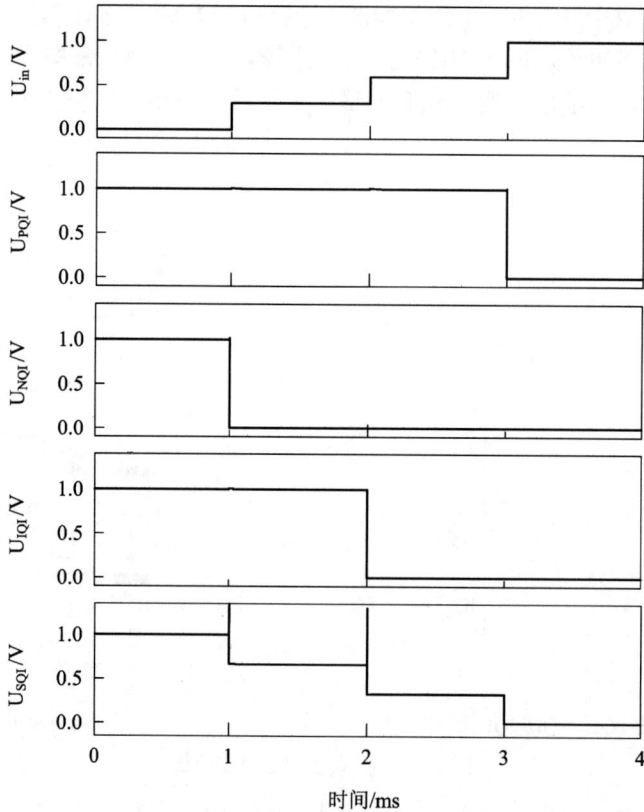

图 5-42   四值非门仿真结果图

5.4.2   四值译码器

译码是信息转化中不可或缺的环节。译码器可以将多值输入信息转换为二值数据进行输出，实现对信息的翻译。这里设计的译码器是在二值以及三值的基础上，利用忆阻器基础逻辑门电路，组合四值译码器，将输入的 4 个不同状态的信息量转换为二值信息进行对应输出，在实际应用中增加了信息的处理量，并且其功耗相比于其他器件的四值译码器具有一定的提升。

表 5-24 为四值译码器的真值表。图 5-43 为所设计的四值译码器电路结构，包括 2 个四值负非门、3 个四值正非门、1 个四值中间非门、1 个四值与门及 1 个四值或门。

表 5-24   四值译码器真值表

U_{in}	I_0	I_1	I_2	I_3
0	3	0	0	0
1	0	3	0	0
2	0	0	3	0
3	0	0	0	3

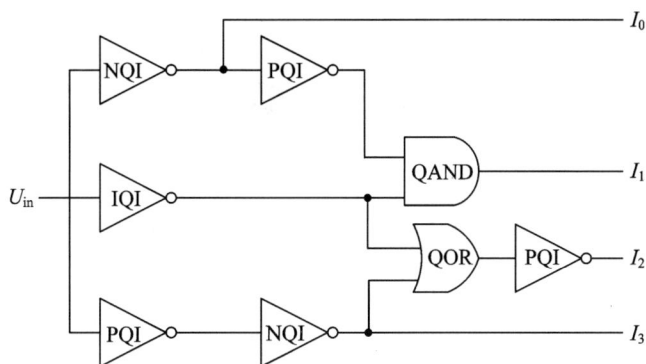

图 5-43　四值译码器电路结构

四值译码器的工作过程如下：

当输入 U_{in} 为逻辑 0 时，通过 NQI 使得输出 I_0 为逻辑"3"，I_0 通过 PQI 输出逻辑"0"，输入的 U_{in} 通过 IQI 输出逻辑"3"，IQI 与 PQI 输出逻辑"0"，通过 QAND 门电路，使得 I_1 输出为逻辑"0"。同时，输入 U_{in} 通过 PQI 输出逻辑"3"，再通过 NQI 输出逻辑"0"，此时 I_3 输出逻辑"0"，NQI 输出的逻辑"0"与 IQI 输出的逻辑"3"进行或非门逻辑，使得 I_2 输出逻辑"0"。

利用 LTspice 对所设计的四值译码器进行仿真验证，不同输入对应不同的逻辑输出，可得四值译码器的仿真结果如图 5-44 所示，与四值译码器真值表结构一致。当输入为逻辑"0"时，输出 I_0 为逻辑"3"，当输入为逻辑"1"时，输出 I_1 为逻辑"3"，当输入为逻辑"2"时，输出 I_2 为逻辑"3"，当输入为逻辑"3"时，输出 I_3 为逻辑"3"。

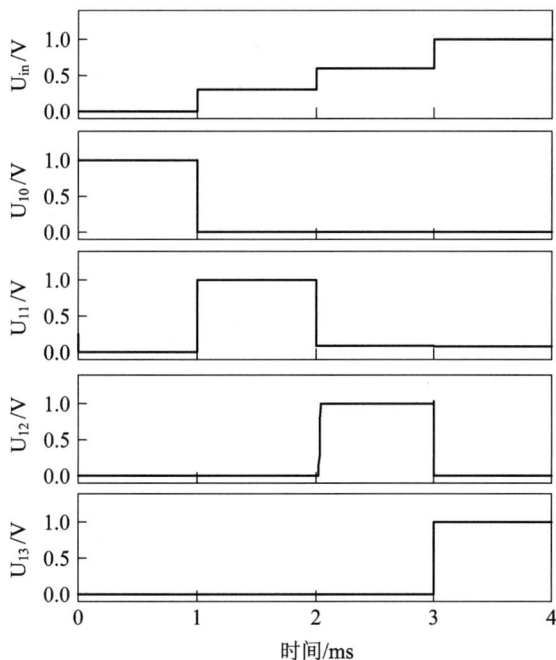

图 5-44　四值译码器仿真结果

习　题

1. 对 Yakopcic、VTEAM、Knowm 忆阻器模型的原理进行具体阐述。
2. 根据 5.3.1 节三值加法器的介绍对其余的加法器组合输入情况进行原理分析。
3. 利用 LTspice 软件对三值译码器进行仿真验证。
4. 根据二值加法器的设计原理进而尝试设计二值减法器电路。

参 考 文 献

[1] YAKOPCIC C, TAHA T M, SUBRAMANYAM G, et al. Generalized memristive device SPICE model and its application in circuit design[J]. IEEE Transactions on Computer-Aided Design of Integrated Circuits and Systems, 2013, 32(8): 1201-1214.

[2] KVATINSKY S, RAMADAN M, FRIEDMAN E G, et al. VTEAM: A general model for voltage-controlled memristors[J]. Circuits and Systems II: Express Briefs, IEEE Transactions on, 2015, 62(8): 786-790.

[3] KVATINSKY S, FRIEDMAN E G, KOLODNY A, et al. TEAM: ThrEshold adaptive memristor model[J]. IEEE Transactions on Circuits & Systems I Regular Papers, 2013, 60(1): 211-221.

[4] LIU G, SHEN S, JIN P, et al. Design of memristor-based combinational logic circuits[J]. Circuits, Systems, and Signal Processing, 2021,40(12): 5825-5846.

[5] YAKOPCIC C, TAHA T M, SUBRAMANYAM G, et al. Memristor SPICE model and crossbar simulation based on devices with nanosecond switching time[C]// The 2013 International Joint Conference on Neural Networks (IJCNN). IEEE, 2013.

[6] TEIMOORI M, AHMADI A, ALIREZAEE S, et al. A novel hybrid CMOS-memristor logic circuit using Memristor Ratioed Logic[C] 29th Annual IEEE Canadian Conference on Electrical and Computer Engineering. IEEE, 2016.

[7] 王晓媛，金晨曦，周鹏飞. 忆阻数字逻辑电路设计[J]. 电子与信息学报，2020, 42(4): 851-861.

[8] 杨辉，段书凯，董哲康，等. 基于忆阻器-CMOS 的通用逻辑电路及其应用[J]. 中国科学: 信息科学，2020, 50: 289-302

[9] DMITRI B, STRUKOV, GREGORY S, et al. The missing memristor found[J]. Nature, 2008, 453(7191).

[10] TEIMOORY M, AMIRSOLEIMANI A, AHMADI A, et al. A hybrid memristor-CMOS multiplier design based on memristive universal logic gates[C]// 2017 IEEE 60th

International Midwest Symposium on Circuits and Systems (MWSCAS). IEEE, 2017.

[11]　BISWAS B R，GUPTA S. Memristor-specific failures: new verification methods and emerging test problems[C]. 2022 IEEE 40th VLSI Test Symposium (VTS). IEEE, 2022.

[12]　MONFARED A T, CIRIANI V, MIKKONEN T. Quaternary reversible circuit optimization for scalable multiplexer and demultiplexer[J]. IEEE Access, 2023, 11: 46592-46603.

[13]　NOROUZI D A, HAGHPARAST M, HOSSEINZADEH M, et al. Efficient binary to quaternary and vice versa converters: embedding in quaternary arithmetic circuits[J]. The Journal of Supercomputing, 2021, 77 (12): 14600-14616.

[14]　DA S R C G, BOUDINOV H, CARRO L. A novel voltage-mode CMOS quaternary logic design[J]. IEEE Transactions on Electron devices, 2006, 53(6): 1480-1483.

第6章

忆阻器在感知神经元及网络实现中的应用

人类大脑神经网络是一个非常神秘的神经系统，由大约 10^{11} 个神经元组成，每个神经元又可通过 $10^3 \sim 10^4$ 个突触与其他神经元连接，在人类的感知、运动、记忆、学习、情感和决策等方面发挥着重要的作用。忆阻器与感知神经元在结构与特性方面有着惊人的相似，不仅可以复现生物神经元感知、记忆、存储、非易失性等特性，而且纳米级尺寸结构也非常适合构建庞大的人工神经网络。本章基于忆阻器和神经网络突触性能的相似性，设计了忆阻型感知神经元、反向串联忆阻器型感知神经元、全域值忆阻感知神经元，并进一步构建了单层忆阻感知神经网络、多层忆阻感知神经网络。本章还通过神经元设计、逻辑运算实现、单层和多层神经网络实现等具体案例，对相关理论、算法和技术进行了实践应用。

6.1 概 述

伴随着 AlphaGo、无人驾驶汽车、智能机器人、刷脸支付等新奇事物的相继出现，人工智能成为生产生活各领域的璀璨新星，似乎只要是人类涉足的地方都可以看见人工智能的身影。作为人工智能的仿生学实现方式，人工神经网络的发展更是一日千里，各种人工神经网络纷纷从理论走向实践，走进广大民众的生活。

人类大脑是现有认知范围内最智能的系统，具有结构复杂、性能完美、运转高效的特点。长期以来，人们一直致力于探索大脑的工作机理，试图通过学习它的性能来帮助人类解决各种问题，人工神经网络应运而生。人工神经网络就是人类在对大脑神经网络结构和功能充分认识的基础上，对其进行模拟抽象进而人工构造出的可以实现某些功能的智能系统。人工神经网络由大量基本处理单元按照一定的规律连接而成，具有强大的并行分布式处理能力，现已在模式识别、决策优化、自适应控制、状态预测等诸多领域得到了广泛应用。

神经网络系统是生物感知系统的重要组成部分，是由数百亿个高度集成、有序构建而成的神经元集合体，提供了一个生物体与周围环境的交流网络，它会不断接收信息、分析信息、存储信息并作出相应的信息判决和行为，使生物机体产生相应运动或使相应腺体产生分泌，从而促使机体适应周围环境变化。而神经网络系统要完成这些复杂的功能，就需要其基本细胞单元——神经元来完成高度精确和有效的信息传递，其他感知系统都是在其基础上延伸改进而来的。因此，要想实现一个仿真的人工神经网络，关键就是要实现一个

"逼真"的感知神经元。

　　人工神经网络之所以能够展现出自适应、自组织、自学习等智能特点，其本质在于感知神经元权值的可调节性。因此，如何实现权值可调就成为人工神经网络"智能"或"智力"开发的关键问题。传统的权值可调感知神经网络电路是由晶体管、电容、电阻等电子元器件搭建而成的，成功模拟了突触可塑性、记忆特性等性能。然而，神经元甚至突触的每一个功能都需要通过复杂的电路结构来实现，设计或制造工艺相对繁复。特别地，随着芯片集成度逼近其物理极限，搭建比拟人脑的大规模神经网络电路更是如关山阻隔，而忆阻器的出现则为权值可调感知神经网络的硬件实现带来了新的曙光。

　　由忆阻器的工作机理可以知道，忆阻器的阻值会随其内部电荷的流动而变化，施加正向偏压时，阻值变小，施加反向偏压时，阻值变大，呈现了显著的时变性。但当关断时，忆阻器阻值会停止变化，呈现出一定的非易失性。由于忆阻器的阻值可变性与神经元突触的可塑性相似，其非易失性又与突触的记忆功能相吻合，因此，忆阻器成为模拟突触连接强度的理想器件。此外，忆阻器纳米量级的尺寸结构，以及有望实现感、存、算功能一体化的技术优势，都使其有望成为下一代最有前景的智能功能器件载体。

6.2　感知神经元及模型

　　神经元是一种高度极化的细胞，主要由胞体和突起两部分组成，突起是神经元细胞膜特化的结构，按照结构不同又可分为轴突和树突，如图 6-1 所示。

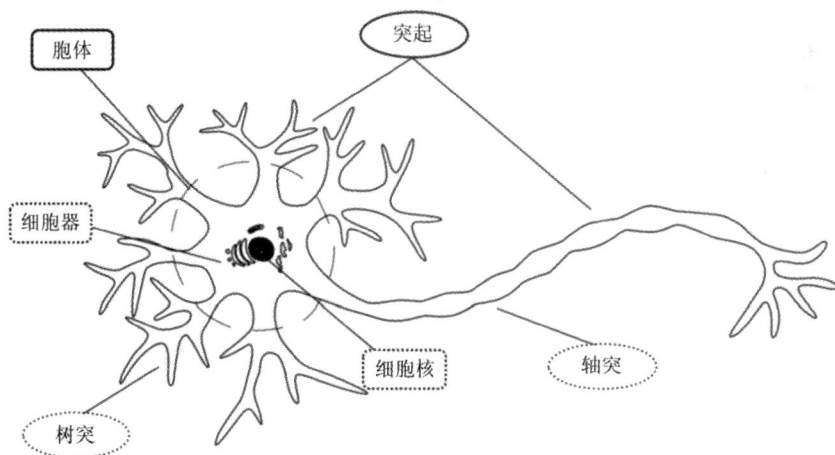

图 6-1　神经元结构

　　胞体主要负责神经元的代谢和营养供给，其内部含有细胞核和细胞器，细胞核是遗传物质储存和复制的场所，同时负责控制细胞的代谢活动；细胞器包括高尔基体、线粒体、尼氏小体和细胞骨架等，它们分工明确、相互配合，从而执行细胞生命活动的多种生物学功能。树突是胞体的延伸，从胞体发出的树突可以是一根，也可以是多根，分支较为复杂，且形态上由近及远逐渐变细，它的主要功能是接收其他神经元传递过来的信息。轴突通常自胞体发出，其起始部位呈圆锥形，称为轴丘；轴突的分支较少，长短差别大，最长甚至可以达到 1 m 以上，其直径较树突小，但全长直径平均，偶尔长有侧枝。轴突表面的细胞膜称为轴膜，内含的细胞质称为轴质，轴突的主要功能是在轴膜上传导神经冲动。

1943 年，来自 University of Illinois 和 University of Chicago 的 Warren S McCulloch 和 Walter Pitts 根据生物神经细胞的结构和工作机理提出了著名的 M-P 模型，用 0 和 1 两个数值实现了对神经元状态的描述，达到通过神经元网络处理信息的目的，开启了人工神经网络研究的新纪元。1958 年，Frank Rosenblatt 将学习算法应用于 M-P 模型，首次提出了感知器，并在 IBM704 计算机上进行了模拟实验，完成了一些简单的线性分类任务，随后进一步证明了感知器分类算法的收敛性，完善了感知器的理论系统，掀起了人工神经网络研究的热潮。

感知神经元是人工神经网络中最基本的感知神经单元，根据生物神经元的结构和工作原理，人工感知神经元的基本结构如图 6-2 所示。其中，i_1, i_2, i_3, $\cdots$, $i_n(n \geqslant 1)$ 是感知神经元的输入；w_1, w_2, w_3, $\cdots$, $w_n(n \geqslant 1)$ 分别为与输入 i_1, i_2, i_3, $\cdots$, i_n 对应的权值信号；b 为感知神经元偏置；f 是感知神经元的净输入；u_o 为人工感知神经元的输出。

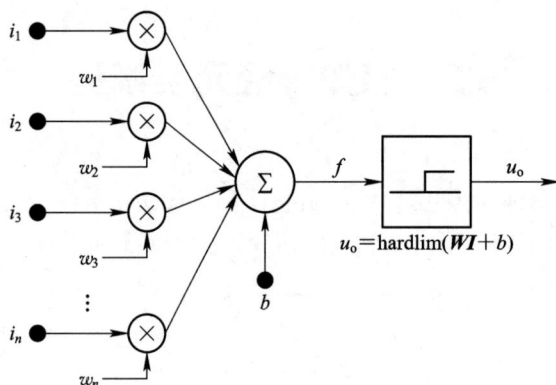

$$u_o = \mathrm{hardlim}(\boldsymbol{WI} + b)$$

图 6-2　人工感知神经元

根据图 6-2 的人工感知神经元的结构，净输入 n 可以表示为

$$f = \boldsymbol{WI} + b = w_1 i_1 + w_2 i_2 + w_3 i_3 + \cdots + w_n i_n + b \qquad (6\text{-}1)$$

式中，$\boldsymbol{W}$ 为权值矩阵，$\boldsymbol{I}$ 为输入矩阵，具体可表示为

$$\boldsymbol{W} = [w_1 \quad w_2 \quad w_3 \quad \cdots \quad w_n] \qquad (6\text{-}2)$$

$$\boldsymbol{I} = [i_1 \quad i_2 \quad i_3 \quad \cdots \quad i_n]^{\mathrm{T}} \qquad (6\text{-}3)$$

感知神经元的传输函数为硬极限传输函数，其表达式为

$$u_o = \mathrm{hardlim}(f) = \begin{cases} 1, & f > 0 \\ 0, & f \leqslant 0 \end{cases} \qquad (6\text{-}4)$$

图 6-3 为人工感知神经元中的硬极限传输函数曲线和表示符号。

因此，感知神经元的输出为

$$\begin{aligned} u_o &= \mathrm{hardlim}(f) = \mathrm{hardlim}(\boldsymbol{WI} + b) \\ &= \mathrm{hardlim}(w_1 i_1 + w_2 i_2 + w_3 i_3 + \cdots + w_n i_n + b) \end{aligned} \qquad (6\text{-}5)$$

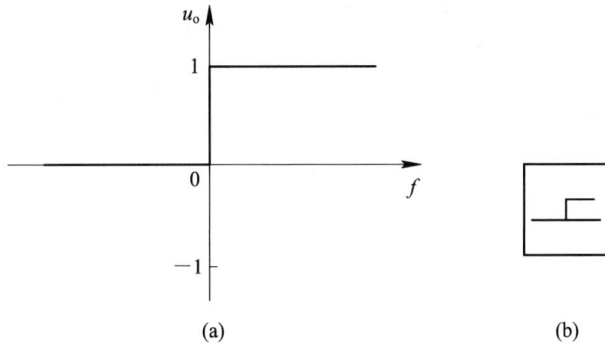

图 6-3　硬极限传输函数曲线和表示符号

人工感知神经元结构与生物神经元结构的对应关系如表 6-1 所示。

表 6-1　人工感知神经元与生物神经元结构对应关系

人工感知神经元	生物神经元
输入$(i_1, i_2, i_3, \cdots, i_n)$	与该神经元连接的前一级各神经元轴突上的输出信号
权值$(w_1, w_2, w_3, \cdots, w_n)$	连接前一级神经元突触的连接强度/神经元信号传输效率
偏置 b	生物神经元状态变化阈值量化值的相反数
净输入 f	神经元输入信号初步处理的结果
输出 u_o	轴突上的输出信号

分析人工感知神经元的工作机理，可知其工作流程为：求权值→输入与权值相乘→求净输入→神经元输出→后续工作状态控制。

6.3　忆阻器型感知神经元

忆阻器型感知神经元电路由忆阻器权重模块、输入加权模块、信息融合模块、映射输出模块和反馈控制模块组成。其中，忆阻器权重模块和输入加权模块分别由 n 个独立的忆阻器权重单元和输入加权单元组成。忆阻器型感知神经元的组成结构如图 6-4 所示。

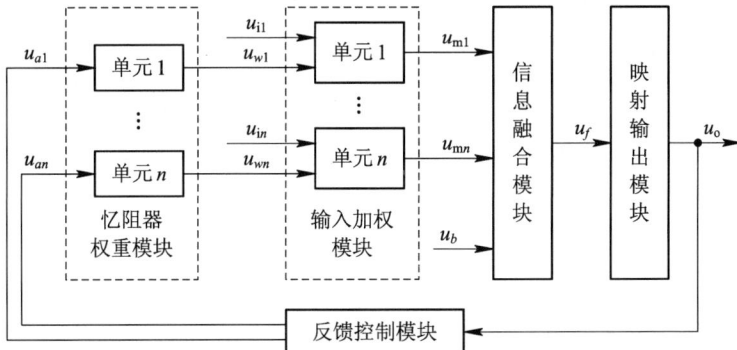

图 6-4　忆阻器型感知神经元的组成结构

在图 6-4 中，u_{a1}、$\cdots$、u_{an} 表示忆阻器权重模块中各单元的输入电压；u_{i1}、$\cdots$、u_{in} 表示感知神经元的 n 个输入电压信号；u_{w1}、$\cdots$、u_{wn} 表示神经元各输入对应的权值电压信号；u_{m1}、$\cdots$、u_{mn} 表示输入加权模块中各单元的输出电压信号；u_b 表示感知神经元的偏置电压信号；u_f 表示神经元的净输入电压信号；u_o 表示感知神经元的输出电压信号。

6.3.1 忆阻器权重模块

忆阻器权重模块的功能是将忆阻器阻值变量与感知神经元权值联系起来，可以通过改变忆阻器的阻值进而实现神经元权值的调节。对应于感知神经元的 n 个输入，忆阻器权重模块可以分为 n 个相同且独立的单元，因此每个单元的设计就是该模块研究的核心。在电路中，通用的信息载体一般是电路变量电流和电压，忆阻器权重单元的功能就是将忆阻器的阻值信息转化为电流或电压信号来表征感知神经元权值的大小。

图 6-5 所示为忆阻器权重单元电路，具体作用就是将忆阻器阻值信息转化为权值电压信号 u_w。器件 M 为忆阻器，器件上端为掺杂端，标注黑色色环的下端为非掺杂端。定值电阻 R_1 与忆阻器 M 串联，施加恒定直流电压时，忆阻器阻值的变化会引起电路中电流的变化，进而使 R_1 两端的电压改变，这样就成功把忆阻器阻值信息转化为电压信号。S_1 为单刀三掷开关，可以分别与电压源 u_{a+}、u_{a-} 和 $u_a.$ 连接。其中，u_{a+} 是正向调节电压，u_{a-} 是反向复位电压，$u_a.$ 是状态维持电压，S_1 与不同电压源连接可使忆阻器权重单元处于不同工作状态。由放大器 A_1 和定值电阻 R_2、R_3、R_4 组成的程控放大器对信号进行调节，实现对神经元突触记忆特性的模拟。

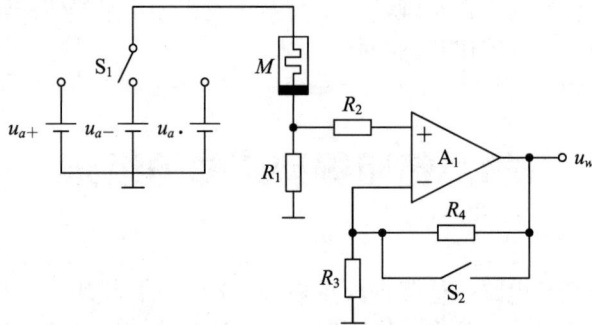

图 6-5 忆阻器权重单元电路

当忆阻器连接不同的电源信号时，忆阻器权重单元将会有下面三种工作状态。

(1) 权值正向调节状态。当 S_1 连接电源 u_{a+} 且 S_2 闭合时，忆阻器权重单元工作在权值正向调节状态。在电源 u_{a+} 的作用下，忆阻器的阻值减小，M 与 R_1 串联回路中电流增大，R_1 两端的电压增大，程控放大器的输入电压信号增大。此时，放大器的放大倍数为 1，相当于一个电压跟随器，因此权值电压信号 u_w 随放大器输入信号增大。要确保输出的权值电压可调，u_{a+} 的取值要满足

$$u_{a+} > \left(1 + \frac{R_1}{R_{\text{off}}}\right)u_{\text{on}} \tag{6-6}$$

要确保权值调节过程中忆阻器的阻值可以为其阻值范围内的任意值，则 u_{a+} 要满足

$$u_{a+} \geqslant \left(1 + \frac{R_1}{R_{\text{on}}}\right) u_{\text{on}} \tag{6-7}$$

(2) 权值反向复位状态。当 S_1 连接电源 u_{a-} 且 S_2 闭合时，忆阻器权重单元工作在权值反向复位状态。在电源 u_{a-} 的作用下，忆阻器的阻值增大，通电足够长的时间就可以达到最大极限值。如此，实现了忆阻器权重单元的复位。若正向调节电压 u_{a+} 的取值满足式(6-6)，而不满足式(6-7)，要使忆阻器权重单元能够实现复位功能，反向调节电压 u_{a-} 应满足

$$u_{a-} < \frac{u_{\text{off}}}{u_{\text{on}}} u_{a+} \tag{6-8}$$

当 u_{a+} 的取值满足式(6-6)时，要确保无论什么情况都能实现复位，u_{a-} 的取值要满足

$$u_{a-} \leqslant \left(1 + \frac{R_1}{R_{\text{on}}}\right) u_{\text{off}} \tag{6-9}$$

u_{a+} 和 u_{a-} 的绝对值一般相等。尤其是当忆阻器阈值电压满足 $u_{\text{on}} \geqslant |u_{\text{off}}|$ 时，无论忆阻器是否可以在整个阻值范围内调节，u_{a-} 都可以实现复位功能。

(3) 权值恒定不变状态。当 S_1 连接电源 $u_{a\cdot}$ 且 S_2 断开时，忆阻器权重单元工作在权值恒定不变状态。在电源 $u_{a\cdot}$ 的作用下，忆阻器分压在正负阈值电压之间且不为零。在保证电路工作的同时，保持忆阻器的阻值不变。此时，状态维持电压 $u_{a\cdot}$ 的取值应满足

$$\begin{cases} u_{a\cdot} > \left(1 + \frac{R_1}{R_{\text{off}}}\right) u_{\text{off}} \\ u_{a\cdot} \neq 0 \\ u_{a\cdot} < \left(1 + \frac{R_1}{R_{\text{off}}}\right) u_{\text{on}} \end{cases} \tag{6-10}$$

$u_{a\cdot}$ 的符号决定了神经元突触权值的符号，若 $u_{a\cdot}$ 为正，无论权值正向调节状态和权值反向复位状态输出的 u_w 的符号为正还是为负，表示的权值为其绝对值；同理，若 $u_{a\cdot}$ 为负，权值为其绝对值的相反数。$u_{a\cdot}$ 的值较小，为使权值电压信号 u_w 与权值调节结束时一致，需要进行放大。此时，程控放大器的放大倍数为

$$k = \begin{cases} 1, & S_1 \text{ 与 } u_{a+} \text{ 或 } u_{a-} \text{ 连接, } S_2 \text{ 闭合} \\ \left|\frac{u_{a+}}{u_{a\cdot}}\right| = \left|\frac{u_{a-}}{u_{a\cdot}}\right|, & S_1 \text{ 与 } u_{a\cdot} \text{ 连接, } S_2 \text{ 断开} \end{cases} \tag{6-11}$$

用 u_a 表示忆阻器权重单元的输入电压，则

$$u_a = \begin{cases} u_{a+}, & S_1 \text{ 与 } u_{a+} \text{ 连接} \\ u_{a-}, & S_1 \text{ 与 } u_{a-} \text{ 连接} \\ u_{a\cdot}, & S_1 \text{ 与 } u_{a\cdot} \text{ 连接} \end{cases} \tag{6-12}$$

因此，感知神经元的权值电压信号 u_w 为

$$u_w = \frac{R_1}{M + R_1} k u_a \tag{6-13}$$

忆阻器权重单元的输出信号 u_w 的大小与忆阻器阻值负相关，当开关 S_1 从 u_{a+} 或 u_{a-} 转到 $u_a.$ 端时，u_w 不发生变化。

6.3.2　输入加权模块

输入加权模块由 n 个独立的输入加权单元组成。每个单元的功能为对神经元输入 u_i 与对应的权值电压信号 u_w 作乘积运算，其电路如图 6-6 所示。

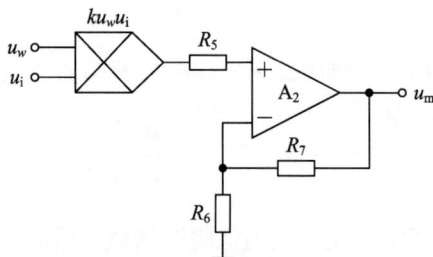

图 6-6　输入加权单元电路

忆阻器权重单元输出的权值电压信号 u_w 与感知神经元输入 u_i 通过集成模拟乘法器得到 $k u_w u_i$ 的值，再用放大器放大 $1/k$ 倍，就可以得到加权信号 u_m。

这种情况下，输入加权单元的输出电压信号 u_m 可以表示为

$$u_m = u_i u_w = \frac{k R_1}{M + R_1} u_i u_a \tag{6-14}$$

6.3.3　信息融合模块

感知神经元输入加权模块输出的所有信号汇聚到信息融合模块，与偏置 u_b 结合，就能得出神经元的净输入 u_f。单输入神经元和双输入神经元的信息融合模块的电路如图 6-7 所示。

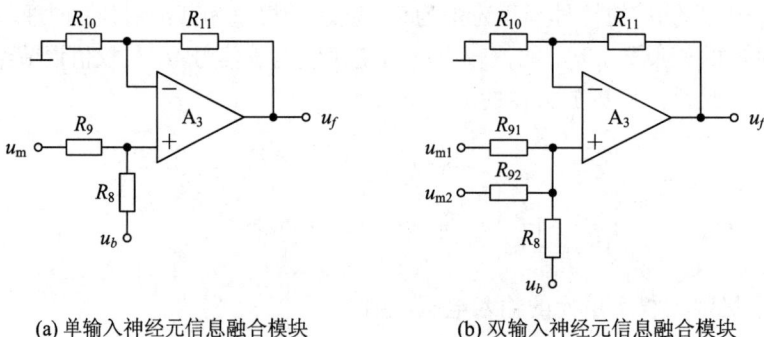

(a) 单输入神经元信息融合模块　　　　　(b) 双输入神经元信息融合模块

图 6-7　单输入/双输入感知神经元信息融合模块

其中，图 6-7(a) 是单输入神经元的信息融合模块，电路中 $R_8 = R_9$，$R_{10} = R_{11}$，则 u_f 为

$$u_f = u_m + u_b = \frac{k R_1}{M + R_1} u_i u_a + u_b \tag{6-15}$$

图 6-7(b)是双输入感知神经元的信息融合模块，电路中 $R_8 = R_{91} = R_{92}$，$R_{10} = 0.5R_{11}$，则输出 u_f 为

$$u_f = u_{m1} + u_{m2} + u_b = \frac{k_1 R_{11}}{M_1 + R_{11}} u_{i1} u_{a1} + \frac{k_2 R_{12}}{M_2 + R_{12}} u_{i2} u_{a2} + u_b \tag{6-16}$$

式中，M_1、M_2 分别指两个神经元输入对应的忆阻器权重单元中忆阻器的阻值，R_{11}、R_{12} 分别指两个神经元输入对应的忆阻器权重单元中定值电阻 R_1 的阻值，k_1 和 k_2 分别指两个忆阻器权重单元中程控放大器的放大倍数。

同理，对于 n 输入的感知神经元，放大器 A_3 的正相输入端有 $n+1$ 条支路，分别由电压信号 u_{m1}、u_{m2}、$\cdots$、u_{mn}、u_b 和电阻 R_{91}、R_{92}、$\cdots$、R_{9n}、R_8 组成；放大器 A_3 的反相输入端电路结构不变，但 $R_{10} = (1/n)R_{11}$。此时，信息融合模块的输出为

$$u_f = \sum_{i=1}^{n} u_{mi} + u_b = \sum_{i=1}^{n} \frac{k_i R_{1i}}{M_i + R_{1i}} u_{ii} u_{ai} + u_b \tag{6-17}$$

式中，u_{ii} 是神经元的第 i 个输入，u_{ai} 是神经元第 i 个输入对应的忆阻器权重单元的输入电压信号，u_{mi} 是第 i 个输入加权单元的输出，M_i 和 R_{1i} 分别为第 i 个输入对应的忆阻器权重单元中忆阻器 M 和电阻 R_1 的阻值，k_i 是第 i 个忆阻器权重单元的程控放大倍数。

6.3.4　映射输出模块

映射输出模块对应于神经元数学模型中的传输函数，感知神经元映射输出模块的功能就是实现信号的硬极限传输，该部分的电路如图 6-8 所示。在映射输出模块中，输入信号经过稳压管限幅、放大器放大，使得输入输出之间满足硬极限传输关系。当感知神经元只有一个输入信号时，其输出为

$$u_o = \text{hardlim}(u_f) = \text{hardlim}\left(\frac{k R_1}{M + R_1} u_i u_a + u_b \right) \tag{6-18}$$

同理，当感知神经元有 n 个输入信号时，其输出为

$$u_o = \text{hardlim}(u_f) = \text{hardlim}\left(\sum_{i=1}^{n} \frac{k_i R_{1i}}{M_i + R_{1i}} u_{ii} u_{ai} + u_b \right) \tag{6-19}$$

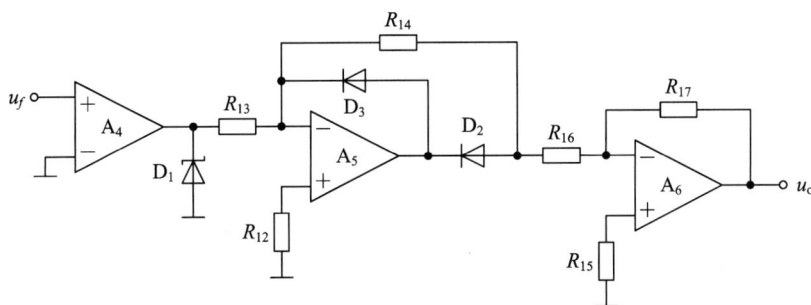

图 6-8　映射输出模块电路

6.3.5　反馈控制模块

感知神经元的工作依赖于权值的可调性，而权值的调节又依赖于忆阻器阻值的变化。在直流条件下，忆阻器阻值的变化与初始阻值、恒定电压和通电时间有关。若已知初始阻值，则可以通过调节电压和通电时间，使得忆阻器达到目标阻值。通电时间相较于电压更容易控制，因此，所设计的感知神经元通过控制通电时间来调节权值。

感知神经元忆阻器权重单元的三种工作状态中，权值恒定不变状态下忆阻器的阻值不发生变化，进而使得输出的权值电压信号也恒定不变，通电时间对其没有影响。权值反向复位状态的实现只需要施加反向复位电压 u_{a-} 足够长的时间，忆阻器阻值就能恢复到初始状态。在权值正向调节状态下，忆阻器的阻值和神经元权值在正向调节电压 u_{a+} 的作用下随时间发生变化，需要精确控制通电时间。因此，反馈控制模块需要计算权值正向调节到目标权值所需要的精确时间，以及权值反向复位所需要的最短时间。

通电时间的计算是实现权值调节的关键。图 6-5 所示的感知神经元忆阻器权重单元的电路结构中，忆阻器 M 与定值电阻 R_1 串联，则输出为

$$\frac{\mathrm{d}x}{\mathrm{d}t} = \frac{\mu_v R_{\mathrm{on}}}{D^2} \cdot \frac{ku_a}{M + R_1} f(x) \tag{6-20}$$

分离变量 x 和 t，可以表达为

$$\frac{M(x) + R_1}{f(x)} \mathrm{d}x = \frac{\mu_v R_{\mathrm{on}}}{D^2} ku_a \mathrm{d}t \tag{6-21}$$

根据忆阻器理论和 HP 忆阻器机理，有

$$\int_{x_{\mathrm{int}}}^{x_{\mathrm{aim}}} \frac{xR_{\mathrm{on}} + (1-x)R_{\mathrm{off}} + R_1}{1 - [(x-0.5)^2 + 0.75]^p} \mathrm{d}x = \frac{\mu_v R_{\mathrm{on}}}{D^2} ku_a \cdot t \tag{6-22}$$

进而得出通电时间 t 为

$$t = \frac{D^2}{k\mu_v R_{\mathrm{on}} u_a} \int_{x_{\mathrm{int}}}^{x_{\mathrm{aim}}} \frac{xR_{\mathrm{on}} + (1-x)R_{\mathrm{off}} + R_1}{1 - [(x-0.5)^2 + 0.75]^p} \mathrm{d}x \tag{6-23}$$

式中，x_{int} 和 x_{aim} 分别是忆阻器 M 的初始掺杂层归一化厚度和目标掺杂层归一化厚度。

对于权值正向调节状态，$u_a = u_{a+}$，x_{int} 接近于 0，x_{aim} 的大小取决于神经元的目标权值。由式(6-23)可知，x_{aim} 的表达式为

$$x_{\mathrm{aim}} = \frac{(R_{\mathrm{off}} + R_1)w_{\mathrm{aim}} - kR_1u_a}{(R_{\mathrm{off}} - R_{\mathrm{on}})w_{\mathrm{aim}}} \tag{6-24}$$

式中，w_{aim} 是感知神经元的目标权值。通过式(6-23)和式(6-24)，就可以计算出忆阻器权重单元权值从初始状态正向调节到目标值所需的通电时间。

对于权值反向复位状态，$u_a = u_{a-}$，x_{aim} 接近于 0，x_{int} 的大小取决于反向复位前电路的初始状态。神经元权值的最大值为

$$w_{\max} = \min\left\{u_{a+} - u_{on}, \frac{R_1}{R_{on} + R_1}u_{a+}\right\} \tag{6-25}$$

由式(6-23)可知，$x_{\max}$ 的表达式为

$$x_{\max} = \frac{(R_{off} + R_1)w_{\max} - kR_1u_a}{(R_{off} - R_{on})w_{\max}} \tag{6-26}$$

将式(6-25)代入式(6-26)中，可以得出 x 的最大值 $x_{\max}$，令反向复位状态 $x_{int} = x_{\max}$，代入式(6-23)中，可以求出权值反向复位所需要的最短时间。无论复位前电路权值是多少，只要施加电压 u_{a-} 的时间不短于所计算时间，均可实现复位功能。

感知神经元的输出信号 u_{out} 由映射输出模块输出，会传输到反馈控制模块进行分析。反馈控制模块包含存储器、处理器和可控开关。存储器一方面存储训练集中神经元的输入和对应的输出，用来引导神经元的训练。另一方面，存储器存储忆阻器的阻值和权值电压信号，跟踪其实际变化情况，使得电路不需要实时测量。可控开关依据控制信号精确控制开关的通断。处理器是反馈控制模块的核心，决定感知神经元的后续工作状态并进行控制，具体如表 6-2 所示。

表 6-2　处理器状态控制内容

场合	工作状态	开关状态	通电时间
神经元训练	权值正向调节状态	S_1 连接 u_{a+}、S_2 闭合	分析计算并精确控制
神经元训练前	权值反向复位状态	S_1 连接 u_{a-}、S_2 闭合	足够长
神经元测试/应用	权值恒定不变状态	S_1 连接 u_{a-}、S_2 断开	无影响

处理器可对神经元输出信号进行分析，若需要重新训练，则控制开关 S_1 连接 u_{a-} 且 S_2 闭合使其复位到初始状态，然后分析出需要调节的目标权值 w_{aim} 和通电时间 t，S_1 连接 u_{a+} 且 S_2 闭合，精确控制通电时间，完成神经元训练；否则，神经元不重新训练，一直处于权值恒定不变状态。

6.4　反向串联忆阻器型感知神经元

忆阻器型感知神经元电路结构简单，能够实现权值正向调节、权值反向复位和权值恒定不变，模拟生物神经元，但仍有许多不足之处：

(1) 权值调节过程中，权值随时间变化的速度不均匀，会导致误差问题；

(2) 权值每次调节前必须复位到初始状态，不能即用即调，操作过程冗杂；

(3) 权值的变化范围受电路结构限制，不能人为控制。

为解决上述问题，可以采用反向串联忆阻器对忆阻器权重模块电路结构进行进一步改进和优化。

反向串联忆阻器，顾名思义就是将两个结构参数相同的忆阻器反向串联起来。反向串

联忆阻权重单元的结构如图 6-9 所示。

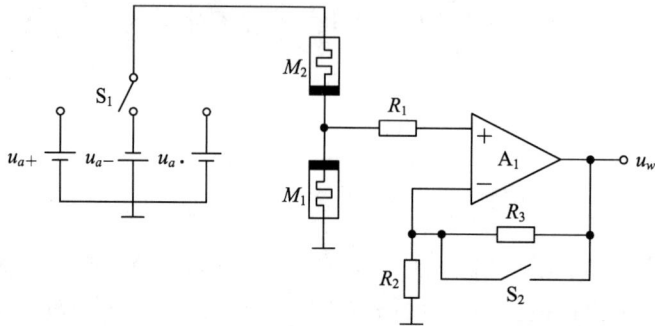

图 6-9   反向串联忆阻权重单元电路

图 6-9 中两个忆阻器的非掺杂端相连，形成反向串联忆阻器对。由忆阻器理论可知，反向串联忆阻器的总电阻为

$$M = M_1 + M_2 = 2R_{off} - (R_{off} - R_{on})(x_1 + x_2) \tag{6-27}$$

式中，x_1 与 x_2 分别是忆阻器 M_1 和 M_2 的掺杂层归一化厚度，x_1 与 x_2 的初始值满足 $x_1 + x_2 = 1$，即将反向串联忆阻器结构接入电路之前，调节两个忆阻器的阻值，使得

$$M = R_{on} + R_{off} \tag{6-28}$$

给图 6-9 所示的反向串联忆阻器对两端施加上正下负的直流电压，忆阻器以掺杂端为参考正极，则忆阻器 M_1 的电流符号为负，M_2 的电流符号为正，且两者的大小相等。由忆阻器理论可知，M_1 的阻值增大，M_2 的阻值减小，且两者变化的幅度相等。因此，忆阻器总阻值不变，电路电流也恒定不变，两个忆阻器的阻值均匀速变化。同理，当反向串联忆阻器对两端施加上负下正的直流电压时，M_1 的阻值匀速减小，M_2 的阻值匀速增大。

上述分析针对的是不考虑忆阻器阈值电压的情况。然而在实际情况中，若一个忆阻器的分压小于阈值电压，则阻值停止变化，而与其串联的忆阻器分压大于阈值电压，阻值继续变化，忆阻器对的总阻值就不再恒定不变，反向串联忆阻器结构失去了匀速调节权值的作用。因此，需要对忆阻器对的工作范围进行约束。下面从反向串联忆阻权重单元的三种工作状态来进行分析：

(1) 权值正向调节状态。当 S_1 连接电源 u_{a+} 且 S_2 闭合时，反向串联忆阻权重单元工作在权值正向调节状态。在电源 u_{a+} 的作用下，忆阻器 M_2 的阻值匀速减小，M_1 的阻值匀速增大，M_1 两端的电压匀速增大，简易程控放大器放大倍数为 1，输出的权值电压信号 u_w 匀速增大。相对于电压源 u_{a+}，忆阻器 M_2 正向连接，M_1 反向连接，因此要保证忆阻权重单元实现权值的正向匀速调节，M_2 的分压不小于正向阈值电压 u_{on}，M_1 的分压不小于反向阈值电压的大小 $|u_{off}|$。电路连接前调节忆阻器阻值使得 $M = M_1 + M_2 = R_{on} + R_{off}$，则

$$|u_{off}| \leqslant \frac{M_1}{R_{on} + R_{off}} u_{a+} \leqslant u_{a+} - u_{on} \tag{6-29}$$

式(6-13)限制了权值正向调节状态下权值输出信号 u_w 的变化范围。反向串联忆阻权重单元中权值正向可调的条件为

$$u_{a+} > \left(1 + \frac{R_{on}}{R_{off}}\right) \max\left\{u_{on}, |u_{off}|\right\} \tag{6-30}$$

若在权值正向调节过程中，忆阻器阻值可以调节至其阻值范围内的任意值，则输入电压 u_{a+} 应满足

$$u_{a+} \geqslant \left(1+\frac{R_{\text{off}}}{R_{\text{on}}}\right)\max\left\{u_{\text{on}},\left|u_{\text{off}}\right|\right\} \tag{6-31}$$

否则，忆阻器不能在其全部阻值变化范围工作。

(2) 权值反向调节状态。当 S_1 连接电源 u_{a-}、S_2 闭合时，反向串联忆阻权重单元工作在权值反向调节状态。在电源 u_{a-} 的作用下，忆阻器 M_2 的阻值匀速增大，M_1 的阻值匀速减小，M_1 两端的电压匀速减小，简易程控放大器放大倍数为 1，输出的权值电压信号 u_w 匀速减小。相对于电压源 u_{a-}，忆阻器 M_2 反向连接，M_1 正向连接，因此要保证忆阻权重单元实现权值的反向匀速调节，M_2 的分压不小于 $|u_{\text{off}}|$，M_1 的分压不小于 u_{on}。$M = M_1 + M_2 = R_{\text{on}} + R_{\text{off}}$，则约束条件可以表示为

$$u_{\text{on}} \leqslant -\frac{M_1}{R_{\text{on}}+R_{\text{off}}}u_{a-} \leqslant -u_{a-}-\left|u_{\text{off}}\right| \tag{6-32}$$

反向串联忆阻权重单元中权值反向可调的条件为

$$u_{a-} < -\left(1+\frac{R_{\text{on}}}{R_{\text{off}}}\right)\min\left\{u_{\text{on}},\ \left|u_{\text{off}}\right|\right\} \tag{6-33}$$

其中，要使忆阻器阻值可以调节至其阻值范围内的任意值，输入电压 u_{a-} 应满足

$$u_{a-} \leqslant -\left(1+\frac{R_{\text{off}}}{R_{\text{on}}}\right)\min\left\{u_{\text{on}},\ \left|u_{\text{off}}\right|\right\} \tag{6-34}$$

(3) 权值恒定不变状态。当 S_1 连接电源 $u_{a\cdot}$、S_2 断开时，反向串联忆阻权重单元工作在权值恒定不变状态。在电源 $u_{a\cdot}$ 的作用下，忆阻器 M_1 和 M_2 的阻值均保持不变，在保证电路工作的同时，使权值电压信号 u_w 与权值调节结束时一致。为使权值恒定不变，M_1 和 M_2 的分压均小于 $\min\{u_{\text{on}},|u_{\text{off}}|\}$，即

$$\begin{cases}\dfrac{M_1}{R_{\text{on}}+R_{\text{off}}}|u_{a\cdot}| < \min\left\{u_{\text{on}},\left|u_{\text{off}}\right|\right\}\\[2mm]|u_{a\cdot}| - \dfrac{M_1}{R_{\text{on}}+R_{\text{off}}}|u_{a\cdot}| < \min\left\{u_{\text{on}},\left|u_{\text{off}}\right|\right\}\end{cases} \tag{6-35}$$

因此，状态维持电压 $u_{a\cdot}$ 的取值范围是

$$|u_{a\cdot}| < \left(1+\frac{R_{\text{on}}}{R_{\text{off}}}\right)\min\left\{u_{\text{on}},\left|u_{\text{off}}\right|\right\} \tag{6-36}$$

电子电路的电源电压一般不能满足式(6-31)和式(6-34)的要求，因此忆阻器不能在其整个阻值变化范围内工作，需要对权值的调节范围进行限制，即

$$u_w = \frac{M_1}{R_{\text{on}}+R_{\text{off}}}ku_a \tag{6-37}$$

$$\max\left\{u_{\mathrm{on}},\left|u_{\mathrm{off}}\right|\right\} \leqslant \left|u_w\right| \leqslant \left|ku_a\right| - \max\left\{u_{\mathrm{on}},\left|u_{\mathrm{off}}\right|\right\} \tag{6-38}$$

简易程控放大器的放大倍数同式(6-11)，用 u_a 表示反向串联忆阻权重单元的输入电压同式(6-12)，则忆阻权重单元输出的权值电压信号 u_w 如式(6-37)所示。结合式(6-29)和式(6-32)中权值正向调节和反向调节的范围，得到最大权值调节范围满足式(6-38)，实际应用中权值调节范围可以在该区间内人为设置。

则单输入感知神经元的输出表达式为

$$u_{\mathrm{o}} = \mathrm{hardlim}\left(\frac{kM_1}{R_{\mathrm{on}} + R_{\mathrm{off}}} u_i u_a + u_b\right) \tag{6-39}$$

当感知神经元有 n 个输入信号时，其输出为

$$u_{\mathrm{o}} = \mathrm{hardlim}\left(\sum_{i=1}^{n} \frac{k_i M_{1i}}{R_{\mathrm{on}} + R_{\mathrm{off}}} u_{ii} u_{ai} + u_b\right) \tag{6-40}$$

式中，u_{ii} 是神经元的第 i 个输入，u_{ai} 是神经元第 i 个输入对应的单忆阻器权重单元的输入电压信号，M_{1i} 是第 i 个输入对应的反向串联忆阻权重单元中忆阻器 M_1 的阻值，k_i 是第 i 个单忆阻器权重单元的程控放大倍数。

反向串联忆阻感知神经元反馈控制模块的控制原理也与单忆阻器感知神经元不同。反向串联忆阻感知神经元没有固定的初始状态，不需要在每次调节权值前进行复位。权值调节前电路的状态就是此次调节的初始状态，在此基础上可分析目标权值和所需的通电时间并对其进行控制。结合图 6-9 中感知神经元反向串联忆阻权重单元的电路结构，以忆阻器 M_1 为研究对象，M_1 反向连接，则有

$$\frac{\mathrm{d}x}{\mathrm{d}t} = -\frac{\mu_v R_{\mathrm{on}}}{D^2} \cdot \frac{ku_a}{R_{\mathrm{on}} + R_{\mathrm{off}}} f(x) \tag{6-41}$$

对式(6-41)进行积分可得

$$\int_{x_{\mathrm{int}}}^{x_{\mathrm{aim}}} \frac{1}{1 - [(x-0.5)^2 + 0.75]^p} \mathrm{d}x = -\frac{\mu_v R_{\mathrm{on}}}{D^2} \cdot \frac{ku_a}{R_{\mathrm{on}} + R_{\mathrm{off}}} t \tag{6-42}$$

进而得出通电时间 t 为

$$t = -\frac{D^2 (R_{\mathrm{on}} + R_{\mathrm{off}})}{k \mu_v R_{\mathrm{on}} u_a} \int_{x_{\mathrm{int}}}^{x_{\mathrm{aim}}} \frac{1}{1 - [(x-0.5)^2 + 0.75]^p} \mathrm{d}x \tag{6-43}$$

式中，x_{int} 和 x_{aim} 分别表示忆阻器 M_1 的初始掺杂层归一化厚度和目标掺杂层归一化厚度，前者取决于神经元权值调节前忆阻器的状态，后者取决于神经元的目标权值。此时，x_{int} 和 x_{aim} 的表达式为

$$x_{\mathrm{int}} = \frac{R_{\mathrm{off}} - M_{1\mathrm{int}}}{R_{\mathrm{off}} - R_{\mathrm{on}}} \tag{6-44}$$

$$x_{\mathrm{aim}} = \frac{R_{\mathrm{off}} k u_a - (R_{\mathrm{on}} + R_{\mathrm{off}}) w_{\mathrm{aim}}}{(R_{\mathrm{off}} - R_{\mathrm{on}}) k u_a} \tag{6-45}$$

式中，$M_{1\text{int}}$ 是忆阻器 M_1 的初始阻值，w_{aim} 是感知神经元的目标权值。利用式(6-43)、式(6-44)、式(6-45)，就可以计算出反向串联忆阻感知神经元权值调节所需的通电时间。

反向串联忆阻感知神经元的反馈控制模块也包含存储器、处理器和可控开关。处理器决定感知神经元的后续工作状态并进行控制，具体如表 6-3 所示。对神经元输出信号进行分析，若需要重新训练，则判断权值调节的方向，计算需要调节的目标权值 w_{aim} 和通电时间 t，S_1 连接 u_{a+} 或 u_{a-}，S_2 闭合，精确控制通电时间，完成神经元训练；否则，神经元不重新训练，一直处于权值恒定不变状态。

表 6-3　反向串联忆阻感知神经元处理器状态控制

场合	工作状态	开关状态	通电时间
神经元训练	权值正向调节状态	S_1 连接 u_{a+}、S_2 闭合	分析计算并精确控制
	权值反向调节状态	S_1 连接 u_{a-}、S_2 闭合	分析计算并精确控制
神经元测试/应用	权值恒定不变状态	S_1 连接 u_{a-}、S_2 断开	无影响

6.5　全域值忆阻感知神经元

在全域值忆阻感知神经元中，全域值忆阻权重模块包含 n 个独立的单元，每个单元由忆阻器电路、绝对值电路和差分放大电路组成，可以实现所期望权值电压信号的输出，其电路如图 6-10 所示。

忆阻器电路由控制电压和四个相同规格的忆阻器 M_1、M_2、M_3 和 M_4 组成。其中 M_1 的非掺杂端与 M_2 的非掺杂端相连，M_3 的掺杂端与 M_4 的掺杂端相连，是两对连接方式不同的反向串联忆阻器。M_1、M_2 支路的结构和工作原理与反向串联忆阻器完全相同，M_3、M_4 支路也与其类似。忆阻器电路中忆阻器的初始阻值满足 $M_1 + M_2 = R_{\text{on}} + R_{\text{off}}$，$M_1 = M_3$，$M_2 = M_4$。分别用 $u_i > 0(i = 1, 2, 3, 4)$ 表示忆阻器 M_1、M_2、M_3、M_4 的分压大小。当开关 S_1 连接 u_{a+} 且 $u_1 = u_3 \geqslant |u_{\text{off}}|$、$u_2 = u_4 \geqslant u_{\text{on}}$ 时，M_1 和 M_3 阻值匀速增大，M_2 和 M_4 阻值匀速减小，使得 u_{o1+} 匀速增大，u_{o1-} 匀速减小；当开关 S_1 连接 u_{a-} 且 $u_1 = u_3 \geqslant u_{\text{on}}$、$u_2 = u_4 \geqslant |u_{\text{off}}|$ 时，M_1 和 M_3 阻值匀速减小，M_2 和 M_4 阻值匀速增大，使得 u_{o1+} 匀速减小，u_{o1-} 匀速增大；当开关 S_1 连接 u_a 且 $u_1 = u_3 < \min\{u_{\text{on}}, |u_{\text{off}}|\}$、$u_2 = u_4 < \min\{u_{\text{on}}, |u_{\text{off}}|\}$ 时，无论 u_a 符号为正还是负，忆阻器 M_1、M_2、M_3、M_4 的阻值均保持不变，输出电压 u_{o1+} 和 u_{o1-} 也恒定不变。用 u_a 表示全域值忆阻权重单元的输入电压，如式(6-12)所示，则忆阻器电路的输出电压 u_{o1+} 和 u_{o1-} 分别为

$$u_{\text{o1+}} = \frac{M_1}{R_{\text{on}} + R_{\text{off}}} u_a \tag{6-46}$$

$$u_{\text{o1-}} = \frac{M_4}{R_{\text{on}} + R_{\text{off}}} u_a \tag{6-47}$$

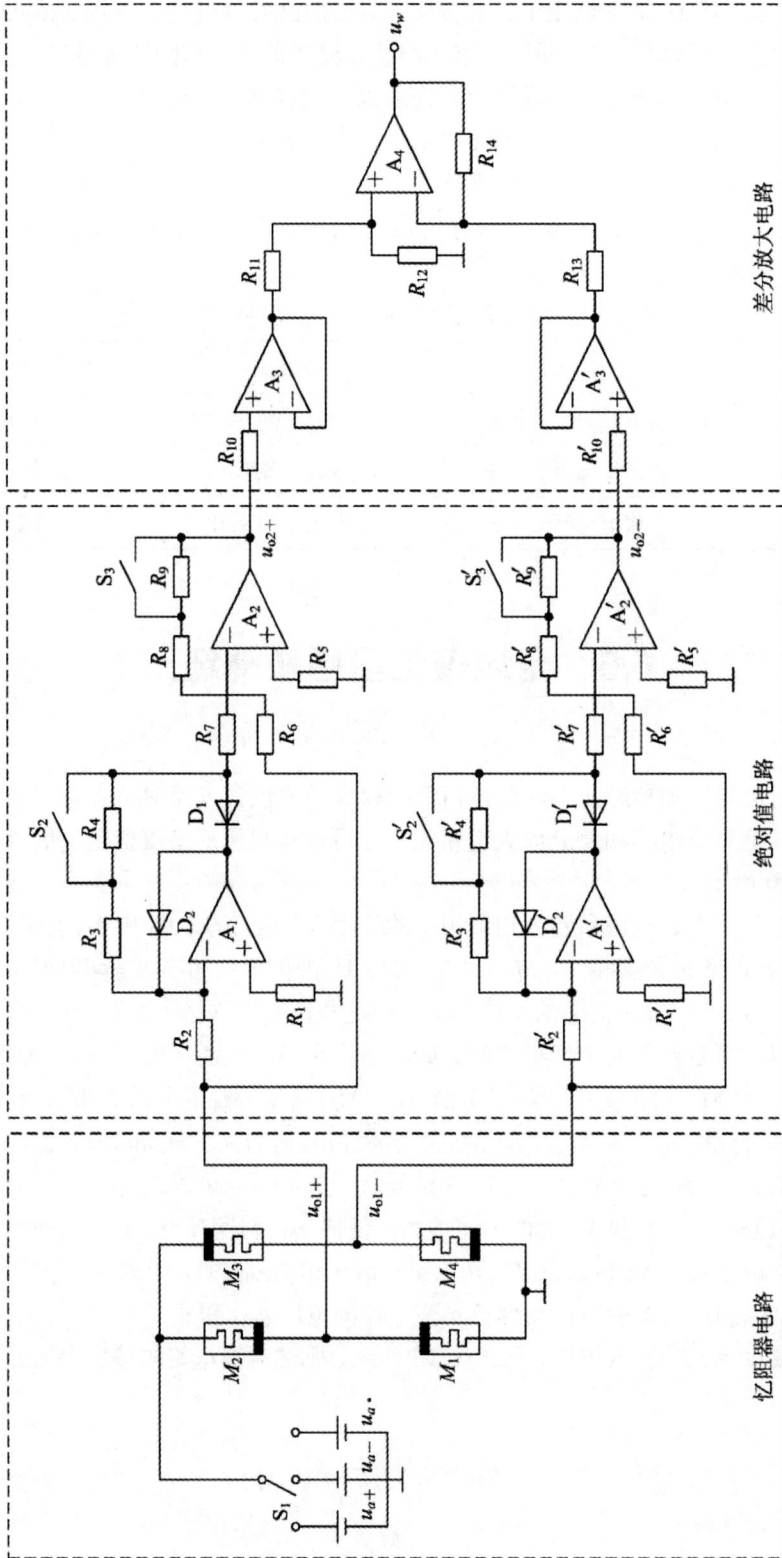

图 6-10　全域值忆阻权重单元电路

忆阻器电路的两个输出端分别连接一个绝对值电路,与 u_{o1+} 连接的绝对值电路输出为 u_{o2+},与 u_{o1-} 连接的绝对值电路输出为 u_{o2-}。绝对值电路中开关 S_2、S_2' 和 S_3、S_3' 能够实现简易的程控放大功能,以模拟神经元突触的记忆特性。其中,开关 S_2、S_2' 配合 S_1 来控制全域值忆阻权重单元的工作状态,当且仅当 S_1 与 $u_{a·}$ 连接时 S_2 和 S_2' 断开。当开关 S_2、S_2' 闭合时,S_3 和 S_3' 始终闭合;当 S_2、S_2' 断开时,S_3 和 S_3' 的通断与 $u_{a·}$ 的符号相关,若 $u_{a·}$ 为正,S_3 和 S_3' 闭合,否则 S_3 和 S_3' 断开。简易程控放大的倍数为

$$k = \begin{cases} 1, & S_1 \text{ 与 } u_{a+} \text{ 或 } u_{a-} \text{ 连接,} S_2 \text{ 和 } S_2' \text{ 闭合} \\ \left|\dfrac{u_{a+}}{u_{a·}}\right| = \left|\dfrac{u_{a-}}{u_{a·}}\right|, & S_1 \text{ 与 } u_{a·} \text{ 连接,} S_2 \text{ 和 } S_2' \text{ 断开} \end{cases} \tag{6-48}$$

此时,绝对值电路的输出 u_{o2+} 和 u_{o2-} 分别为

$$u_{o2+} = \frac{M_1}{R_{on} + R_{off}} |ku_a| \tag{6-49}$$

$$u_{o2-} = \frac{M_4}{R_{on} + R_{off}} |ku_a| \tag{6-50}$$

差分放大电路会在对信号 u_{o2+} 和 u_{o2-} 作差的同时进行放大。因此,全域值忆阻权重单元输出的权值电压信号为

$$u_w = a \cdot |ku_a| \cdot \frac{M_1 - M_4}{R_{off} + R_{on}} = a \cdot |ku_a| \cdot \left(\frac{2M_1}{R_{off} + R_{on}} - 1\right) \tag{6-51}$$

式中,a 为差分放大电路的放大倍数,$a = R_{12}/R_{11} = R_{14}/R_{13}$。改变控制电压 u_a 的大小或差分放大电路中的电阻,都能对输出权值电压的范围进行缩放。

令 $\tau = (R_{on} + R_{off})/2$,输出的权值电压取值为

$$u_w = \begin{cases} R^+, & M_1 > \tau \\ 0, & M_1 = \tau \\ R^-, & M_1 < \tau \end{cases} \tag{6-52}$$

输出的权值电压信号 u_w 可在正值、0 和负值之间调节,因此称该单元为全域值忆阻权重单元,该模块为全域值忆阻权重模块,构成的感知神经元为全域值忆阻感知神经元。

综上所述,全域值忆阻权重单元有三种工作状态,具体包括:

(1) 权值正向调节状态。当开关 S_1 连接电源 u_{a+},S_2、S_2' 和 S_3、S_3' 闭合时,全域值忆阻权重单元工作在权值正向调节状态。在电源 u_{a+} 的作用下,M_1、M_2 支路中 M_1 的阻值匀速增大,M_2 的阻值匀速减小,忆阻器 M_1 的分压 u_1 匀速增大;同理,M_3、M_4 支路中 u_4 匀速减小。开关 S_2、S_2' 和 S_3、S_3' 闭合,绝对值电路只有求信号绝对值的功能。因此,权值电压信号 u_w 是 M_1 和 M_4 的分压差,该值匀速增大。

(2) 权值反向调节状态。当开关 S_1 连接电源 u_{a-},S_2、S_2' 和 S_3、S_3' 闭合时,全域值忆阻权重单元工作在权值反向调节状态。在电源 u_{a-} 的作用下,M_1、M_2 支路中 M_1 的阻值匀速减小,M_2 的阻值匀速增大,忆阻器 M_1 的分压 u_1 匀速减小;同理,M_3、M_4 支路中 u_4 匀速增大。权值电压信号 u_w 是 M_1 和 M_4 的分压差,该值匀速减小。

(3) 权值恒定不变状态。当 S_1 连接电源 $u_{a\cdot}$、S_2 和 S_2' 断开时，全域值忆阻权重单元工作在权值恒定不变状态。若 $u_{a\cdot}$ 为正，则 S_3 和 S_3' 闭合；若 $u_{a\cdot}$ 为负，则 S_3 和 S_3' 断开。在 $u_{a\cdot}$ 的作用下，M_1、M_2、M_3 和 M_4 的阻值均恒定不变，各忆阻器的分压也不变。开关 S_2 和 S_2' 断开，绝对值电路不仅要对信号求绝对值，还要进行放大。输出的权值电压信号 u_w 保持权值调节结束时的状态恒定不变。

为使忆阻器的阻值线性双向可调，需确保每个忆阻器的分压大于 $\max\{u_{\mathrm{on}}, |u_{\mathrm{off}}|\}$。因此，全域值忆阻权重单元允许输出的最大电压信号为 $a(|ku_a| - 2\max\{u_{\mathrm{on}}, |u_{\mathrm{off}}|\})$，即要保证

$$w \in [-ac\,|\,ku_a\,|, ac\,|\,ku_a\,|] \tag{6-53}$$

式中，c 为约束系数，用于约束忆阻器工作范围，其取值范围为

$$c \in \left(0, \frac{|ku_a| - 2\max\{u_{\mathrm{on}}, |u_{\mathrm{off}}|\}}{|ku_a|} \right) \tag{6-54}$$

实际应用中，可根据式(6-53)设定权值的变化范围，用 $w_{\min}$ 和 $w_{\max}$ 表示权值的最小值和最大值。

由忆阻器原理和式(6-51)可以得出忆阻器 M_1 掺杂层归一化厚度 x 的变化范围，如式(6-55)所示，x 取值的最小值和最大值可以分别用 $x_{\min}$ 和 $x_{\max}$ 表示。

$$x \in \left[\frac{(1-c)R_{\mathrm{off}} - (1+c)R_{\mathrm{on}}}{2(R_{\mathrm{off}} - R_{\mathrm{on}})}, \frac{(1+c)R_{\mathrm{off}} - (1-c)R_{\mathrm{on}}}{2(R_{\mathrm{off}} - R_{\mathrm{on}})} \right] \tag{6-55}$$

全域值忆阻感知神经元反馈控制模块的控制机理与反向串联忆阻感知神经元相似，没有固定的初始状态，权值调节前电路的状态就是此次调节的初始状态。权值电压信号的调节通过控制调节电压 u_{a+} 或 u_{a-} 的通电时间来实现。

根据图 6-10 中感知神经元忆阻权重模块的电路结构，M_1 的 x 的变化率可以表示为

$$\frac{\mathrm{d}x}{\mathrm{d}t} = -\frac{\mu_v R_{\mathrm{on}}}{D^2} \cdot \frac{ku_a}{R_{\mathrm{on}} + R_{\mathrm{off}}} f(x) \tag{6-56}$$

对式(6-56)进行积分，可得通电时间 t 为

$$t = -\frac{D^2 (R_{\mathrm{on}} + R_{\mathrm{off}})}{k\mu_v R_{\mathrm{on}} u_a} \int_{x_{\mathrm{int}}}^{x_{\mathrm{aim}}} \frac{1}{1 - [(x-0.5)^2 + 0.75]^p} \mathrm{d}x \tag{6-57}$$

式中，x_{int} 和 x_{aim} 分别表示忆阻器 M_1 的初始掺杂层归一化厚度和目标掺杂层归一化厚度，前者取决于神经元权值调节前忆阻器的状态，后者取决于神经元的目标权值，它们的表达式分别为

$$x_{\mathrm{int}} = \frac{R_{\mathrm{off}} - M_{1\mathrm{int}}}{R_{\mathrm{off}} - R_{\mathrm{on}}} \tag{6-58}$$

$$x_{\mathrm{aim}} = x_{\max} - \frac{(x_{\max} - x_{\min})(w_{\mathrm{aim}} - w_{\min})}{w_{\max} - w_{\min}} \tag{6-59}$$

式中，$M_{1\text{int}}$ 是忆阻器 M_1 的初始阻值，w_{aim} 是感知神经元的目标权值。根据式(6-57)、(6-58)、(6-59)，就可以计算出全域值忆阻感知神经元权值调节所需的通电时间。

全域值忆阻感知神经元的反馈控制模块也包含存储器、处理器和可控开关。全域值忆阻感知神经元反馈控制模块的工作流程如图 6-11 所示。处理器决定感知神经元的后续工作状态并进行控制，具体如表 6-4 所示。

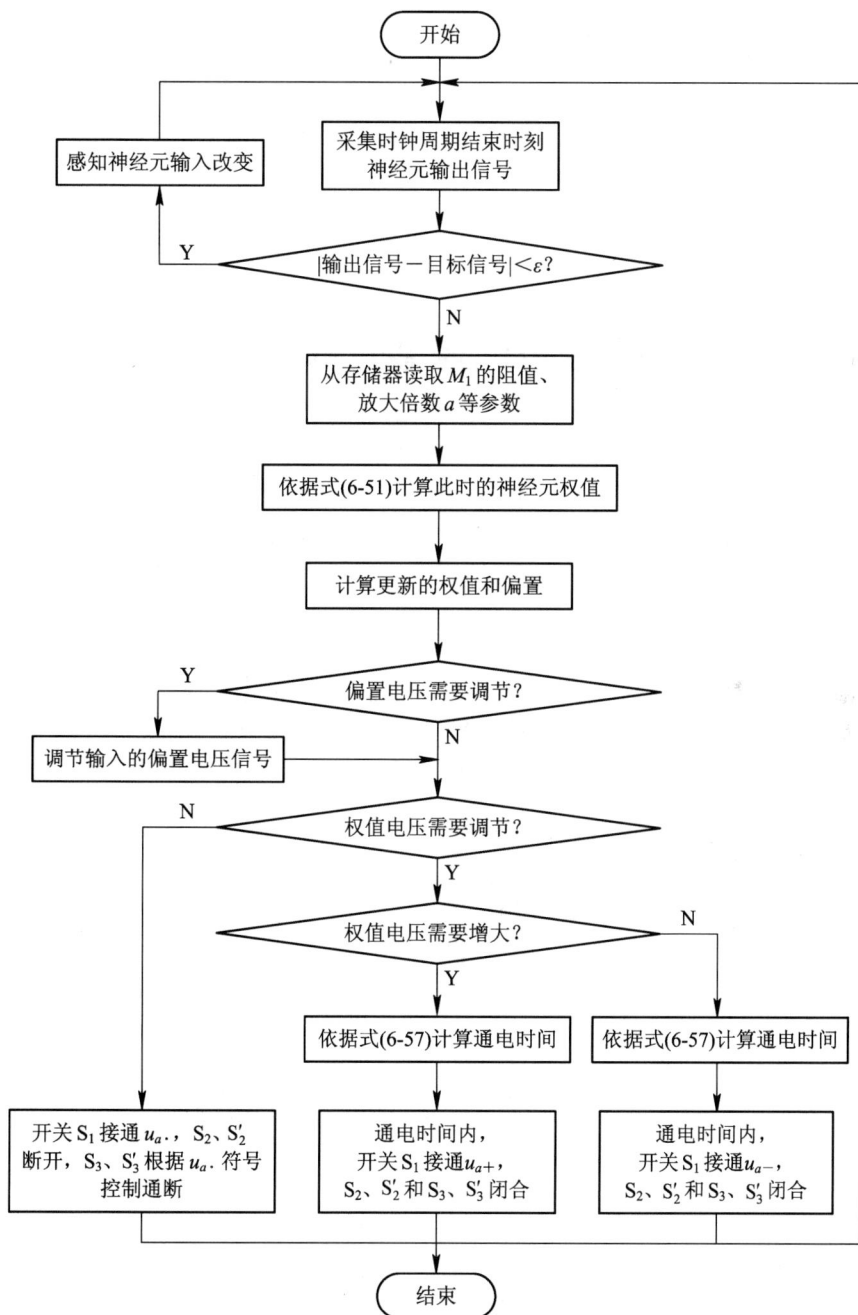

图 6-11　反馈控制模块工作流程图

表 6-4　全域值忆阻感知神经元处理器状态控制

场合	工作状态	开关状态	通电时间
神经元训练	权值正向调节状态	S_1 连接 u_{a+}，S_2、S_2' 和 S_3、S_3' 闭合	计算并精确控制
	权值反向调节状态	S_1 连接 u_{a-}，S_2、S_2' 和 S_3、S_3' 闭合	计算并精确控制
神经元测试/应用	权值恒定不变状态	S_1 连接 $u_{a\cdot}$，S_2 和 S_2' 断开，S_3 和 S_3' 依据 $u_{a\cdot}$ 的符号通断	无影响

6.6　单层忆阻感知神经网络

单层感知神经网络是最简单的人工神经网络，包含输入层和输出层。图 6-12 所示是一个单层感知神经网络结构图，该网络的输入个数为 n，感知神经元的个数为 p。i_1、i_2、$\cdots$、i_n 表示神经元的输入；$w_{i,j}(0<i\leqslant p,0<j\leqslant n)$ 表示第 i 个神经元第 j 个输入的权值；b_1、b_2、$\cdots$、b_p 是各神经元的偏置；o_1、o_2、$\cdots$、o_p 是各神经元的输出。

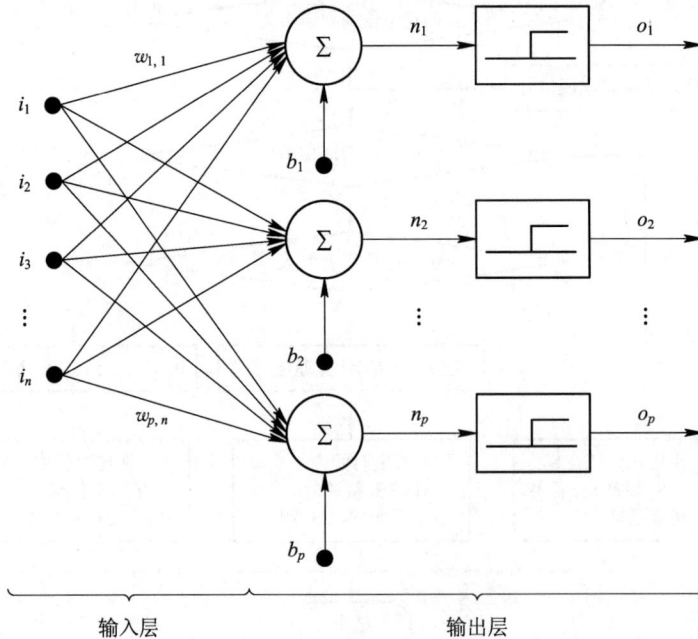

图 6-12　单层感知神经网络结构

　　单层感知神经网络本质上就是多个感知神经元同时对输入信号进行处理,并输出各自的结果。图 6-13 为由 p 个全域值感知神经元组成的 n 输入单层忆阻感知神经网络结构。其中,u_{i1}、$\cdots$、u_{in} 是单层感知神经网络的 n 个输入电压信号;$u_{ai,j}(0<i\leqslant p,\ 0<j\leqslant n)$ 是指第 i 个神经元第 j 个输入所对应的全域值忆阻权重单元的输入电压信号;$u_{wi,j}$ 是第 i 个神经元第 j 个输入对应的权值电压信号;$u_{mi,j}$ 是第 i 个神经元第 j 个输入加权单元的输出;u_{f1}、$\cdots$、u_{fp} 分别是各个全域值忆阻感知神经元信息融合模块的输出;u_{o1}、$\cdots$、u_{op} 是各个神经元的输出,共同组成单层感知神经网络的输出。

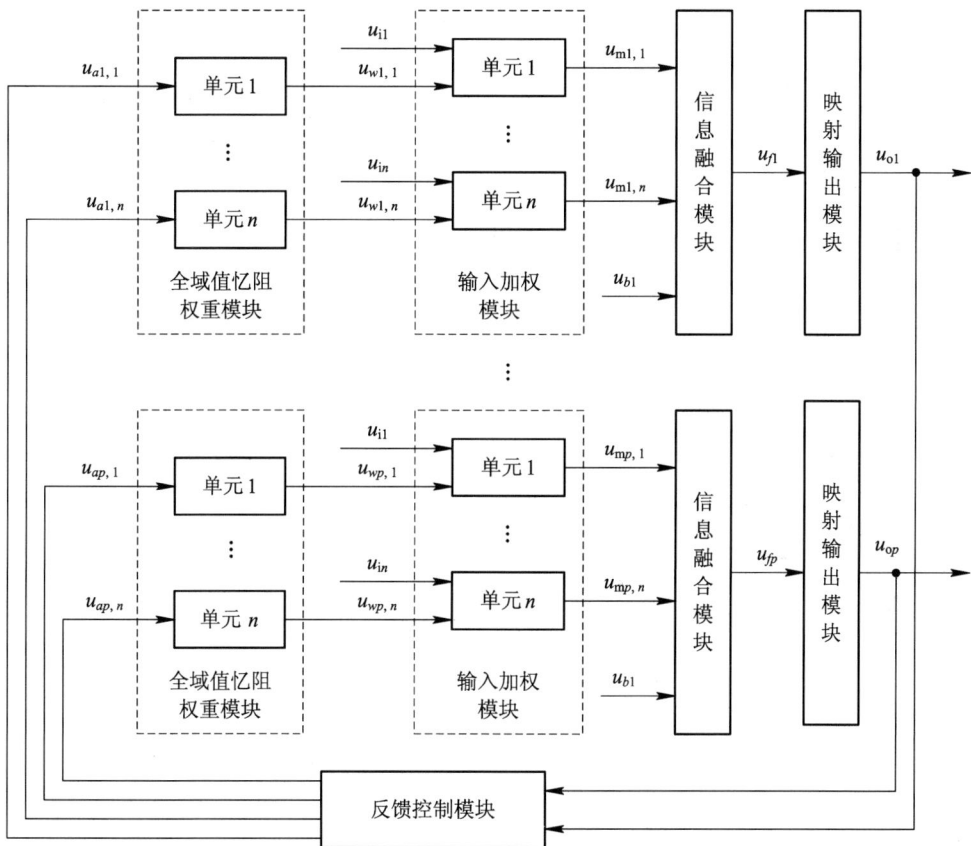

图 6-13　n 输入 p 神经元单层忆阻感知神经网络结构

　　单层忆阻感知神经网络的权值需要从输入序号和神经元序号两个维度来进行标定,因此,其电路可以呈图 6-14 所示阵列排列。$n \times p$ 的矩阵表示单层感知神经网络具有 n 个输入,p 个神经元。矩阵中 α_1、α_2、$\cdots$、α_n 端和 β_1、β_2、$\cdots$、β_p 端之间接入全域值忆阻权重单元输入电压,可以是正向调节电压 u_{a+}、反向调节电压 u_{a-} 和状态维持电压 $u_{a\cdot}$。每一个交叉点处包含一个全域值忆阻权重单元和一个输入加权单元,输出相应的加权输入。每列输出的加权输入在该列的下端与偏置电压信号求和,再通过映射输出模块,就可以得到神经网络的输出。

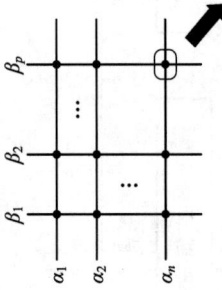

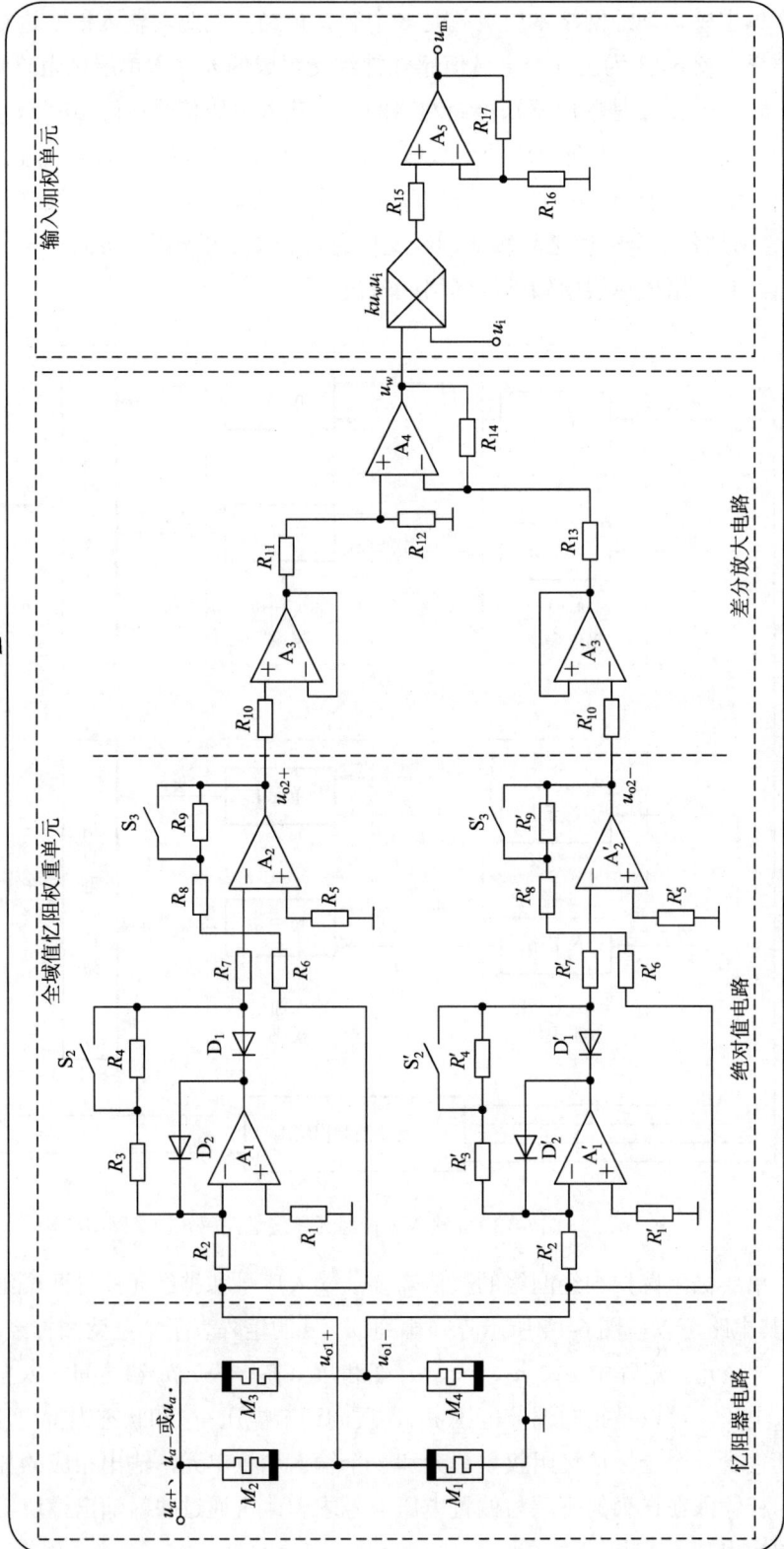

图 6-14 n 输入 p 神经元单层忆阻感知神经网络阵列

6.7　多层忆阻感知神经网络

单层忆阻感知神经网络能够解决多分类问题，但也有其局限性，不能解决逻辑"异或"运算等线性不可分的问题。基于该目的，我们设计了一种基于忆阻器的多层感知神经网络。

多层感知神经网络包含输入层、隐含层和输出层，其中输入层负责接收外部输入信号，没有神经元，不处理信号；隐含层和输出层由感知神经元组成，隐含层可以是一层或多层，每层神经元均与前一层神经元全连接，同一层神经元内部互不相连。图 6-15 所示是一个只有一层隐含层的多层感知神经网络的结构图。

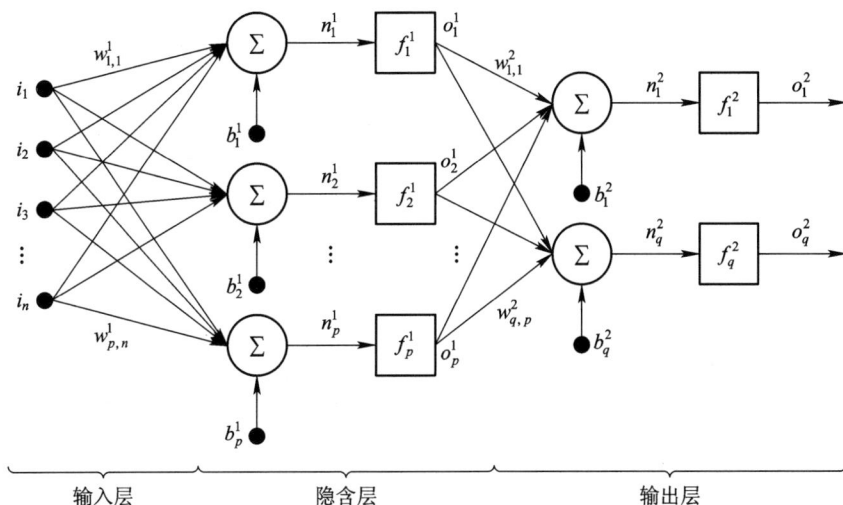

图 6-15　多层感知神经网络结构

该网络的输入个数为 n，隐含层感知神经元的个数为 p，输出层感知神经元的个数为 q。i_1、i_2、$\cdots$、i_n 表示神经网络的输入；$w_{i,j}^1 (0<i\leqslant p,\ 0<j\leqslant n)$ 表示隐含层第 i 个神经元第 j 个输入的权值；$b_i^1 (0<i\leqslant p)$ 表示隐含层各神经元的偏置；$o_i^1 (0<i\leqslant p)$ 表示隐含层各神经元的输出；$w_{i,j}^2 (0<i\leqslant q,\ 0<j\leqslant p)$ 表示输出层第 i 个神经元第 j 个输入的权值；$b_i^2 (0<i\leqslant q)$表示输出层各神经元的偏置；$o_i^1 (0<i\leqslant q)$ 表示输出层各神经元的输出，它们共同组成了神经网络的输出。

除结构之外，多层感知神经网络与单层感知神经网络相比，其映射输出函数可以为硬限幅传输函数，也可以为可微非线性传输函数，如 Sigmoid 函数等。因此，多层感知神经网络不仅可以解决模式分类问题，还可以解决函数逼近问题。两者的原理基本相同，这里只讨论映射输出函数为硬极限传输函数时的情况。

多层忆阻感知神经网络的权值需要从输入序号、层内神经元序号和神经元层序号三个维度来进行标定，因此，可以用 $n \times m \times l$ 的三维阵列结构搭建最大输入数目为 n、最大单层神经元数目为 m、最大神经元层数为 l 的多层忆阻感知神经网络，其中 $m \geqslant \max\{p, q\}$。

此外，多层忆阻感知神经网络电路的控制方式也大不相同。反馈控制模块控制所有全域值忆阻权重单元输入电压的大小和时长。对于隐含层神经元，每次调节时随机选择调节电压的方向和通电时长，将结果传输到输出层；对于输出层神经元，在隐含层神经元调节结束后，根据网络输出结果与目标值的差异对其进行训练，判断权值调节的方向，计算通电时间并进行精确控制。此外，还应限制输出层神经元的最大训练次数 e，若训练 e 次后仍未达到目标，应重新随机调节隐含层的权值和偏置电压信号。多层忆阻感知神经网络反馈控制模块的工作流程如 6-16 所示。

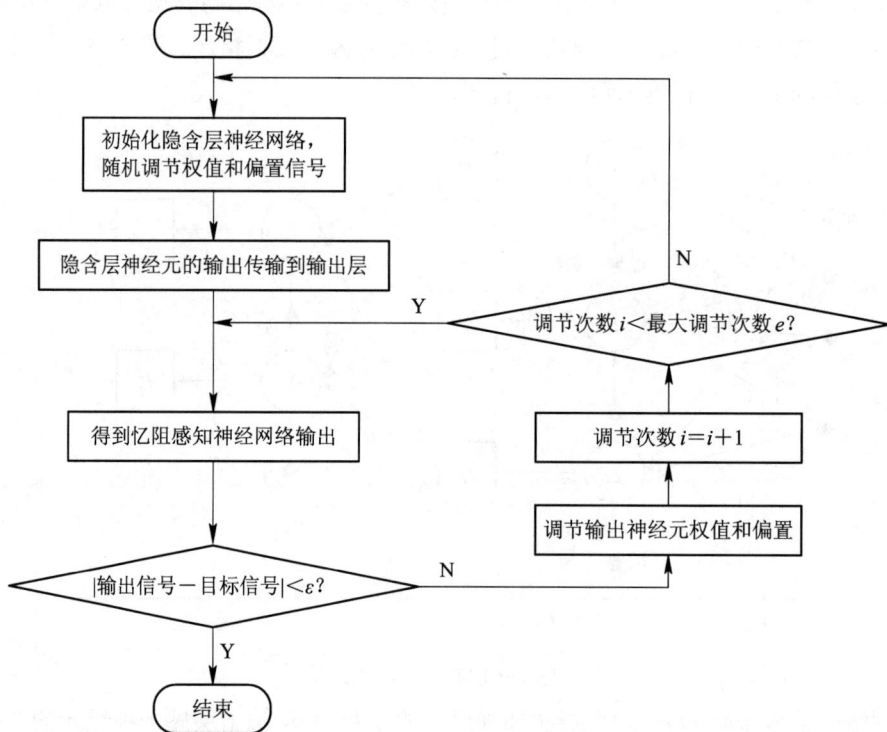

图 6-16　多层忆阻感知神经网络反馈控制模块的工作流程

6.8　应 用 案 例

6.8.1　单输入的忆阻器感知神经元设计

请设计一个单输入的忆阻器感知神经元电路，并对系统进行分析和可行性验证。

根据忆阻器型感知神经元结构及原理，设计的单输入的忆阻器感知神经元电路如图 6-17 所示，电路的参数如表 6-5 所示。

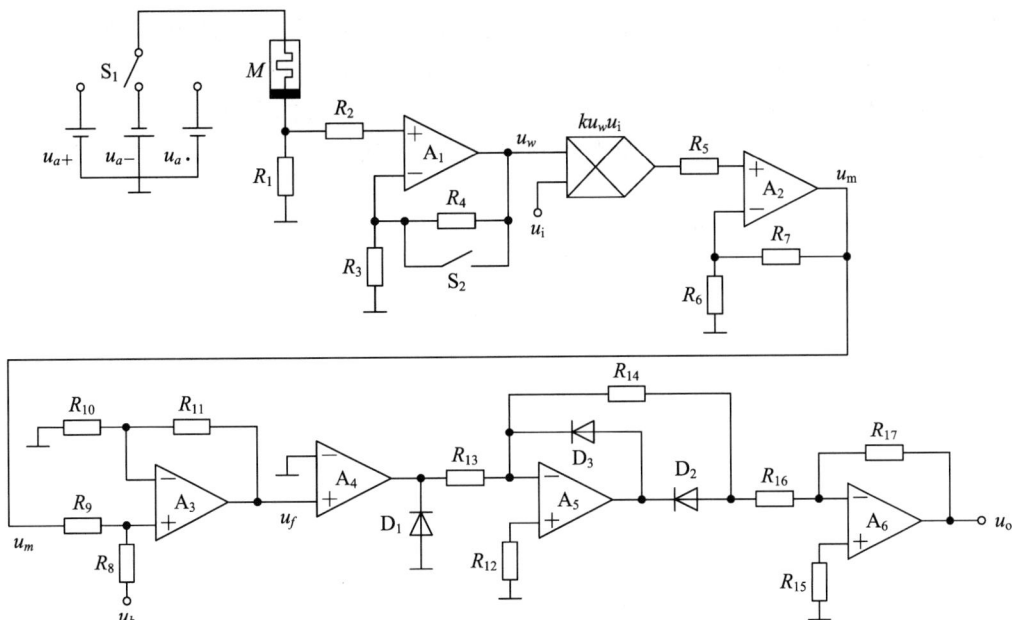

图 6-17　忆阻器感知神经元功能电路

表 6-5　忆阻器感知神经元电路参数

忆阻器权重模块		输入加权模块		信息融合模块		映射输出模块	
u_{a+}	+3 V	ku_wu_i	AD633	A_3	OP-07	$A_4 \sim A_6$	OP-07
u_{a-}	−3 V	A_2	OP-07	R_8	1 kΩ	D_1	1N4099
$u_a.$	+0.3 V	R_5	900 Ω	R_9	1 kΩ	D_2、D_3	1N4376
A_1	OP-07	R_6	1 kΩ	R_{10}	1 kΩ	R_{12}	500 Ω
R_1	2 kΩ	R_7	9 kΩ	R_{11}	1 kΩ	R_{13}	1 kΩ
R_2	900 Ω					R_{14}	550 Ω
R_3	1 kΩ					R_{15}	500 Ω
R_4	9 kΩ					R_{16}	2 kΩ
						R_{17}	550 Ω

　　权值调节是感知神经元工作的关键,可从权值正向调节、权值反向复位和权值恒定不变三种工作状态对忆阻器权重单元进行测试,并对电路其他模块的功能进行简单验证。

　　下面对忆阻器感知神经元的权值正向调节状态进行验证。在初始状态下,$x_0 = 0.001$,闭合开关 S_2,忆阻器权重模块接通正向调节电压 $u_{a+} = 3\text{ V}$,通电时间 $t = 0.5\text{ s}$,足够使权值正向调节至最大值,呈现出整个调节范围内的变化情况,得到图 6-18 所示曲线。其中,图 6-18(a)为忆阻器阻值 M 随时间变化的曲线,这是因为忆阻器与定值电阻 R_1 串联的结构可以等效为一个开态电阻 R_{on} 和关态电阻 R_{off} 都增大了 R_1 的忆阻器,直流电压下其阻值变化趋势是一致的,但由于 R_1 的分压作用,阻值调节到最小值所用的时间更长。图 6-18(b)显示了感知神经元权值电压信号 u_w 随时间变化的情况，权值的变化范围是[0.3336，2.63]，u_w 随着通电时间的增长而增大，增速由小变大。若反馈控制模块对通电时间的控制精度一定，则开始通电时权值的调节精度高，随着忆阻器阻值的减小，权值的调节精度也会降低，因此将忆阻器阻值最高的情况设置为忆阻器权重模块的初始状态。

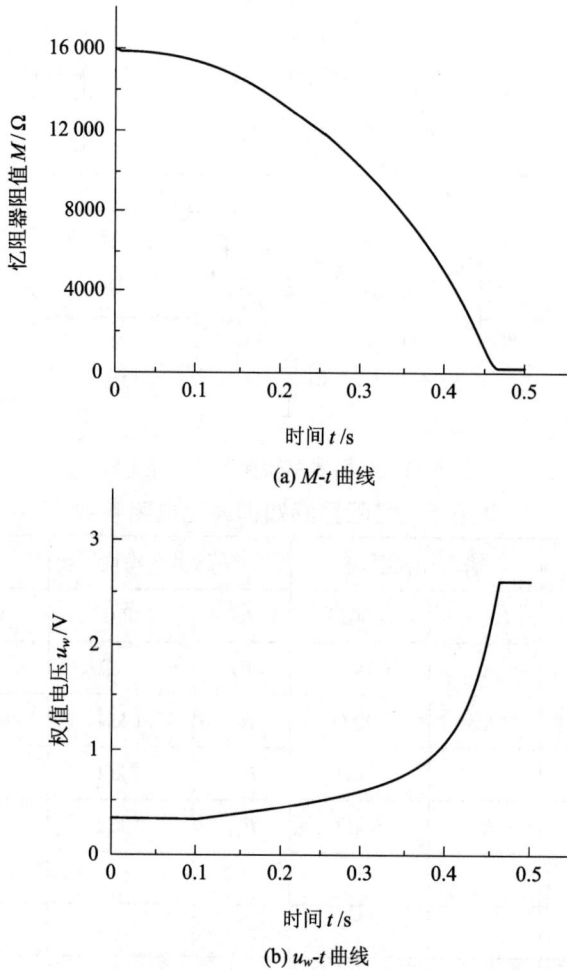

(a) M-t 曲线

(b) u_w-t 曲线

图 6-18　忆阻器感知神经元权值正向调节 M、u_w 变化曲线

实验中，$u_{a+}=3$ V，由式(6-6)和式(6-7)可以看出，权值电压信号调节过程中忆阻器不能在其全部阻值范围内工作，忆阻器可调节到的最小阻值不是其本身的最小阻值。在 $t=0.465$ s 时忆阻器的分压减小到 u_{on}，忆阻器阻值不能继续降低，R_1 的分压不能继续增大，输出的权值电压信号达到最大值。具体情况是，当 0.42 V$\leqslant u_{a+}<7.77$ V 时，随着 u_{a+} 的增大，忆阻器的工作范围增大，输出的权值电压信号范围在两者的共同作用下增大；当 $u_{a+}\geqslant7.77$ V 时，随着 u_{a+} 的增大，忆阻器均可在其全部阻值范围内工作，输出的权值电压信号范围随 u_{a+} 的增大而增大。

感知神经元权值正向调节的初始状态一致，正向调节电压 u_{a+} 确定为 +3 V，则通电时间与忆阻器阻值 M、权值电压信号 u_w 呈现一一对应的关系。设置目标权值为 $w_{aim}=1$，由式(6-23)和式(6-24)可得出通电时间为 $t=0.4203$ s。施加 0.4203 s 的直流电压 $u_{a+}=+3$ V，得到的权值电压信号变化曲线如图 6-19 所示。在 $t = 0.4203$ s 时，权值电压信号 u_w 达到 1 V，实现了对权值的精确控制。

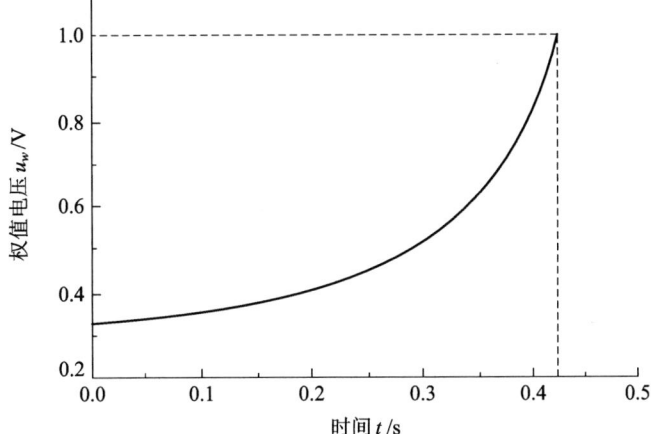

图 6-19　$w_{aim} = 1$ 权值调节曲线

　　下面对忆阻器感知神经元的权值反向复位状态进行验证。开关 S_2 闭合，分别在初始权值为 $w_{int} = 0.5$、$w_{int} = 1.5$ 和 w_{int} 取最大值时对忆阻器权重单元施加直流电压 $u_{a-} = -3$ V，通电足够长的时间，忆阻器权重单元输出的电压信号 u_w 的变化情况如图 6-20 所示。u_{a-} 的符号为负，复位过程中输出的 u_w 也为负，但由于 u_a = 0.3 V 符号为正，u_w 代表的权值为其绝对值，权值反向复位状态感知神经元输出无效，因此 u_w 符号没有影响。图 6-20 中，无论复位前权值信号为多大，即使为最大极限值，$u_{a-} = -u_{a+}$ 都能实现复位功能，将输出权值信号调节到初始状态，权值约为 0.3336。

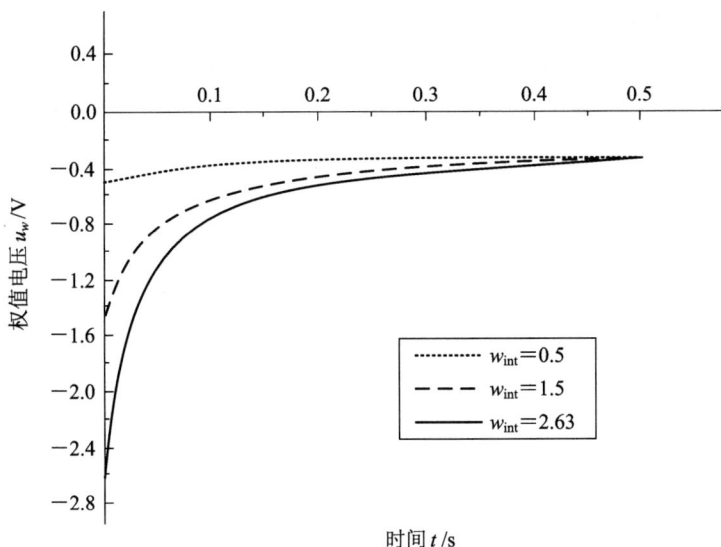

图 6-20　权值反向复位状态 u_w 变化曲线

　　下面对忆阻器感知神经元的权值恒定不变状态进行验证。将权值信号调节到 1 V 的瞬间同时将开关 S_1 连接到 u_a 端，S_2 断开。神经元的输入信号为 $u_i = 10t - 2$，$t \in [0, 0.4$ s]，偏置电压 $u_b = 0.5$ V，得出感知神经元的权值和输入输出变化曲线如图 6-21 所示。

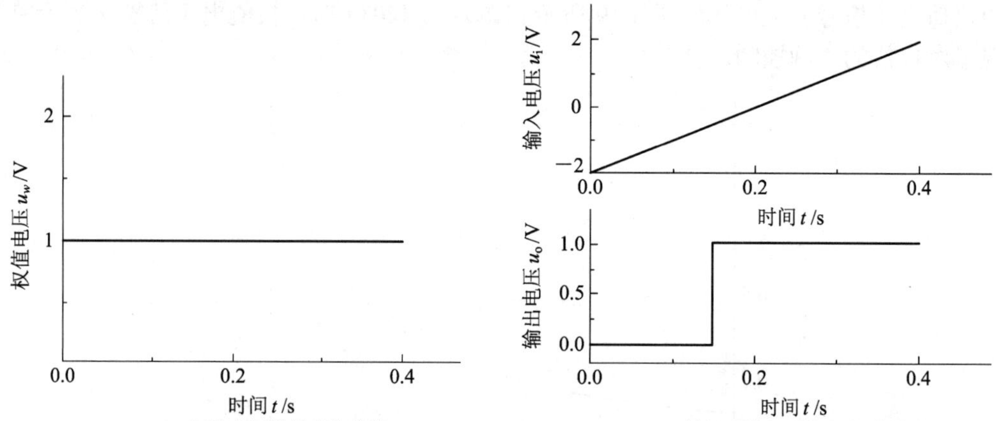

(a) 权值电压信号变化曲线　　(b) 神经元输入和输出变化曲线

图 6-21　权值恒定不变状态 u_w 和神经元输入输出变化曲线

图 6-21(a)是神经元权值电压信号曲线，在 $u_w = 1$ V 的瞬间将开关从 u_{a+} 端连接到 $u_{a\cdot}$端，输出的权值电压保持在 1 V 恒定不变，成功模拟了神经元突触的记忆特性。当权值信号恒定为 1 V 时，神经元的输入信号和输出信号随时间变化的曲线如图 6-21(b)所示。在 $t = 0.15$ s 时，神经元的输入为 $u_i = -0.5$ V，其加权输入为 $u_m = -0.5$ V，与偏置电压信号融合得到的净输入为 $u_f = 0$，神经元输出 u_o 由 0 变为 1 V。同时，图 6-21(b)也对感知神经元输入加权模块、信息融合模块和映射输出模块的电路进行了验证，证明了所设计忆阻器感知神经元电路的可行性。

6.8.2　反向串联忆阻感知神经元设计

图 6-22 所示的是一个单输入的反向串联忆阻感知神经元电路，用此电路对所设计反向串联神经元的权值调节功能进行验证，电路的参数如表 6-6 所示。

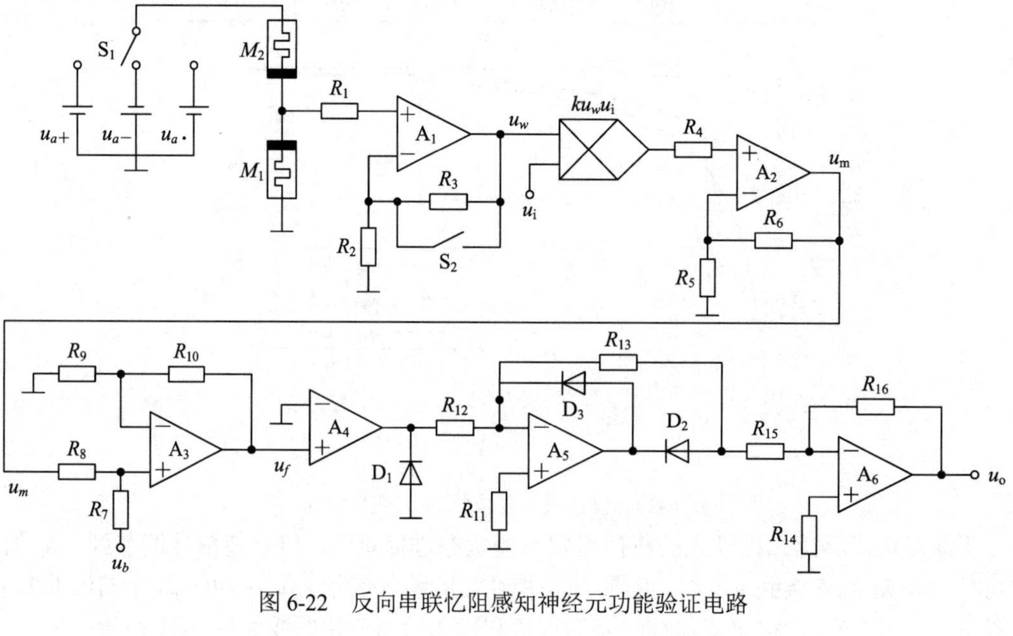

图 6-22　反向串联忆阻感知神经元功能验证电路

表 6-6　反向串联忆阻感知神经元电路参数

反向串联忆阻权重模块		输入加权模块		信息融合模块		映射输出模块	
u_{a+}	+3 V	ku_wu_i	AD633	A_3	OP-07	$A_4{\sim}A_6$	OP-07
u_{a-}	−3 V	A_2	OP-07	R_7	1 kΩ	D_1	1N4099
$u_a.$	+0.3 V	R_4	900 Ω	R_8	1 kΩ	D_2、D_3	1N4376
A_1	OP-07	R_5	1 kΩ	R_9	1 kΩ	R_{11}	500 Ω
R_1	900 Ω	R_6	9 kΩ	R_{10}	1 kΩ	R_{12}	1 kΩ
R_2	1 kΩ					R_{13}	550 Ω
R_3	9 kΩ					R_{14}	500 Ω
						R_{15}	2 kΩ
						R_{16}	550 Ω

　　连接电路前，将忆阻器的阻值调节为 $M_1 = M_2 = (R_{on} + R_{off})/2 = 8050\ \Omega$，参考式(6-29)~式(6-36)，选择正向调节电压 $u_{a+} = 3$ V，反向调节电压 $u_{a-} = -3$ V，状态维持电压 $u_a. = 0.3$ V。依据式(6-38)确定该感知神经元的权值调节范围是[0.5, 2.5]。

　　对反向串联忆阻感知神经元的权值正向调节状态进行验证。将忆阻器的阻值调节为 $M_1 = 2683\ \Omega$，$M_2 = 13\ 417\ \Omega$，此时权值电压信号为最小值，$u_w = 0.5$ V。闭合开关 S_2，反向串联忆阻权重单元接通正向调节电压 $u_{a+} = 3$ V，通电时间 $t = 0.3669$ s，忆阻器阻值和权值电压信号 u_w 的变化曲线如图 6-23 所示。图 6-23(a)中，忆阻器 M_1 和 M_2 的总阻值保持在 16 100 Ω 不变，M_1 的阻值匀速增大，M_2 的阻值匀速减小，两者的变化范围均为 2683~13 417 Ω，不能在忆阻器全部阻值范围内变化。图 6-23(b)中权值电压信号 u_w 用时 0.3669 s 实现了从最小值 0.5 V 到最大值 2.5 V 的线性变化，证明该感知神经元能够实现所设定范围内权值的正向匀速调节。

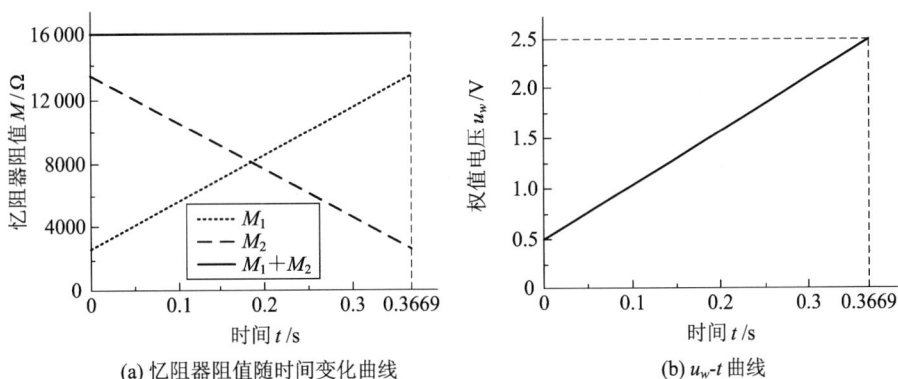

(a) 忆阻器阻值随时间变化曲线　　　　(b) u_w-t 曲线

图 6-23　权值正向调节曲线

　　下面对反向串联忆阻感知神经元的权值反向调节状态进行验证。将忆阻器的阻值调节为 $M_1 = 13\ 417\ \Omega$，$M_2 = 2683\ \Omega$，闭合开关 S_2，S_1 连接反向调节电压 u_{a-}，$u_{a-} = -3$ V，通电时间 $t = 0.3669$ s。权值电压信号 u_w 随时间变化的曲线如图 6-24 所示。u_{a-} 的符号为负，输出的 u_w 也为负。权值调节状态中 u_w 的符号没有实际意义，权值的正负主要取决于权值恒定不变状态时输入信号 $u_a.$ 的符号。实验中 $u_a. = 0.3\,\text{V}$ 符号为正，u_w 代表的权值为其绝对值。图 6-24 中感知神经元用时 $0.3669\,\text{s}$ 实现了从最大权值 $2.5\,\text{V}$ 到最小权值 $0.5\,\text{V}$ 的线性变化，证明该感知神经元能够实现所设定范围内权值的匀速反向调节。

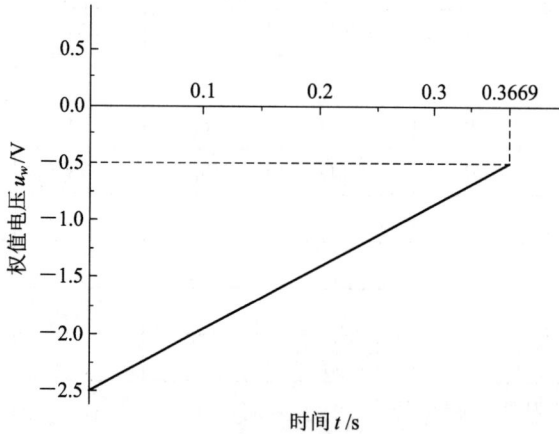

图 6-24　权值反向调节 u_w-t 曲线

　　下面对反向串联忆阻感知神经元的权值精确调节特性进行验证。反向串联忆阻感知神经元权值调节的初始状态是不一定的，对于相同的目标权值 w_{aim}，初始状态不同，所需要电压的方向和通电时间都可能不同。分别在初始权值为 $w_{\text{int}} = 0.8$、$w_{\text{int}} = 1.3$、$w_{\text{int}} = 1.8$、$w_{\text{int}} = 2.3$ 时，调节权值到 $w_{\text{aim}} = 1.5$，权值调节结束后开关 S_1 接通电源 $u_a.$。其中，$w_{\text{int}} = 1.8$ 和 $w_{\text{int}} = 2.3$ 时权值调节过程中输出的 u_w 符号为负，对其进行了绝对值处理。图 6-25 为得到的权值电压信号 u_w 变化曲线，当初始权值 w_{int} 分别为 0.8、1.3、1.8 和 2.3 时，反向串联忆阻感知神经元将权值调节到 $w_{\text{aim}} = 1.5$ 分别用时 $0.1275\,\text{s}$、$0.0364\,\text{s}$、$0.0545\,\text{s}$ 和 $0.1459\,\text{s}$，权值匀速调节，且不同初始状态下权值调节的速度都大致相同。权值调节完毕后保持不变，对权值恒定不变状态也进行了验证。

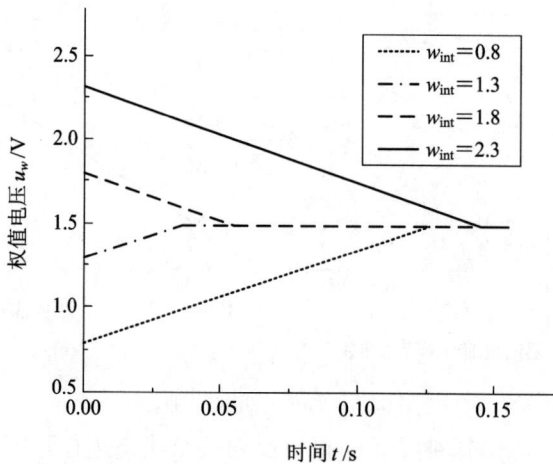

图 6-25　不同初始权值下 $w_{\text{aim}} = 1.5$ 的权值调节曲线

　　需要特别注意的是，反向串联忆阻感知神经元的权值要在设定的权值调节范围内变化，尤其是不能超出式(6-38)所示的范围。将忆阻器的初始阻值调为 $M_1 = 805\,\Omega$，$M_2 = 15\,295\,\Omega$，

此时 $u_w = 0.15$ V，在式(6-38)范围之外。开关 S_1 接通 u_{a+}，闭合 S_2，得到忆阻器阻值和权值电压信号 u_w 的变化曲线如图 6-26 所示。

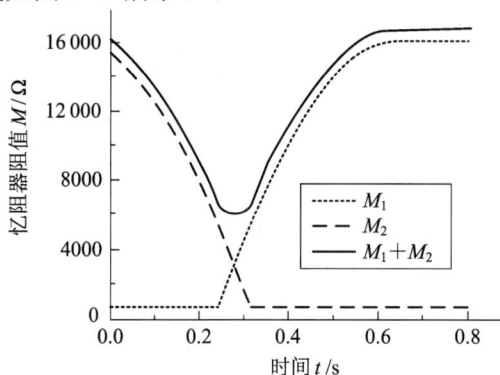

(a) 忆阻器阻值随时间变化曲线

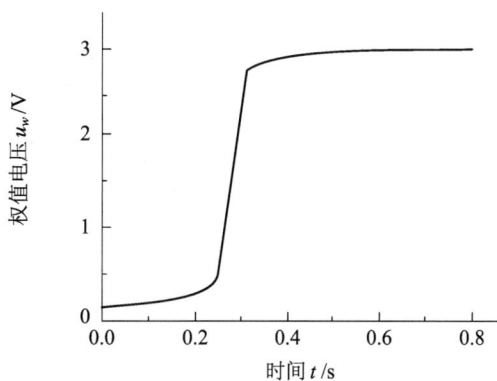

(b) u_w-t 曲线

图 6-26　权值超出调节范围时的变化曲线

图 6-26(a)是忆阻器阻值随时间变化的曲线，在 0.2433 s 之前，忆阻器 M_1 的分压小于 $|u_{off}|$，阻值恒定不变，M_2 在直流电压 u_{a+} 的作用下减小，此时反向串联忆阻器结构等效于一个正向连接的忆阻器与定值电阻串联，M_2 阻值变化趋势与单个忆阻器的变化相似，但 M_1 与 M_2 的总阻值减小；在 0.2433～0.3138 s 之间，M_1 分压大于 $|u_{off}|$，M_2 分压大于 u_{on}，两者的阻值随时间大致呈线性变化，总阻值几乎不变，但由于两个忆阻器掺杂层与非掺杂层的界面与器件边缘的距离不统一，边缘效应不能相互抵消，因此阻值变化的速率存在差异，总阻值有小幅度变化；在 0.3138 s 之后，忆阻器 M_2 的分压小于 u_{on}，阻值恒定不变，M_1 在直流电压 u_{a+} 的作用下增大，忆阻器总阻值随 M_1 的增大而增大。最终 $M_1 + M_2 > R_{on} + R_{off}$，反向串联忆阻权重单元的正常工作状态被完全打破，即使施加反向调节电压 u_{a-} 也不能恢复，需要重新分别调节两个忆阻器的阻值。

6.8.3　全域值忆阻感知神经元设计

图 6-27 所示是一个单输入的全域值忆阻感知神经元电路，其中全域值忆阻权重模块的电路参数如表 6-7 所示，其他模块的电路参数如表 6-8 所示。用该电路对全域值忆阻感知神经元的权值调节功能进行验证，并对影响权值调节范围和速率的因素进行分析。

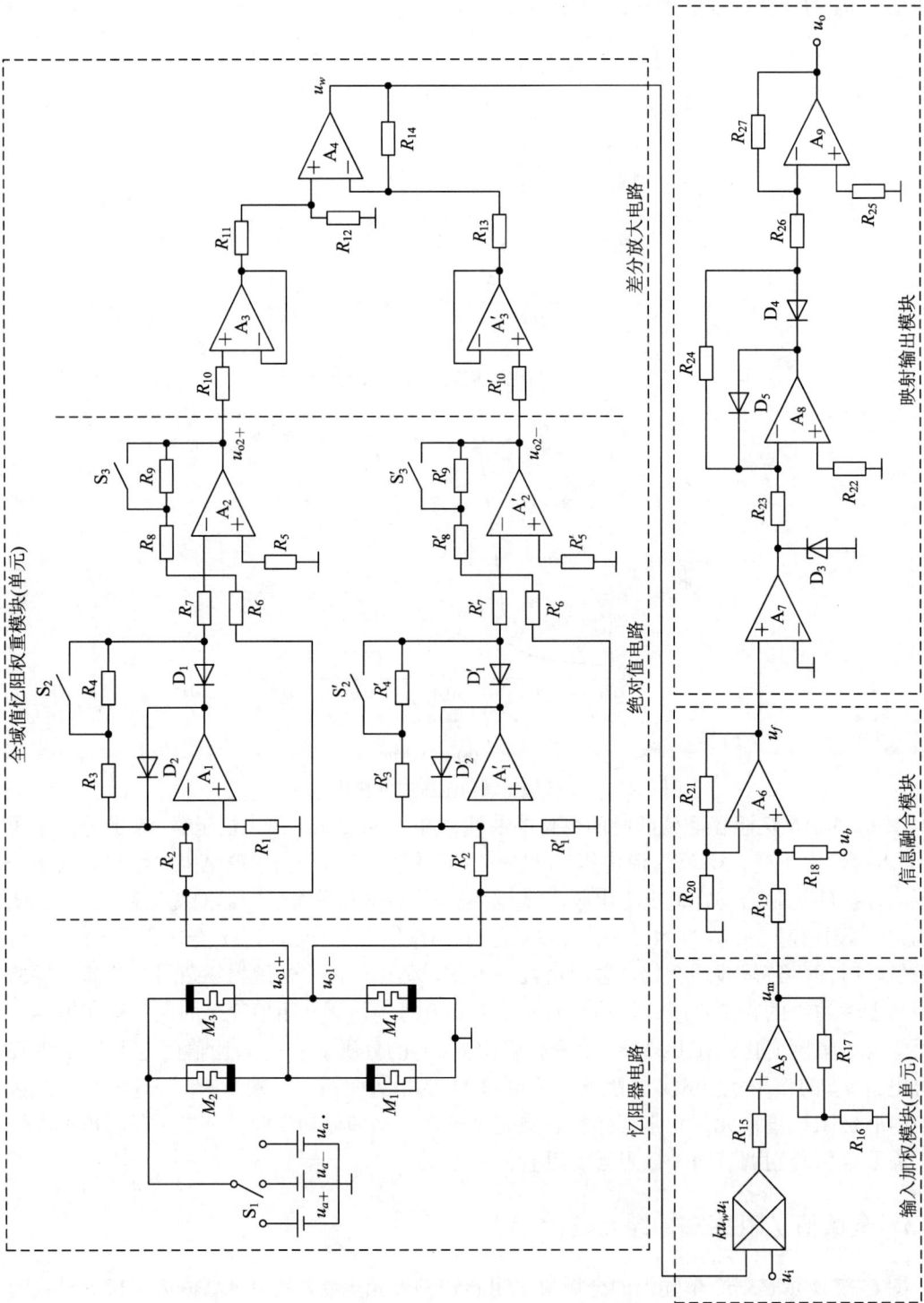

图 6-27 全域值忆阻感知神经元功能验证电路

表 6-7 全域值忆阻权重模块电路参数

忆阻器电路		绝对值电路				差分放大电路	
u_{a+}	+3 V	A_1、A_1'	OP-07	R_4、R_4'	9 kΩ	A_3、A_3'	OP-07
u_{a-}	−3 V	A_2、A_2'	OP-07	R_5、R_5'	1 kΩ	A_4	OP-07
$u_{a.}$	+0.3 V	D_1、D_1'	1N4376	R_6、R_6'	1 kΩ	R_{10}、R_{10}'	1 kΩ
		D_2、D_2'	1N4376	R_7、R_7'	1 kΩ	R_{11}、R_{13}	1 kΩ
		R_1、R_1'	600 Ω	R_8、R_8'	1 kΩ	R_{12}、R_{14}	500 Ω
		R_2、R_2'	1 kΩ	R_9、R_9'	9 kΩ		
		R_3、R_3'	2 kΩ				

表 6-8 其他模块电路参数

输入加权模块		信息融合模块		映射输出模块			
$ku_w u_i$	AD633	A_6	OP-07	$A_7 \sim A_9$	OP-07	R_{24}	550 Ω
A_5	OP-07	R_{18}	1 kΩ	D_3	1N4099	R_{25}	500 Ω
R_{15}	900 Ω	R_{19}	1 kΩ	D_4、D_5	1N4376	R_{26}	2 kΩ
R_{16}	1 kΩ	R_{20}	1 kΩ	R_{22}	500 Ω	R_{27}	550 Ω
R_{17}	9 kΩ	R_{21}	1 kΩ	R_{23}	1 kΩ		

连接电路前，将忆阻器的阻值调节为 $M_1 = M_2 = M_3 = M_4 = (R_{on} + R_{off})/2 = 8050\ \Omega$。选择正向调节电压 $u_{a+} = 3$ V，反向调节电压 $u_{a-} = -3$ V，状态维持电压 $u_{a.} = 0.3$ V。由于 $u_{a.} > 0$，因此无论电路处于哪种工作状态，开关 S_3 和 S_3' 始终是闭合的，后续分析中将不再对其进行说明。实验对神经元的权值调节范围进行归一化处理，设置权值电压信号的变化范围是[−1, 1]，依据式(6-53)和式(6-54)，设定约束系数 $c = 2/3$、放大倍数 $a = 1/2$。

下面对全域值忆阻感知神经元的权值调节能力进行验证。为验证全域值忆阻感知神经元的权值正向调节状态，将忆阻器的阻值调节为 $M_1 = M_3 = 2683\ \Omega$，$M_2 = M_4 = 13\ 417\ \Omega$，此时权值电压信号为最小值 $u_w = -1$ V。闭合开关 S_2 和 S_2'，令 S_1 接通正向调节电压 $u_{a+} = 3$ V，通电时间 $t = 0.3669$ s。同理，为验证权值反向调节状态，将忆阻器初始阻值调节为 $M_1 = M_3 = 13\ 417\ \Omega$，$M_2 = M_4 = 2683\ \Omega$，闭合开关 S_2 和 S_2'，令 S_1 接通反向调节电压 $u_{a-} = -3$ V，通电时间 $t = 0.3669$ s；为验证权值恒定不变状态，在忆阻器阻值为 $M_1 = M_2 = M_3 = M_4 = 8050\ \Omega$ 时，断开开关 S_2 和 S_2'，令 S_1 接通状态维持电压 $u_{a.} = 0.3$ V。分别用 Case1、Case2 和 Case3 表示权值正向调节状态、权值反向调节状态和权值恒定不变状态，则输出权值电压信号 u_w 和相应的 M_1 阻值随时间变化的情况如图 6-28 所示。

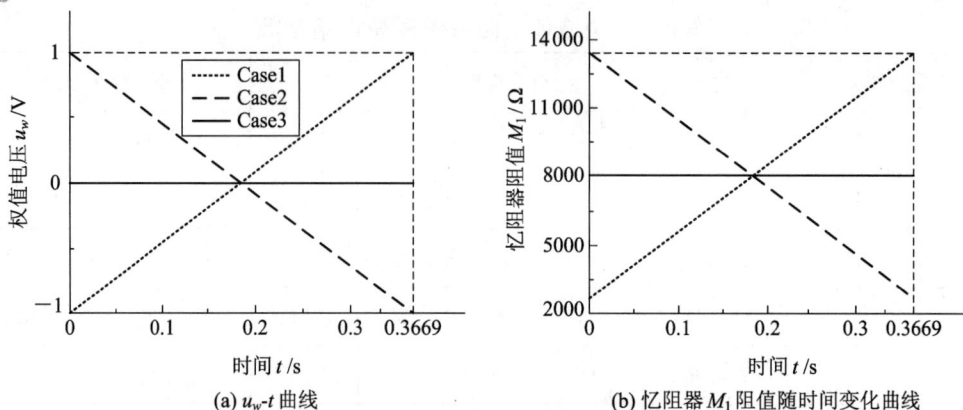

(a) u_w-t 曲线

(b) 忆阻器 M_1 阻值随时间变化曲线

图 6-28   全域值忆阻感知神经元的三种工作状态

图 6-28(a)是 Case1、Case2 和 Case3 下权值电压信号 u_w 随时间变化的曲线。在权值正向调节状态下，u_w 由 -1 V 匀速增大到 1 V；在权值反向调节状态下，u_w 由 1 V 匀速减小到 -1 V，权值电压信号可以在正值和负值之间变化，实现了权值的全域值调节。在权值恒定不变状态下，u_w 的大小保持不变。图 6-28(b)显示了 Case1、Case2 和 Case3 下忆阻器 M_1 阻值的变化情况。在权值正向调节状态下，M_1 阻值匀速增大；在权值反向调节状态下，M_1 阻值匀速减小；在权值恒定不变状态下，M_1 阻值保持不变。M_1 阻值的变化趋势与权值电压信号 u_w 基本一致。当权值电压在全域值范围内调节时，忆阻器阻值的变化范围是 2683～13 417 Ω，小于忆阻器本身 100～16 000 Ω 的阻值变化范围，忆阻器工作在器件中间线性区域，在解决阈值电压限制问题的同时，避免了器件两端载流子非线性运动的影响。

全域值忆阻权重单元的调节电压的大小 $|ku_a|$、放大倍数 a 和约束系数 c 都会影响权值电压信号 u_w 的变化范围和变化速度。下面在保证不受阈值电压限制的情况下分别对每个因素进行分析。

在 $a = 1$、$c = 1/2$ 时，分别取电压 $|ku_a|$ 为 2 V、3 V、4 V 进行实验，研究 u_a 对权值电压信号 u_w 的影响。此时，相比表 6-7 和表 6-8，电路需要变化的参数如表 6-9 所示。在这三种情况下，权值在全域值范围内正向调节时，得到如图 6-29 所示曲线。

表 6-9 $|ku_a|$ 为 2 V、3 V、4 V 时电路参数的变化

$|ku_a| = 2$ V		$|ku_a| = 3$ V		$|ku_a| = 4$ V	
u_{a+}	+2 V	u_{a+}	+3 V	u_{a+}	+4 V
u_{a-}	-2 V	u_{a-}	-3 V	u_{a-}	-4 V
$u_a.$	+0.2 V	$u_a.$	+0.3 V	$u_a.$	+0.25 V
R_4、R_4'	9 kΩ	R_4、R_4'	9 kΩ	R_4、R_4'	15 kΩ
R_9、R_9'	9 kΩ	R_9、R_9'	9 kΩ	R_9、R_9'	15 kΩ
R_{12}、R_{14}	1 kΩ	R_{12}、R_{14}	1 kΩ	R_{12}、R_{14}	1 kΩ

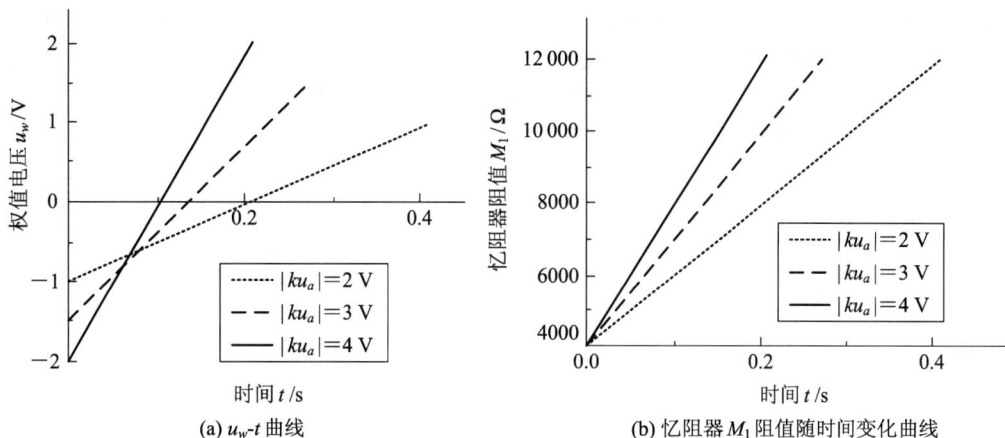

(a) u_w-t 曲线　　　　　　　　　(b) 忆阻器 M_1 阻值随时间变化曲线

图 6-29　不同 $|ku_a|$ 下权值正向调节结果

图 6-29(a)表示权值电压信号 u_w 随时间变化的情况，放大倍数 a 和约束系数 c 一定时，调节电压 $|ku_a|$ 越大，权值电压信号变化的范围越大、速度越快。图 6-29(b)是 M_1 阻值随时间变化的曲线，可以看出，$|ku_a|$ 越大，忆阻器阻值变化的速度越快，但三种情况下阻值的变化范围相同，均为 4025～12 075 Ω，忆阻器的工作区域是一致的。

在 $|ku_a|$ = 3 V、c = 1/2 时，取放大倍数 a 分别为 1/2、1、2 进行实验，研究 a 对权值电压信号 u_w 的影响。电路中，$R_{11} = R_{13} = 1$ kΩ。a = 1/2 时，$R_{12} = R_{14} = 500$ Ω；a = 1 时，$R_{12} = R_{14} = 1$ kΩ；a = 2 时，$R_{12} = R_{14} = 2$ kΩ。在这三种情况下，权值在全域值范围内正向调节时，得到权值电压信号 u_w 随时间变化的曲线如图 6-30 所示。调节电压 $|ku_a|$ 和约束系数 c 一定时，放大倍数 a 越大，权值电压信号变化的范围越大、速度越快，权值变化的范围和速度均与放大倍数成正比。

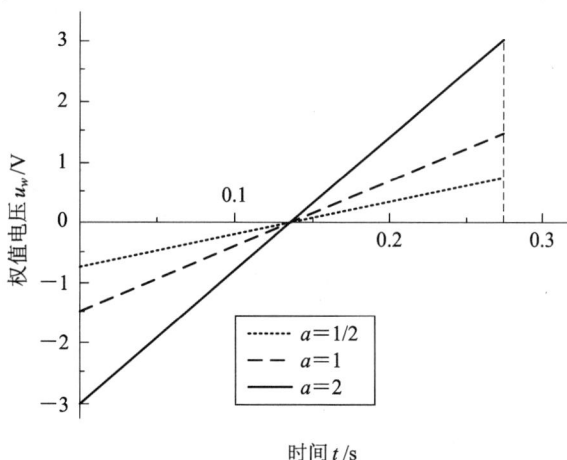

图 6-30　不同 a 下 u_w 的变化曲线

在 $|ku_a|$ = 3 V、a = 1 时，分别设定约束系数 c 为 1/3、1/2、2/3，进行权值全域值调节实验，研究 c 对权值电压信号 u_w 的影响。不需要改变图 6-27 所示电路的结构和参数，只改变反馈控制模块中的参数 c 进行实验。不同 c 下权值在全域值范围内正向调节，得到的权值电压信号的变化情况如图 6-31 所示。电压 $|ku_a|$、放大倍数 a 一定时，权值电

压信号的变化速度大致相同，变化范围与约束系数成正比。约束系数 c 只是对忆阻器的工作区域进行了约束，不改变全域值忆阻权重单元的电路结构，对权值电压信号的变化速度没有影响。

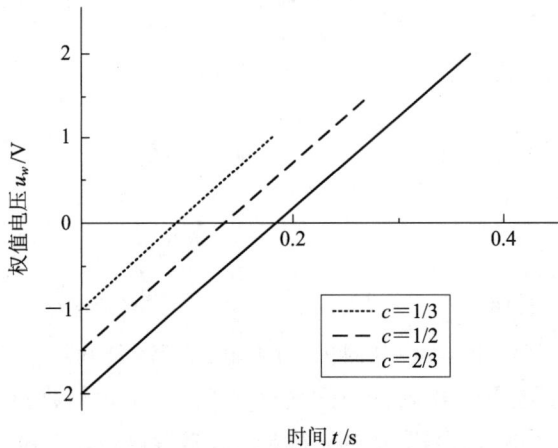

图 6-31   不同约束系数下 u_w 的变化曲线

感知神经元要在不受忆阻器阈值电压限制的情况下，根据不同的需求选择调节电压 u_a、放大倍数 a 和约束系数 c 来工作。其中参数 $|ku_a|$ 和 c 需要进行权衡。参数 a 保持不变，对于一定的权值变化范围，$|ku_a|$ 越大，则 c 越小，权值变化速度越快，电路的功耗越大，忆阻器的工作区域越窄。因此，要根据实际应用平衡权值变化速度和忆阻器电路功率，选择合适的调节电压 $|ku_a|$ 和约束系数 c。

6.8.4 逻辑"或"运算设计

下面以逻辑"或"运算为例，验证感知神经元电路的可行性。首先搭建双输入感知神经元电路，在图 6-27 的基础上，增加一组相同的全域值忆阻权重单元和输入加权单元，连入信息融合模块，信息融合模块中两个加权输入 u_{m1}、u_{m2} 和偏置电压信号 u_b 进行求和。两个全域值忆阻权重单元调节电压的大小 $|ku_a|=3$ V，放大倍数 $a=1/2$，约束系数 $c=2/3$，权值电压信号的调节范围为[-1, 1]。神经元输入电压信号向量为 $\boldsymbol{P}=[0\ 0\ 1\ 1;\ 0\ 1\ 1\ 0]$，目标输出电压信号为 $\boldsymbol{T}=[0\ 1\ 1\ 1]$，设定初始偏置电压信号为 0.1 V，学习速率为 0.3 V/次。当 $|ku_a|=3$ V 时，权值电压信号 u_w 变化 0.3 V 所用的时间最长约为 0.0559 s，因此，设置时间周期为 0.075 s，确保能够完成输入的变化与权值的变化存储。

实验开始前，将第一个神经元输入对应的全域值忆阻权重单元中忆阻器初始阻值调为 $M_{11}=M_{31}=6977\ \Omega$，$M_{21}=M_{41}=9123\ \Omega$，将第二个神经元输入对应的全域值忆阻权重单元中忆阻器初始阻值调为 $M_{12}=M_{32}=6440\ \Omega$，$M_{22}=M_{42}=9660\ \Omega$。在两个全域值忆阻权重单元输入信号 $u_{a1}=u_{a2}=0.3$ V，则输出的权值电压信号分别为 $u_{w1}=-0.2$ V，$u_{w2}=-0.3$ V，感知神经元会输出当前权值下的输出电压。之后，反馈控制模块对输出进行分析，若权值需要调整，则在下一个时间周期，不改变神经元输入，在全域值忆阻权重单元分别施加调节电压 u_{a1} 或 u_{a2} 并控制通电时间，完成权值电压的调节；若偏置需要调整，则在下一个时间周期，不改变神经元输入，改变偏置电压信号；若权值和偏置均不需要调整，则在下一个周期改变神经元输入。重复实验，直至权值电压能够适用于所有输入情况。双输入感知神经元实现"或"运算的训练过程如表 6-10 所示。

表 6-10 双输入感知神经元训练过程

时间	输入电压	权值电压	偏置电压	时间	输入电压	权值电压	偏置电压
0～0.075 s	[0 0]	[−0.2 −0.3]	0.1	0.75～0.825 s	[0 1]	[0.1 0.3]	−0.2
0.075～0.15 s	[0 0]	[−0.2 −0.3]	−0.2	0.825～0.90 s	[1 1]	[0.1 0.3]	−0.2
0.15～0.225 s	[0 1]	[−0.2 −0.3]	−0.2	0.90～0.975 s	[1 0]	[0.1 0.3]	−0.2
0.225～0.30 s	[0 1]	[−0.2 0]	0.1	0.975～1.05 s	[1 0]	[0.4 0.3]	0.1
0.30～0.375 s	[1 1]	[−0.2 0]	0.1	1.05～1.125 s	[0 0]	[0.4 0.3]	0.1
0.375～0.45 s	[1 1]	[0.1 0.3]	0.4	1.125～1.20 s	[0 0]	[0.4 0.3]	−0.2
0.45～0.525 s	[1 0]	[0.1 0.3]	0.4	1.20～1.275 s	[0 1]	[0.4 0.3]	−0.2
0.525～0.60 s	[0 0]	[0.1 0.3]	0.4	1.275～1.35 s	[1 1]	[0.4 0.3]	−0.2
0.60～0.675 s	[0 0]	[0.1 0.3]	0.1	1.35～1.425 s	[1 0]	[0.4 0.3]	−0.2
0.675～0.75 s	[0 0]	[0.1 0.3]	−0.2	1.425～1.5 s	[0 0]	[0.4 0.3]	−0.2

两个全域值忆阻权重单元的输入电压 u_{a1} 和 u_{a2} 的变化曲线如图 6-32 所示。可以看出，神经元第一个输入对应的权值电压信号 u_{w1} 在 0.375 s—0.45 s 和 0.975 s—1.05 s 时间段内进行调节，第二个输入对应的权值电压信号 u_{w2} 在 0.225 s—0.30 s 和 0.375 s—0.45 s 时间段内进行调节。权值每次调节的变化量均为 0.3 V，因此每次调节所用的时间也大致相同。

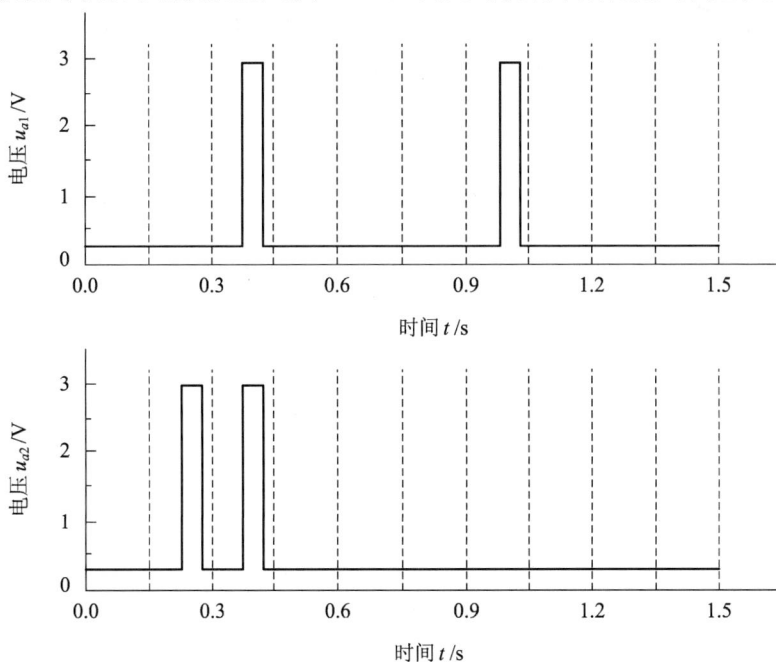

图 6-32 全域值忆阻权重单元输入电压

训练过程中两个输入对应的权值电压信号 u_{w1} 和 u_{w2} 的变化曲线如图 6-33 所示。在 0.225 s—0.30 s 内，u_{w2} 由 -0.3 V 变为 0 V，用时 0.0545 s；在 0.375 s—0.45 s 时间段内，u_{w1} 由 -0.2 V 变为 0.1 V，用时 0.0545 s，u_{w2} 由 0 V 变为 0.3 V，用时 0.0545 s；在 0.975 s—1.05 s 内，u_{w1} 由 0.1 V 变为 0.4 V，用时 0.0545 s。权值电压信号可以在正负值之间调节，变化速率大致相同，随时间基本呈线性变化。

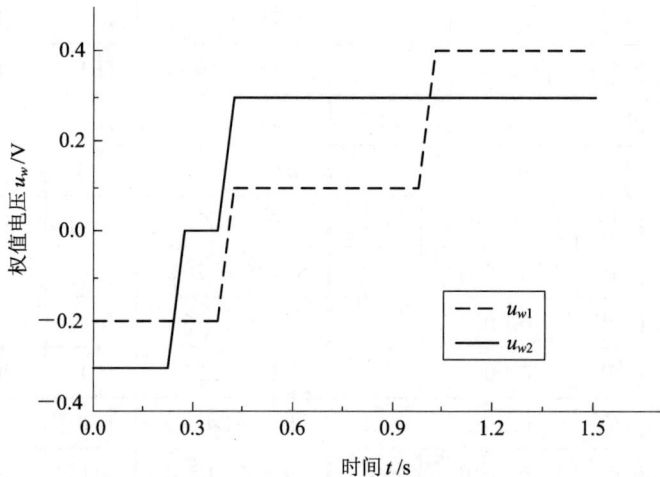

图 6-33   权值电压信号变化曲线

图 6-34 为感知神经元训练过程中忆阻器 M_1 的阻值变化曲线。其中，M_{11} 指感知神经元第一个输入对应的全域值忆阻权重单元中忆阻器 M_1 的阻值，M_{12} 指第二个输入对应的全域值忆阻权重单元中忆阻器 M_1 的阻值。M_1 阻值的变化趋势与权值电压信号相同。在 0.225 s—0.30 s 时间段，M_{12} 由 6440 Ω 变为 8050 Ω；在 0.375 s—0.45 s 时间段，M_{11} 由 6977 Ω 变为 8587 Ω，M_{12} 由 8050 Ω 变为 9660 Ω；在 0.975 s—1.05 s 时间段，M_{11} 由 8587 Ω 变为 10 197 Ω，阻值变化的速率基本一致。

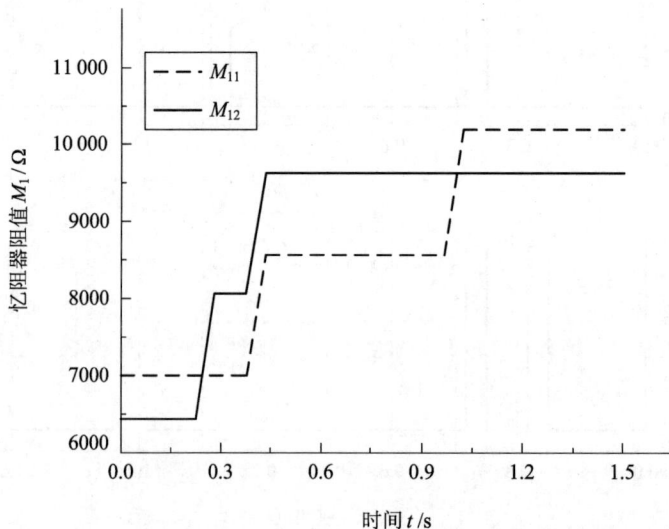

图 6-34   训练过程忆阻器 M_1 的阻值变化曲线

实验过程中,神经元的输入输出情况如图 6-35 所示。在 0 s—0.075 s、0.15 s—0.225 s、0.30 s—0.375 s、0.525 s—0.60 s、0.60 s—0.675 s、0.90 s—0.975 s、1.05 s—1.125 s 时间段,神经元的输出不是对应输入"或"逻辑运算的结果。分别在后续时间周期内进行权值和偏置的调节,使其输出符合逻辑。其中,0.075 s—0.15 s、0.60 s—0.675 s、0.675 s—0.75 s、1.125 s—1.20 s 时间段只调节了神经元偏置电压信号,0.225 s—0.30 s、0.375 s—0.45 s、0.975 s—1.05 s 时间段对权值信号和偏置信号均进行了调节。在 0.375 s—0.45 s、0.975 s—1.05 s 时间段,偏置调节起到了关键作用,在时间段开始就完成了输出结果的修正,而在 0.375 s—0.45 s 时间段,权值调节起关键作用,用一定的时间调节权值电压进而实现结果修正。

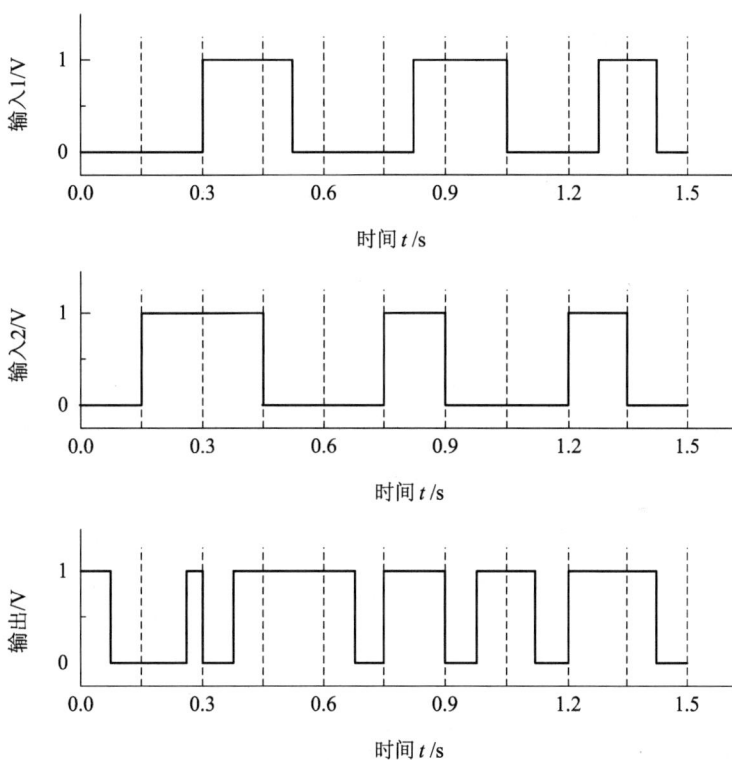

图 6-35 神经元输入输出变化曲线

到 1.2 s 时,感知神经元的训练完成。其后分别输入[0 1]、[1 1]、[1 0]和[0 0]进行验证,均符合"或"运算的输入输出关系,证实双输入感知神经元训练成功,网络准确率达到 100%,基于忆阻器的全域值感知神经元电路具有可行性。

6.8.5 单层忆阻感知神经网络设计

单层忆阻感知神经网络与单个感知神经元相比,可以实现输入的多分类。用一个双输入双输出的单层感知神经网络来判断二维平面内点所处的象限,进而能够对所设计的单层忆阻感知神经网络的功能进行验证。输入的两个信号为点的 x 坐标和 y 坐标,输出根据点的位置进行了分类，分别用 00、01、11、10 表示点在一、二、三、四象限。表 6-11 所示为几组对应判断点象限神经网络的输入输出。

表 6-11　判断点象限神经网络输入输出举例

输入 1	输入 2	输出 1	输出 2
0.2	0.4	0	0
−0.1	0.2	0	1
−0.3	−0.1	1	1
0.15	−0.5	1	0

从[−5, 5]的范围内随机选取 230 组非零的输入，得出其对应的输出。将前 200 组数据作为训练集训练神经网络，其余的 30 组作为测试集检测网络性能。设置初始权值为 w = [0.3 −0.2; 0.3 −0.2]，初始偏置为[0.1; 0.1]，神经元训练 8 次达到目标，每次训练电路中权值和偏置电压信号如表 6-12 所示。

表 6-12　单层感知神经网络训练过程中的权值和偏置

训练次数	$w_{1,1}$	$w_{1,2}$	$w_{2,1}$	$w_{2,2}$	b_1	b_2
0	0.015 000	−0.010 000	0.015 000	−0.010 000	0.005 000	0.005 000
1	−0.095 450	−0.424 690	−0.400 705	−0.076 410	−0.045 000	−0.045 000
2	−0.013 260	−0.502 435	−0.475 005	−0.079 055	−0.095 000	−0.095 000
3	−0.117 585	−0.602 875	−0.512 280	−0.028 620	−0.095 000	0.005 000
4	−0.104 495	−0.727 370	−0.512 280	−0.028 620	−0.145 000	0.005 000
5	−0.020 000	−0.787 915	−0.512 280	−0.028 620	−0.095 000	0.005 000
6	−0.008 445	−0.848 215	−0.512 280	−0.028 620	0.005 000	0.005 000
7	−0.041 545	−0.883 360	−0.512 280	−0.028 620	−0.045 000	0.005 000
8	−0.013 440	−0.967 145	−0.512 280	−0.028 620	−0.045 000	0.005 000

单层忆阻感知神经网络的输入数目为 2，输出数目为 2，因此该神经网络的神经元数目也为 2，电路阵列规模为 2×2。全域值忆阻权重单元调节电压的大小 $|ku_a|$ = 3 V，放大倍数 a = 1/2，约束系数 c = 2/3，权值电压信号的调节范围为[−1, 1]。用 $M_{ij,k}$ 表示第 j 个神经元第 k 个输入对应的全域值忆阻权重单元中编号为 i 的忆阻器的阻值。调节第一个神经元的全域值忆阻权重单元忆阻器的阻值为 $M_{11,1} = M_{31,1}$ = 8131 Ω，$M_{21,1} = M_{41,1}$ = 7969 Ω，$M_{11,2} = M_{31,2}$ = 7996 Ω，$M_{21,2} = M_{41,2}$ = 8104 Ω；调节第二个神经元的全域值忆阻权重单元忆阻器的阻值为 $M_{12,1} = M_{32,1}$ = 8131 Ω，$M_{22,1} = M_{42,1}$ = 7969 Ω，$M_{12,2} = M_{32,2}$ = 7996 Ω，$M_{22,2} = M_{42,2}$ = 8104 Ω。初始时刻，输出的权值电压信号为 $u_{w1,1} = u_{w2,1}$ = 0.015 V，$u_{w1,2} = u_{w2,2}$ = −0.01 V。每次训练输出的权值信号的变化量不超过 0.5，而权值变化 0.5 V 最长用时 0.0925 s，因此设定训练周期为 0.1 s。该单层全域值忆阻感知神经网络阵列中每个交叉点电

路的输入电压信号 u_a、输出权值信号 u_w、M_1 阻值和偏置电压信号 u_b 的变化曲线如图 6-36 所示。

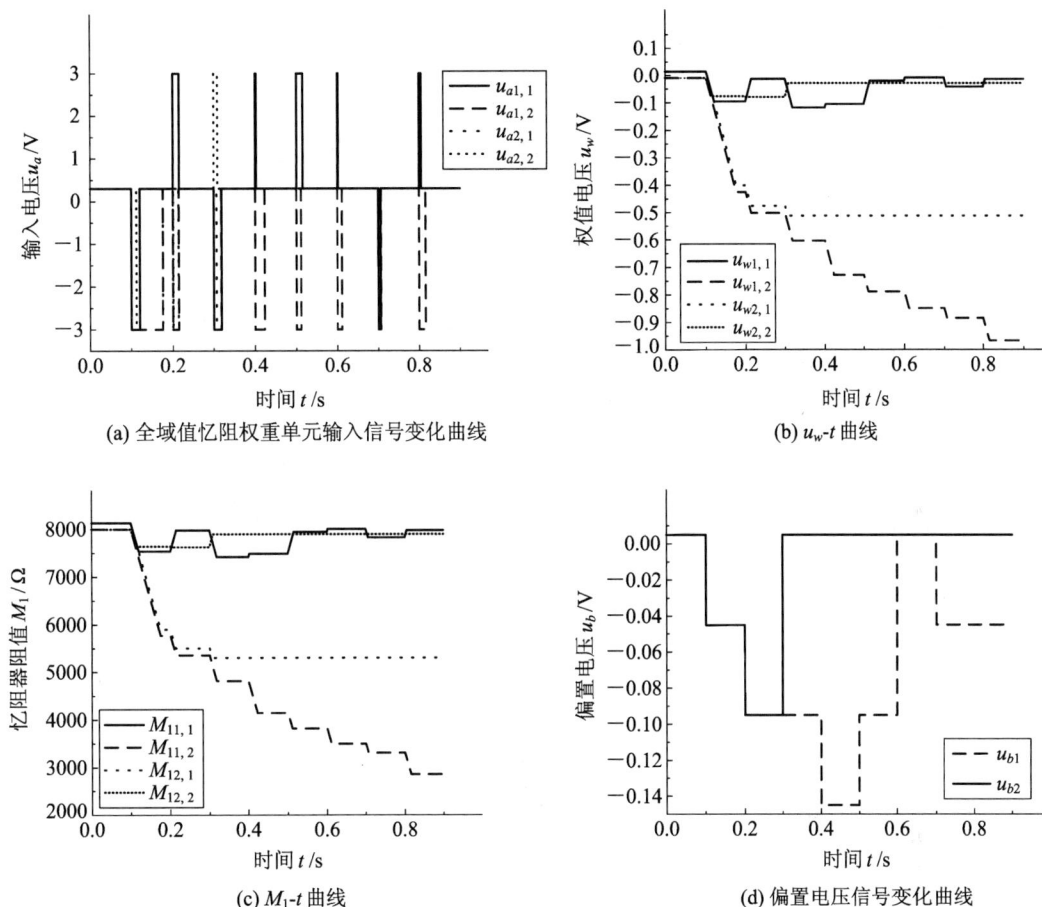

(a) 全域值忆阻权重单元输入信号变化曲线

(b) u_w-t 曲线

(c) M_1-t 曲线

(d) 偏置电压信号变化曲线

图 6-36　象限区分单层神经网络训练过程

图 6-36(a)是神经网络训练过程中各全域值忆阻权重单元输入电压 u_a 的变化曲线，图 6-36(b)是各全域值忆阻权重单元输出的权值电压信号 u_w 随时间变化的曲线，图 6-36(c)是各全域值忆阻权重单元中忆阻器 M_1 阻值的变化曲线，图 6-36(d)是两个感知神经元偏置电压信号 u_b 的变化曲线。在 0 s—0.1 s 时间段，神经网络工作在权值恒定不变状态，输入信号 u_a 全部为 0.3 V，权值和偏置电压信号均保持在初始状态；在 0.1 s—0.9 s 时间段，每 0.1 s 感知神经网络训练一次，训练 8 次后达到目标。若偏置电压信号需要调节，在时间周期开始的一瞬间完成；若权值电压信号需要调节，时间周期开始时施加调节电压 u_{a+} 或 u_{a-}，但权值调节需要一定的时间来完成。全域值忆阻权重单元的输入信号为 $u_{a+} = 3$ V 时，权值正向调节；反之，输入信号 $u_{a+} = -3$ V 时，权值反向调节。调节时间越长，权值的调节量越大，权值变化速率大致相同。各全域值忆阻权重单元在权值调节完毕后恢复至权值恒定不变状态。忆阻器 M_1 阻值变化的趋势与对应全域值忆阻权重单元输出的权值电压信号变化趋势一致。

单层忆阻感知神经网络训练的结果如图 6-37 所示。图(a)显示了训练集点的位置和训练得到的分界线，分界线靠近坐标轴，成功对训练集点进行了分类。图(b)显示了测试集点的位置和训练得到的分界线，30 个点中只有 1 个点分类错误，此次实验中神经网络的精确率为 96.67%。

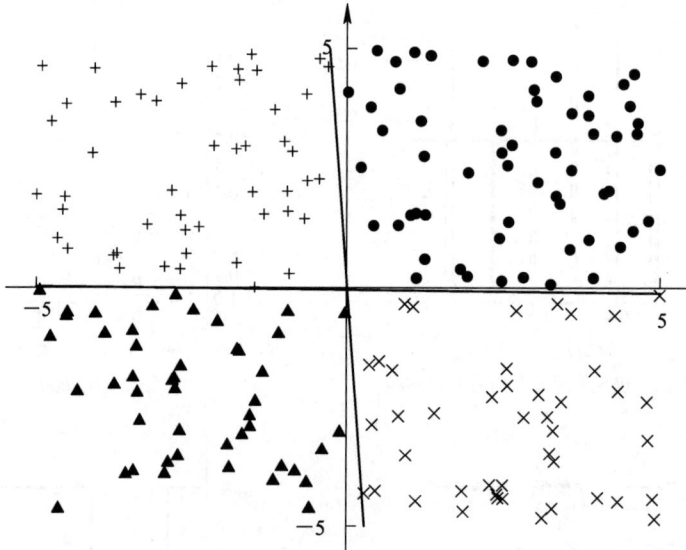

(a) 训练集结果

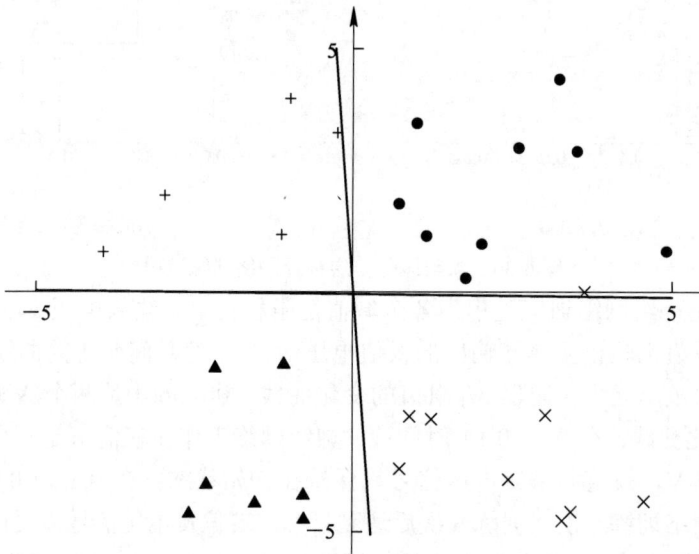

(b) 测试集结果

图 6-37　象限区分实验结果

6.8.6　多层忆阻感知神经网络设计

多层忆阻感知神经网络能够解决线性不可分问题。下面用一个 2-3-1 的多层全域值感知神经网络来实现逻辑"异或"运算，进而能够对所设计多层感知神经网络的功能进行验证。

感知神经网络的输入个数为 2，隐含层神经元数目为 3，输出层神经元数目为 1，可以使用规格为 $2 \times 3 \times 2$ 的三维结构电路完成实验，共用到 $2 \times 3 + 3 \times 1 = 9$ 个全域值忆阻权重单元。所有全域值忆阻权重单元调节电压的大小 $|ku_a| = 3$ V，放大倍数 $a = 1/2$，约束系数 $c = 2/3$，权值电压信号的调节范围为 $[-1, 1]$。神经网络的输入电压信号向量为 $\boldsymbol{P} = [0\ 0\ 1\ 1; 0\ 1\ 1\ 0]$，目标输出电压信号为 $\boldsymbol{T} = [0\ 1\ 0\ 1]$。

隐含层神经元训练一次权值最大变化 2 V，需要用时 0.3669 s；输出层神经元训练一次权值最大变化 0.25 V，最长需要用时 0.0467 s。设定隐含层训练一次后输出层神经元的最大训练次数为 $e = 10$，则隐含层训练时间间隔不能短于 0.8339 s。因此设置神经网络的时间周期为 1 s，其中隐含层训练时间分配 0.4 s，输出层训练时间分配 0.6 s。这 0.6 s 的训练时间又平均分配给 10 次训练，输出层神经元每次训练的小周期 0.06 s。表 6-13 为整个多层忆阻感知神经网络成功训练一次隐含层神经网络的权值和偏置，表 6-14 为网络训练成功最后一个周期内输出层的权值和偏置。

表 6-13　隐含层神经网络训练过程中的权值和偏置

次数	$w_{1,1}^1$	$w_{1,2}^1$	$w_{2,1}^1$	$w_{2,2}^1$	$w_{3,1}^1$	$w_{3,2}^1$	b_1^1	b_2^1	b_3^1
0	0.9321	0.4403	0.2401	−0.3062	0.3908	0.0340	−0.5958	−0.0922	−0.1442
1	−0.8993	−0.9687	−0.5426	0.7274	0.6684	−0.8439	−0.2201	0.1818	−0.0812
2	0.1432	0.1992	−0.7556	−0.8880	0.3423	−0.8873	0.3381	0.0004	−0.5640
3	0.6644	0.7277	0.2348	−0.8046	0.0403	0.8161	−0.6950	−0.9608	−0.1296
4	0.1187	0.6974	−0.9908	0.8336	0.5334	0.9739	−0.7840	0.0340	−0.7137

表 6-14　最后一个周期输出层神经网络训练过程中的权值和偏置

次数	$w_{1,1}^2$	$w_{1,2}^2$	$w_{1,2}^2$	b_1^2
0	−0.25	−0.25	0	0
1	−0.5	0	0	0
2	−0.5	0	0.25	0
3	−0.75	0	0.25	0
4	−0.75	0	0.5	0
5	−0.75	−0.25	0.5	0

此次感知神经网络训练时隐含层权值调节的过程如图 6-38 所示。图 6-38(a)是隐含层网络训练过程中各全域值忆阻权重单元输入电压 u_a 的变化曲线，图 6-38(b)是各全域值忆阻权重单元输出的权值电压信号 u_w 随时间变化的曲线。在 0 s—1 s 时间段，神经网络工作在权值恒定不变状态，输入信号均为 0.3 V，权值电压信号保持在初始状态。其后每 1 s 是一个时间周期，其中隐含层权值调节过程发生在各周期的前 0.4 s，权值变化的方向和大小是随机的。

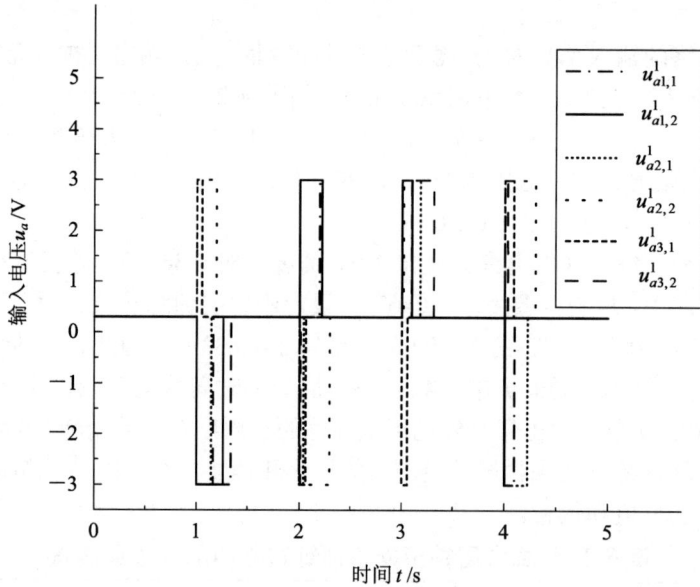

(a) 全域值忆阻权重单元输入信号变化曲线

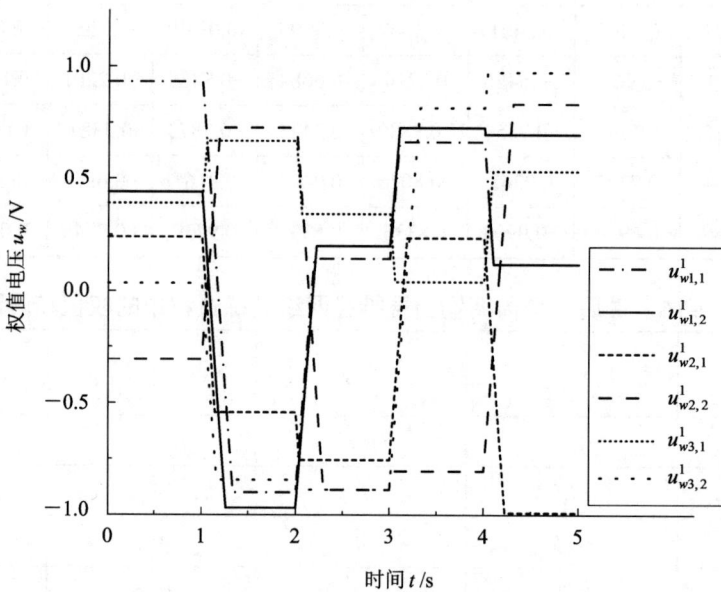

(b) u_w-t 曲线

图 6-38   隐含层神经网络训练过程

感知神经网络训练第 4 个时间周期结束时，输出层神经元的权值电压信号为[−0.25 −0.25 0]，最后一个周期内输出层权值调节过程如图 6-39 所示。图 6-39(a)是输出层神经元训练过程中各全域值忆阻权重单元输入电压 u_a 的变化曲线，图 6-39(b)是各全域值忆阻权重单元输出的权值电压信号 u_w 随时间变化的曲线。在 4 s—4.4 s 时间段内，隐含层神经网络进行训练，输出层神经网络维持状态不变，各全域值忆阻权重单元的输入电压均为 0.3 V，权值为初始化状态 −0.25 V、−0.25 V 和 0 V。在 4.4 s—5 s 时间段内，每 0.06 s 是一个输出层神经元训练小周期，权值每次调节的变化量均为 0.25 V，所用的时间大致相同。

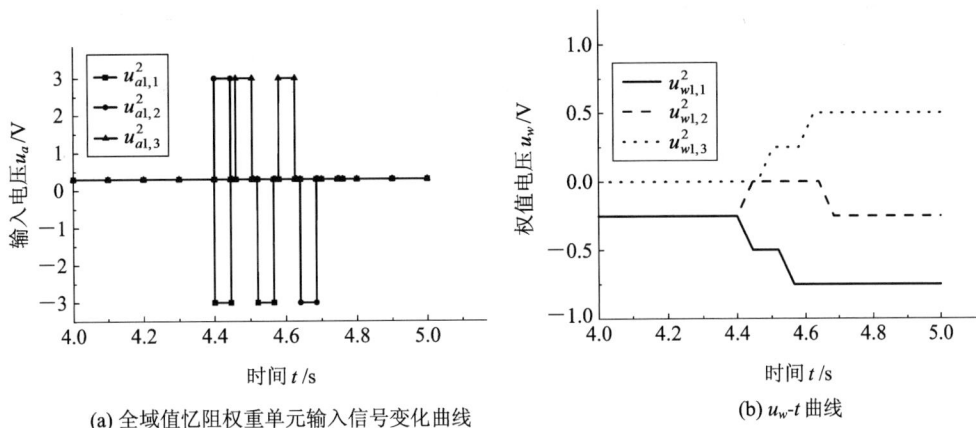

(a) 全域值忆阻权重单元输入信号变化曲线　　　　　(b) u_w-t 曲线

图 6-39　最后一个周期输出层神经元训练过程

　　在该多层感知神经网络中，输出层神经网络的每个训练小周期前后，反馈控制模块会分析网络误差，并将其保存直至误差更新。网络训练过程中，误差的变化曲线如图 6-40 所示。在前 4 个时间周期，神经网络的误差均未变为 0，没有成功训练网络。在第 5 个时间周期，误差达到 0，神经网络训练成功，准确率达到 100%。

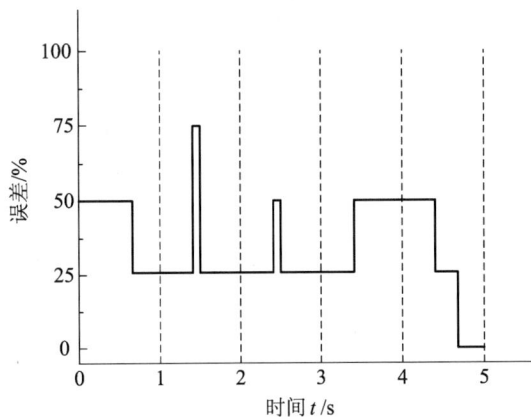

图 6-40　"异或"运算神经网络训练过程误差变化

习　　题

1. 阐述忆阻器与感知神经元之间的相似性。
2. 结合原理结构图，解释说明人工感知神经元模型。
3. 结合忆阻器型感知神经元原理结构，说明忆阻器型感知神经元的工作原理。
4. 根据忆阻器权重单元电路，分析在忆阻器连接不同电源信号的情况下，忆阻器权重单元的工作状态。

5. 结合反向串联忆阻权重单元电路，推导反向串联忆阻权重单元的工作机理。

6. 结合全域值忆阻权重单元电路，推导和分析全域值忆阻感知神经元权值调节所需的通电时间公式。

7. 设计双输入的忆阻器感知神经元电路，并对系统进行分析和可行性验证。

8. 设计可进行二分类的单输入的全域值忆阻感知神经元电路，并对系统的输入、输出进行分析。

9. 设计逻辑"与或"运算电路，并验证感知神经元电路的可行性。

10. 设计一个三层忆阻感知神经网络，用于解决线性不可分问题。

参 考 文 献

[1]   MCCULLOCH S W, PITTS W J T. A logical calculus of the ideas immanent in nervous activity[J]. The bulletin of mathematical biophysics, 1943, 5(4): 115-133.

[2]   STRUKOV D B, SNIDER G S, STEWART D R. The missing memristor found[J]. Nature, 2008, 453: 80-83.

[3]   HOWARD G, GALE E, BULL L, et al. Evolution of Plastic Learning in Spiking Networks via Memristive Connections[J]. IEEE Transactions on Evolutionary Computation, 2012, 16(5): 711-729.

[4]   HU M, LI H, CHEN Y, et al. Memristor crossbar-based neuromorphic computing system: a case study[J]. IEEE Transactions on Neural Networks and Learning Systems, 2014, 25(10): 1864-1878.

[5]   YAO P, WU H, GAO B, et al. Face classification using electronic synapses[J]. Nature Communications, 2017, 8: 15199.

[6]   WANG Z R, JOSHI S, SAVEL'EV S, et al. Fully memristive neural networks for pattern classification with unsupervised learning[J]. Nature Electronics, 2018, 1(2): 137-145.

[7]   YAO P, WU H, GAO B, et al. Fully hardware-implemented memristor convolutional neural network[J]. Nature, 2020, 577: 641-646.

[8]   CHEN X, HU S, HU H, et al. Preparation of TiO2@C-f flexible memristor crossbars via Sol-Gel method[J]. Chinese Journal of Inorganic Chemistry, 2020, 36(12): 2281-2288.

[9]   WEN C, HONG J, RU F, et al. A novel memristor-based gas cumulative flow sensor[J]. IEEE Transactions on Industrial Electronics, 2019, 66(12): 9531-9538.

[10]   SUI X, WU Q, LIU J, et al. A review of optical neural networks[J]. IEEE Access, 2020, 8: 70773-70783.

[11]   YEH S L, LO R C, SHI C Y. Optical implementation of the Hopfield neural network with matrix gratings[J]. Applied Optics, 2004, 43(4): 858-65.

[12]   FELDMANN J, YOUNGBLOOD N, WRIGHT C D, et al. All-optical spiking neurosynaptic networks with self-learning capabilities[J]. Nature, 2019, 569: 208-214.

[13]　文常保，胡馨月，周成龙，等. 一种基于忆阻器的全域值感知神经元设计[J]. 传感技术学报，2020, 33(09): 1299-1304.

[14]　CHEN L, CUI R, YANG C, et al. Adaptive neural network control of underactuated surface vessels with guaranteed transient performance: theory and experimental results[J]. IEEE Transactions on Industrial Electronics, 2020, 67(5): 4024-4035.

[15]　HAVAEI M, DAVY A, WARDE-FARLEY D, et al. Brain tumor segmentation with Deep Neural Networks[J]. Medical Image Analysis, 2017, 35: 18-31.

[16]　QIN Y, XIANG S, CHAI Y, et al. Macroscopic-microscopic attention in LSTM networks based on fusion features for gear remaining life prediction[J]. IEEE Transactions on Industrial Electronics, 2020, 67(12): 10865-10875.

[17]　DUMAS T, ROUMY A, GUILLEMOT C. Context-adaptive neural network-based prediction for image compression[J]. IEEE Transactions on Image Processing, 2020, 29: 679-693.

[18]　HEIDARI A A, FARIS H, ALJARAH I, et al. An efficient hybrid multilayer perceptron neural network with grasshopper optimization[J]. Soft Computing, 2019, 23(17): 7941-7958.

[19]　MA C, MU X, LIN R, et al. Multilayer feature fusion with weight adjustment based on a convolutional neural network for remote sensing scene classification[J]. IEEE Geoscience and Remote Sensing Letters, 2021, 18(2): 241-245.

[20]　WEN C, ZHA J, XU L, et al. Research on perceptual neural network based on memristor. [J]. IEEE Transactions on Industrial Electronics, 2024, 71(8): 9649-9657.

第 7 章

忆阻器在 SOFM 神经网络实现中的应用

SOFM 神经网络不但继承了人工神经网络自组织、自适应、自学习的能力，而且能够使用无监督学习将高维的输入数据表示在低维空间。将忆阻器用于 SOFM 神经网络的实现，不仅提供了一种新的实现途径，在扩展神经网络的应用方面也具有十分重要的意义。本章包括 SOFM 神经网络系统结构及原理、电路设计，以及具体网络系统和电路的设计和实现。

7.1 概　　述

2016 年，Google 旗下的人工智能公司 DeepMind 研发的 AlphaGo 击败了世界一流围棋选手李世石，并在全世界范围内快速引发了新一轮人工智能的热潮。同时，在大数据、云计算、脑科学、人工神经网络等理论和技术的驱动下，人工智能加速发展，呈现出深度学习、跨界融合、人机协同、群智开放、自主操控等新特征，正在对经济发展、社会进步、国际政治经济格局等方面产生重大而深远的影响。

AlphaGo 之所以能够战胜围棋九段高手李世石，除了中央处理器(Central Processing Unit，CPU)、图形处理器(Graphics Processing Unit，GPU)等丰富的硬件资源支持，还有人工神经网络技术的加持，这些资源与技术使 AlphaGo 具有了强大的自学习、自适应能力。人工神经网络技术是一种通过运用生物、数学、计算机等理论知识，对大脑组织结构和运行机制进行抽象、简化和模拟，建立的一种可以模拟人类大脑神经元、神经网络结构和功能的现代信息处理系统，具有高容错性、智能化、自学习和并行分布等特点。

目前，人工神经网络家族已经拥有感知器、反向传播(Back Propagation，BP)、径向基函数(Radial Basis Function，RBF)、自适应线性神经元(Adaptive Linear Neuron，ADALINE)、Hopfield、深度卷积神经网络(Deep Convolutional Neural Network，DCNN)、自适应增强(Adaptive Boosting，AdaBoost)、生成式对抗网络(Generative Adversarial Network，GAN)和自组织特征映射(Self-Organizing Feature Map，SOFM)等数十种神经网络类型，并且在模式分类、故障诊断、特征识别、优化拟合、博弈游戏等众多领域得到了广泛应用。

作为人工神经网络中的一种主要算法，SOFM 神经网络继承了人工神经网络自组织、自适应、自学习的能力，当外界输入施加到网络时，会激励神经网络中的神经元，并形成不一样的响应范围，各范围对输入模式具有不同的响应特征，而且这个过程是自主完成的。同时，SOFM 神经网络是一种使用无监督学习将高维的输入数据在低维的空间表示的人工神经网络，因此 SOFM 能够实现降维的操作，这也使 SOFM 可以通过类似多维缩放的方法，创建高维数据的低维视图，在数据可视化方面非常有用。此外，不同于其他人工神经网络，SOFM 神经网络采用了竞争学习而不是类似梯度下降的反向传播纠错学习方法，因此可以使用邻域函数来保留输入空间的拓扑属性。

目前，SOFM 神经网络的主要实现方式有基于算法指令的软件实现方式和基于光器件、生物大分子与电子器件等的硬件实现方式。软件实现方式具有易于修改、兼容性强的特点，但是随着网络层数的增加以及参数变多等原因，该方式存在网络训练时间过长、对计算机硬件的配置要求也越来越高的问题。在硬件实现方式中，基于光器件的光神经网络具有传输和超并行处理信息的能力，从而能够很好地发挥 SOFM 神经网络并行处理的优势，然而光神经网络存在大规模集成和在线训练的问题。基于生物大分子的神经网络具有大规模高速并行运算的特点，但也存在一些限制其进一步发展的问题，比如大部分脱氧核糖核酸(Deoxyribo Nucleic Acid，DNA)存在反应为不可逆反应等问题；基于电子器件的神经网络电路能够充分发挥 SOFM 神经网络并行处理的优势，而且具有易于集成、专用性强等特点，但神经网络权值表征的效果不太理想，影响到神经网络的功能。传统的基本电路元器件实现权值表征有一定的局限性，如传统电阻的阻值一经制造完成就是确定的，不可调节，故不能实现权值的可调节性；电容容易漏电进而导致电容值不稳定，因此不能很好地实现权值的可塑性。

在这种情况下，研究和寻找一种具有非易失性、易调节、易集成、低功耗的器件来模拟神经网络连接强度的调节，对于 SOFM 神经网络的硬件实现和人工神经网络的发展，具有十分重要的意义和价值。

7.2　双忆阻 SOFM 神经网络系统结构及原理

人工神经网络一般是由输入层、隐含层和输出层构成的多层网络，而 SOFM 神经网络是由输入层和竞争层/输出层组成的单层神经网络，其核心层为竞争层。SOFM 神经网络基于人类大脑皮层功能的模拟，通过对输入模式反复地无监督学习，将输入模式的特征映射到各个连接权值上，实现特定区域的神经元对特定模式输入产生响应的功能。图7-1 所示是一个具有 R 个输入的 SOFM 神经网络的结构示意。图中，竞争层同时又是输出层，‖ndist‖的输入为输入模式 x 与神经元权值矩阵 W，‖ndist‖的输出为一个包含 S 个元素的向量，其中各元素为输入模式与权值矩阵的各个行向量之间的欧式距离，C 指竞争传递函数。

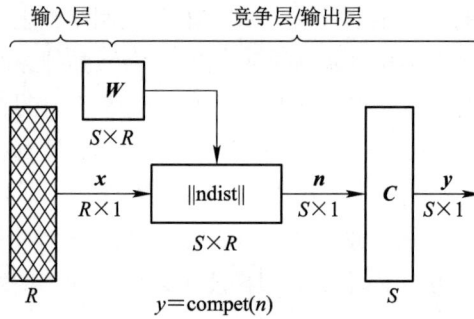

图 7-1　SOFM 神经网络结构示意图

获胜神经元在 SOFM 神经网络中对应竞争传递函数输出为 1，而其他未被激活的神经元对应竞争传递函数输出为 0。获胜神经元的权值要进行更新，与此同时，获胜神经元附近的未被激活神经元的权值也要进行更新。图 7-2 所示是 SOFM 神经网络的经典结构模型。虽然 SOFM 神经网络为单层网络结构，但是 SOFM 网络是完全连通的，每个输入节点与所有的输出神经元节点相连。典型的 SOFM 神经网络是基于一维或二维节点阵列形成输入模型的拓扑分布，但也可以扩展到处理多维节点阵列，具有提取输入模式特征的能力。

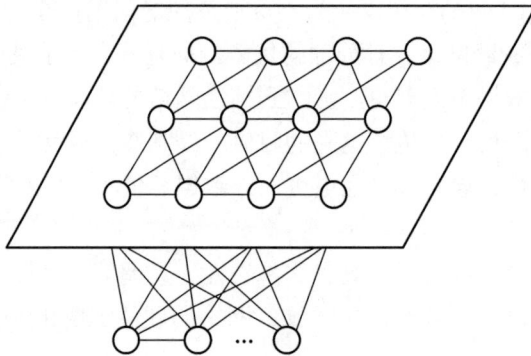

图 7-2　二维 SOFM 神经网络模型示意图

在 SOFM 神经网络训练迭代的过程中，所有的输入模式将逐一提供给网络。当第一个输入模式提供后，在 SOFM 神经网络的竞争层中，会有某个神经元被激活而成为获胜神经元，然后当下一个输入模式提供给网络后，获胜神经元就会被重新判定。对获胜神经元的权值调整之前还需要获取周围的神经元，即以被激活神经元为中心确定一个邻域，将邻域内包含的神经元进行权值调整。随着迭代的进行，定义的邻域半径会逐步减小，最后邻域范围内只包含获胜神经元本身。

SOFM 神经网络可以运用这种训练迭代方式，通过训练样本来调整神经网络神经元的权值。当训练完成时，对于每一个输入模式，竞争层中都会有神经元响应成为获胜神经元，但竞争层中也会有一些神经元一直不被激活的情况。由于 SOFM 神经网络训练迭代终止后，各输入模式与竞争层中神经元的响应关系不再改变，因此可以将其当作模式分类器。当一个模式输入时，网络竞争层中响应该模式的对应神经元获胜，从而可以实现该模式的自动分类。当两个被不同神经元响应的输入模式的特征比较接近时，则这两个不同神经元在位置上也很接近，故向 SOFM 神经网络提供全新的输入模式时，网络可以将其归为最接近的类。

　　SOFM 神经网络之所以能够实现模式分类的功能，很大程度是因为网络权值的可调节。因此，权值功能实现是硬件电路实现 SOFM 神经网络必须解决的问题，而忆阻器就是个相当不错的选择。忆阻器的单位与电阻相同，都为欧姆，但与电阻不同的是忆阻器的阻值是可以改变的。忆阻器的阻值与流过其的电荷量有关，施加正向偏压时，忆阻器的阻值会减小，施加反向偏压时，阻值会增大，如果没有电荷流过，忆阻器阻值就会保持不变，所以忆阻器具有阻值可变性和非易失性的特点。

　　使用忆阻器实现 SOFM 神经网络系统的设计方案如图 7-3 所示。该系统包括双忆阻权值模块、预处理模块、欧氏距离运算模块、神经元决策和忆阻权值更新模块。

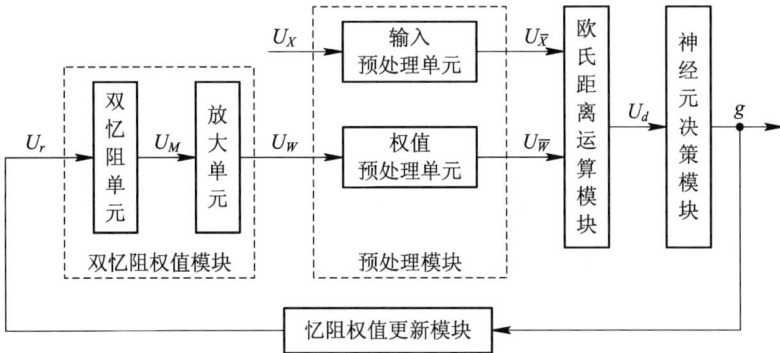

图 7-3　双忆阻 SOFM 神经网络系统设计方案

　　在双忆阻 SOFM 神经网络系统中，双忆阻权值模块将权值电压信号传输给预处理模块，输入预处理单元负责将输入模式信号归一化，权值预处理单元则将权值信号归一化，然后这两个信号会被传输给欧氏距离运算模块。欧氏距离运算模块负责对输入模式信号和权值信号进行欧氏距离运算，将输出信号传输给神经元决策模块。神经元决策模块会求解、输出获胜神经元编号，编号信息会传输给忆阻权值更新模块。忆阻权值更新模块负责运算出权值改变量，传输控制信号给双忆阻权值模块，完成权值的更新。

　　双忆阻权值模块由双忆阻单元和放大单元组成。双忆阻单元产生权值信号，放大单元将其放大。双忆阻权值模块的核心结构是由两个结构相同、参数相同，掺杂区相连的忆阻器构成的。在双忆阻器结构中，当调节电压恒定时，若设忆阻器 M_1 的非掺杂区归一化厚度为 $x(t)$，M_2 的掺杂区归一化厚度也为 $x(t)$，则忆阻器 M_1 和 M_2 的阻值分别为

$$R_{M_1}(t) = R_{\text{on}} + (R_{\text{off}} - R_{\text{on}})x(t) \tag{7-1}$$

$$R_{M_2}(t) = R_{\text{off}} + (R_{\text{on}} - R_{\text{off}})x(t) \tag{7-2}$$

　　由式(7-1)和式(7-2)可得双忆阻的总阻值 R_M 为

$$R_M = R_{M1} + R_{M2} = R_{\text{on}} + R_{\text{off}} \tag{7-3}$$

　　由式(7-3)可知，双忆阻的总阻值保持不变。当调节电压恒定时，回路电流也保持不变，双忆阻结构中单个忆阻器的阻值均匀变化，一个忆阻器的阻值线性增大，另一个忆阻器的阻值线性减小。因此，与单忆阻器相比，双忆阻器的阻值调节是线性的。

　　在使用忆阻器实现 SOFM 神经网络系统设计方案中，双忆阻权值模块输出神经元权值

U_W到预处理模块中的权值预处理单元，输入模式 U_X 输入到预处理模块中的输入预处理单元。预处理模块完成归一化处理后，$U_{\bar{X}}$ 和 $U_{\bar{W}}$ 输入到欧氏距离运算模块完成两者的欧氏距离运算。然后，神经元决策模块根据 U_d 求出获胜神经元编号 g，忆阻权值更新模块能够通过调节电压信号 U_r 对神经元 g 及邻域内的神经元权值进行更新。迭代完成后，双忆阻 SOFM 神经网络系统还会输出各个输入模式对应的获胜神经元编号 g。

一个输入模式进行一次运算，一次迭代包括所有的输入模式各自完成一次运算。双忆阻 SOFM 神经网络系统一次迭代的工作流程如图 7-4 所示。其主要工作原理(工作流程)如下。

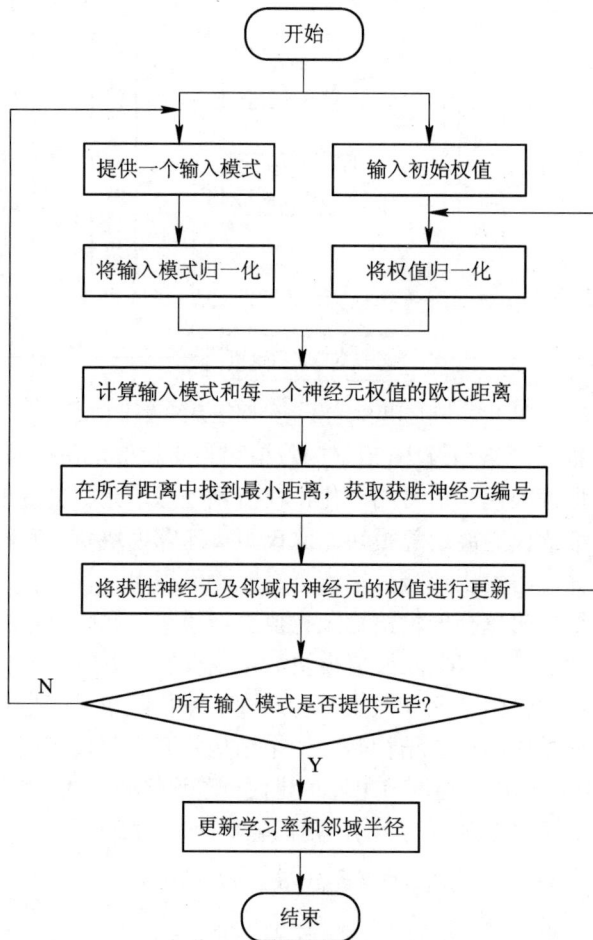

图 7-4   双忆阻 SOFM 神经网络工作流程示意图

(1) 确定网络神经元初始权值，初始权值一般由用户根据输入模式数据直接指定。神经元 j 的连接权值电压 U_{Wj} 为

$$U_{Wj} = (u_{wj,1}, u_{wj,2}, \cdots, u_{wj,n}) \tag{7-4}$$

式中，$j = 1, 2, \cdots, m$，m 为神经元个数，$u_{wj,n}$ 为第 j 个神经元的第 n 维权值电压信号。

每一维权值电压信号由双忆阻权值模块负责表征，神经元的权值电压信号是根据双忆阻权值模块中双忆阻结构的阻值来确定的，而双忆阻结构中的忆阻器阻值大小决定了忆阻器分压大小。由于双忆阻结构可以实现忆阻器阻值的线性调节，因此神经元的权值电压信号能够均匀调整。

(2) 选择提供一个输入模式，输入模式定义为

$$U_{Xk} = (u_{xk,1}, u_{xk,2}, \cdots, u_{xk,n}) \tag{7-5}$$

式中，$k = 1, 2, \cdots, q$，q 为输入模式的个数，$u_{xk,n}$ 为第 k 个输入模式的第 n 维电压信号。

(3) 将输入模式归一化，$U_{\overline{X}k}$ 为

$$U_{\overline{X}k} = \frac{U_{Xk}}{\|U_{Xk}\|} = \frac{(u_{xk,1}, u_{xk,2}, \cdots, u_{xk,n})}{\left[(u_{xk,1})^2 + (u_{xk,2})^2 + \cdots + (u_{xk,n})^2\right]^{1/2}} \tag{7-6}$$

式中，$i = 1, 2, \cdots, n$，n 为每个输入模式的维数。

对神经元权值进行归一化处理，$U_{\overline{W}j}$ 为

$$U_{\overline{W}j} = \frac{U_{Wj}}{\|U_{Wj}\|} = \frac{(u_{wj,1}, u_{wj,2}, \cdots, u_{wj,n})}{[(u_{wj,1})^2 + (u_{wj,2})^2 + \cdots + (u_{wj,n})^2]^{1/2}} \tag{7-7}$$

(4) 对输入模式和权值之间的欧氏距离进行运算，可得

$$U_{dj} = \left\| U_{\overline{X}k} - U_{\overline{W}j} \right\| = \left[\sum_{i=1}^{n} (u_{\overline{x}k,i} - u_{\overline{w}j,i})^2 \right]^{1/2} \tag{7-8}$$

(5) 从输入模式与所有神经元权值的欧氏距离中确定最小距离，对应获胜神经元。最小距离 U_{dg} 为

$$U_{dg} = \min[U_{dj}], \quad j = 1, 2, \cdots, m \tag{7-9}$$

(6) 更新获胜神经元及邻域内神经元的权值，更新后的权值为

$$u_{\overline{w}j,i}(t+1) = u_{\overline{w}j,i}(t) + \eta(t)\left[u_{\overline{x}k,i}(t) - u_{\overline{w}j,i}(t) \right] \tag{7-10}$$

式中，j 为获胜神经元邻域 $N_g(t)$ 内的神经元编号，$N_g(t)$ 为邻域半径，$\eta(t)$ 为第 t 次迭代的学习率($0 < \eta(t) < 1$)。这里的邻域是指获胜神经元周边的范围，设获胜神经元 g 在二维阵列中的坐标值为(x_g, y_g)，则邻域的范围是以点$(x_g - N_g(t), y_g - N_g(t))$和点$(x_g + N_g(t), y_g + N_g(t))$分别为左上角和右下角的正方形。

当一次完整的迭代结束后，邻域半径和学习率会更新，可分别表示为

$$N_g(t) = \mathrm{INT}\left[N_g(0)\left(1 - \frac{t}{T}\right) \right] \tag{7-11}$$

式中，$\mathrm{INT}[\cdot]$ 取整数，$N_g(0)$ 为 $N_g(t)$ 的初始值。

$$\eta(t) = \eta(0)\left(1 - \frac{t}{T}\right) \tag{7-12}$$

式中，$\eta(0)$ 为初始学习率，t 为当前的迭代次数，T 为总的迭代次数。

忆阻权值更新模块能够根据调整后的权值信息控制双忆阻权值模块进行权值电压信号的表征。当调节电压信号提供给双忆阻权值模块时，双忆阻结构中的忆阻器阻值就能够进行调整，进而改变权值电压信号。当权值电压信号调整完毕后，忆阻权值更新模块就会把维持电压信号提供给双忆阻权值模块，正常进行权值电压信号的表征。

(7) 判断输入模式是否提供完毕。如果没有提供完毕，则转到工作流程(2)继续工作，直到所有的输入模式提供完成，输出各个输入模式对应的获胜神经元编号。

7.3   双忆阻 SOFM 神经网络系统电路设计

双忆阻 SOFM 神经网络系统中，双忆阻权值模块的电路由双忆阻单元和放大单元电路构成，欧氏距离运算模块、预处理模块、忆阻权值更新模块的电路由基本的运算单元电路构成，神经元决策模块的电路为电压比较器。

7.3.1   双忆阻权值模块

在双忆阻 SOFM 神经网络系统设计方案中，双忆阻器权值模块很好地表征了 SOFM 神经网络中的权值，具体电路如图 7-5 所示。

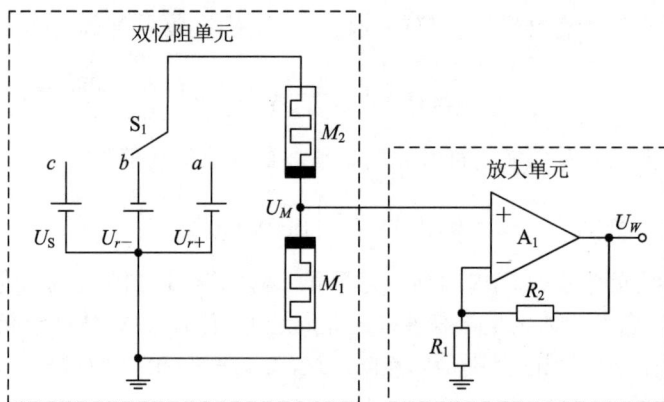

图 7-5   双忆阻权值模块的电路示意图

在图 7-5 中，双忆阻权值模块电路主要包括双忆阻单元电路和放大单元电路，负责表征权值电压信号。神经网络处理数据能力强大的根源在于其权值的可调节性、可塑性，在硬件实现 SOFM 人工神经网络的过程中，双忆阻权值模块通过运用忆阻器阻值的阻变性和非易失性，能够很好地解决权值表征的问题。

双忆阻单元电路由正向调节电压源 U_{r+}、反向调节电压源 U_{r-}、维持电压源 U_S、输出信号 U_M、忆阻器 M_1、忆阻器 M_2 和开关 S_1 构成，可以实现权值电压信号的调整和表征。其中，忆阻器 M_1 和忆阻器 M_2 直接相连构成双忆阻结构，忆阻器 M_1 一端与忆阻器 M_2 连接，另一端与地连接。

双忆阻单元电路的输出为原始的权值电压，本质上为忆阻器 M_2 所分电压，所以可以通过调节忆阻器 M_2 的阻值来达到调节权值电压的目的。当调节电压接入电路时，一个忆阻器的阻值增大，而另一个忆阻器的阻值减小，而且流过两个忆阻器的电荷量是相等的，即两个忆阻器总阻值的变化量绝对值是相等的。所以，双忆阻结构的整体总电阻值是保持不变的，即电路中的总阻值是一个定值。由于电路中总阻值是保持不变的，当电压大小保持恒定时，根据欧姆定律，电路中电流大小也保持不变。

当电路中接入正向调节电压源 U_{r+} 时，忆阻器 M_1 的非掺杂区域增大、掺杂区域减小，阻值增大；忆阻器 M_2 的非掺杂区域减小、掺杂区域增大，阻值减小。当电路中接入反向调节电压源 U_{r-} 时，忆阻器 M_1 的非掺杂区域减小、掺杂区域增大，阻值减小；忆阻器 M_2 的非掺杂区域增大、掺杂区域减小，阻值增大。

通过分析可以发现：当电路中接入正向调节电压源 U_{r+} 时，忆阻器 M_1 的阻值会增大，故原始的权值电压也会增大；当电路中接入反向调节电压源 U_{r-} 时，忆阻器 M_1 的阻值会减小，故原始的权值电压也会减小。权值电压信号的调整完成后，接着进行权值电压信号的表征。当电路中接入维持电压源 U_S 时，电压在正反阈值电压范围之内，不会改变忆阻器的阻值，即权值电压可以保持不变，可以输出原始的权值电压。忆阻器阻值控制逻辑如表 7-1 所示。

表 7-1　忆阻器阻值控制逻辑

	调节电压	开关 S_1	变化情况
Case1	$U_r = U_{r+}$	接通 a 端	权值电压增大
Case2	$U_r = U_{r-}$	接通 b 端	权值电压减小
Case3	$U_r = 0$	接通 c 端	权值电压不变

由于双忆阻单元电路中的维持电压必须位于正反阈值电压之间，就决定了维持电压的值比较小，从而导致原始的权值电压值过小，故需要借助放大单元电路将原始的权值电压进行放大。放大单元电路由输入信号 U_M、输出信号 U_W、电阻 R_1、电阻 R_2 和运算放大器 A_1 构成，可以实现权值电压的放大。双忆阻单元电路的输出端与运算放大器 A_1 正相端处连接，运算放大器 A_1 反相端处与电阻 R_1 一端相连接，电阻 R_1 另一端接地，而电阻 R_2 一端与电阻 R_1 和运算放大器 A_1 反相端的连接线相连接，电阻 R_2 另一端与运算放大器 A_1 输出端相连接，放大单元电路的输出为放大后的权值电压。

在图 7-5 中，当维持电压接入电路时，忆阻器 M_1 的分压 U_M 为

$$U_M = \frac{U_S R_{M_1}}{R_{M_1} + R_{M_2}} = \frac{U_S R_{M_1}}{R_{on} + R_{off}} \tag{7-13}$$

式中，R_{M_1} 为忆阻器 M_1 的阻值，R_{M_2} 为忆阻器 M_2 的阻值。

维持电压介于正反阈值电压之间时，忆阻器分压较小，需将原始的权值电压放大。放大后的权值电压 U_W 为

$$U_W = \frac{(R_1 + R_2) U_M}{R_1} \tag{7-14}$$

7.3.2　欧氏距离运算模块

在双忆阻 SOFM 神经网络系统设计方案中，欧氏距离运算模块负责将输入模式和神经元权值进行欧氏距离运算，为确定获胜神经元提供重要的依据。

由输入模式与权值进行欧氏距离的运算，欧氏距离运算模块首先需要计算每一维输入模式电压信号与权值电压信号的差值，然后求解每一维差值的平方，再将每一维差值平方求和，最后还需要对上一步结果开平方根运算。欧氏距离运算模块需要进行减法、平方和加法等运算，所以需要设计相应的运算电路。为了便于分析，在下面的运算电路研究中将集成运算放大器视为理想的，这可以充分利用集成运算放大器的"虚短"和"虚断"的概念，能够使电路分析简化。

1. 减法运算电路

在双忆阻 SOFM 神经网络电路中，减法运算电路如图 7-6 所示。

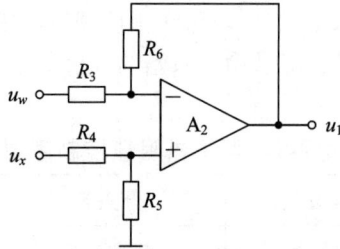

图 7-6　减法运算电路示意图

在图 7-6 中，该运算电路由输入信号 u_w、输入信号 u_x、电阻 R_3、电阻 R_4、电阻 R_5、电阻 R_6、运算放大器 A_2 和输出信号 u_1 组成。输入信号 u_w 和输入信号 u_x 分别从运算放大器 A_2 的反相端和同相端输入，输出信号 u_1 从运算放大器 A_2 的输出端输出。

理想状态下，根据集成运算放大器的虚短，运算放大器反相端处的电位 u_- 和同相端处的电位 u_+ 之间的关系，可得电阻 R_3 和电阻 R_6 之间的电位 u_{36} 为

$$u_{36} = u_- = u_+ = u_{45} \tag{7-15}$$

式中，u_{45} 为电阻 R_4 和电阻 R_5 之间的电位。

根据集成运算放大器的虚断，流入运算放大器反相端的电流 i_- 与流入运算放大器同相端的电流 i_+ 之间的关系为

$$i_- = i_+ = 0 \tag{7-16}$$

根据基尔霍夫第一定律，电阻 R_4 和电阻 R_5 之间的电位 u_{45} 为

$$u_{45} = \frac{R_5}{R_4 + R_5} u_x \tag{7-17}$$

那么，结合式(7-16)和式(7-17)，可以推导出电阻 R_3 和电阻 R_6 之间的电位 u_{36} 为

$$u_{36} = u_{45} = \frac{R_5}{R_4 + R_5} u_x \tag{7-18}$$

双忆阻 SOFM 神经网络电路中输入信号 u_w 和输出信号 u_1 之间的关系为

$$\frac{u_w - u_{36}}{R_3} = \frac{u_{36} - u_1}{R_6} \tag{7-19}$$

将式(7-19)化简，可得

$$u_1 = \frac{R_3 + R_6}{R_3} u_{36} - \frac{R_6}{R_3} u_w \tag{7-20}$$

联立式(7-18)和式(7-20)，可将输入信号 u_w 和输出信号 u_1 之间的关系化简为

$$u_1 = \frac{R_5(R_3 + R_6)}{R_3(R_4 + R_5)} u_x - \frac{R_6}{R_3} u_w \tag{7-21}$$

若设

$$R_3 = R_4 = R_5 = R_6 = R \neq 0 \tag{7-22}$$

将式(7-22)代入式(7-21)，可得到

$$u_1 = u_x - u_w \tag{7-23}$$

由式(7-23)可知，该减法运算电路可以实现减法运算，可以在双忆阻 SOFM 神经网络电路中实现两个输入信号做差得到一个输出信号。

2. 平方运算电路

平方运算电路如图 7-7 所示，该运算电路由输入信号 u_1、乘法器 MUL、电阻 R_7、电阻 R_8、电阻 R_9、运算放大器 A_3 和输出信号 u_{11} 组成。输入信号 u_1 分为两路输入到乘法器 MUL，乘法器 MUL 的输出接到运算放大器 A_3 的同相端，输出信号 u_{11} 从运算放大器 A_3 的输出端输出。

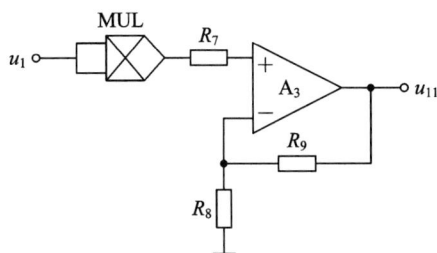

图 7-7　平方运算电路示意图

SOFM 神经网络电路中，乘法器 MUL 输出端的电位 u_{MUL} 为

$$u_{MUL} = k_1 u_1^2 \tag{7-24}$$

乘法器 MUL 的输出流经电阻 R_7 从运算放大器 A_3 的同相端流入，运算放大器 A_3 的同相端处的电位 u_+ 为

$$u_+ = u_{MUL} = k_1 u_1^2 \tag{7-25}$$

运算放大器 A_3 的反相端处的电位 u_- 与输出信号 u_{11} 之间的关系为

$$\frac{0 - u_-}{R_8} = \frac{u_- - u_{11}}{R_9} \tag{7-26}$$

式(7-26)可进一步化简为

$$u_{11} = \frac{R_8 + R_9}{R_8} u_- \tag{7-27}$$

在理想状态下,运算放大器 A_3 的同相端和反相端处的电位大小相等,此时,联立式(7-25)和式(7-27),可得

$$u_{11} = \frac{k_1 u_1^2 (R_8 + R_9)}{R_8} \tag{7-28}$$

式中, k_1 为乘法器 MUL 系数,若 k_1 满足

$$k_1 = \frac{R_8}{R_8 + R_9} \tag{7-29}$$

则式(7-28)可化简为

$$u_{11} = u_1^2 \tag{7-30}$$

由式(7-30)可知,该平方运算电路可以完成平方运算,在双忆阻 SOFM 神经网络电路中能够将一个输入信号 u_1 经过平方运算得到输出信号 u_{11}。

3. 加法运算电路

加法运算电路如图 7-8 所示,该运算电路由输入信号 u_{11}、输入信号 u_{12}、电阻 R_{10}、电阻 R_{11}、电阻 R_{12}、电阻 R_{13}、运算放大器 A_4 和输出信号 u_j 组成。输入信号 u_{11} 和输入信号 u_{12} 都从运算放大器 A_4 的同相端输入,输出信号 u_j 从运算放大器 A_4 的输出端输出。

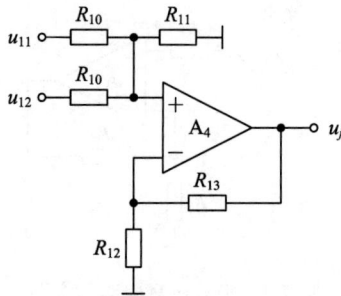

图 7-8 加法运算电路示意图

双忆阻 SOFM 神经网络电路中,运算放大器 A_4 正相端处的电位 u_+ 为

$$u_+ = \frac{R_{10}}{R_{10} + 2R_{11}} (u_{11} + u_{12}) \tag{7-31}$$

根据集成运算放大器的虚短,运算放大器 A_4 反相端处的电位 u_- 大小等于运算放大器 A_4 正相端处的电位 u_+,运算放大器 A_4 反相端处的电位 u_- 为

$$u_- = u_+ = \frac{R_{10}}{R_{10} + 2R_{11}} (u_{11} + u_{12}) \tag{7-32}$$

　　根据集成运算放大器的虚断，流入运算放大器 A$_4$ 的电流为零，那么输出信号 u_j 与运算放大器 A$_4$ 反相端处电位 u_- 之间的关系为

$$\frac{0 - u_-}{R_{12}} = \frac{u_- - u_j}{R_{13}} \tag{7-33}$$

将式(7-33)化简，可得

$$u_j = \frac{R_{12} + R_{13}}{R_{12}} u_- \tag{7-34}$$

联立式(7-32)和式(7-34)，可以推导出输入信号 u_{11} 与 u_{12} 和输出信号 u_j 之间的关系为

$$u_j = \frac{R_{10}(R_{12} + R_{13})}{R_{12}(R_{10} + 2R_{11})}(u_{11} + u_{12}) \tag{7-35}$$

　　如果电阻 R_{10}、电阻 R_{11}、电阻 R_{12} 和电阻 R_{13} 满足关系

$$R_{10}(R_{12} + R_{13}) = R_{12}(R_{10} + 2R_{11}) \neq 0 \tag{7-36}$$

则式(7-36)可以转化为

$$\begin{cases} R_{10} = R_{12} \neq 0 \\ 2R_{11} = R_{13} \neq 0 \end{cases} \tag{7-37}$$

联立式(7-35)和式(7-37)，可得

$$u_j = u_{11} + u_{12} \tag{7-38}$$

　　由式(7-38)可知，该加法运算电路可以实现加法运算，两个输入信号求和得到一个输出信号。虽然两个输入信号的加法运算已经实现了，但是实际应用中有很多超过两个输入信号的加法运算。故下面推广到多个输入信号的加法运算。

　　多个输入的加法运算电路如图 7-9 所示。

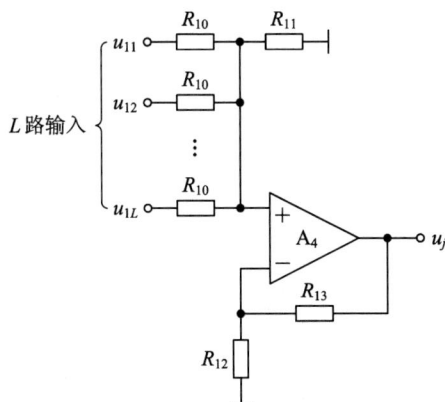

图 7-9　多个输入的加法运算电路示意图

　　这里设输入一共有 L 个，该电路可以完成 L 个输入的加法运算。在图 7-9 中，运算放大器 A$_4$ 正相端处的电位 u_+ 为

$$u_+ = \frac{R_{10}}{R_{10} + 2R_{11}}(u_{11} + u_{12} + \cdots + u_{1L}) \tag{7-39}$$

那么 L 个输入信号与输出信号 u_j 之间的关系为

$$u_j = \frac{R_{10}(R_{12}+R_{13})}{R_{12}(R_{10}+2R_{11})}(u_{11}+u_{12}+\cdots+u_{1L})$$

(7-40)

当电阻 R_{10}、电阻 R_{11}、电阻 R_{12} 和电阻 R_{13} 满足关系式(7-37)时，式(7-40)可化简为

$$u_j = u_{11}+u_{12}+\cdots+u_{1L}$$

(7-41)

由式(7-41)可知，该多路加法电路能够实现 L 路输入信号的加法运算，L 个输入信号求和得到一个输出信号。

4. 欧氏距离运算模块电路

欧氏距离运算模块的电路由减法电路、平方电路、加法电路构成，如图 7-10 所示。负责计算出输入模式与各个神经元对应权值的距离信息，然后将其传输给神经元决策模块。

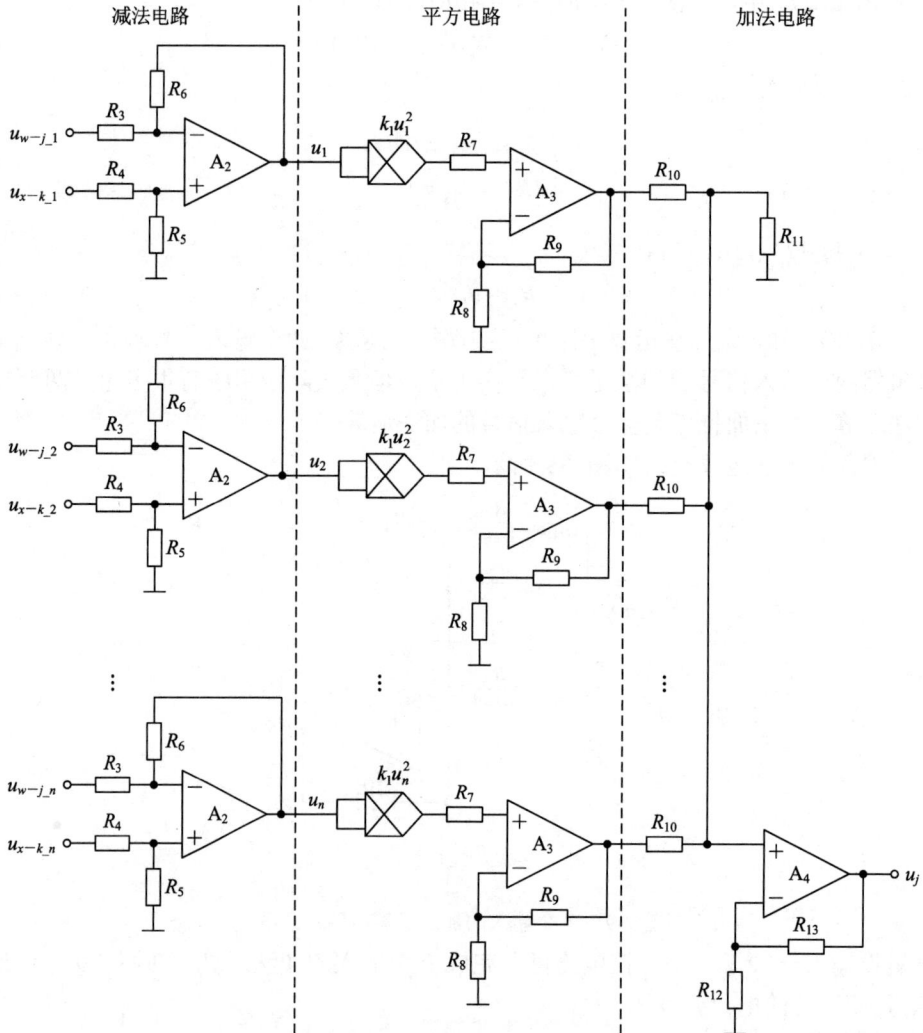

图 7-10　欧氏距离运算电路示意图

SOFM 神经网络中，一般情况下，输入模式有多个，而且神经元的数量大于输入模式。

当一个输入模式提供给双忆阻 SOFM 神经网络电路时，它与每个神经元的欧氏距离电压信号都需要被计算。输入模式电压信号 $U_{\overline{X}k}$ 与神经元权值电压信号 $U_{\overline{W}j}$ 之间的欧氏距离电压信号 U_{dj} 为

$$U_{dj} = \left\| U_{\overline{X}k} - U_{\overline{W}j} \right\| = \left[\sum_{i=1}^{n} (u_{\overline{x}k,i} - u_{\overline{w}j,i})^2 \right]^{1/2} \tag{7-42}$$

对于某个特定的输入模式，为了确定哪个神经元会被其激活成为获胜神经元，需要逐一运算出这个输入模式与所有神经元的欧氏距离电压信号，然后在这些欧氏距离电压信号中求解出最小值。欧氏距离电压信号的最小值 U_{dg} 为

$$U_{dg} = \min[U_{dj}], \quad j = 1, 2, \cdots, m \tag{7-43}$$

对式(7-42)两边求平方，可得

$$U_{dj}^2 = \sum_{i=1}^{n} (u_{\overline{x}k,i} - u_{\overline{w}j,i})^2, \quad j = 1, 2, \cdots, m \tag{7-44}$$

然后，确定欧氏距离电压信号平方的最小值为

$$U_{dg^*}^2 = \min[U_{dj}^2], \quad j = 1, 2, \cdots, m \tag{7-45}$$

比较式(7-43)和式(7-45)，可以推导出 $g^* = g$，同样也可以确定获胜神经元的编号。式(7-42)比式(7-44)多一步开平方根计算，因此，可以选择用式(7-44)代替式(7-42)，这样在一定程度上减少了运算量。

在图 7-10 中，双忆阻 SOFM 神经网络电路中放大器 A_2 的输出电压信号为

$$u_i = \frac{R_5(R_3 + R_6)}{R_3(R_4 + R_5)} u_{\overline{x}k,i} - \frac{R_6}{R_3} u_{\overline{w}j,i} \tag{7-46}$$

欧氏距离运算模块电路的输出电压信号 u_j 为

$$u_j = \frac{R_{11}(R_{12} + R_{13})}{R_{12}(R_{10} + nR_{11})} \sum_{i=1}^{n} \frac{k(R_8 + R_9)}{R_8} u_i^2 \tag{7-47}$$

7.3.3　预处理模块

在双忆阻 SOFM 神经网络系统设计方案中，预处理模块起到数据归一化的作用，能够为 SOFM 神经网络训练提供方便。

由输入模式和权值的归一化运算，预处理模块首先需要求出每一维电压信号的平方值，然后将每一维电压信号的平方求和，再将和值开平方根，最后求出每一维电压信号与上一步结果的商。所以预处理模块需要进行平方运算、加法运算、平方根运算和除法运算，以及平方根运算和除法运算电路设计。

1. 平方根运算电路

平方根运算电路如图 7-11 所示，由输入信号 u_{ss}、电阻 R_{14}、电阻 R_{15}、电阻 R_{16}、电阻 R_{17}、电阻 R_{18}、电阻 R_{19}、运算放大器 A_5、运算放大器 A_6、乘法器 MUL、输出信号 u_{sr} 构成。

输入信号 u_{ss} 从运算放大器 A_5 的反相端输入，输出信号 u_{sr} 从运算放大器 A_5 的输出端输出。

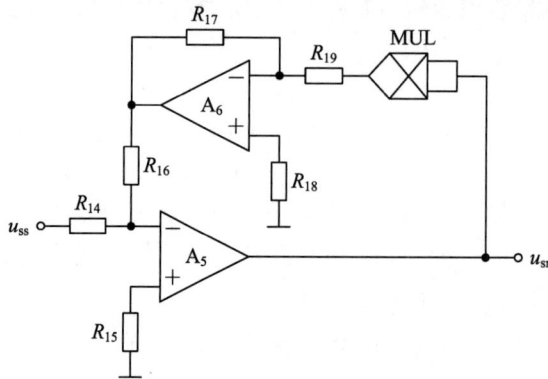

图 7-11　平方根运算电路示意图

电阻 R_{16} 和电阻 R_{17} 之间的电位 $u_{16,17}$ 为

$$u_{16,17} = -\frac{R_{16}}{R_{14}}u_{ss} \tag{7-48}$$

由于流过电阻 R_{17} 的电流与流过电阻 R_{19} 的电流相等，因此有关系式

$$\frac{u_{16,17} - 0}{R_{17}} = \frac{0 - u_{MUL}}{R_{19}} \tag{7-49}$$

化简求出乘法器左端的电压 u_{MUL} 为

$$u_{MUL} = -\frac{R_{19}}{R_{17}}u_{16,17} \tag{7-50}$$

将式(7-48)代入式(7-50)，可得

$$u_{MUL} = \frac{R_{16}R_{19}}{R_{14}R_{17}}u_{ss} \tag{7-51}$$

双忆阻 SOFM 神经网络电路中，输出信号 u_{sr} 与乘法器左端电压 u_{MUL} 之间的关系为

$$u_{MUL} = k_2 u_{sr}^2 \tag{7-52}$$

式中，k_2 为乘法器系数。

根据式(7-51)和式(7-52)，可知输出信号 u_{sr} 为

$$u_{sr} = \left(\frac{R_{16}R_{19}}{k_2 R_{14}R_{17}}u_{ss}\right)^{1/2} \tag{7-53}$$

当乘法器系数 k_2 满足

$$k_2 = \frac{R_{16}R_{19}}{R_{14}R_{17}} \tag{7-54}$$

同时，将式(7-54)代入式(7-53)，可得

$$u_{sr} = \sqrt{u_{ss}} \tag{7-55}$$

因此，双忆阻 SOFM 神经网络电路中实现了输入信号 u_{ss} 经过平方根电路的运算，得到了输出信号 u_{sr}，即输出信号为输入信号的平方根。

2. 除法运算电路

除法运算电路如图 7-12 所示，由输入信号 u_{sr} 和 u_i，电阻 R_{20}、R_{21}、R_{22}、R_{23}、R_{24}、R_{25}，运算放大器 A_7、A_8，乘法器 MUL，输出信号 u_n 构成。输入信号 u_{sr} 从乘法器右边上端输入，输入信号 u_i 从运算放大器 A_7 反相端输入，输出信号 u_n 从运算放大器 A_7 输出端输出。

电阻 R_{22} 和电阻 R_{23} 之间的电位 $u_{22,23}$ 为

$$u_{22,23} = -\frac{R_{22}}{R_{21}} u_i \qquad (7\text{-}56)$$

乘法器左端的电压 u_{MUL} 为

$$u_{MUL} = -\frac{R_{24}}{R_{23}} u_{22,23} \qquad (7\text{-}57)$$

联立式(7-56)和式(7-57)，可得

$$u_{MUL} = \frac{R_{22}R_{24}}{R_{21}R_{23}} u_i \qquad (7\text{-}58)$$

乘法器两边的关系为

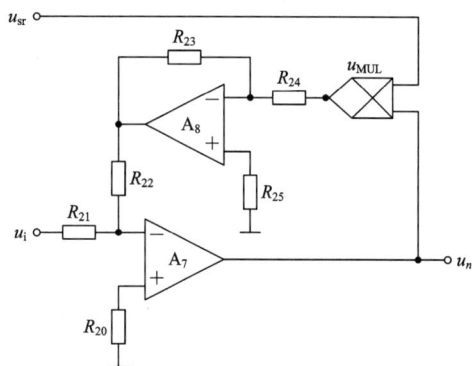

图 7-12　除法运算电路示意图

$$u_{MUL} = k_3 u_{sr} u_n \qquad (7\text{-}59)$$

故双忆阻 SOFM 神经网络电路中运算放大器 A_7 的输出 u_n 为

$$u_n = \frac{u_{MUL}}{k_3 u_{sr}} \qquad (7\text{-}60)$$

将式(7-58)代入式(7-60)，可得

$$u_n = \frac{R_{22}R_{24}}{k_3 R_{21}R_{23}} \frac{u_i}{u_{sr}} \qquad (7\text{-}61)$$

当乘法器系数 k_3 满足

$$k_3 = \frac{R_{22}R_{24}}{R_{21}R_{23}} \qquad (7\text{-}62)$$

那么式(7-61)可化简为

$$u_n = \frac{u_i}{u_{sr}} \qquad (7\text{-}63)$$

在双忆阻 SOFM 神经网络电路中，输入信号 u_{sr} 和 u_i 经过除法电路运算后，得到了输出信号 u_n，即输出信号为两个输入信号的商。

3. 预处理模块电路

预处理模块由输入预处理单元和权值预处理单元构成，由于输入和权值的维数是相等的，因此两个预处理单元电路的结构是一样的。预处理单元需要具有平方运算、加法运算、平方根运算和除法运算的功能，将输入模式和神经元权值归一化处理，然后将归一化后的数据传输给欧氏距离运算模块。每当新的输入模式输入时，预处理模块负责将其进行归一化处理。进入下一次运算前，预处理模块会将更新后的神经元权值进行归一化处理。

权值预处理单元与输入预处理单元类似，下面以输入预处理单元为例进行说明。输入预处理单元电路如图 7-13 所示，由平方运算电路、加法运算电路、平方根运算电路和除法

运算电路组成。

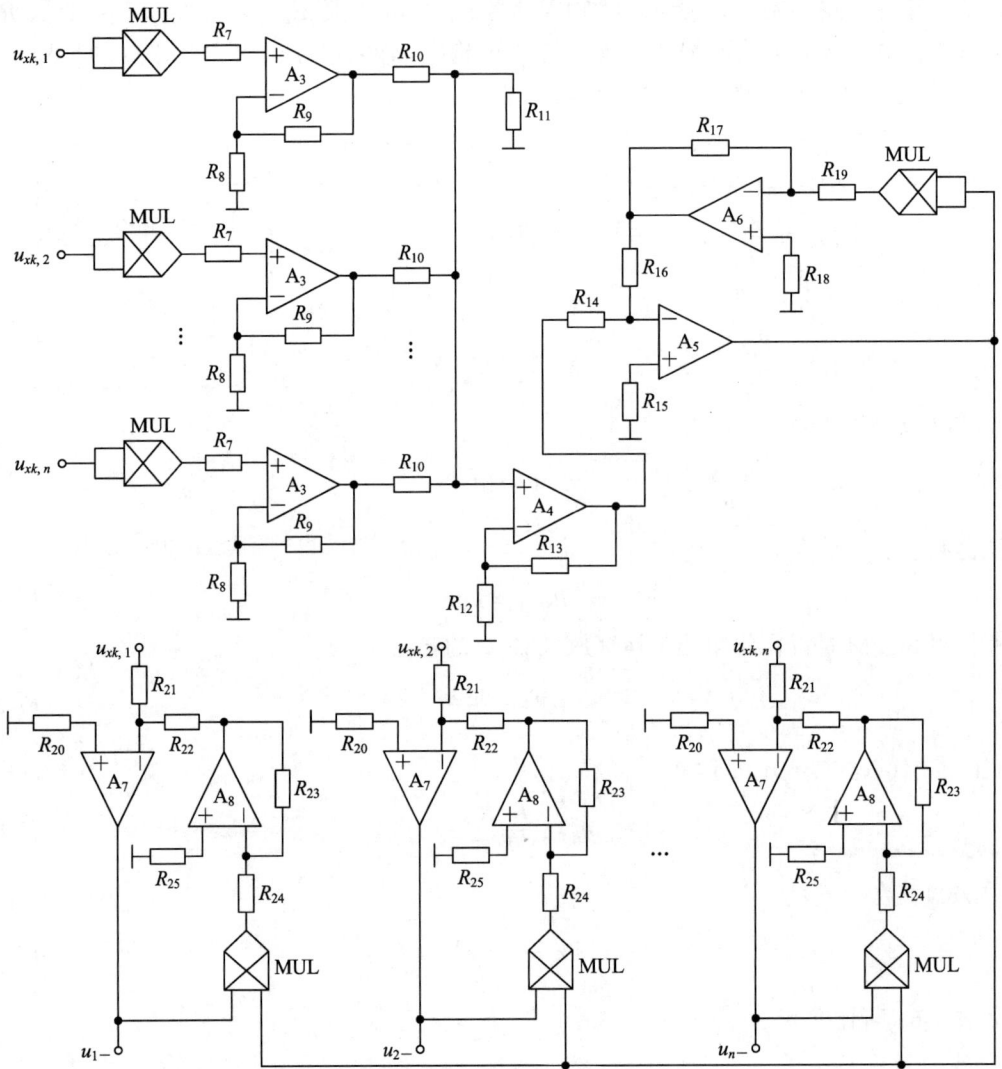

图 7-13   输入预处理单元电路示意图

在图 7-13 中，电路的输入是输入模式的各维电压信号，运算放大器 A₃ 的输出 u_{A_3} 为

$$u_{A_3} = (u_{xk,i})^2 \tag{7-64}$$

式中，$i = 1, 2, \cdots, n$。

双忆阻 SOFM 神经网络电路中，运算放大器 A₄ 的输出 u_{A4} 为

$$u_{A4} = (u_{xk,1})^2 + (u_{xk,2})^2 + \cdots + (u_{xk,n})^2 \tag{7-65}$$

运算放大器 A₅ 的输出 u_{A_5} 为

$$u_{A_5} = \left[(u_{xk,1})^2 + (u_{xk,2})^2 + \cdots + (u_{xk,n})^2 \right]^{1/2} \tag{7-66}$$

预处理单元电路的输出归一化后的输入模式各维 u_i 为

$$u_{i_-} = \frac{u_{xk,i}}{[(u_{xk,1})^2 + (u_{xk,2})^2 + \cdots + (u_{xk,n})^2]^{1/2}} \tag{7-67}$$

7.3.4　神经元决策模块

在双忆阻 SOFM 神经网络系统设计方案中，神经元决策模块负责比较所有欧氏距离电压信号，进而求出距离电压信号最小值。

由于需要在多个欧氏距离电压信号中确定最小值，这里运用电压比较器电路来比较电压信号的大小，以达到求解电压信号最小值的目的。但电压比较器每次只能比较两个电压信号的大小，如果神经元的个数超过两个，那就要进行多次比较。譬如三个神经元的情况，先将前两个神经元对应的欧氏距离电压信号进行比较，然后再将两者中较小的电压信号与第三个神经元对应的欧氏距离电压信号进行比较，最后输出三者中最小的电压信号。神经元决策模块由电压比较器电路组成。电压比较器电路如图 7-14 所示。

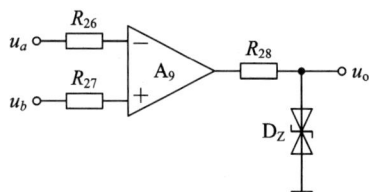

图 7-14　电压比较器电路示意图

在图 7-14 中，需要比较大小的电压信号分别从放大器 A_9 的同相端和反相端输入，如果输入信号 u_a 和 u_b 满足

$$u_a > u_b \tag{7-68}$$

那么，输出电压信号 u_o 为低电平。

如果输入信号 u_a 和 u_b 满足

$$u_a < u_b \tag{7-69}$$

那么，输出电压信号 u_o 为高电平。

当输入电压信号 u_a 和 u_b 满足

$$u_a = u_b \tag{7-70}$$

此时，输出电压信号会从一个电平跳转到另一个电平。

默认情况下，所有神经元初始权值是一样的，而且神经元权值调整时，因为邻域的设置导致调整幅度一样，因此会存在多个距离电压信号相等的情况。考虑到每个输入模式只需要一个确定的神经元响应就能够完成分类任务，所以每次运算获胜神经元的个数为 1 就可以达到目的。当某个输入模式与多个神经元权值的欧氏距离电压信号相等且为最小值时，在这些神经元中默认选择编号最小的神经元为获胜神经元。

7.3.5　忆阻权值更新模块

在双忆阻 SOFM 神经网络系统设计方案中，忆阻权值更新模块可以对神经元的权值进行更新，达到训练网络权值的目的。

由式(7-10)可知，忆阻权值更新模块需要先求出每一维输入模式电压信号与权值电压信号的差值，然后求解两者差值与学习率的乘积，最后求出该乘积与这一维权值电压信号的和。忆阻权值更新模块的电路由减法运算电路、乘法运算电路和加法运算电路组成，如图 7-15 所示。

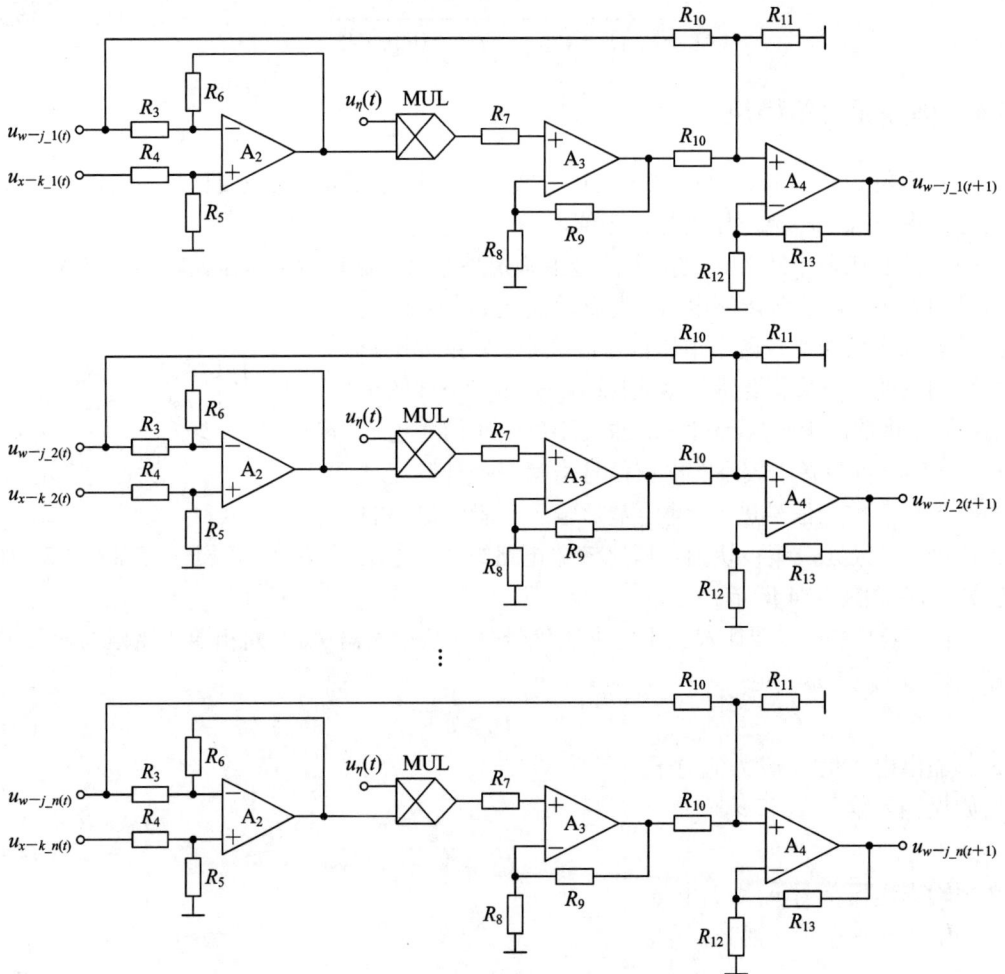

图 7-15　忆阻权值更新模块电路示意图

　　由于权值每一维的运算都类似，下面以第 1 维为例进行说明。双忆阻 SOFM 神经网络电路中放大器 A_2 的输出电压信号 u_{A_2} 为

$$u_{A_2} = u_{\bar{xk},1}(t) - u_{\bar{wj},1}(t) \tag{7-71}$$

　　在图 7-15 中，运算放大器 A_3 的输出电压信号 u_{A_3} 为

$$u_{A_3} = u_\eta [u_{\bar{xk},1}(t) - u_{\bar{wj},1}(t)] \tag{7-72}$$

　　第 1 维的输出电压信号为

$$u_{\bar{wj},1}(t+1) = u_{\bar{wj},1}(t) + u_\eta(t)[u_{\bar{xk},1}(t) - u_{\bar{wj},1}(t)] \tag{7-73}$$

7.3.6　双忆阻 SOFM 神经网络电路工作过程

　　前面介绍了双忆阻 SOFM 神经网络系统的双忆阻权值模块、欧氏距离运算模块、预处理模块、神经元决策模块和忆阻权值更新模块，接下来以模块为基础来明确双忆阻 SOFM 神经网络电路的工作过程。整体电路如图 7-16(a)～(b)所示。

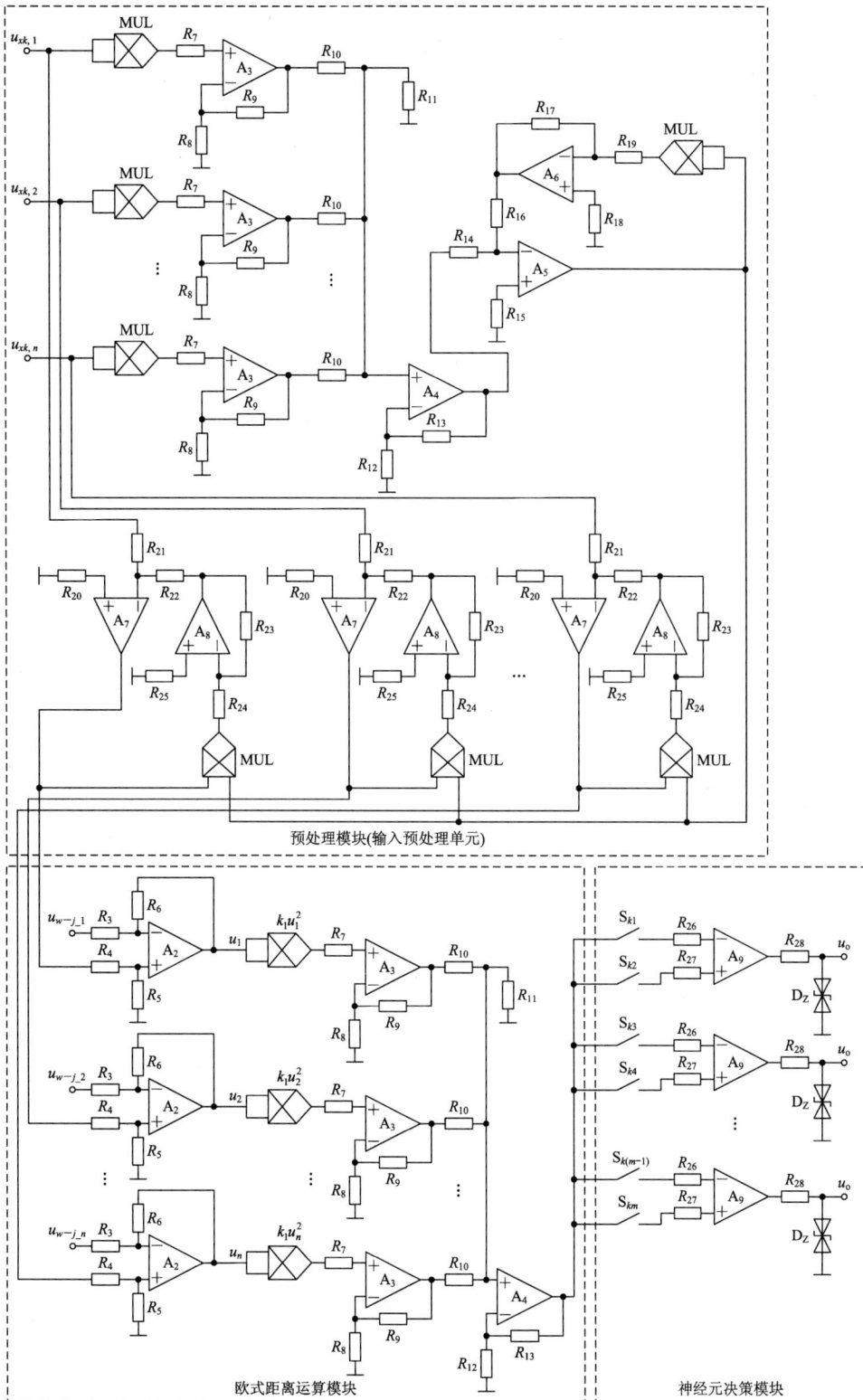

(a) 双忆阻 SOFM 神经网络电路示意图 1

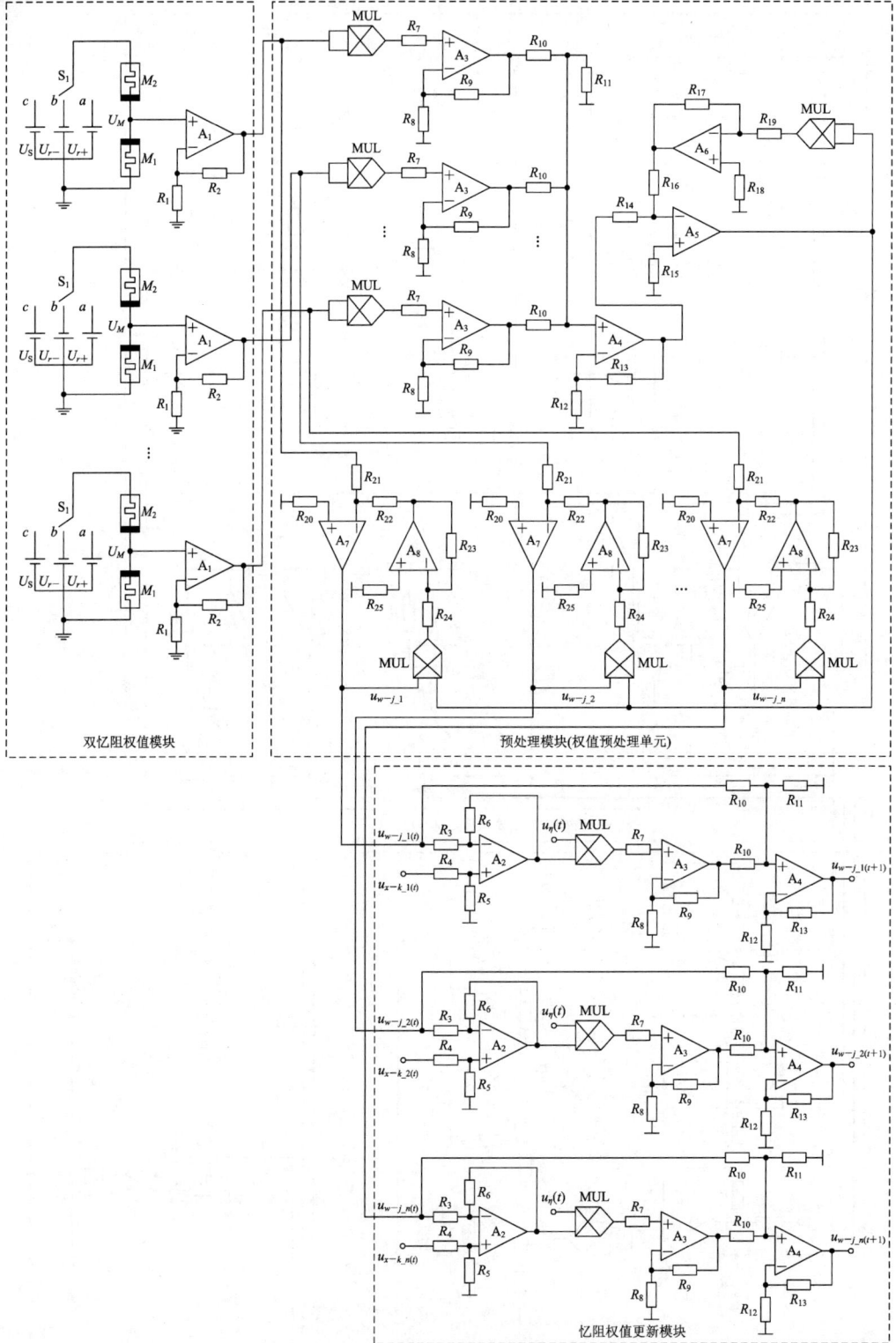

(b) 双忆阻 SOFM 神经网络电路示意图 2

图 7-16   双忆阻 SOFM 神经网络电路示意图

双忆阻 SOFM 神经网络电路的工作过程如下：

(1) 将输入模式和双忆阻权值模块权值的电压信号传输给预处理模块的电路，完成归一化处理；

(2) 将归一化后的输入模式和权值的电压信号传输给欧氏距离运算模块的电路，进行两者间的欧氏距离运算；

(3) 将欧氏距离电压信号传输到神经元决策模块的电路，比较得出距离电压信号最小值，确定获胜神经元编号；

(4) 忆阻权值更新模块的电路负责对获胜神经元邻域内所有神经元权值电压信号进行更新；

(5) 双忆阻权值模块通过控制调节电压信号完成对更新后权值的表征。

7.4 应 用 案 例

双忆阻 SOFM 神经网络系统能够通过对忆阻器阻值的调整和维持，来实现 SOFM 神经网络权值的可调节性和可塑性，进而完成网络的训练、测试。为了验证所提出的双忆阻 SOFM 神经网络系统设计方案的功能性，这里以表 7-2 所示的样本特征系数为例，将系统用于处理数据聚类问题。

表 7-2 样本特征系数

样本号	特征系数 1	特征系数 2	样本号	特征系数 1	特征系数 2
样本 1	0.5612	0.4388	样本 10	0.5146	0.4854
样本 2	0.5213	0.4787	样本 11	0.5515	0.4485
样本 3	0.5136	0.4864	样本 12	0.5114	0.4886
样本 4	0.5523	0.4477	样本 13	0.4913	0.5087
样本 5	0.5469	0.4531	样本 14	0.6022	0.3978
样本 6	0.6022	0.3978	样本 15	0.4211	0.5789
样本 7	0.5864	0.4136	样本 16	0.4130	0.5870
样本 8	0.5234	0.4766	样本 17	0.5516	0.4484
样本 9	0.4965	0.5035	样本 18	0.6787	0.3213

7.4.1 网络设计

首先，对所要使用的双忆阻 SOFM 神经网络系统进行分析设计。

实验样本的特征系数主要有 2 个，要求根据特征系数对这些样本进行聚类。在表 7-2 中，一共有 18 个样本，前 10 个为训练集，后 8 个为测试集。训练样本一共有 10 个输入模式，维数为 2，即 $q = 10$，$n = 2$，所以有 20 个输入提供给电路。神经元的个数要多于输入模式，这里将神经元个数设置为 12，即 $m = 12$，维数与输入相匹配，故也为 2 维，所以电路要表征 12 个 2 维的权值。表 7-2 中的样本特征系数 1 用 $X_k(1)$ 表示，特征系数 2 用 $X_k(2)$ 表示。将输入模式采用输入预处理单元归一化，分布情况如图 7-17 所示，"*"代表输入模式，可以看出两个 * 相隔较近的有两组。神经元权值第 1 个元素用 $W_j(1)$ 表示，第 2 个元素用 $W_j(2)$ 表示，将每个神经元的权值初始化为 (0.5, 0.5)；将权值采用权值预处理单元归一化，结果为 (0.7071, 0.7071)。"○"代表相应的神经元，由于权值相同，因此图 7-17 左上角的 "○" 实际上为 12 个重合的 "○"。另外，设初始学习率 $\eta(0) = 0.8$，初始邻域半径 $N_g(0) = 2$。

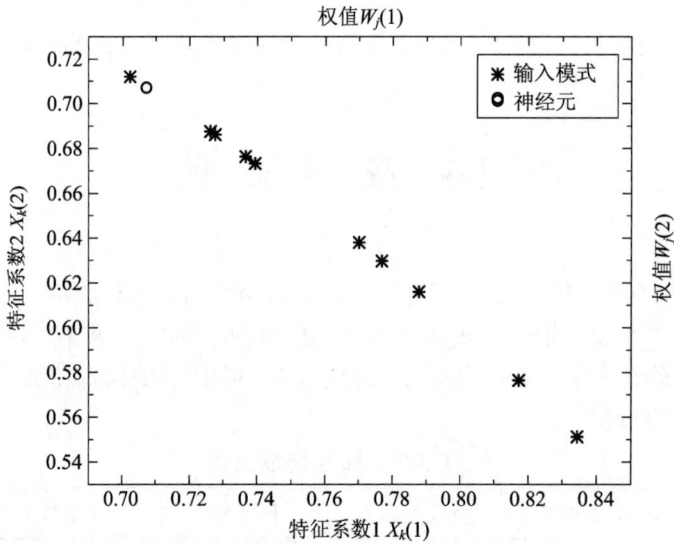

图 7-17　输入和初始权值分布示意图

然后，对系统中忆阻器的器件参数进行设计。

系统中的忆阻器的器件参数为 $R_{on} = 0.1 \text{ k}\Omega$，$R_{off} = 16 \text{ k}\Omega$，$D = 10^{-8} \text{ m}$，$\mu_v = 10^{-14} \text{ m}^2\text{s}^{-1}\text{V}^{-1}$，$U_{on} = 0.37 \text{ V}$，$U_{off} = -0.3 \text{ V}$。实验前，为了保证系统的稳定性，以及双忆阻的对称性，将忆阻器 M_1 和 M_2 的初始阻值都调节为 8.05 kΩ，保持双忆阻的总阻值为 16.1 kΩ。

最后，对 7-16 所示的双忆阻 SOFM 神经网络电路中的器件型号及参数进行设计。

电路中所有乘法器都为 AD633 型、运算放大器 A_1、A_2、A_3、A_4、A_5、A_6、A_7、A_8、A_9 均为 OP07 型。双忆阻权值模块中，电阻 $R_1 = 1 \text{ k}\Omega$，$R_2 = 4 \text{ k}\Omega$，维持电压 $U_S = 0.25 \text{ V}$，正向调节电压 $U_{r+} = 2 \text{ V}$，反向调节电压 $U_{r-} = -2 \text{ V}$。欧氏距离运算模块中，电阻 $R_3 = R_4 = R_5 = R_6 = R_7 = R_8 = R_9 = R_{10} = R_{11} = R_{12} = 1 \text{ k}\Omega$，$R_{13} = 2 \text{ k}\Omega$。预处理模块中，电阻 $R_7 = R_8 = R_9 = R_{10} = R_{11} = R_{12} = R_{14} = R_{15} = R_{16} = R_{17} = R_{18} = R_{19} = R_{20} = R_{21} = R_{22} = R_{23} = R_{24} = R_{25} = 1 \text{ k}\Omega$，$R_{13} = 2 \text{ k}\Omega$。神经元决策模块中，电阻 $R_{26} = R_{27} = 10 \text{ k}\Omega$，$R_{28} = 1 \text{ k}\Omega$。忆阻权值更新模块中，电阻 $R_3 = R_4 = R_5 = R_6 = R_7 = R_8 = R_9 = R_{10} = R_{11} = R_{12} = 1 \text{ k}\Omega$，$R_{13} = 2 \text{ k}\Omega$。

7.4.2　网络训练

根据实验的实际情况，由于神经元权值的训练都会在 150 次训练之前完成，因此将网络最大训练次数定为 150 次，即迭代运算 150 次。如果某个神经元权值的训练提前完成，那么这个神经元权值的迭代次数就会小于 150 次。在训练过程中，神经元权值在逐步缩小与输入模式之间的距离，慢慢靠近输入模式。如图 7-18 所示，图(a)～(d)分别是训练迭代次数为第 25 次、第 50 次、第 75 次和第 100 次时，特征系数与神经元权值的分布情况，被激活的神经元权值不断移动接近特定的输入模式。

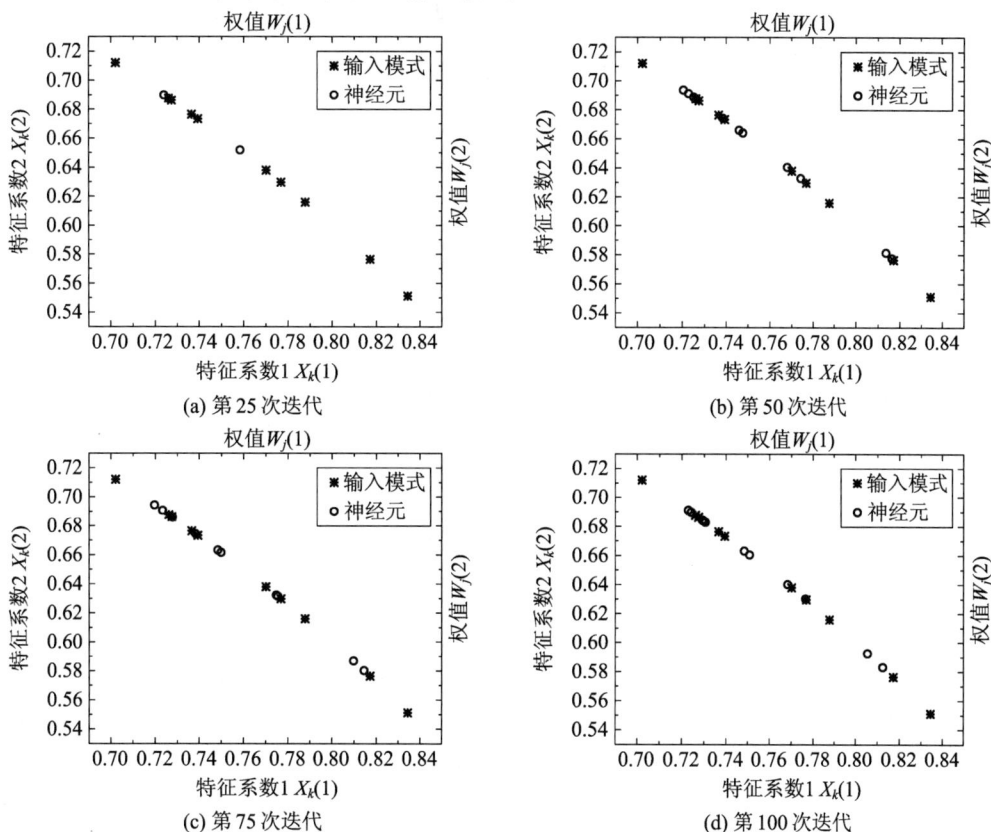

图 7-18　迭代过程中输入和权值分布示意图

每次迭代根据调节电压信号调整忆阻器阻值，进而调节权值电压。下面通过分析神经元训练的相关数据：调节电压、忆阻器阻值和权值电压，对双忆阻 SOFM 神经网络系统的训练情况进行说明。根据最终神经元是否被激活分为两类，一类为激活神经元训练情况，另一类为未激活神经元训练情况。

第一个神经元权值的第一维相关数据变化情况如图 7-19 所示，显然训练在第 130 次迭代之前就已完成。

图 7-19 (a)为第一个神经元权值的第一维调节电压变化情况，当迭代次数为第 1～41 次、第 78～79 次、第 81～85 次、第 90 次、第 94～96 次、第 109～124 次时，调节电压为 +2 V；当迭代次数为第 66～77 次、第 80 次、第 88～89 次、第 91～93 次、第 100～108 次时，调节电压为 -2 V；其余次迭代时，调节电压为 0 V。

当调节电压不为零时，说明在该次迭代中，第一个神经元为获胜神经元或在某获胜神经元邻域内，即第一个神经元已被激活或能够受到已激活神经元的影响；当调节电压为零时，此次迭代中第一个神经元没有被激活。图 7-19(b)为第一个神经元权值的第一维忆阻器阻值变化情况，R_{M1_1} 由 9106 Ω 增大到 10 624 Ω，变化量为 1518 Ω。图 7-19(c)为第一个神经元权值的第一维权值电压变化情况，U_{W1_1} 由 0.707 V 增大到 0.825 V，变化量为 0.118 V。

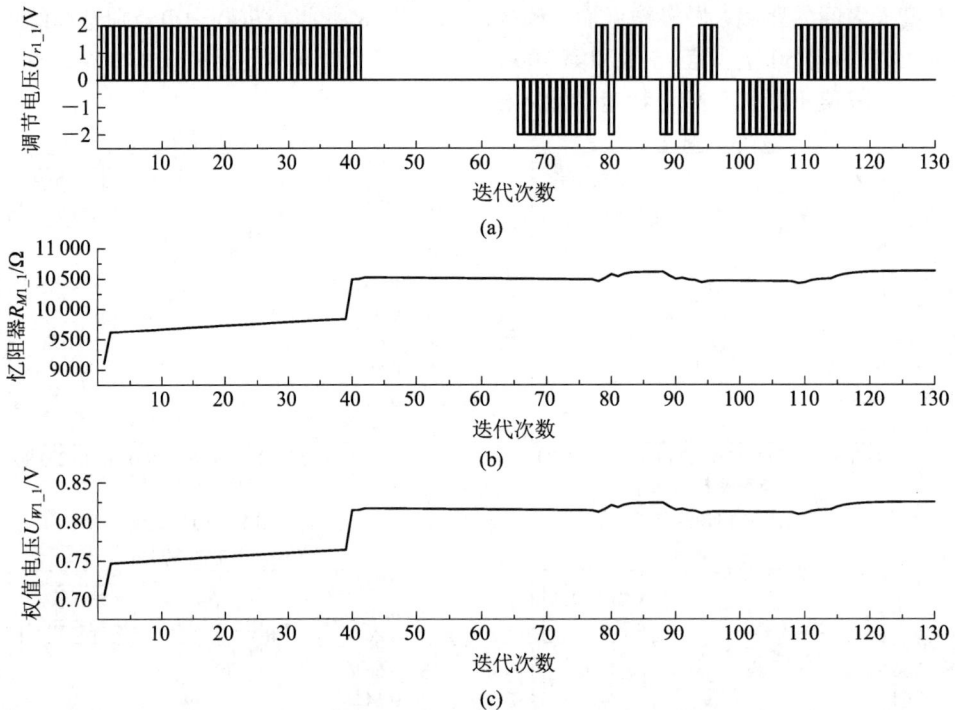

(a)

(b)

(c)

图 7-19   第一个神经元权值的第一维相关数据变化情况示意图

图 7-20 是第一个神经元权值的第二维相关数据变化情况，训练在第 130 次迭代之前已完成。图 7-20(a)为第一个神经元权值的第二维调节电压变化情况，当迭代次数为第 1～42 次、第 78～79 次、第 81～86 次、第 90 次、第 94～96 次、第 109～125 次时，调节电压为 −2 V；当迭代次数为第 43～77 次、第 80 次、第 88～89 次、第 91～93 次、第 98～108 次时，调节电压为 +2 V；其余次迭代时，调节电压为 0 V。图 7-20(b)为第一个神经元权值的第二维忆阻器阻值变化情况，R_{M1_2} 由 9106 Ω 减小到 7279 Ω，变化量为 1827 Ω。图 7-20(c)为第一个神经元权值的第二维权值电压变化情况，U_{W1_2} 从 0.707 V 减小到 0.565 V，变化量为 0.142 V。

第二个神经元权值的第一维和第二维相关数据变化情况分别如图 7-21 和图 7-22 所示，训练在 120 次迭代之前就已完成。由图 7-21(a)和图 7-22(a)可看出，在训练过程中第二个神经元权值多次得到调整，权值调整幅度较大，并且有一段时间内反复正调和负调，说明其在靠近至少两个输入模式，一个输入模式的数值比其大，另一个输入模式的数值比其小。图 7-21(b)为第二个神经元权值的第一维忆阻器阻值变化情况，R_{M2_1} 由 9106 Ω 增大到 10 192 Ω，变化量为 1086 Ω。图 7-21(c)为第二个神经元权值的第一维权值电压变化情况，U_{W2_1} 由 0.707 V 增大到 0.791 V，变化量为 0.084 V。图 7-22(b)为第二个神经元权值的第二维忆阻器阻值变化情况，R_{M2_2} 由 9106 Ω 减小到 7875 Ω，变化量为 1231 Ω。图 7-22(c)为第二个神经元权值的第二维权值电压变化情况，U_{W2_2} 由 0.707 V 减小到 0.611 V，变化量为 0.096 V。

(a)

(b)

(c)

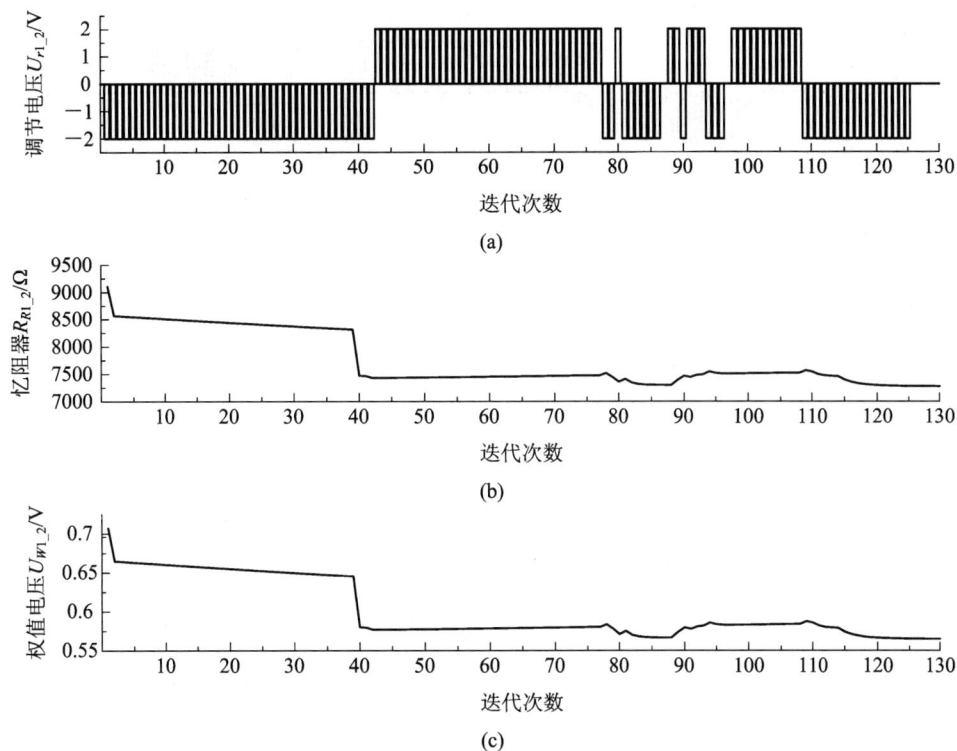

图 7-20 第一个神经元权值的第二维相关数据变化情况示意图

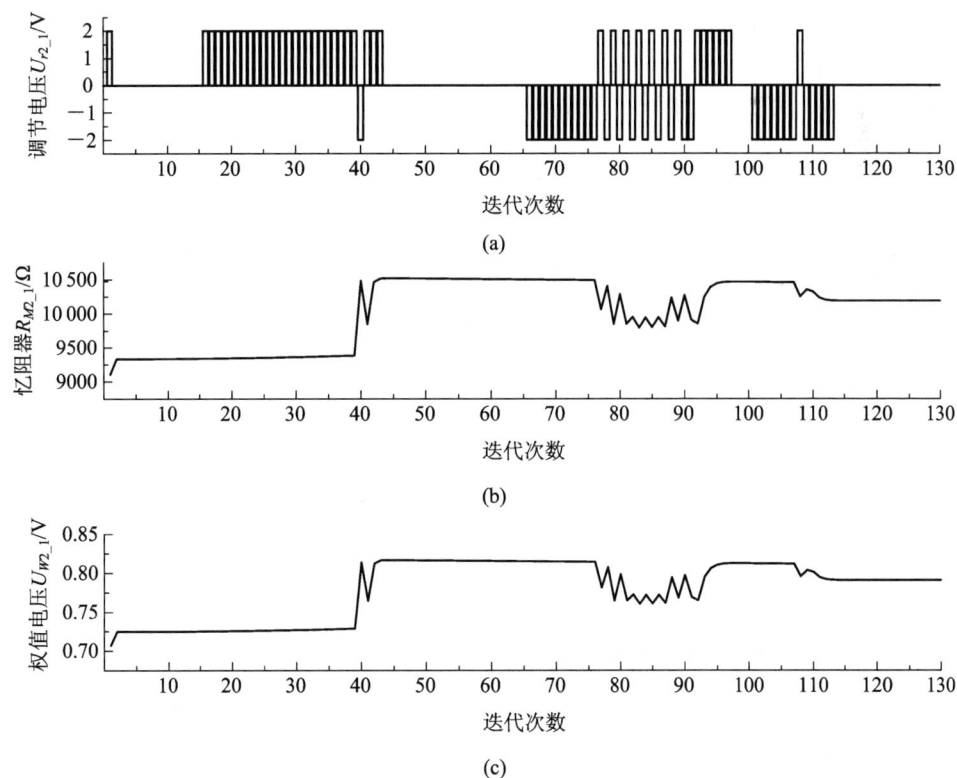

(a)

(b)

(c)

图 7-21 第二个神经元权值的第一维相关数据变化情况示意图

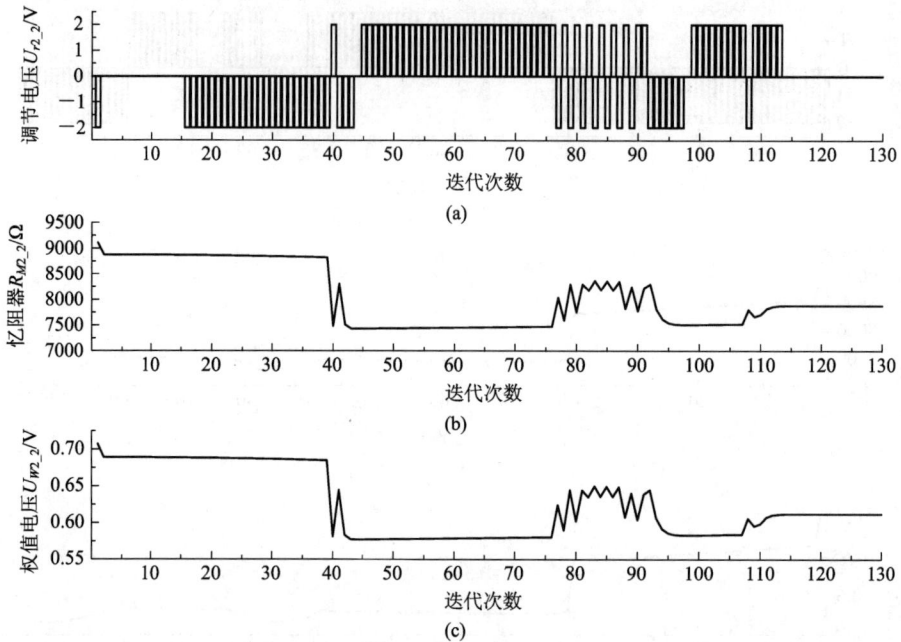

图 7-22   第二个神经元权值的第二维相关数据变化情况示意图

采用同样的方式和方法，可以观察到第三个神经元到第十二个神经元权值的第一维和第二维的调节电压、忆阻器阻值、权值电压的相关数据变化情况。下面分析第十二个神经元权值的相关数据变化情况。

第十二个神经元权值的第一维和第二维相关数据变化情况分别如图 7-23 和图 7-24 所示，训练在第 140 次迭代之前就已完成。

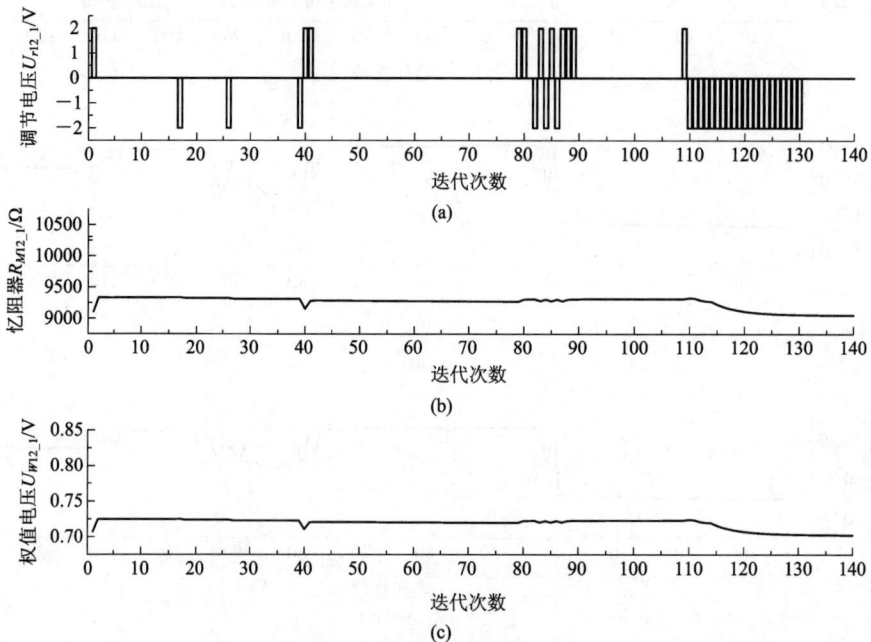

图 7-23   第十二个神经元权值的第一维相关数据变化情况示意图

(a)

(b)

(c)

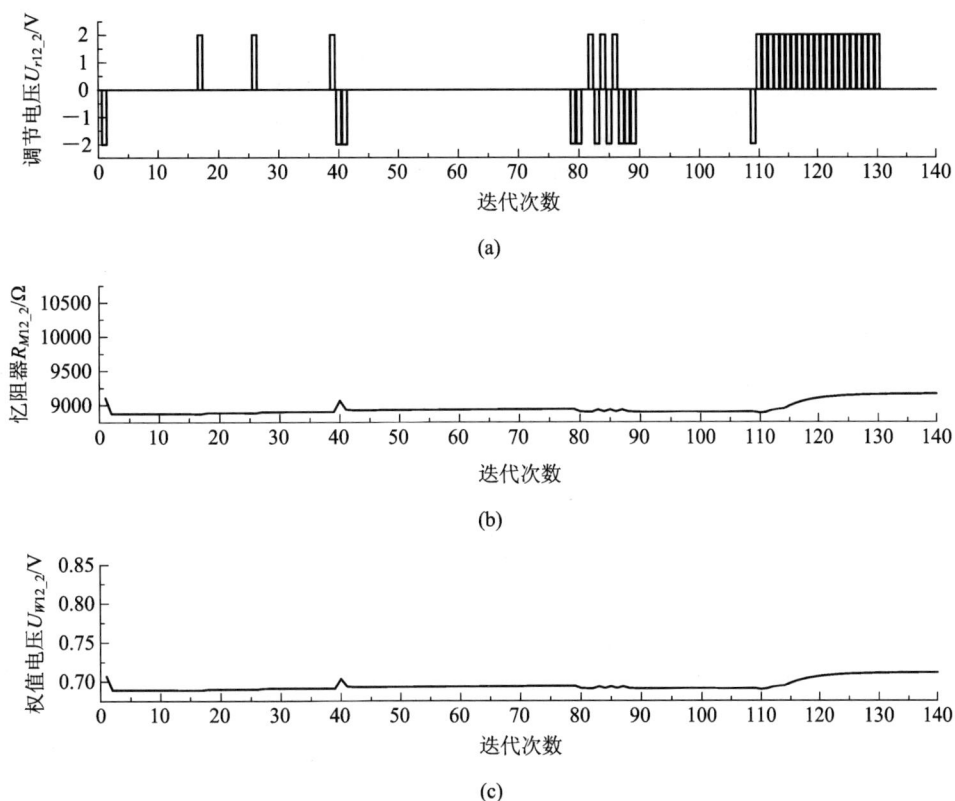

图 7-24　第十二个神经元权值的第二维相关数据变化情况示意图

第十二个神经元在训练过程中处于不太活跃状态，特别是前 80 次迭代，权值调整幅度也比较小。图 7-23 (b)为第十二个神经元权值的第一维忆阻阻值变化情况，R_{M12_1} 由 9106 Ω 增大到 9055 Ω，变化量为 51 Ω。图 7-23 (c)为第十二个神经元权值的第一维权值电压变化情况，U_{W12_1} 由 0.707 V 增大到 0.703 V，变化量为 0.004 V。图 7-24(b)为第十二个神经元权值的第二维忆阻器阻值变化情况，R_{M12_2} 由 9106 Ω 增大到 9160 Ω，变化量为 54 Ω。图 7-24(c)为第十二个神经元权值的第二维权值电压变化情况，U_{W12_2} 由 0.707 V 增大到 0.711 V，变化量为 0.004 V。

7.4.3　实验结果及分析

双忆阻 SOFM 神经网络电路训练过程表明：所设计的神经网络系统可以实现忆阻器阻值在 0.7～1.1 kΩ 范围内的调节，权值电压在 0.55～0.85 V 范围内的调节。训练完成后的输入和权值分布如图 7-25 所示。

在图 7-25 中，每个"*"都有离其最近的"○"，也就是每个输入都有其响应的神经元，该神经元为获胜神经元。权值电压调整量的大小与学习率的更新和多个神经元的权值相等两个因素有关。在刚开始训练的阶段，由于有多个神经元的权值都一样，输入与神经元权值的欧氏距离可能有多个相同最小值，因此默认编号最小的神经元为获胜神经元；学习率随着迭代次数的增加而减小，也就是调整权值电压的幅度会越来越小。

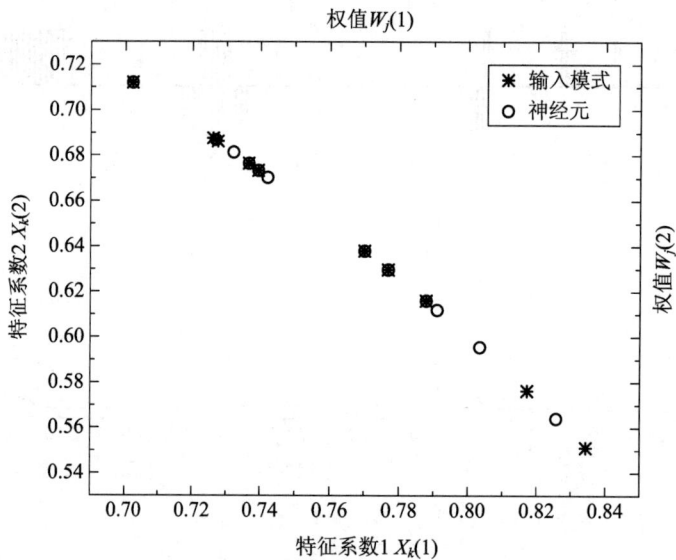

图 7-25   输入和训练结束权值分布示意图

双忆阻 SOFM 神经网络电路训练结果如图 7-26 所示。每个输入模式都被一个神经元响应，但不是所有神经元都响应了一个输入模式，有部分神经元没有响应输入模式，即这些神经元没有被激活。图中，神经元 2、4、5、11 没有被激活，其余神经元都被激活。第 3 个和第 10 个输入模式同时被第 8 个神经元所响应，第 6 个和第 7 个输入模式同时被第 1 个神经元所响应，这与图 7-25 中的情况相匹配。

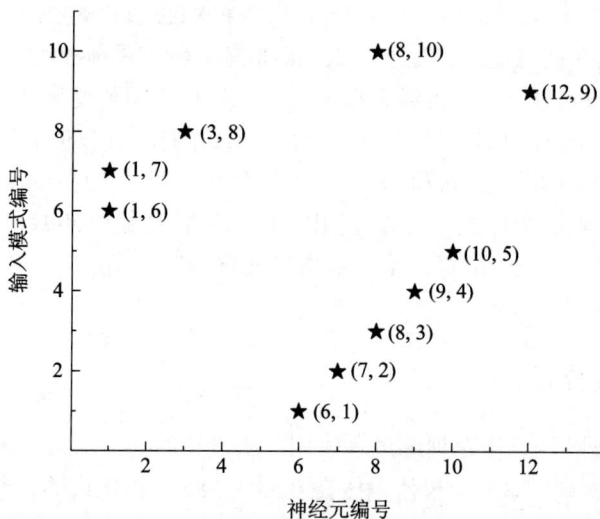

图 7-26   训练结果示意图

用测试集对网络进行测试，将样本传输给网络，由电路进行计算后，测试结果如图 7-27 所示。由图 7-27 可知，样本 14 和 18 被神经元 1 响应，样本 12 被神经元 8 响应，样本 11 和 17 被神经元 9 响应，样本 13、15 和 16 被神经元 12 响应，测试样本被聚为四类。通过测试样本与训练样本的数据对比可知，样本 14、18 与样本 6 的数据相对接近，样本 11、17 与样本 4 的数据相对接近，说明已经完成了对测试集的聚类。

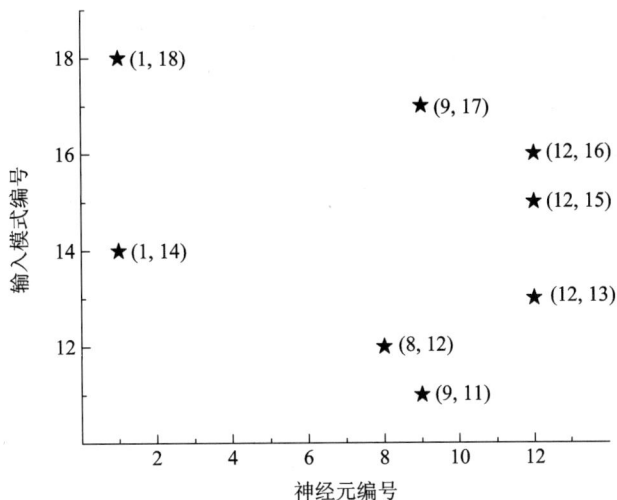

图 7-27　测试结果示意图

同时，本次实验运用神经网络工具箱的 newsom 函数搭建了 SOFM 神经网络传统模型，神经元个数为 12，分类阶段学习率为默认值 0.9，调谐阶段的学习率为默认值 0.02，邻域距离为默认值 1，迭代次数设置为 132，以此对实验样本进行训练、测试。测试结果如图 7-28 所示。

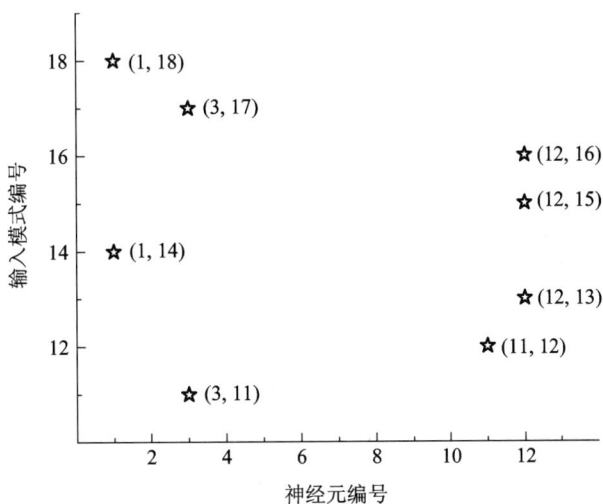

图 7-28　SOFM 神经网络传统算法的测试结果示意图

在图 7-28 中，结果显示测试样本同样被聚为四类，说明基于双忆阻的 SOFM 神经网络系统的测试结果与 SOFM 神经网络传统算法一致。因此，本章提出的双忆阻 SOFM 神经网络系统能够很好地完成权值表征。

习　　题

1. 阐述 SOFM 神经网络传统的基本算法和特点。

2. 结合双忆阻 SOFM 神经网络系统结构示意图，说明其工作机理。

3. 双忆阻 SOFM 神经网络和 SOFM 神经网络有哪些异同？

4. SOFM 神经网络中竞争层的主要作用是什么？

5. 说明欧氏距离运算模块的工作原理，及其在双忆阻 SOFM 神经网络中的作用。

6. 预处理模块在双忆阻 SOFM 神经网络中有什么作用，实现了什么功能？

7. 利用双忆阻 SOFM 神经网络系统模型，设计一个聚类应用场景，并对迭代过程、训练结果进行分析说明。

参 考 文 献

[1] 文常保，刘达祺，朱玮，等. 一种基于双忆阻的 SOFM 神经网络系统设计研究[J]. 微电子学与计算机，2022, 39(05): 111-117.

[2] 文常保，茹锋，刘有耀，等. Artificial neural network theory and its applications[M]. 西安：西安电子科技大学出版社，2021.

[3] SILVER D, HUANG A, MADDISON C J, et al. Mastering the game of Go with deep neural networks and tree search[J]. Nature, 2016, 529(7587): 484-489.

[4] ULLMAN S. Using neuroscience to develop artificial intelligence[J]. Science, 2019, 363(6428): 692-693.

[5] ANEJA S, CHANG E, OMURO A. Applications of artificial intelligence in neuro-oncology[J]. Current Opinion in Neurology, 2019, 32(6): 850-856.

[6] 文常保，茹锋. 人工神经网络理论及应用[M]. 西安：西安电子科技大学出版社，2019.

[7] ESTEVA A, KUPREL B, NOVOA R. A, et al. Dermatologist-level classification of skin cancer with deep neural networks[J]. Nature, 2017, 542: 115-118.

[8] CHEN L P, CUI R X, YANG C G, et al. Adaptive neural network control of underactuated surface vessels with guaranteed transient performance: theory and experimental results[J]. IEEE Transactions on Industrial Electronics, 2020, 67(5): 4024-4035.

[9] KOHONEN T. The self-organizing map[J]. Neurocomputing, 1998, 21(1): 1464-1480.

[10] YAO P, WU H Q, GAO B, et al. Fully hardware-implemented memristor convolutional neural network[J]. Nature, 2020, 577: 641-646.

[11] VON B A, BURATTI D, MAGER J, et al. Self-organizing maps for anomaly localization and predictive maintenance in cyber-physical production systems[J]. Procedia cirp, 2018, 72: 480-485.

[12] SPASSIANI A C, MASON M S. Application of Self Organizing Maps to classify the meteorological origin of wind gusts in Australia[J]. Journal of Wind Engineering and Industrial Aerodynamics, 2021, 210: 104529.

[13] ÁLVAREZ I, FONT-MUÑOZ J S, HERNÁNDEZ-CARRASCO I, et al. Using Self Organizing Maps to analyze larval fish assemblage vertical dynamics through

environmental-ontogenetic gradients[J]. Estuarine, Coastal and Shelf Science, 2021, 258: 107410.

[14]　DONG B, WENG G, JIN R. Active contour model driven by Self Organizing Maps for image segmentation[J]. Expert Systems with Applications, 2021, 177: 114948.

[15]　CHERRY K M, QIAN L. Scaling up molecular pattern recognition with DNA-based winner-take-all neural networks[J]. Nature, 2018, 559(7714): 370-376.

[16]　LEE J H, LEE S H, BAEK C, et al. In vitro molecular machine learning algorithm via symmetric internal loops of DNA[J]. Biosystems, 2017, 158: 1-9.

[17]　LAKIN M R, STEFANOVIC D. Supervised learning in adaptive DNA strand displacement networks[J]. ACS Synthetic Biology, 2016, 5(8): 885-897.

[18]　滕越，杨姗，刘芮存. 基于生物分子的神经拟态计算研究进展[J]. 科学通报, 2021, 66(31): 3944-3951.

[19]　DE SOUSA M A A, PIRES R, DEL-MORAL-HERNANDEZ E. SOMprocessor: A high throughput FPGA-based architecture for implementing Self-Organizing Maps and its application to video processing[J]. Neural Networks, 2020, 125: 349-362.

[20]　文常保，胡馨月，周成龙，等. 一种基于忆阻器的全域值感知神经元设计[J]. 传感技术学报，2020, 33(09): 1299-1304.

第8章

忆阻器在气体累积流量传感器中的应用

忆阻器阻值可在某一范围内动态变化，其大小不但取决于制备忆阻器的材料特性和几何结构，而且与某个时段内流经的电荷量有十分密切的关系。如果能够将待测物理量与电路回路中的电流参量建立起某种函数映射关系，则忆阻器的阻值就可以间接表征出待测物理量，进而就可以实现对待测物理量的测量。本章将忆阻器用于气体累积流量的测量，利用忆阻器阻值的变化间接表征出气体累积流量的大小，并通过方案提出、策略研究、电路设计、实验和影响因素分析，探索了忆阻器在气体累积流量传感器中的应用。

8.1 概　　述

气体累积流量是一种重要的流体学物理参量，其定义为在一定时间段内流经管道某横截面积的气体体积或质量的累积量。若在 t 时间段内，管道内气体平均流速为 $\bar{v}$，管道横截面积为 S，则管道内流过的气体累积流量 F 可以表示为

$$F = S\int \bar{v}\, \mathrm{d}t \tag{8-1}$$

对于任意管道，管道内的平均流速 $\bar{v}$ 与管中心的气体流速存在着一定比例关系，可以表示为

$$\bar{v} = cv \tag{8-2}$$

式中，v 为管道中心流速，c 为比例系数，与管道类型、管内气体雷诺数相关。

因此，在某一段时间内管道气体的累积流量可以表示为

$$F = cS\int v\, \mathrm{d}t \tag{8-3}$$

气体累积流量是一种非常重要的物理量，在工业生产、能源计量、环境保护等众多领域有着极其广泛的应用。根据累积流量计量原理与结构的不同，气体累积流量传感器的类型主要包括机械式、电子式和光电式。

机械式气体累积流量传感器一般由齿轮或齿轮组、转动轴等转动部件构成，通过齿轮的转动实现气体流量的计量，如容积型流量计采用一对相互啮合的椭圆齿轮，这对齿轮在进出口流体的压力差作用下，交替作为主动轮相互带动绕各自的轴转动。椭圆齿轮经减速可直接带动指针和机械计数器等装置实现气体累积流量的计量。机械式气体累积流量传感

器具有压力损失小、安装和使用简便等优点，但是其对气体的温度和最小流量有要求，故存在一定的局限性，计量误差较大。

电子式气体累积流量传感器的原理是将前端传感器输出的电信号通过积分电路，实现气体累积量的计量。这种传感器相较于机械式气体累积流量传感器，具有容易测量、可数字化、易集成、更直观等特点，但由于需要通过运算电路或者处理器进行积分，完成从瞬时流量到累积流量的转换，才能得到测量结果，因此存在有源、功耗高、受限于积分电路等问题，其使用有一定的局限性。

光电式气体累积流量传感器主要通过光电转换装置实现气体累计流量的计量，并将其转化为电学量输出。这种气体累积流量传感器可以直接实现气体流量的测量，并实现光电转化输出。当然，也可以将机械式气体流量传感器的输出通过光电式气体累积流量传感器进行计量并输出。但是，光电式气体累积流量传感器仍然存在计量、转化结构复杂等问题。

因此，克服当前气体累积流量传感器存在的不足，实现一种适应范围广、功耗低、集成度高且能连续测量不稳定气体的累积流量传感器，对气体累积流量的测量具有十分重要的意义。

8.2　用忆阻器实现气体累积流量计量的基本方案及策略

8.2.1　基本方案

基于忆阻器的时变性、记忆性和非易失性，可以设计出用忆阻器实现气体累积流量计量的基本方案，如图 8-1 所示。该方案包括三部分，转换及计量电路、供电与反馈平衡电路和后期处理电路。转换及计量电路包括气体流速换能器、忆阻器模块，后期处理电路由忆阻器阻值信息提取电路和忆阻器电压放大电路构成。

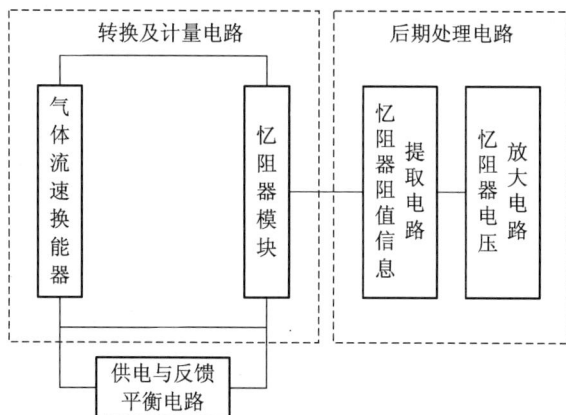

图 8-1　忆阻器实现气体累积流量计量的基本方案

在用忆阻器实现气体累积流量计量的基本方案中，通过气体流速换能器将气体流速信号转换为电流信号，气体流速的大小将直接影响电流强弱。转换后的电流通过忆阻器模块时，会引起忆阻器的阻值变化。忆阻器阻值的变化量可以表征过去一段时间内流经器件的电荷量，换言之，忆阻器阻值变化量由流经自身电流的大小和测量时间这两个因素决定。而电流的强弱又取决于气体流速的大小。因此，忆阻器阻值的变化量可以由气体流速的大小和测量时间二者共同决定。某一时间段内流经某一特定管道的气体累积流量为气体平均流速、测量时间和管道横截面积的乘积。对于待测气流管道，其横截面积是确定的，可以使用忆阻器阻值的变化量结合管道横截面积表征传感器测量时间段内的气体累积流量。

气体流量换能器是实现气体流速向电量的转换器件。根据测量原理的不同，常见的气体流量换能器主要有差压式、速度式、容积式和热式等类型。

差压式气体流量换能器是基于瑞士物理学家 Daniel Bernoulli 发现的"伯努利效应"设计的，气体在流经安装在管道内壁上的气流阻挡元件时，会产生压力差，此压力差与气体流速之间存在着对应关系。速度式气体流量换能器是依据与气体流速相关的涡街、电磁和超声等物理现象，通过输出量与气体流速之间的对应关系，得到短时间内的平均流量，然后通过平均流量乘以时间得到短时间内的累积流量而设计的。容积式气体流量换能器是根据排出的流体体积进行累积流量的测量，其物理结构一般包含测量室、运动部件和传动部件等。

尽管以上三种气体流量换能器为气体流量的测量提供了有效的途径，但也存在着不足。差压式和速度式气体流量换能器初步测量得到的都是短时间内的瞬时流量，然后还需要通过运算电路或者处理器进行积分，完成从瞬时流量到累积流量的转换，才能得到测量时间段内的气体累积流量。但大部分情况下，气体流动很不稳定，通过积分电路或者处理器来处理瞬时流量得到的累积流量，难免出现误差。因此，差压式和速度式气体流量换能器很难适应气体流速不稳定情况下长时间的持续测量。另外，差压式和速度式气体流量换能器完成从短时间内的瞬时流量到较长时间累积流量的转换，还需要使用积分电路或者处理器来完成，这就不可避免地会增加功耗。而容积式气体流量换能器虽然精度高，也能实现对气体累积流量的直接测量，但不适用于较高温、较低温气体以及高速流场的测量，且其结构比较复杂，体积也较大，对被测介质种类和口径等方面的要求很严格。

热式气体流量换能器利用对流换热原理实现气体瞬时质量流量的测量。一般情况下，将一根因通电而产生焦耳热的细金属丝，即热线电阻，安装在管道内的气流中，在电流作用下，热线会产生焦耳热而使热线表面的温度高于气流，气流会带走热线表面的热量，带走热量的多少与气流速度具有对应关系。20 世纪早期，King 使用了"流体无限长圆柱体时的换热"原理来解释通过热线测量流速的工作过程，并推导出了 King 公式，这是热式气体流量传感器发展历史上的一个里程碑。同时，热式气体流量换能器具有的很多优点是其他类型流量传感器不具备的，其能够测量微风速以及三维流场，体积小，且测量灵敏度很高，测量范围也很大。在数字技术持续发展的背景下，其连续测量的优势更加突出。

综合考虑上述因素，选择热式气体流量换能器是一种较好的方案。

图 8-2 所示是根据图 8-1 的基本方案设计的一个用忆阻器实现气体累积流量计量的简化电路。其中，M 为忆阻器模块、R_w 为热线电阻、R_b 与 R_c 为两个可调电阻，它们组成一个惠斯通电桥结构；放大器 K 和电源 U 构成反馈与平衡电路。

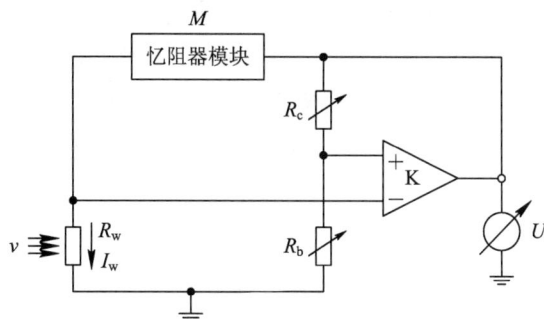

图 8-2　用忆阻器实现气体累积流量计量的简化电路

　　当气体流过热线电阻 R_w 时，因气体温度与热线表面温度的差异，将带走热线表面一定的热量。若要使热线电阻温度保持恒定，则基于热平衡原理，热线因加热电流产生的焦耳热应等于气流带走的热线表面的热量。因此，加热电流 I_w 的大小由气体流速决定，加热电流的变化能反映气体流速的变化情况。在图 8-2 所示的电路结构图中，流经忆阻器模块的电流和流经热线电阻的电流几乎完全相等，当电流流经忆阻器模块时，因忆阻器的记忆特性，忆阻器的阻值能反映流经自身电流的变化情况，并呈现出对电流进行积分运算的效果。因此，忆阻器的变化量可以表征一定时间内流经管道的气体累积流量。

　　忆阻器模块是用忆阻器实现气体累积流量计量方案的核心，不同的忆阻器结构，传感器的性能会不同。根据忆阻器模块设计要求的不同，有单忆阻器、反向串联、串联、并联四种基本策略，分别呈现出四种不同的忆阻器模块结构和性能。

8.2.2　单忆阻器策略

　　当忆阻器模块只使用单忆阻器时，其电路结构如图 8-3 所示。忆阻器 M_{a1} 的非掺杂端与热线电阻相连接，掺杂端与桥路电阻 R_c 相连。在测量时，热线电阻放置在管中心处，并与气体流向垂直，此时热线电流反映的流速即为管中心气体流速 v。

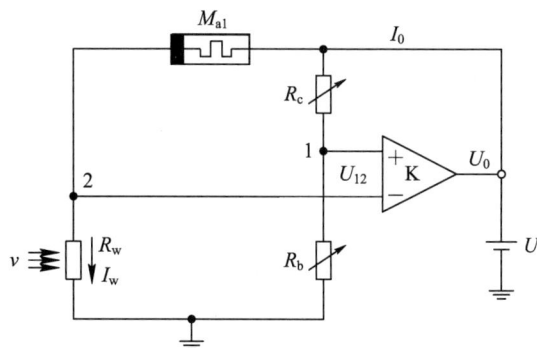

图 8-3　单忆阻器策略原理结构

　　假设图 8-3 中忆阻器为一般的定值电阻，当管道中心气体流速 v 增大时，引起热线上的温度下降，使得热线电阻阻值 R_w 减小，导致放大器输入端点 2 的电压 U_2 降低、惠斯通电桥差分输入电压 U_{12} 增加，从而使运放输出端电压 U_0 增大、桥路电流 I_0 增大，热线电流 I_w 提高，热线产生的热 $I_w^2 R_w$ 增加，使 R_w 恢复到平衡状态。当管道内气体流速 v 减小时，气流带走的热量小于热线产生的焦耳热，使得热线上的温度上升，热线电阻值 R_w 增大，引起电压 U_2 升高、电压 U_{12} 减小，从而使电压 U_0 减小、桥路电流 I_0 减小，热线电流 I_w 减小，热线电阻产生的焦耳热量 $I_w^2 R_w$ 减少，使 R_w 恢复到平衡状态。这种情况下，热线电流的大小与管中心气体流速息息相关，存在一一对应关系，热线电流的变化能反应流速的变化情况，即

$$I_w = f(v) \tag{8-4}$$

式中，$f(\cdot)$ 表示热线电流与气体流速之间的映射关系。

在实际情况下，忆阻器与定值电阻是不同的，其阻值随流经其自身电荷量的变化而变化。图 8-3 所示的结构图中，在忆阻器 M_{a1} 的阻值允许范围内，电阻值 $R_{M_{a1}}$ 会随着时间一直增大，但阻值变化率取决于热线电流，即存在

$$dR_{M_{a1}} = \varphi(I_w)dt \tag{8-5}$$

式中，$\varphi(\cdot)$ 表示阻值 $R_{M_{a1}}$ 与热线电流之间的映射关系。

热线电流又受到气体流速和阻值 $R_{M_{a1}}$ 的影响，热线电流 I_w 与气体流速 v 以及阻值 $R_{M_{a1}}$ 之间都存在映射关系，可表示为

$$I_w = \psi(v, R_{M_{a1}}) \tag{8-6}$$

式中，$\psi(\cdot)$ 表示热线电流 I_w 与气体流速 v 以及阻值 $R_{M_{a1}}$ 之间的映射关系。

由式(8-5)和(8-6)可得，忆阻器 M_{a1} 的阻值与气体流速之间也存在映射关系，若此映射关系记为 $\delta(\cdot)$，则阻值 $R_{M_{a1}}$ 与气体流速 v 之间的关系可表示为

$$dR_{M_{a1}} = \sigma\delta(v)dt \tag{8-7}$$

由式(8-7)可知忆阻器阻值变化率与管中心气体流速一一对应。

此时，式(8-3)可变换为

$$dF = cSvdt \tag{8-8}$$

若设 $\theta = v/\delta(v)$，根据式(8-7)和(8-8)可得

$$dF = \frac{cSv}{\delta(v)} = cS\theta(v)dR_{M_{a1}} \tag{8-9}$$

由式(8-9)可知，气体累积流量和忆阻器 M_{a1} 阻值之间存在一一对应关系，气体累积流量 F 与忆阻器的阻值 $R_{M_{a1}}$ 之间具有一一对应关系，因此，通过测量忆阻器 M_{a1} 的阻值就可以间接地测量出气体累积流量。

8.2.3　反向串联策略

在图 8-3 所示的单忆阻器策略中，热线电流不但受到管中心气体流速的影响，而且受到忆阻器 M_{a1} 阻值波动的影响。由于气体累积流量取决于管中心气体流速的大小，从测量角度来讲，如果热线电流只与气体流速相关，热线电流的大小仅取决于气体流速的大小，那么这样的测量结果会更直接，也更准确。

这种情况下，为解决忆阻器模块阻值变化的问题，再结合忆阻器阻值的增大或减小与电流方向相关的这一特点，可以提出第二种设计方案，即忆阻器模块采用反向串联策略，

其电路结构如图 8-4 所示，其中忆阻器 M_{b1} 的掺杂区与热线相连，其非掺杂区与忆阻器 M_{a1} 的非掺杂区相连；同时，忆阻器 M_{a1} 的掺杂区仍与桥路电阻 R_c 相连。串联忆阻器 M_{a1} 和 M_{b1} 构成反向串联忆阻器 M_1。图 8-4 中的忆阻器 M_{a1} 和 M_{b1} 是两个结构及特性完全相同的忆阻器，但在电路中是反向串联的。

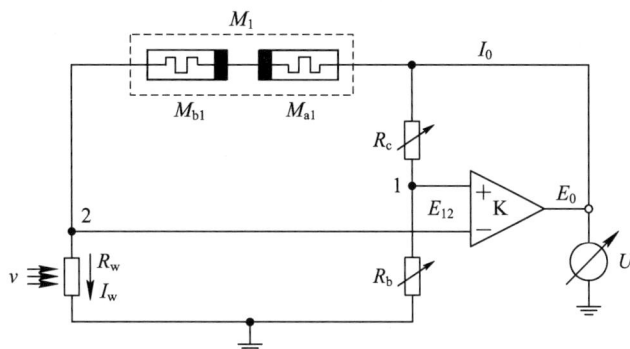

图 8-4　反向串联策略原理结构

以 TiO_2/TiO_{2-x} 忆阻器为例，取两个 TiO_2/TiO_{2-x} 忆阻器，分别记为 M_{a1} 与 M_{b1}，其器件结构如图 8-5 所示。它们分别包括掺杂区 TiO_{2-x} 和非掺杂区 TiO_2 两部分，其中掺杂区的电阻率较低，而非掺杂区的电阻率高。当正向偏压施加到忆阻器 M_{a1} 两端时，M_{a1} 的阻值会减小，由于偏压方向相反，M_{b1} 的阻值正好相反，会逐渐增大。

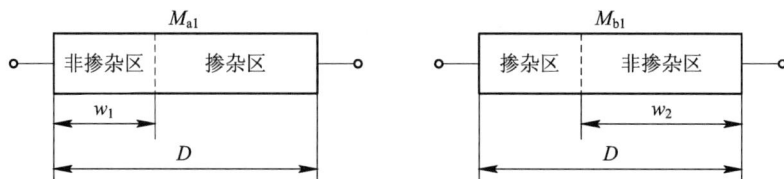

图 8-5　TiO_2/TiO_{2-x} 忆阻器器件结构图

图 8-5 中，D 为器件活性区厚度，w 为非掺杂区厚度。

如果定义非掺杂区厚度 w 与活性区厚度 D 的比值 x 为忆阻器归一化厚度，则有

$$x(t) = \frac{w(t)}{D} \tag{8-10}$$

若 R_{on} 为忆阻器的开态电阻，R_{off} 为其关态电阻，则忆阻器的电阻值 R_M 可表达为

$$R_M = R_{off}x + R_{on}(1-x) \tag{8-11}$$

因此，忆阻器 M_{a1} 的阻值 $R_{M_{a1}}$ 为

$$R_{M_{a1}} = R_{off}x_{a1} + R_{on}(1-x_{a1}) \tag{8-12}$$

式中，x_{a1} 为忆阻器 M_{a1} 的归一化厚度，是非掺杂区厚度 w_1 与活动区厚度 D 的比值。

忆阻器 M_{b1} 阻值 $R_{M_{b1}}$ 为

$$R_{M_{b1}} = R_{off}x_{b1} + R_{on}(1-x_{b1}) \tag{8-13}$$

式中，x_{b1} 为忆阻器 M_{b1} 的归一化厚度，是非掺杂区厚度 w_2 与活动区厚度 D 的比值。

当一个忆阻器 M_{a1} 和一个忆阻器 M_{b1} 组成反向串联忆阻器 M_1 时，其阻值 R_{M_1} 为

$$R_{M_1} = R_{M_{a1}} + R_{M_{b1}} = 2R_{on} + (x_{a1} + x_{b1})(R_{off} - R_{on}) \tag{8-14}$$

为了使反向串联忆阻器 M_1 阻值保持不变以避免对回路电流造成影响，要求式(8-14)中的归一化厚度之和 $x_{a1} + x_{b1}$ 保持不变，即要求归一化厚度 x_{a1} 和 x_{b1} 的变化速率相等。

由于忆阻器 M_{a1} 和 M_{b1} 的连接方向相反，因此，M_{a1} 的归一化厚度 x_{a1} 逐渐增大，M_{b1} 的归一化厚度 x_{a2} 逐渐减小。这是因为掺杂粒子的平均漂移速度为

$$\frac{dw(t)}{dt} = \mu_v \frac{R_{on}}{D} I(t) \tag{8-15}$$

因此，由式(8-10)和式(8-15)可知

$$\frac{dx}{dt} = \frac{\mu_v R_{on}}{D^2} I \tag{8-16}$$

由式(8-16)可知，如果同一回路中的忆阻器 M_{a1} 和 M_{b1} 是结构参数相同的忆阻器，则它们具有相同的参数，包括平均迁移率 μ_v，开态电阻 R_{on}，活动区厚度 D，以及回路电流。因此，此时式(8-14)仅由 x_{a1} 和 x_{b1} 的值决定。

式(8-14)中，两个忆阻器的归一化厚度之和 $x_{a1} + x_{b1}$ 有三种情况：小于 1，等于 1 以及大于 1。

当 $x_{a1} + x_{b1}$ 小于 1 或大于 1 时，即 $x_{b1} \neq 1 - x_{a1}$，忆阻器 M_{a1} 的非掺杂区厚度与 M_{b1} 的掺杂区厚度不相等，M_{a1} 的掺杂区厚度与 M_{b1} 的非掺杂区厚度也不相等，由于忆阻器存在非线性掺杂问题，此时忆阻器归一化厚度 x_{a1} 和 x_{b1} 的变化速率不相等，无法保证忆阻器总阻值保持恒定。

当 $x_{a1} + x_{b1} = 1$ 时，$x_{b1} = 1 - x_{a1}$，忆阻器 M_{a1} 和 M_{b1} 处于相反的状态，M_{a1} 的非掺杂区厚度与 M_{b1} 的掺杂区厚度相等，M_{a1} 的掺杂区厚度与 M_{b1} 的非掺杂区厚度相等，此时忆阻器归一化厚度 x_{a1} 和 x_{b1} 的变化速率保持相等。

因此，为了使忆阻器总阻值保持恒定，要求组成反向串联忆阻器 M_1 的 M_{a1} 和 M_{b1} 处于相反的状态，它们的归一化厚度之和 $x_{a1} + x_{b1}$ 等于 1。

此时，忆阻器 M_{a1} 和 M_{b1} 组成的反向串联忆阻器 M_1 的阻值 R_{M_1} 为

$$R_{M_1} = R_{M_{a1}} + R_{M_{b1}} = R_{on} + R_{off} \tag{8-17}$$

当 $x_{a1} + x_{b1}$ 等于 1 时，忆阻器 M_{a1} 的阻值增加的速率与忆阻器 M_{b1} 的阻值减小的速率相等，反向串联忆阻器 M_1 的总阻值是定值。

此时，若忆阻器 M_{b1} 的阻值 $R_{M_{b1}}$ 随着气体累积流量的增大而减小，则其可以用来平衡忆阻器 M_{a1} 阻值的增大，进而保证了反向串联忆阻器 M_1 的阻值保持不变，以避免在测量过程中因 M_{a1} 阻值的增大所引起的回路电流的波动，从而避免了对传感器的稳定性的影响而引入的测量误差。从测量角度来讲，图 8-4 所示的传感器结构中，忆阻器 M_1 的阻值是定值，热线电流不会受到忆阻器模块的阻值变化影响，只取决于管中心气体流速的影响，这样的测量结果更直接，也更准确。

8.2.4　串联策略

反向串联克服了单忆阻器阻值变化对传感器性能的影响，使气体累积流量传感器电路更稳定，提高了测量的准确性。但是，单忆阻器的阻值变化范围有限，传感器的量程无法进一步扩大。为了使忆阻器模块的阻值有更大的变化范围，让传感器量程有多种选择，这里介绍一种多个反向串联忆阻器串联的忆阻器模块结构。

对于图 8-4 所示的传感器结构，当测量开始后，根据管道中心气体流速的情况，热线电流会产生相应的变化，回路中的电流也就会发生变化。如果在反向偏压下，忆阻器 M_{a1} 的阻值逐渐增大，当达到最大值时，此时无法再继续测量，测量结束。整个测量过程中 M_{a1} 起到测量作用，M_{b1} 只起到平衡 M_{a1} 阻值变化的作用。因此，M_{a1} 阻值变化的最大范围，也就是用于测量的阻值范围为

$$\Delta R_{M_{a1}} = R_{\text{off}} - R_{\text{on}} \tag{8-18}$$

此时式(8-18)的测量值就是累积流量传感器的最大测量值。因此，如果想要扩大传感器的测量范围，这里采用多个反向串联忆阻器进行串联的策略来实现，即扩大忆阻器模块的阻值变化范围。

图 8-6 所示的是采用串联策略的忆阻器模块结构。在保证两种连接方向的忆阻器数量相等的情况下，忆阻器模块的阻值保持不变，串联顺序不影响变化情况。当多个反向串联忆阻器再串联时，$M_{a1}, M_{a2}, \cdots, M_{an}$ 都能起到测量作用；$M_{b1}, M_{b2}, \cdots, M_{bn}$ 起到平衡 $M_{a1}, M_{a2}, \cdots, M_{an}$ 阻值变化的作用。

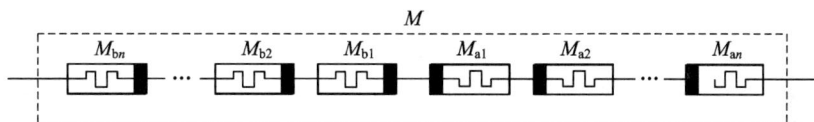

图 8-6　串联策略原理结构

由式(8-17)可得，忆阻器模块采用多个反向串联忆阻器再串联的结构时，其总阻值为

$$R_M = nR_{M_1} = n(R_{\text{on}} + R_{\text{off}}) \tag{8-19}$$

忆阻器 $M_{a1}, M_{a2}, \cdots, M_{an}$ 总阻值的变化量为

$$\Delta(R_{M_{a1}}, R_{M_{a2}}, \cdots, R_{M_{an}}) = n(R_{\text{off}} - R_{\text{on}}) \tag{8-20}$$

从式(8-20)中可以看出，忆阻器模块采用如图 8-6 所示的结构，使得用于测量的忆阻器的总阻值变化量是反向串联结构的 n 倍，从而最大测量范围也增大 n 倍，大大扩大了传感器的测量范围，且通过调整反向串联忆阻器的个数，可以使传感器具有不同的测量范围，以满足不同的量程需要。

8.2.5　并联策略

一般情况下，忆阻器的关态电阻很大，反向串联忆阻器阻值为开态电阻与关态电阻之和，至少达到几千欧。采用串联策略中的多个反向串联忆阻器的串联结构，会使忆阻器模块总阻值更大。然而，热线电阻的阻值仅有几欧姆。在并联支路数量 n 非常小的时候，传感器还能正常测量，但支路数量 n 一旦变大，热线电流会非常小，以至于传感器系统无法

调节热线电流，使其产生的热量与气流带走的热量保持平衡。此时，热线电流的大小无法随气体流速的变化而发生相应的变化，不能反映流速信息，导致传感器无法完成对气体累积流量的测量。另外，忆阻器模块总阻值过大，对传感器系统的电流驱动的要求也会更高。针对这些问题，可以在串联策略的基础上考虑并联策略，其原理示意图如图 8-7 所示。

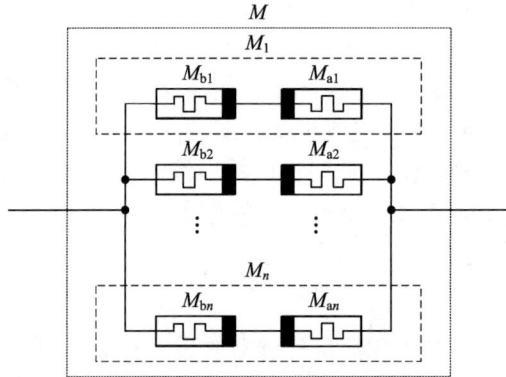

图 8-7　并联策略原理结构

在图 8-7 所示的忆阻器模块结构中，忆阻器模块采用多个反向串联忆阻器并联的方式。它在反向串联忆阻器的基础上，将多个和反向串联忆阻器 M_1 完全相同的忆阻器并联，以相同的连接方式接入电路中，以形成多个反向串联忆阻器的并联结构。

由式(8-17)可得，忆阻器模块多个反向串联忆阻器采用并联结构时，其总阻值为

$$R_M = \frac{1}{n} R_{M_1} \tag{8-21}$$

忆阻器模块的总阻值变为反向串联策略的 $1/n$，大大降低了忆阻器模块的总电阻，如此，图 8-7 所示的传感器结构能够克服忆阻器模块电阻过大，热线电流不能反映气体流速的问题，且传感器系统总电阻也大大减小，对电路的电流驱动的要求也大大降低。

此外，应用并联策略的忆阻器模块结构还能起到扩大传感器量程的作用。串联策略是通过扩大测量忆阻器 $M_{a1}, M_{a2}, \cdots, M_{an}$ 阻值变化总量来扩大测量传感器的测量范围的，并联策略扩大传感器测量范围的原理与串联不同，其采用的是分流思想。采用并联结构策略，流经每条忆阻器支路的电流将变成热线电流的 $1/n$。在气体流速不变的情况下，流经每条忆阻器支路的电流变小，则测量忆阻器 $M_{a1}, M_{a2}, \cdots, M_{an}$ 的阻值增长速度会变成原来的 $1/n$，传感器的测量范围也扩大为反向串联的 n 倍，很大程度地扩大了传感器的测量范围。

8.3　传感器结构及工作原理

8.3.1　转化及计量电路

转化及计量电路是由忆阻器模块、热线电阻和两个可调电阻相连接组成的惠斯通电桥，

如图 8-8 所示。基于忆阻器的气体累积流量传感器用于检测管道内一定时间的气体累积流量，测量时，热线电阻放置在管道中心轴线上，与管道内气体流向垂直。

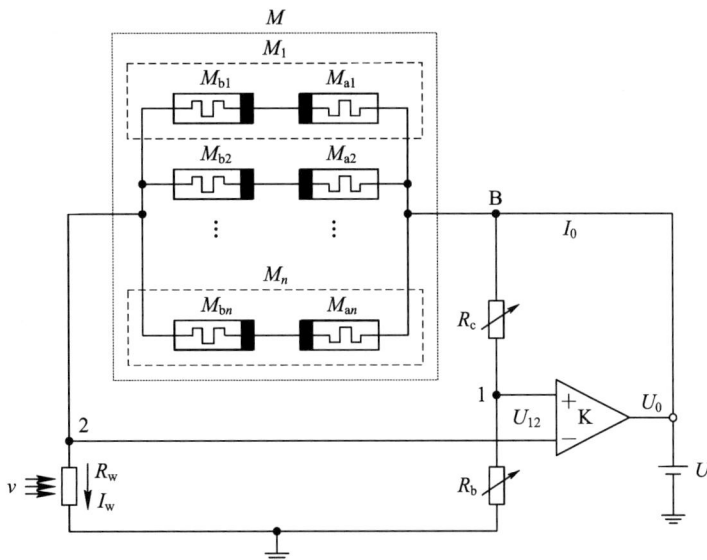

图 8-8　转化及计量电路

图 8-8 中忆阻器模块 M 包含多个完全相同的反向串联忆阻器。忆阻器 M_1 由忆阻器 M_{a1} 和忆阻器 M_{b1} 反向串联组成。M_{a1} 的非掺杂区与可调电阻 R_c 相连，其掺杂区与 M_{b1} 的掺杂区相连，M_{b1} 的非掺杂区与热线电阻 R_w 相连。忆阻器 M_2 由忆阻器 M_{a2} 和忆阻器 M_{b2} 反向串联构成。相似地，忆阻器 M_n 由忆阻器 M_{an} 与忆阻器 M_{bn} 串联组成。$M_2, M_3, \cdots, M_n$ 内部的连接方式与 M_1 相同，$M_1, M_2, \cdots, M_n$ 并联构成忆阻器模块 M。$M_{a1}, M_{a2}, \cdots, M_{an}$ 的工作状态相同。$M_{b1}, M_{b2}, \cdots, M_{bn}$ 的工作状态相同，但与 $M_{a1}, M_{a2}, \cdots, M_{an}$ 的工作状态相反。忆阻器模块 M 的总阻值为定值，不会影响原恒温式热线风速仪的调节过程。

在热平衡状态下，热线电阻表面的温度基本维持不变，热线电流所产生的焦耳热等于管道内气体所带走的热量。此时，根据 King 公式，热线电流所产生的焦耳热为

$$J = I_w^2 R_w = (T_w - T_f)(A + B\sqrt{v}) \tag{8-22}$$

式中，T_w 为热线电阻表面温度，T_f 为测量管道内气流的温度，A 和 B 是与热线电阻和被测量气体有关的参数。A 和 B 的计算公式为

$$\begin{cases} A = 0.42\pi l K_f \, \mathrm{Pr}^{0.20} \\ B = 0.57\pi l K_f \, \mathrm{Pr}^{0.33} \left(\dfrac{d}{v}\right)^{0.5} \end{cases} \tag{8-23}$$

式中，K_f 为空气的热传导率，v 为空气的运动黏度，Pr 为测量气体的普朗特数。

热线电阻与气流温度的关系可以写成

$$R_w = R_f[1 + \alpha_f(T_w - T_f)] \tag{8-24}$$

式中，R_w 为热线电阻的实际电阻值，R_f 为气流温度为 T_f 时，且热线电阻未被电流加热时热

线的电阻值，α_f 为热线电阻的电阻温度系数。式(8-24)可以表示为

$$T_w - T_f = \frac{R_w - R_f}{\alpha_f R_f} \tag{8-25}$$

在恒温工作模式下，管道中心气流速度 v 和热线的工作电流 I_w 的关系可以表示为

$$I_w = \sqrt{\frac{(A + B\sqrt{v})(R_w - R_f)}{R_w \alpha_f R_f}} \tag{8-26}$$

管道中心气流速度和热线电流均为正值，因此流过热线电阻和忆阻器的电流 I_w 与管道中心气流速度 v 呈一一对应关系。

当忆阻器模块中每条支路上的反向串联忆阻器满足 $x_{an} + x_{bn} = 1$，因此每条支路上的反向串联忆阻器的阻值可以表示为

$$R_{M_n} = R_{M_{an}} + R_{M_{bn}} = R_{off} + R_{on} \tag{8-27}$$

由于 $M_1, M_2, \cdots, M_n$ 完全相同，因此它们的阻值关系为

$$R_{M_1} = R_{M_2} = ... = R_{M_n} \tag{8-28}$$

同时，$M_1, M_2, \cdots, M_n$ 为并联结构，则忆阻器模块总阻值 R_M 为

$$R_M = \frac{1}{n} R_{M_1} = \frac{1}{n}(R_{on} + R_{off}) \tag{8-29}$$

因此，忆阻器模块总电阻值大小只和忆阻器的关态电阻、开态电阻、并联电路支路数量有关，而与每个忆阻器的阻值大小、测量时间以及流经忆阻器的电流大小无关。在测量过程中，忆阻器模块总阻值是恒定的，不会对热线电流造成影响，热线电流的大小仍由管道中心气体流速所决定。

通常，放大器的总电阻为数百千欧或更大，但热线电阻只有几欧姆。忆阻器模块中，供电与反馈平衡电路中有多个电阻和放大器，其总阻值远大于热线电阻值。在这种情况下，忆阻器模块与热线电阻为串联关系，可以认为流过忆阻器模块和热线电阻的电流完全相等。因此，流经忆阻器 M_{a1} 的电流为

$$I_{M_{a1}} = \frac{1}{n} I_w = \frac{1}{n}\sqrt{\frac{(A + B\sqrt{v})(R_w - R_f)}{R_w \alpha_f R_f}} \tag{8-30}$$

因此，可得忆阻器阻值 $R_{M_{a1}}$ 与气体累积流量 F 之间的关系为

$$dF = \frac{ncSD^2}{\mu R_{on}(R_{off} - R_{on})}\sqrt{\frac{R_w \alpha_f R_f}{(R_w - R_f)}}\frac{v}{\sqrt{A + B\sqrt{v}}}dR_{M_{a1}} \tag{8-31}$$

式(8-30)和(8-31)表明，气体累积流量 F 与忆阻器阻值 $R_{M_{a1}}$ 之间存在着一一对应关系，可通过测量忆阻器 M_{a1} 的阻值 $R_{M_{a1}}$ 间接测量出气体累积流量 F。

8.3.2 供电与反馈平衡电路

供电与反馈平衡电路的作用是提供气体累积流量传感器工作所需的能源以及将惠斯通

电桥的输出电压进行放大，并将放大后的电压再接入惠斯通电桥，起到负反馈调节作用，使得流经热线电阻的电流发生相应的变化。供电与反馈平衡电路与惠斯通电桥构成反馈平衡网络，共同维持热线电阻在恒温模式下工作。

　　传感器供电与反馈平衡电路如图 8-9 所示，由电阻 R_1、电阻 R_2、电阻 R_3、电阻 R_4、电阻 R_5、电阻 R_6、电阻 R_7 和电阻 R_8 这 8 个定值电阻，2 个集成运算放大器 A_1 和 A_2，单刀双掷开关 S 以及电源 U_1 和 U_2 组成。在选择电阻时，使定值电阻 R_1 和电阻 R_2 的电阻值相等，定值电阻 R_3 和电阻 R_4 的电阻值相等，电阻 R_5 和电阻 R_6 的电阻值相等，电阻 R_7 和电阻 R_8 的电阻值相等。电源 U_1 的输出电压为 U_1，电源 U_2 的输出电压为 U_2，电阻 R_1 连接测量电路中的节点 1，电阻 R_2 连接测量电路中的节点 2。输入电压 u_1 为节点 1 电位，输入电压 u_2 为节点 2 电位。

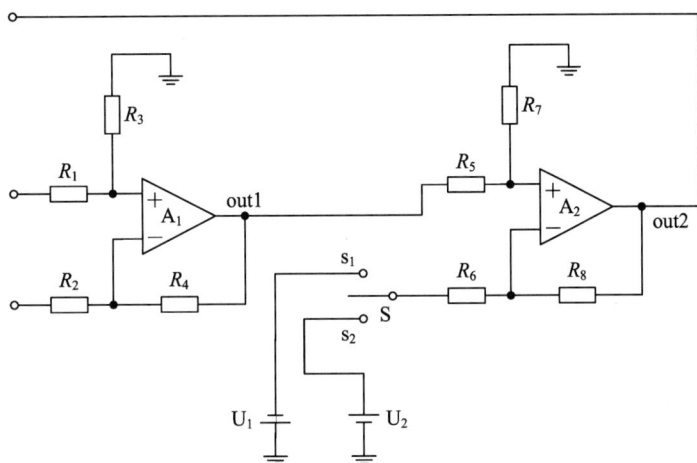

图 8-9　传感器供电与反馈平衡电路

运算放大器 A_1 的输出电压 U_{out1} 为

$$U_{out1} = \frac{(R_2 + R_4)R_3}{(R_1 + R_3)R_2}u_1 - \frac{R_4}{R_2}u_2 = \frac{R_4}{R_2}(u_1 - u_2) \tag{8-32}$$

式中，$(u_1 - u_2)$ 为惠斯通电桥的输出电压，经过集成运算放大器 A_1，将惠斯通电桥的输出电压扩大为原来的 R_4/R_2 倍。

　　当单刀双掷开关 S 接 s_1 时，为传感器的测量模式，电源 U_1 的输出电压为 U_1。通过运算放大器 A_2 将惠斯通电桥的输出电压进一步放大，A_2 输出端电压 U_{out2} 为

$$U_{out2} = \frac{(R_6 + R_8)R_7}{(R_5 + R_7)R_6}U_{out1} - \frac{R_8}{R_6}U_1 = \frac{R_8}{R_6}(U_{out1} - U_1) \tag{8-33}$$

　　忆阻器的阻值增大或减小仅与流经忆阻器的电流方向相关，而在测量模式时，即图 8-9 所示的供电与反馈平衡电路中单刀双掷开关 S 不动端与动端 s_1 相连接时，流经忆阻器模块的电流方向不会发生变化，忆阻器 M_{a1} 的阻值一直增大，直到达到 M_{a1} 的阻值的最大值，即关态电阻时，便不再变化，传感器也无法再进行测量。因此，传感器处于测量模式时，只能完成一次测量。

为了使传感器具有重复测量的功能，需要对忆阻器模块中的忆阻器进行复位，由于电源 U_2 与电源 U_1 的连接方向相反，因此当开关 S 接 s_2 时，电路中的电流方向与测量模式时是相反的，忆阻器模块中的每个忆阻器的阻值变化也是相反的，如此，复位电路能使忆阻器完成复位功能。为提高复位速度，电源 U_2 的输出电压要大于 U_1 的输出电压。

8.3.3 后期处理电路

基于图 8-8 所示的传感器电路原理图所搭建的累积流量传感器，虽然实现了气体流速信号到电信号的转换，能够完成气体累积流量的测量，但是测量结果反映在忆阻器 M_{a1} 的阻值上，若想得到测量结果，需要断开电路后测量 M_{a1} 的阻值，不能直接读取，很不方便，而且测量时需要通电，这又会造成测量误差。

忆阻器阻值信息提取电路如图 8-10 所示，由 4 个电阻 R_9、R_{10}、R_{11} 和 R_{12}，以及集成运算放大器 A_3 组成。电阻 R_9、R_{10}、R_{11} 和 R_{12} 的电阻相等。在传感器测量电路中，忆阻器 M_{a1} 和忆阻器 M_{b1} 之间引入节点 H，忆阻器 M_{a1} 与 M_{a2} 之间引入节点 L，电阻 R_{10} 连接的是测量电路中的节点 H，电阻 R_9 连接的是测量电路中的节点 L。忆阻器阻值信息提取电路的输入电压为 U_H 和 U_L，则该电路的输出电压 U_{out3} 为

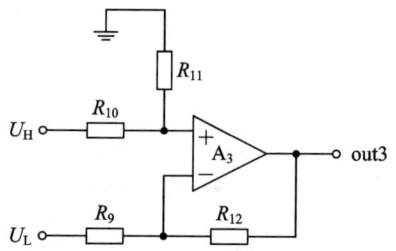

图 8-10 忆阻器阻值信息提取电路

$$U_{out3} = \frac{(R_9 + R_{12})R_{11}}{(R_{10} + R_{11})R_9}U_H - \frac{R_{12}}{R_9}U_L = U_H - U_L \qquad (8\text{-}34)$$

U_H 和 U_L 等于忆阻器 M_{a1} 两端的电位，$U_H - U_L$ 即为忆阻器 M_{a1} 上的电压。通过忆阻器阻值信息提取电路，把忆阻器 M_{a1} 的阻值信息转化为集成运算放大器 A_3 的输出电压，有利于实时读取，方便也更准确。

在实际的测量中，除有测量范围的要求外，一般还有测量精度与灵敏度的要求。为此，需要对忆阻器 M_{a1} 上的电压 U_{out3} 进行放大，设计如图 8-11 所示的忆阻器电压放大电路。该电路由四个电阻 R_{13}、R_{14}、R_{15} 和 R_{16}，以及集成运算放大器 A_4 组成。电阻 R_{13} 和电阻 R_{15} 的电阻值相等，电阻 R_{14} 和电阻 R_{16} 的电阻值相等。集成运算放大器 A_4 的输出电压 U_{out4} 为

$$U_{out4} = \frac{(R_{15} + R_{16})R_{14}}{(R_{13} + R_{14})R_{15}}U_{out3} = \frac{R_{14}}{R_{15}}U_{out3} \qquad (8\text{-}35)$$

图 8-11 所示的忆阻器电压放大电路是电压放大电路的一种示例，在实际应用中，可根据测量精度与灵敏度的具体需求，对部分电压放大电路、放大电路的级数以及放大倍数进行设计，以满足多种情况下的不同需求。

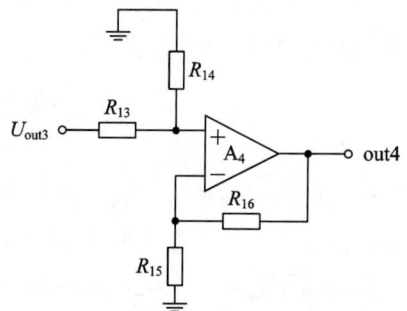

图 8-11 忆阻器电压放大电路

8.3.4　传感器工作原理

根据用忆阻器实现气体累积流量计量的基本方案及策略，传感器电路如图 8-12 所示。

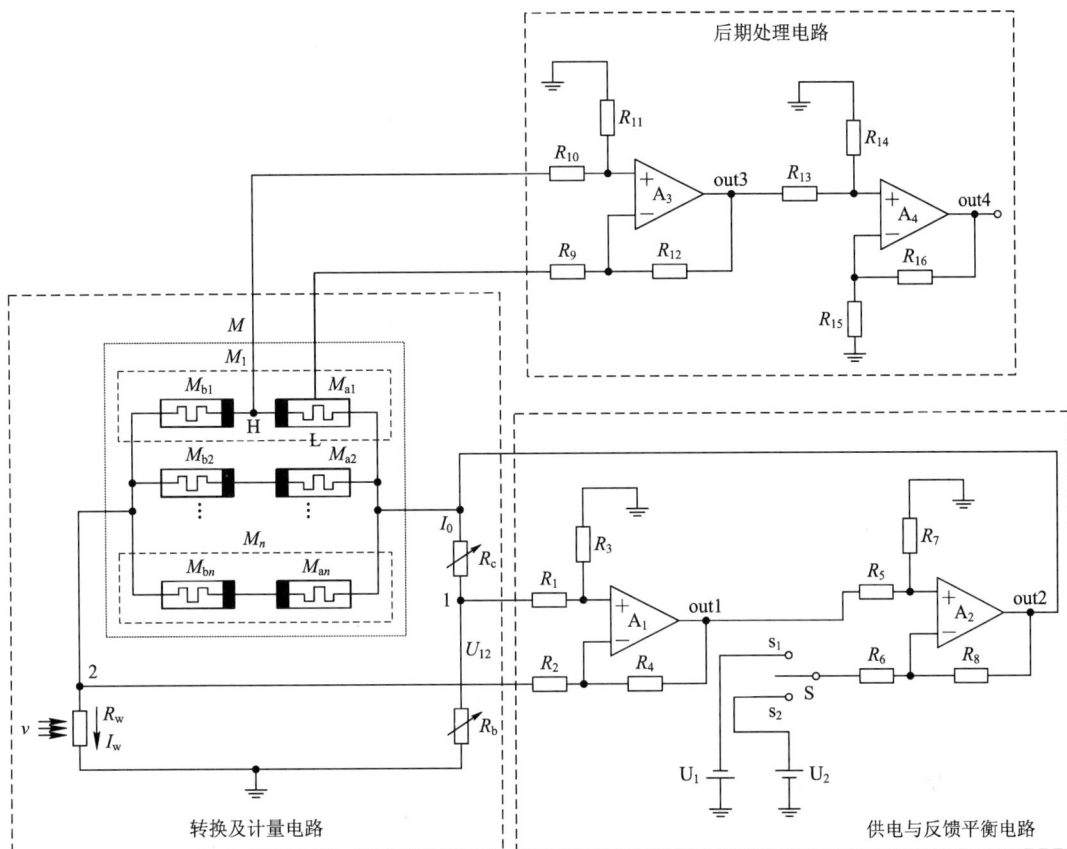

图 8-12　用忆阻器实现气体累积流量计量的传感器电路图

传感器中使用的气体流速换能器为热线电阻，热线电阻不仅需要电阻材料的温度系数较高、电阻率较大、机械强度好、热传导率较小，还要满足在温度较高时也能测量的要求。一般情况下，传统热式流量测量方法中，热线电阻使用的是镀铂钨丝。镀铂钨丝具有非常好的抗拉强度，且能防止高温氧化，非常适用于基于忆阻器的气体累积流量传感器。

传感器工作时，热线电流与管道中心气体流速关系如式(8-26)所描述，为使传感器测量过程中对气流的影响尽可能小，需要尽可能使热线电阻的尺寸足够小。若选用长 l 为 2 mm、直径 d 为 10 μm 的镀铂钨丝作为基于忆阻器的累积流量传感器的热线电阻。常温下钨丝的电阻率 ρ_w 为 5.48×10^{-2} ($\Omega \times$ mm^2/m)，则在室温条件下，该尺寸的钨丝阻值为

$$R_0 = \rho_w \frac{4l}{\pi d^2} = 1.4 \tag{8-36}$$

考虑到制作工艺以及其他因素造成的误差，常温下热线电阻阻值取 2.2 Ω。

对式(8-26)进行变换，热线电阻的电阻值 R_w 与管道中心气流速度 v 和热线的工作电流 I_w 的关系可以表示为

$$R_w = \frac{R_f(A + B\sqrt{v})}{A + B\sqrt{v} - I_w^2\alpha_f R_f} \tag{8-37}$$

惠斯通电桥和反馈平衡电路中节点 B 处的电位为

$$U_B = K \times E_{12} + E_{qi} \tag{8-38}$$

惠斯通电桥的总电阻 R_L 为

$$R_L = \frac{(R_w + R_M)(R_b + R_c)}{(R_w + R_M)(R_b + R_c)} \tag{8-39}$$

反馈电流 I_0 为

$$I_0 = \frac{E_B}{R_L} \tag{8-40}$$

惠斯通输出电压 U_{12} 可表示为

$$U_{12} = (I_0 - I_w)R_b - I_w R_w \tag{8-41}$$

热线电流的另一种表达式为

$$I_w = \frac{U(R_b + R_c)}{(R_w + R_M)(R_b + R_c) + K[R_w R_c - R_M R_b]} \tag{8-42}$$

流经忆阻器 M_{a1} 的电流为

$$I_{M_{a1}} = \frac{1}{n}I_w = \frac{1}{n}\frac{U(R_b + R_c)}{(R_w + R_M)(R_b + R_c) + K[R_w R_c - R_M R_b]} \tag{8-43}$$

由式(8-16)和式(8-17)可得

$$R_{M_{a1}} = R_{on} + (R_{off} - R_{on})\int\frac{\mu R_{on}I_{M_{a1}}}{D^2}dt \tag{8-44}$$

因此可以推导出，气体累积流量 F 与忆阻器 M_{a1} 的电阻值 $R_{M_{a1}}$ 之间的关系为

$$dF = \frac{cnSvD^2}{\mu R_{on}U(R_b + R_c)(R_{off} - R_{on})}[(R_w + R_M)(R_b + R_c) + K(R_w R_c - R_M R_b)]dR_{M_{a1}} \tag{8-45}$$

因此，当气体流过热线时，由于气体温度与热线表面温度存在差异，将带走安装在管道中心热线电阻表面一定的热量。基于热平衡原理，热线中因电流产生的焦耳热应等于管道内气流带走的热线表面的热量。当管道内气体流速 v 增大时，会引起热线上的温度下降，热线电阻值 R_w 变小，端点 2 的电压 U_2 降低，端点 1 的电压 U_1 不变，则惠斯通电桥的输出电压 U_{12} 增加，从而使运放输出端电压 U_0 增大、反馈电流 I_0 增大，流经忆阻器模块和热线电阻的电流 I_w 增大，热线产生的焦耳热 $I_w^2 R_w$ 增加，使 R_w 恢复到平衡状态。传感器电路使用的忆阻器模块，其总阻值是定值，不会对回路电流造成影响。当气体流速变化时，将导致流过忆阻器和热线电阻的电流变化。忆阻器阻值会随着流过自身电荷量的变化而变化，呈现出对电流进行积分运算的效果，从而能通过忆阻器阻值的变化量来表征一段时间内的气体累积流量，实现对气体累积流量的测量。

8.4　应　用　案　例

8.4.1　实验及参数设置

根据图 8-12 设计一个气体累积流量传感器。实验气体为空气，管道内径为 600 mm，测试环境温度为 300 K，空气流速由 35 kPa、最大风量为 60 m³/min 的可调节送风机来控制。300 K 的空气的热传导率 K_f 为 0.026 24 W/(m·℃)，运动黏度 v 为 15.69 × 10⁻⁶ m²/s，普朗特数 Pr 为 0.708。

根据实验对象及条件，选择半径为 10 μm，长度为 2 mm 的钨丝作为基于忆阻器的累积流量传感器的热线电阻，常温下，钨丝的电阻率 ρ_w 为 5.48 × 10⁻² (Ω·mm²/m)。

选择使用 TiO₂/TiO₂₋ₓ 忆阻器的关态电阻 R_{off} 为 790 Ω，开态电阻 R_{on} 为 10 Ω，其活性区厚度 D 为 40 nm 的 TiO₂/TiO₂₋ₓ 忆阻器，其掺杂物平均迁移率 μ 为 10⁻¹⁴ m²/(V·s)，忆阻器 M_{an} 和 M_{bn} 的归一化厚度之和满足 $x_{an} + x_{bn} = 1$。

传感器工作在测量模式，如不进行特别说明时，电压 U_1 为 2 V，反馈平衡电路总增益为 100 倍，忆阻器模块并联支路数量 n 为 10，R_c 为 80 Ω，管道中心气体流速 v 为 5 m/s。另外，由式(8-23)计算可得参数 $A = 6.4597 × 10^{-5}$，$B = 2.1220 × 10^{-5}$。

8.4.2　响应特性

当管道中心的气体流速 v 为 5 m/s 时，测量气体累积流量。气体累积流量 F 与忆阻器 M_{a1} 的电阻 $R_{M_{a1}}$ 之间的关系如图 8-13 所示。

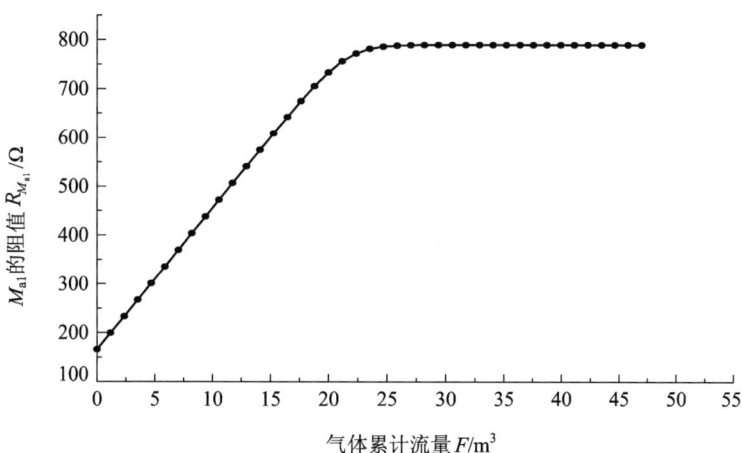

图 8-13　v 为 5 m/s 时传感器的响应特性曲线

由图 8-13 可以观察到，随着气体累积流量的增加，M_{a1} 的电阻从约 166 Ω 开始线性增加，当气体累积流量 F 达到约为 26 m³ 时，$R_{M_{a1}}$ 达到其最大值，即关态电阻 790 Ω。因此，气体累积流量传感器可以通过忆阻器 M_{a1} 的电阻变化来测量气体累积流量。当气体流速 v

为 5 m/s 时，测量范围为 $0.26\ \mathrm{m}^3$。

测量开始时，忆阻器 M_{a1} 的初始电阻约为 $166\ \Omega$，大大超过忆阻器开态电阻 $R_{on}(10\ \Omega)$，这样的初始电阻值设置使电阻 $R_{M_{a1}}$ 的变化范围变窄，使传感器的测量范围减小。然而，这样的初始电阻值可以避免传感器处于忆阻器 M_{a1} 归一化厚度临近 $x_a \approx 0$ 的极限状态阶段。在这个阶段，掺杂物的非线性掺杂效应非常严重，导致忆阻器的阻值变化曲线变得非线性。因此，$166\ \Omega$ 初始电阻避开了 $x_{a1} \approx 0$ 的极限状态阶段，使传感器的 $F\text{-}R_{M_{a1}}$ 曲线具有良好的线性，这样有利于处理忆阻器阻值信息以获得气体累积流量。$F\text{-}R_{M_{a1}}$ 曲线的线性部分对应的测量范围是有效测量范围。当气体累积流量约为 $26\ \mathrm{m}^3$ 时，归一化厚度 $x_{a1} \approx 1$，类似于 $x_{a1} \approx 0$ 的阶段，此时掺杂物的非线性掺杂效应也非常严重，导致 $F\text{-}R_{M_{a1}}$ 曲线的斜率逐渐减小，这个阶段同样不利于阻值信息的处理，使得气体累积流量的测量变得复杂。因此，当管道中心气体流速 v 为 5 m/s 时，累积流量传感器的有效测量范围约为 $0.20\ \mathrm{m}^3$，有效范围内的灵敏度约为 $28.44\ \Omega/\mathrm{m}^3$。

忆阻器阻值的变化主要是由归一化厚度的变化造成的。忆阻器 M_{a1} 的阻值 $R_{M_{a1}}$ 和归一化厚度 x_{a1} 随时间的变化情况如图 8-14 所示。

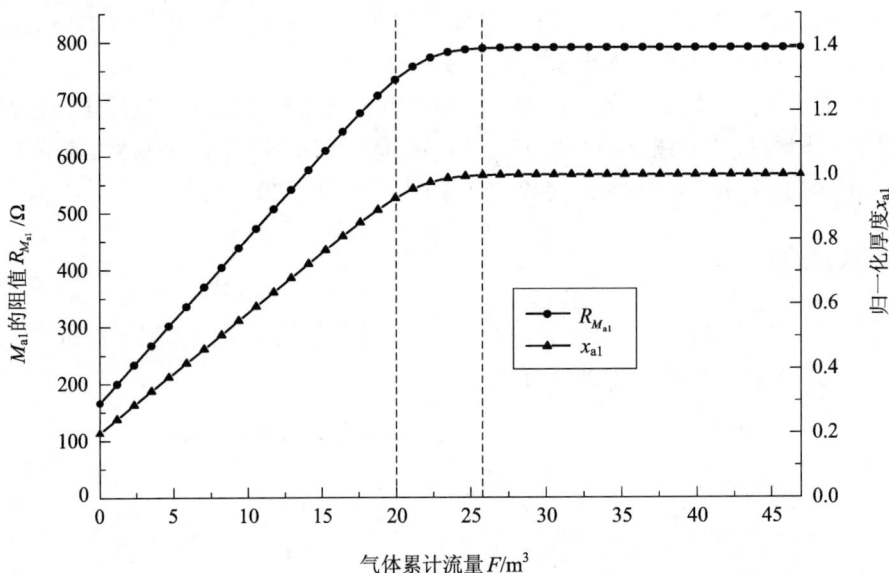

图 8-14　忆阻器 M_{a1} 阻值与其归一化厚度随气体累积流量的变化曲线

观察图 8-14 可知，M_{a1} 的阻值曲线与其归一化厚度的曲线有着相似的变化趋势。忆阻器在临近 $x_{a1} \approx 0$ 或 $x_{a1} \approx 1$ 的极限状态附近时，非线性掺杂效应很严重。在气体累积流量 F 达到 $20\ \mathrm{m}^3$ 之前，传感器的响应特性曲线为一条直线，达到大约 $20\ \mathrm{m}^3$ 时，阻值 $R_{M_{a1}}$ 和归一化厚度 x_{a1} 变化速率减缓，约 $26\ \mathrm{m}^3$ 之后，$R_{M_{a1}}$ 和 x_{a1} 都不再变化。当传感器响应特性曲线 $F\text{-}R_{M_{a1}}$ 曲线线性程度较好时，有利于阻值信息的处理。因此，为了便于测量后阻值信息的处理，在设计及制作气体累积流量传感器时，应使归一化厚度满足 $0.2 \leqslant x_{an} \leqslant 0.8$，$0.2 \leqslant x_{bn} \leqslant 0.8$。

M_{a1} 阻值随着归一化厚度 x_{a1} 的变化曲线如图 8-15 所示，可以观察到，阻值 $R_{M_{a1}}$ 和归一化厚度 x_{a1} 随时间呈现出一致的变化趋势，忆阻器 M_{a1} 的阻值 $R_{M_{a1}}$ 与归一化厚度 x_{a1} 表现为线性增大关系。

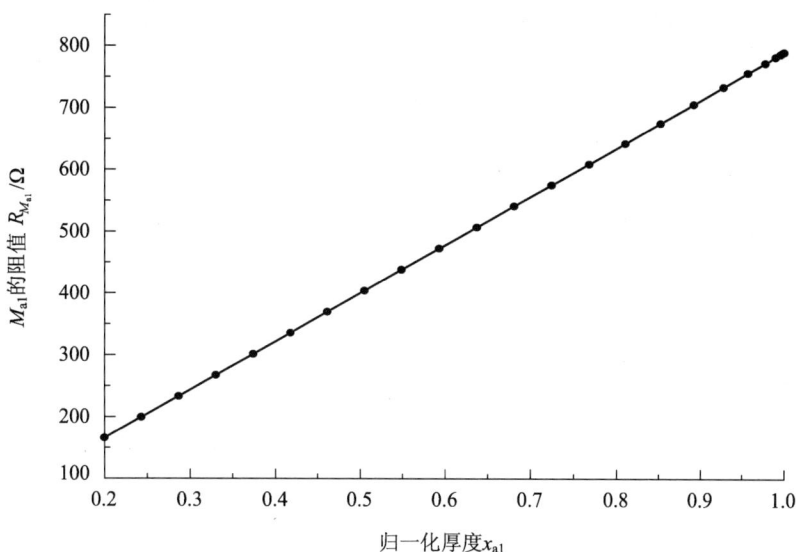

图 8-15　忆阻器 M_{a1} 阻值随其归一化厚度 x_{a1} 的变化曲线

在基于忆阻器的气体累积流量传感器中，热线电流是连接忆阻器 M_{a1} 阻值与气流累积流量的媒介，若某一测量时间段的气体累积流量很大，则意味着管中心气体流速很大，气体流速大，则热线电流会变大，忆阻器的阻值增长速度就会很快。因此，热线电流的变化情况对传感器的功能和性能有着极其重要的意义。忆阻器模块的总阻值保持恒定是热线电流能更准确地反映流速信息的关键，也是传感器系统稳定的关键。图 8-16 描绘了测量过程中忆阻器 M_{a1} 和 M_{b1}，反向串联忆阻器 M_1 和忆阻器模块 M 的阻值变化情况。惠斯通电桥总电阻和热线电流的变化情况如图 8-17 所示。

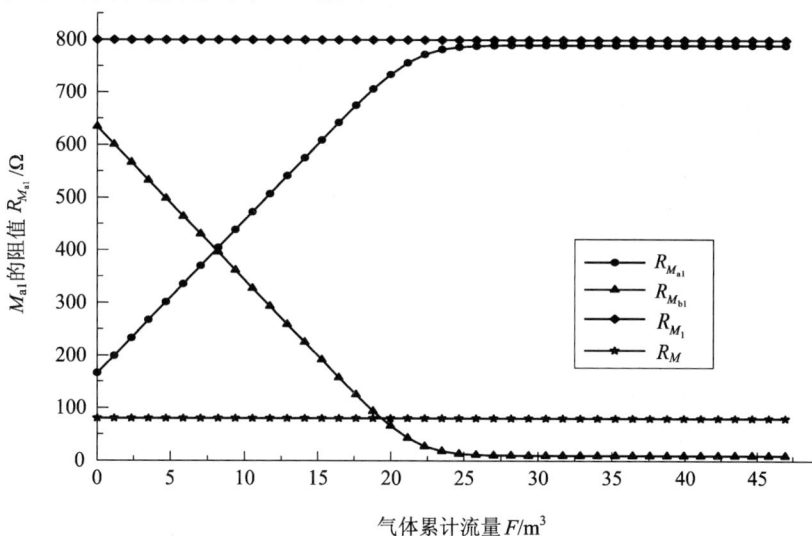

图 8-16　忆阻器 M_{a1} 和 M_{b1}、反向串联忆阻器 M_1 和忆阻器模块 M 的阻值变化情况

从图 8-16 中可以看出，阻值 $R_{M_{a1}}$ 随着累积流量的增加而增加，最终达到最大值 790 Ω。阻值 $R_{M_{b1}}$ 随着累积流量的增加而减小，最终达到 10 Ω 的最小值。由于归一化厚度 x_{a1} 和 x_{b1} 之和为 1，因此反向串联忆阻器 M_1 的阻值为忆阻器的开态电阻和关态电阻之和，并保持不变。

从图 8-17 中可以看出，测量过程中，忆阻器模块的总电阻值也保持不变。当忆阻器模块支路数量 n 为 10 时，模块总阻值 R_M 是 R_{M_1} 的十分之一。当管道中气体流速恒定时，惠斯通回路总电阻值 R_z 和热线电流 I_w 都保持不变。

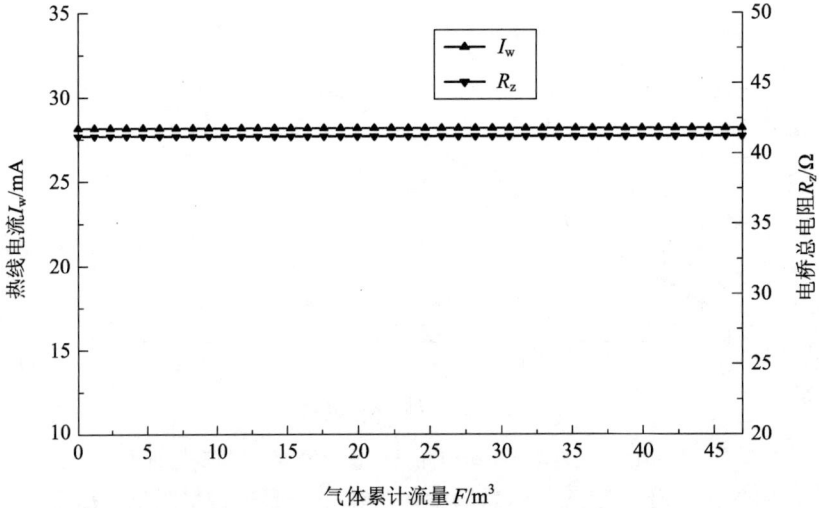

图 8-17　惠斯通电桥总电阻和热线电流的变化情况

　　忆阻器模块结构克服了传感器电路因忆阻器阻值变化对热线电流造成的影响，提高了电路的稳定性，减小了测量误差，使气体累积流量的测量更加准确。这种结构也克服了忆阻器阻值过大与一般热式流量测量电路无法匹配的问题，使得热线电流能够准确地反映气体流速信息，从而实现气体累积流量的测量。另外，从测量角度来讲，这种忆阻器模块结构下，热线电流的大小只取决于气体流速的大小，与单个忆阻器的阻值无关，这样的测量结果更直接，也更准确。

　　忆阻器阻值信息提取电路将忆阻器 M_{a1} 的阻值信息转化为 M_{a1} 上的电压，在测量过程中，集成运算放大器 A_3 的输出端 out3 处的输出电压随气体累积流量的变化情况如图 8-18 所示。

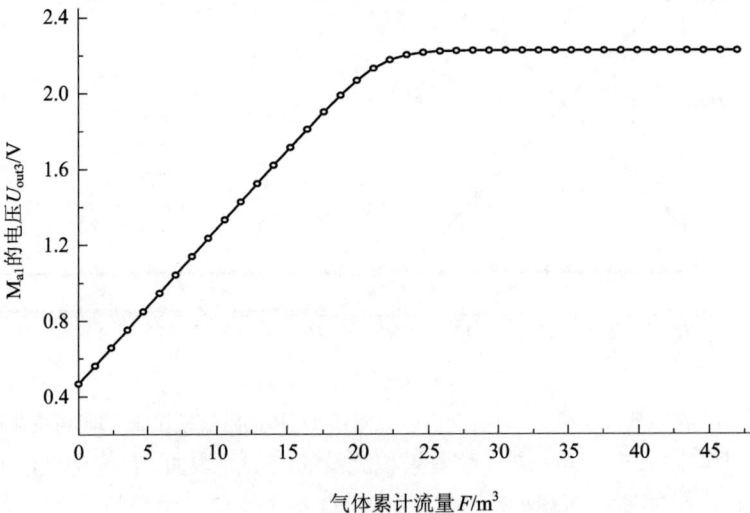

图 8-18　忆阻器 M_{a1} 的电压变化曲线

图 8-18 所示忆阻器 M_{a1} 两端的电压随气体累积流量的变化曲线与图 8-13 所示的 M_{a1} 阻值变化曲线具有完全相同的趋势，M_{a1} 的阻值从约 166 Ω 开始线性增加，并且当气体累积流量 F 达到约为 26 m³ 时，达到其最大值 790 Ω；U_{out3} 从 0.47 V 开始线性增加，当气体累积流量 F 达到约 26 m³ 时，达到最大值约 2.30 V。忆阻器阻值信息提取电路成功地将忆阻器的阻值信息转换为电压信息，便于实时读取与处理。

在测量过程中，当气体累积流量增加到 20 m³ 时，U_{out3} 值为 2.07 V，这是线性部分对应的最大电压值。在有效测量范围内，U_{out3} 电压变化量为 1.6 V，相对于较大的气体累积流量变化量来说，1.6 V 的电压变化量太小，而一般情况下，电压信号采集时，能够分辨的最小电压并不是足够小，因此 1.6 V 的电压变化量使传感器的灵敏度被限制得很低。因此，需要采用忆阻器电压放大电路，对电压 U_{out3} 进行放大。电阻 R_{14} 的阻值是电阻 R_{15} 的 10 倍，经过忆阻器电压放大电路，最终由集成运算放大器 A4 输出端输出测量结果。A4 输出端的电压 U_{out4} 的变化情况如图 8-19 所示。

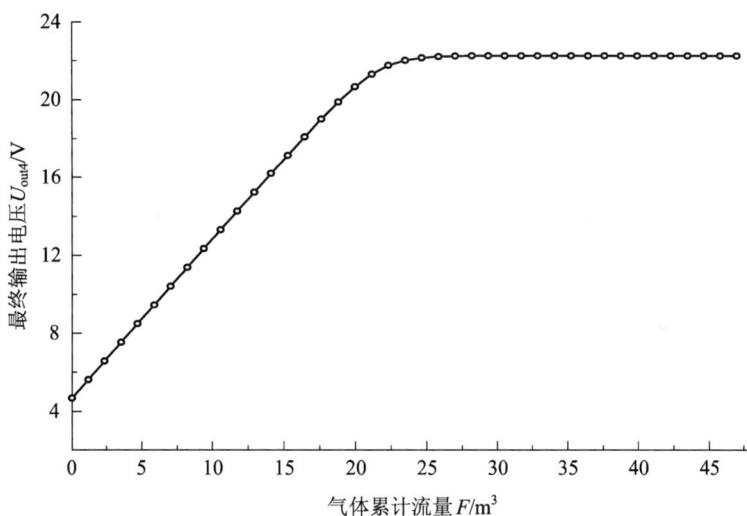

图 8-19　最终输出电压变化曲线

观察图 8-19 可以看出，随着气体累积流量的增大，在有效测量范围内，最终输出电压 U_{out4} 由 4.7 V 逐渐增大到 20.7 V，电压变化量为 16 V，是原来的 10 倍。气体累积流量传感器在管道中心气体流速为 5 m/s 时的有效最大测量值为 20 m³，若以 U_{out4} 为最终输出结果，则传感器的测量灵敏度为 0.8 V/m³。如果在实际应用中需要更高的灵敏度，可以对忆阻器电压放大电路采用级联等方式进行改进，以使传感器满足多种需求。

当供电与反馈平衡电路中的单刀双掷开关接 s_1 时，传感器处于测量模式，电路的供电由电源 U1 来完成，传感器具有测量功能。但是在这种情况下，因电流的方向不变，忆阻器的阻值变化趋势也是不变的，忆阻器 M_{an} 阻值一直增大到最大值，M_{bn} 阻值一直减小到最小值，传感器只能完成一次测量，不具有重复测量的功能。为实现气体累积流量传感器的多次测量，使单刀双掷开关接 s_2，电路即变为忆阻器阻值复位电路，此时传感器具有重置功能。重置电压 U2 为 16 V，使传感器电路中的电流方向发生变化，此时，忆阻器 M_{an} 和忆阻

器 M_{bn} 的阻值随时间的变化情况如图 8-20 所示。

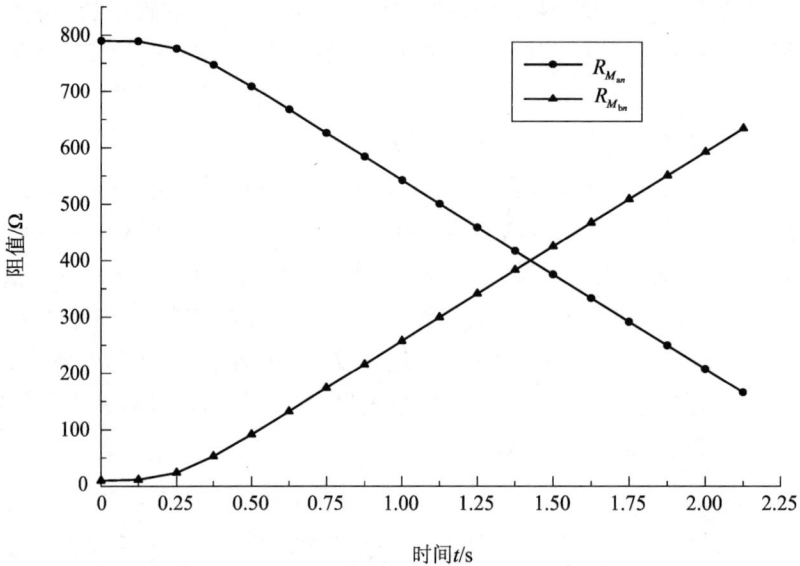

图 8-20　传感器重置时忆阻器阻值的变化曲线

　　从图 8-20 中可以看出，传感器的重置模式持续约 2.125 s，忆阻器 M_{an} 的阻值从其最大值 790 Ω 随时间减小，一直减小到 166 Ω，此时其归一化厚度 x_{an} 为 0.2；忆阻器 M_{bn} 的阻值则从其开态电阻 10 Ω 随时间增大，达到 M_{bn} 的初始值约 634 Ω，此时其归一化厚度 x_{bn} 为 0.8。无论是在测量模式还是在重置模式，x_1 和 x_2 的和始终为 1。对比测量模式时的情况，因 $U_1 = -2$ V，$U_2 = 16$，重置电压 U_2 远大于测量时的电压 U_1，使复位过程时间大大缩短。实验结果证明了忆阻器阻值复位电路能够成功实现对忆阻器阻值的复位，使传感器具有了反复测量的能力。

8.4.3　影响因素分析

1. 气体流速的影响

　　气体累积流量是气体流速与管道横截面积乘积的积分，气体累积流量传感器通过热线电流反映管道中心的气体流速，管道中心气体流速不同会使热线电流不同，从而导致忆阻器 M_{a1} 的阻值发生变化。因此，气体流速 v 对传感器具有重要意义，其值会直接影响传感器的响应特性。下面分析在不同恒定流速、流速逐渐增大、流速随机变化时的测量情况。

　　1) 在不同恒定流速下的测量

　　为研究气体流速对传感器性能的影响，在管道中心气体流速 v 分别为 5 m/s、20 m/s、50 m/s 和 100 m/s 时分别进行测量，图 8-21 描绘了这四种流速情况下的热线电流的情况。

　　如图 8-21 所示，热线电流随着管道中心气体流速的增大而增大，这是因为流速越大，气流带走的热量越多，为保持传感器工作在恒温模式下，在供电与反馈平衡电路的作用下，热线电流会增大，以平衡气流带走的热量。

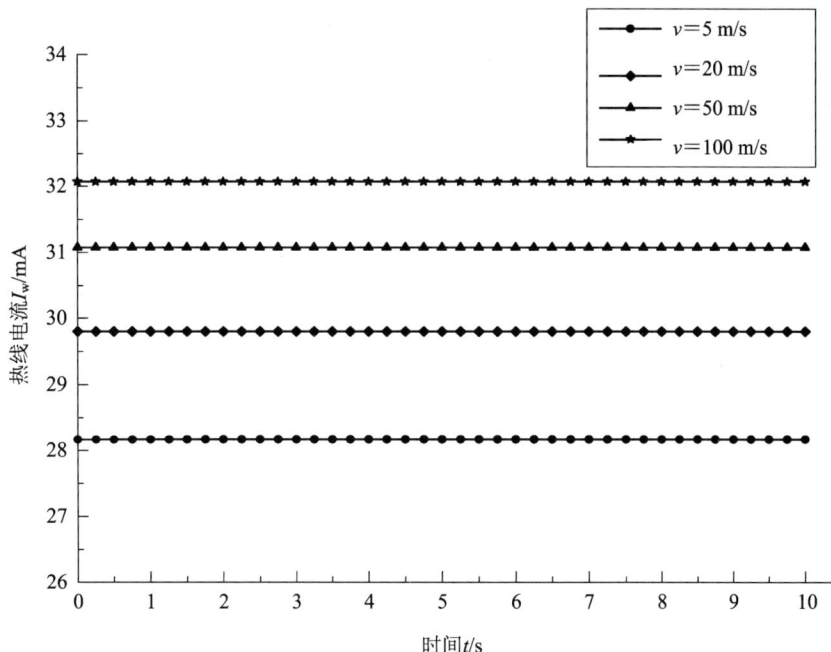

图 8-21　不同流速下的热线电流

当管道中心气体流速 v 分别为 5 m/s、20 m/s、50 m/s 和 100 m/s 时，气体累积流量传感器的 F-$R_{M_{a1}}$ 曲线如图 8-22 所示。可以看出，在气体流速不同的情况下，忆阻器 M_{a1} 阻值变化量相同时，气体流速越大，F-$R_{M_{a1}}$ 关系曲线的斜率越小，传感器的有效最大测量值显著扩大，由 v 为 5 m/s 时的约 20 m^3 增大到 100 m/s 时的约 367 m^3，而传感器的灵敏度随着量程的增大而降低。

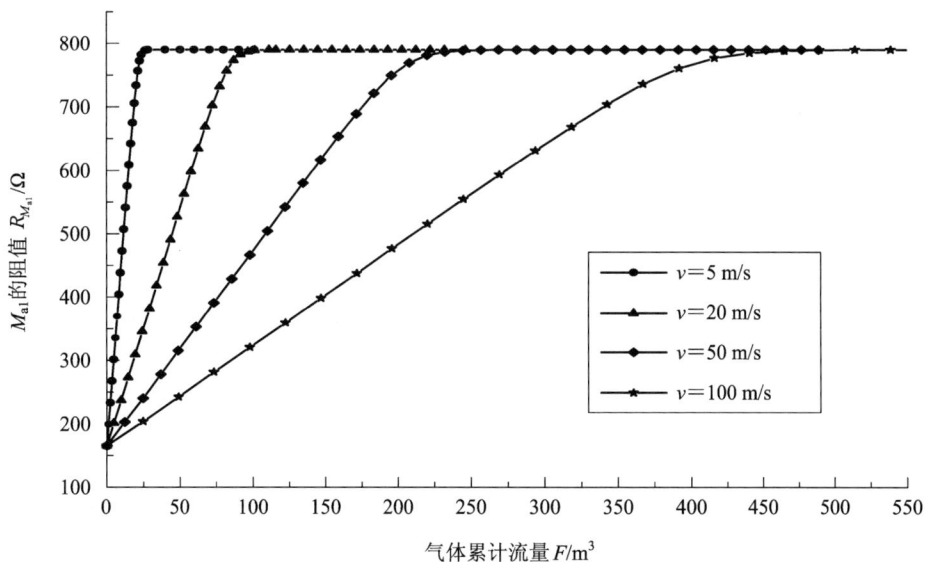

图 8-22　不同流速下的 F-$R_{M_{a1}}$ 曲线

表 8-1 给出了以上四种气体流速情况下传感器的有效量程与测量灵敏度。随着气体流

速的增大，传感器的有效量程增大而测量灵敏度逐渐降低。管道中心气体流速为 100 m/s 时，有效量程最大，为 0~367 m³；管道中心气体流速为 5 m/s 时，传感器的测量灵敏度最高，为 28.44 Ω/m³。

表 8-1   不同气体流速下的有效最大测量值与灵敏度

管道中心气体流速/(m/s)	有效最大测量值/m³	灵敏度/(Ω/m³)
5	20	28.44
20	77	7.32
50	183	3.03
100	367	1.55

2) 在流速逐渐增大时的测量

图 8-23 是当管道中心气体流速从 0 逐渐增加到 100 m/s 时，气体累积流量 F 和 $R_{M_{a1}}$ 之间的关系曲线。当累积流量小于 120 m³ 时，电阻值 $R_{M_{a1}}$ 随着累积流量 F 的增加而增加，但 F-$R_{M_{a1}}$ 曲线的斜率逐渐减小。与恒定流速情况下的结果相比，可以看出这种现象是由气体流速的增加引起的。当累积流量 F 大于 120 m³ 时，阻值 $R_{M_{a1}}$ 达到最大值并且不再变化。另外，F-$R_{M_{a1}}$ 曲线的斜率随着气体流速的增加而减小，传感器的量程扩大而灵敏度降低，即气体流速会影响气体累积流量传感器的量程和灵敏度。

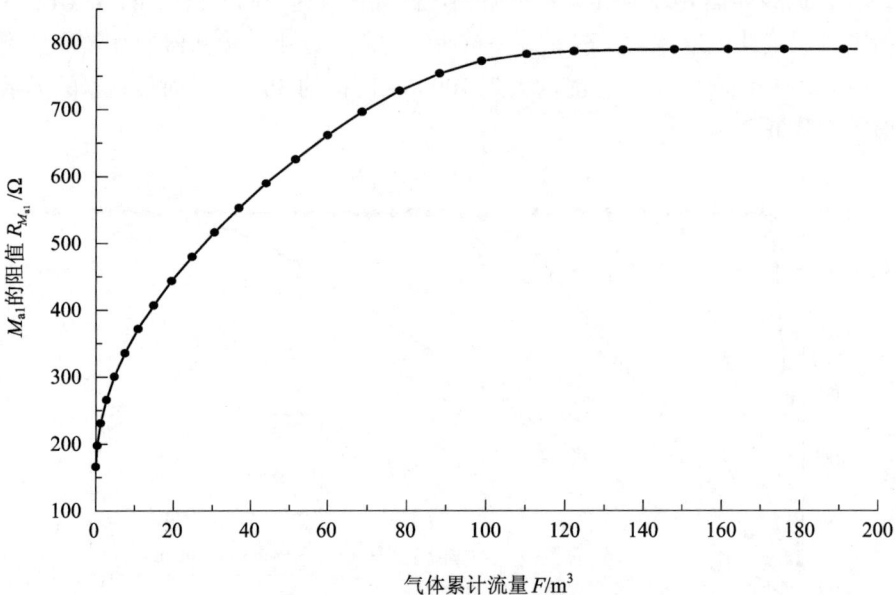

图 8-23   气体流速逐渐增大时的 F-$R_{M_{a1}}$ 曲线

3) 在流速随机变化时的测量

当管道中心气流速度 v 在 0~200 m/s 范围内，每 0.25 s 随机变化一次时，其变化情况如图 8-24 所示，流过热线电阻和忆阻器模块的电流如图 8-25 所示变化，热线电流随气体流速而变化，且时间常数非常小，响应速度非常快。因此，基于忆阻器的气体累积流量传感器对于流速不稳定气体的累积流量测量也具有非常高的精度。

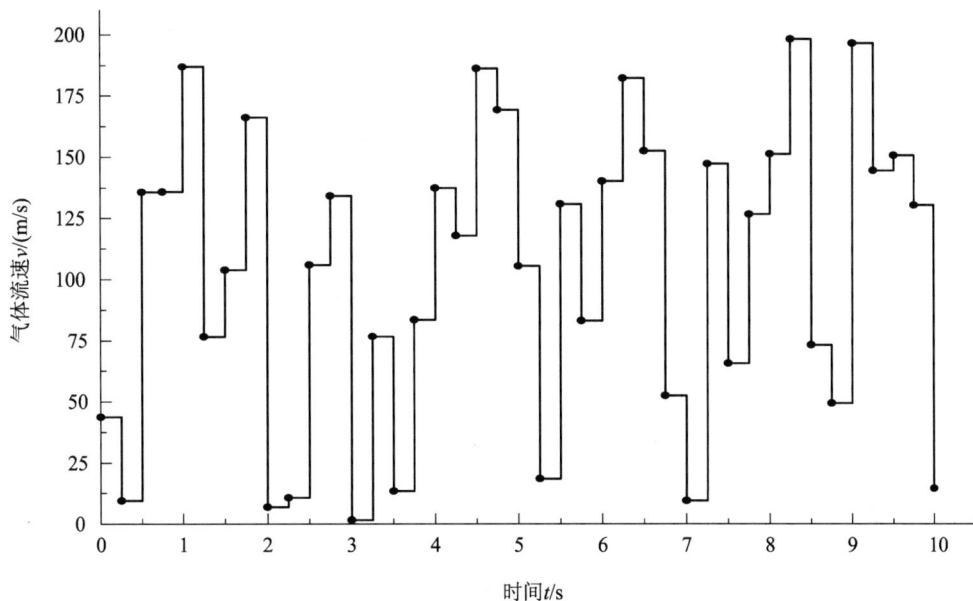

图 8-24　管道中心气流速度随机变化曲线

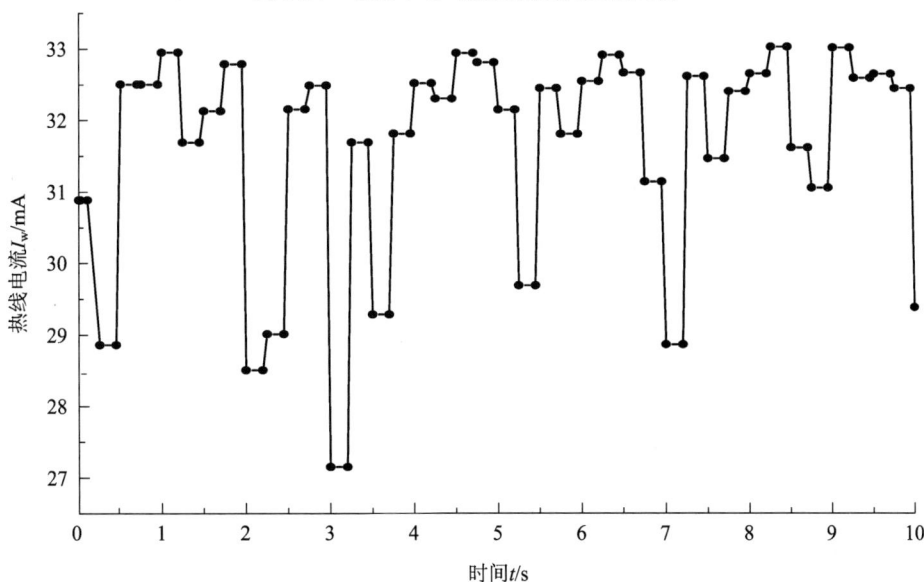

图 8-25　气体流速随机变化时热线电流的变化曲线

　　当气流速度随机变化时，累积流量 F 与阻值 $R_{M_{a1}}$ 之间的关系如图 8-26 所示。可以观察到，F-$R_{M_{a1}}$ 曲线由许多不同斜率的线段组成，这表明气体流速对气体累积流量传感器的测量范围和灵敏度有很大影响，这是因为气体流速的随机变化引起了热线电流的相应变化。此外，还可以通过响应特性曲线斜率的变化来判断气体流速的变化，斜率大意味着阻值增长快，则对应的热线电流就相应较大，气体流速也就大。

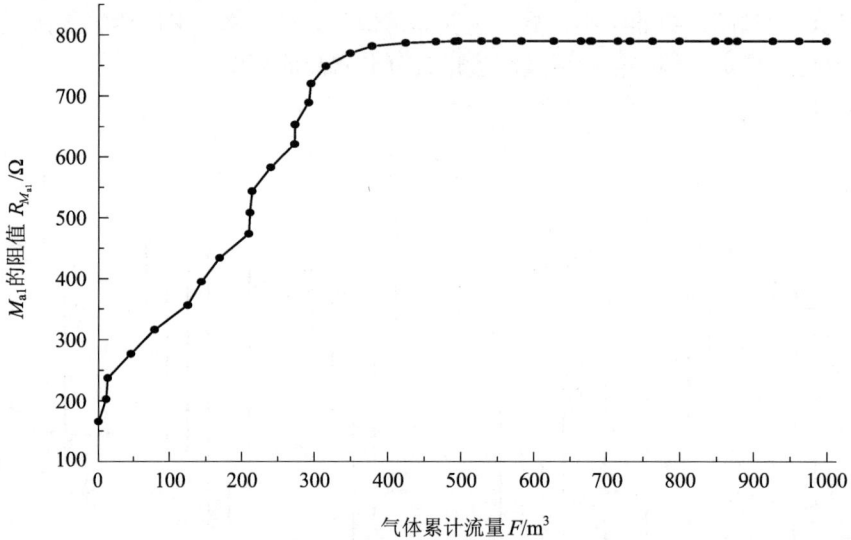

图 8-26　气体流速随机变化时 F-$R_{M_{a1}}$ 曲线

不同恒定流速、流速逐渐增大以及流速随机变化三种气体流速情况下的测量结果表明，气体流速对传感器的响应特性有明显影响。随着管道内气体流速的增加，气体累积流量传感器的测量范围扩大，但测量灵敏度降低。

2. 忆阻器模块并联支路数量的影响

基于忆阻器的气体累积流量传感器利用忆阻器阻值的变化量来实现气体累积流量的测量，测量结果体现在忆阻器 M_{a1} 的阻值变化量上。因此，忆阻器模块的构成对传感器的响应特性具有重要的意义。为研究忆阻器模块并联支路数量对传感器响应特性的影响，在支路数量 n 分别为 9、10、11 和 12 时进行测量，测量结果如图 8-27 所示。

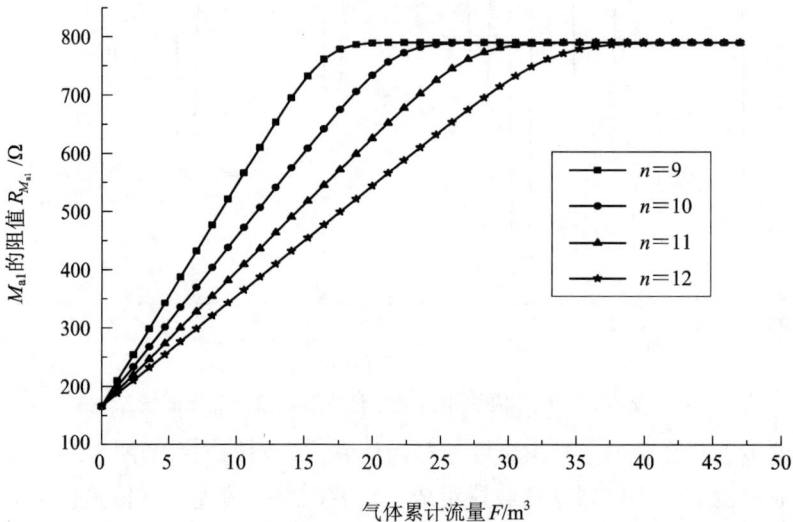

图 8-27　支路数量不同时的响应特性曲线

从图 8-27 中可以看出，随着忆阻器模块中并联支路数量 n 增加，忆阻器模块的总电阻减小，但并联分支的数量增加，使得流过忆阻器 M_{a1} 的电流显著减小，从而扩展了累积流量传感器的测量范围，同时测量灵敏度会降低。在 $v = 5$ m/s、$n = 12$ 时，有效测量范围最大，约为 $0\sim30$ m^3；在 $v = 5$ m/s、$n = 9$ 时，灵敏度最高，为 37.10 Ω/m^3。但由于器件之间的差异，n 越大，忆阻器之间的对称性越差。因此，并联支路的数量也不能太大。

表 8-2 给出了四组并联支路数量不同时传感器具体的有效测量最大值和相应的灵敏度信息。变化支路数量可以改变传感器的量程和灵敏度，使用者可根据所需的量程与灵敏度来选择忆阻器模块的并联支路数量。

表 8-2　忆阻器模块并联支路数量不同时的有效最大测量值与灵敏度

管道中心气体流速/(m/s)	有效最大测量值/m^3	灵敏度/(Ω/m^3)
9	15	37.10
10	20	28.44
11	25	22.68
12	30	18.55

3. 放大器增益的影响

在供电与反馈平衡电路中，放大器的作用是对惠斯通电桥的输出电压进行放大。因此，放大器增益直接关系到传感器的测量灵敏度。为研究增益对响应特性的影响，在放大器增益分别为 50、100、200 和 500 时进行气体累积流量的测量，结果如图 8-28 所示。可以观察到，随着放大器增益的增大，传感器的灵敏度提高，而测量范围减小。这种现象的原因是当流速恒定时，增益的增加会使热线电流增大，使忆阻器阻值增加得更快。因此，提高放大器增益可以提高传感器的灵敏度，但这是以测量范围减小为代价的。

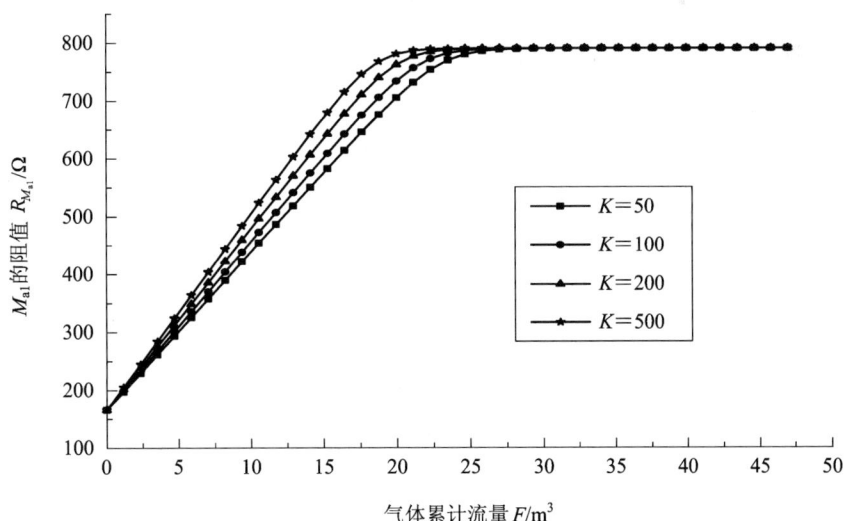

图 8-28　增益不同时传感器的响应特性曲线

4. 过热比电阻的影响

传感器的基本测量电路原理是热平衡原理。因为存在温度差异，管道内气流会带走热线电阻表面的热量而使其阻值降低，导致惠斯通电桥输出电压增大而使反馈电流增大以维持热线电阻的阻值不变。当过热比电阻值 R_b 不同时，惠斯通电桥的输出电压不同。为研究过热比电阻值对响应特性的影响，在 R_b 分别为 2.4 Ω、2.5 Ω、2.7 Ω 和 3.0 Ω 时，进行气体累积流量的测量，测量结果如图 8-29 所示。

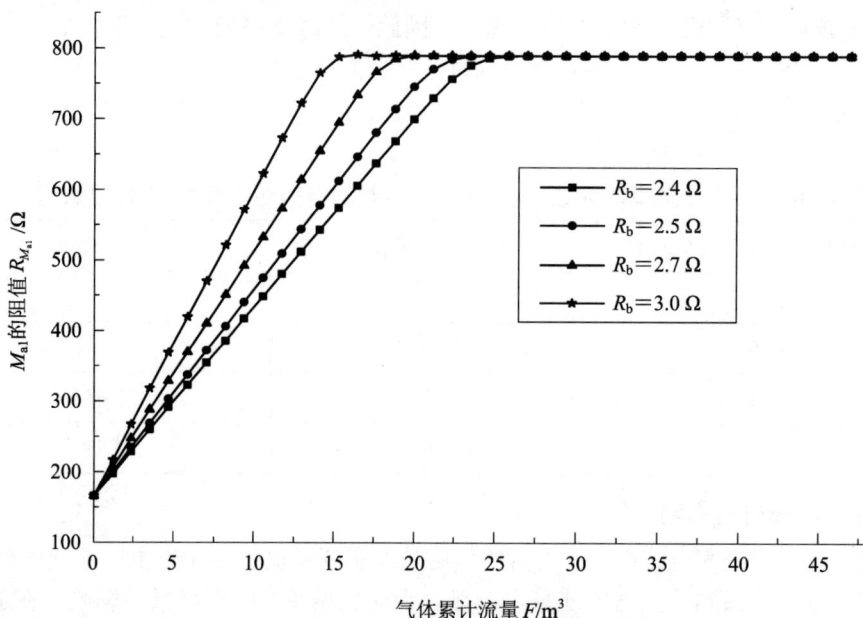

图 8-29　过热比电阻不同时的响应特性曲线

从图 8-29 中可以看出，随着过热比电阻的增大，传感器的灵敏度提高，而测量范围减小。原因是当流速恒定时，过热比电阻的增大会使惠斯通电桥的输出电压增大，从而使反馈电流和热线电流增大，使得在气体累积流量相同的情况下，忆阻器阻值增加得更快。因此，提高过热比电阻可以提高传感器的灵敏度，但会降低测量范围。

习　题

1. 以单忆阻器为例，说明用忆阻器实现气体累积流量计量的原理。

2. 相比用其他传感器测量气体累积流量，用忆阻器实现气体累积流量计量有哪些优点？

3. 说明忆阻器电路模块并联和串联策略的优势有哪些。

4. 惠斯通电桥在转化及计量电路中起到什么作用？

5. 供电与反馈平衡电路的作用是什么，实现了什么功能？

6. 根据图 8-8 的转化及计量电路工作原理，推导气体累积流量与忆阻器阻值之间的对应关系。

7. 分析在恒定流速、流速逐渐增大、流速随机情况下，气体流速对忆阻器型气体累积流量传感器响应特性有什么影响。

8. 简要概括单忆阻器、反向串联、串联、并联四种策略的结构和性能。

9. 建立器件模型，并结合实验仿真，分析放大器增益大小对忆阻器型气体累积流量传感器的影响。

参 考 文 献

[1]　WEN C B, HONG J, RU F, et al. A novel memristor-based gas cumulative flow sensor[J]. IEEE Transactions on Industrial Electronics, 2019, 6(12): 9531-9538.

[2]　文常保，姚世朋，朱玮，等. 一种基于忆阻器的大测量范围新型曝光量传感器[J]. 传感技术学报，2017, 30(07): 1001-1005.

[3]　GHARPINDE R, THANGKHIEW P L, DATTA K, et al. A scalable in-memory logic synthesis approach using memristor crossbar[J]. IEEE Transactions on Very Large Scale Integration (VLSI) Systems, 2018, 26(2): 355-366.

[4]　BABACAN Y, YESIL A, GUL F. The fabrication and MOSFET-only circuit implementation of semiconductor memristor[J]. IEEE Transactions on Electron Devices, 2018, 65(4): 1625-1632.

[5]　ABUNAHLA H, MOHAMMAD B, MAHMOUD L, et al. memsens: memristor-based radiation sensor[J]. IEEE Sensors Journal, 2018, 18(8): 3198-3205.

[6]　WANG Z L, WANG X P. A novel memristor-based circuit implementation of full-function pavlov associative memory accorded with biological feature[J]. IEEE Transactions on Circuits and Systems I: Regular Papers, 2017, 65(7): 2210-2220.

[7]　WEN C B, HONG J T, YAO S P, et al. A novel exposure sensor based on reverse series memristor[J]. Sensors and Actuators A: Physical, 2018, 278: 25-32.

[8]　STRUKOV D B, SNIDER G S, STEWART D R, et al. The missing memristor found[J]. Nature, 2008, 453(7191): 80-83.

[9]　RICCI S, MEACCI V, BIRKHOFER B, et al. FPGA-Based system for in-line measurement of velocity profiles of fluids in industrial pipe flow[J]. IEEE Transactions on Industrial Electronics, 2017, 64(5): 3997-4005.

[10]　DUAN M Z, XU W, ZHONG X P, et al. A dual-mode flow measurement system for large sensing range with high accuracy[C]. 2018 IEEE International Symposium on Circuits and Systems, 2018: 1-5.

[11]　TAN C, DONG X X, DONG F. Continuous wave ultrasonic doppler modeling for oil-gas-water three-phase flow velocity measurement[J]. IEEE Sensors Journal, 2018, 18(9): 3703-3713.

[12]　WANG L J, YAN Y, WANG X, et al. Mass flow measurement of gas-liquid two-phase CO_2 in ccs transportation pipelines using coriolis flowmeters[J]. International Journal of Greenhouse Gas Control, 2018, 68: 269-275.

[13]　GOLIJANEK JEDRZEJCZYK A, SWISULSKI D, HANUS R, et al. Uncertainty of the

liquid mass flow measurement using the orifice plate[J]. Flow Measurement and Instrumentation, 2018, 62: 84-92.

[14] FUENTES-PEREZ J F, MEURER C, TUHTAN J A, et al. Differential pressure sensors for underwater speedometry in variable velocity and acceleration conditions[J]. IEEE Journal of Oceanic Engineering, 2018, 43(2): 418-426.

[15] NAGORNY A, NAGORNY V, TISENKO V. Improved-Accruacy innovative comensatory flowmeters of variable pressure differential applied in oil & gas industry[C]. 2018 International Russian Automation Conference (RusAutoCon), 2018: 1-4.

[16] DONG X X, TAN C, DONG F. Gas-Liquid two-phase flow velocity measurement with continuous wave ultrasonic doppler and conductance sensor[J]. IEEE Transactions on Instrumentation and Measurement, 2017, 66(11): 3064-3076.

[17] YIN S Y, LI B, MENG K, et al. Performance differences of an electromagnetic flow sensor with nonideal electrodes based on different-dimensional weight functions[J]. IEEE Transactions on Instrumentation and Measurement, 2018, 67(7): 1738-1748.

[18] JIANG Y D, WANG B L, LI X, et al. A model-based hybrid ultrasonic gas flowmeter[J]. IEEE Sensors Journal, 2018, 18(11): 4443-4452.

[19] WEN C B, XU L, ZHA J, et al. A novel nuclear radiation cumulant sensor based on spintronic memristor. Sensors and Actuators: A. Physical. 2022, 346: 113842.

[20] 文常保，洪吉童，宿建斌，等. 一种基于忆阻器的核辐射累积剂量测量系统[P]. 中国专利: ZL 201811054735.7. 2018-11.

[21] 文常保，姚世朋，全思，等. 一种硅基集成曝光量测量器件[P]. 中国专利: ZL 201710743725.3. 2017-10.

[22] 文常保，洪吉童，茹锋，等. 基于忆阻器的气体累积流量测量系统[P]. 中国专利: ZL 201810628288.5. 2018-10.

第9章

自旋忆阻器阵列在核辐射吸收累积量 传感器实现中的应用

本章介绍了自旋忆阻器阵列在核辐射吸收累积量传感器实现中的应用，主要包括传感器的结构和工作原理，不同辐射下的传感器响应，以及阵列交叉点数量、放大器增益、限流电阻等参数对传感器性能的影响。

9.1 概 述

核辐射是放射性物质以波或粒子的形式释放出的一种能量辐射，根据波长和辐射强度的不同，可以分为 α 射线、β 射线和 γ 射线。其中，α 射线是高速运动的氦原子核粒子束，由 2 个质子和 2 个中子组成。由于 α 粒子带有 2 个正电荷，且体积比较大，因此较容易与其他物质发生电离活动。因此，α 射线的能量损失快，穿透能力也最弱。β 射线是高速运动的电子流，贯穿能力较强，电离作用较弱，照射皮肤后烧伤明显。γ 射线的穿透力很强，是一种波长很短的电磁波，穿透力很强，能穿透人体和建筑物，相对危害距离和危害性也最大。

核辐射粒子以其巨大的能量和强大的穿透能力，被广泛应用于医疗健康、工业生产、能源、军事等领域。在医疗健康领域，核辐射以及放射同位素的应用，可以用来诊断、医治疾病和进行微观医学上的科学研究。在工业生产领域，核辐射传感器可以在生产系统中对工业设备和物料总量进行检测和测量，是一种提高能源效率和检测产品质量的重要仪器。在能源领域，核辐射本身就是一种新型能源，可控裂变技术使人们实现了对核能的使用。在军事领域，核辐射首先是作为核打击力量，有震慑和打击的战略性意义，其次是作为一种核动力为巨大的航空母舰和潜艇提供动力。

然而，核辐射在给人类带来福祉的同时，也给人类的健康和生存带来巨大的潜在风险和威胁。例如，当人类暴露在高核辐射环境或长期暴露于核辐射环境中时，核辐射吸收累积量超过一定极限，就会出现恶心、发热等症状，严重者甚至会出现白细胞大量减少，器官组织癌变，最终导致死亡。此外，核辐射对目前普遍使用的电子系统也会产生影响。这是因为核辐射是高能粒子流，轰击到半导体等电子元器件后，就会造成元器件参数变化，影响电子电路或系统正常工作，严重时会使元器件彻底失效。

目前，核辐射吸收累积量的测量方法主要有三种：基于热释光效应、基于光化效应和基于时间积分电路。

(1) 基于热释光效应的核辐射吸收累积量测量方法的原理是热释光材料在被加热时，吸收并储存在晶格缺陷中的电磁辐射或其他电离辐射会以光子的形式释放出来，通过对释放出光子能量的测量就可以间接测量出核辐射吸收累积量。这种方法测量精度高、测量范围大，但只能测量固定放射源的物质，如矿石、放射性晶体等，具有一次性和破坏性，不能满足核辐射吸收累积量大范围测量、连续多次测量的要求。

(2) 基于光化效应的核辐射吸收累积量测量方法是通过测量和分析核辐射照射后在胶片上留下的影像来间接表征核辐射吸收累积量。这种方法测量成本较低，但是它的测量速度低、灵敏度小，测量材料不可重复使用，且由于对湿度和温度敏感，测量准确度和稳定性较差。

胶片受核辐射照射时产生光化反应，可快速获取核辐射信息，空间分辨率高，通过增大胶片的面积可以得到更大的测量范围，但通常胶片的面积是一定的，因此限制了它的测量范围。这种方法对测量环境要求严格，要保证核辐射在刻印胶片的过程中不能有其他辐射的干扰，日常生产生活环境很难做到这一点，另外，对胶片的测量分析需要借助非常精密的仪器，在测量过程中容易引入间接测量误差，这很大程度增加了核辐射吸收累积量的测量难度和成本，通常这种方法应用在核辐射医学领域，在普通生产生活环境中难以推广应用。

(3) 基于时间积分电路的核辐射吸收累积量测量方法是利用核辐射的转换装置实现核辐射信号到光电信号的转换，然后再通过时间积分电路对转换后的电流进行时间积分，从而得到核辐射吸收累积量。归功于集成电路技术和仪器仪表技术的发展，这种方法广泛应用于系统开发中，已成为使用和发展最为完备的传感器方案。但是受到积分电路的时间常数较小的影响，在进行长时间积分运算时，这种方法存在非线性、相位延迟性和积分输出泄漏等问题，因此其测量范围及准确性都受到一定影响。虽然分段积分和加入零点补偿都能够解决上述问题，但是分段积分会造成积分电路不能进行完整连续测量，加入零点补偿会使积分电路变得冗杂。另外，很多情况下，核辐射强度会有波动，运用积分电路通过测量瞬时剂量计算得到核辐射吸收累积量，则容易出现积分误差问题。我们在早期采用了本方法进行了实验，发现可以进行连续、多次测量，但是相位延迟性高、灵敏度低。

以上三种方法均可测量核辐射吸收累积量，但是分别存在只能进行一次测量、测量精度低以及测量范围小等缺点。因此，设计一种可以同时满足测量范围大、灵敏度高、能够连续多次测量且直接得到核辐射吸收累积量的核辐射传感器显得尤为重要。

类似于传统电子学，通常，忆阻器中只考虑电子的质量和电荷特性，但实际上电子还有自旋特性，即电子的自旋运动特性。

电子的自旋运动特性可以运用在忆阻器设计中。自旋忆阻器是一种基于纳米电子自旋效应的磁性记忆电阻器。它不仅传承了经典忆阻器的非易失性、低功耗、易集成等优点，还具有更好的线性特性，克服了传统忆阻器的非均匀掺杂和二阶效应所带来的非线性问题的缺点。因此，自旋忆阻器在数据存储和处理方面、图像处理和神经网络中引起了广泛的关注和应用。

9.2　传感器结构及工作原理

　　自旋忆阻器阵列实现核辐射吸收累积量传感器主要由自旋忆阻器阵列 M，放大器电路 K，核辐射转换装置 H，阻值测量电路 T，阻值输出电路 O，限流电阻 R_1，电源组 U，用于抗辐射的铅制屏蔽盒 L 组成，传感器电路的基本原理结构如图 9-1 所示。

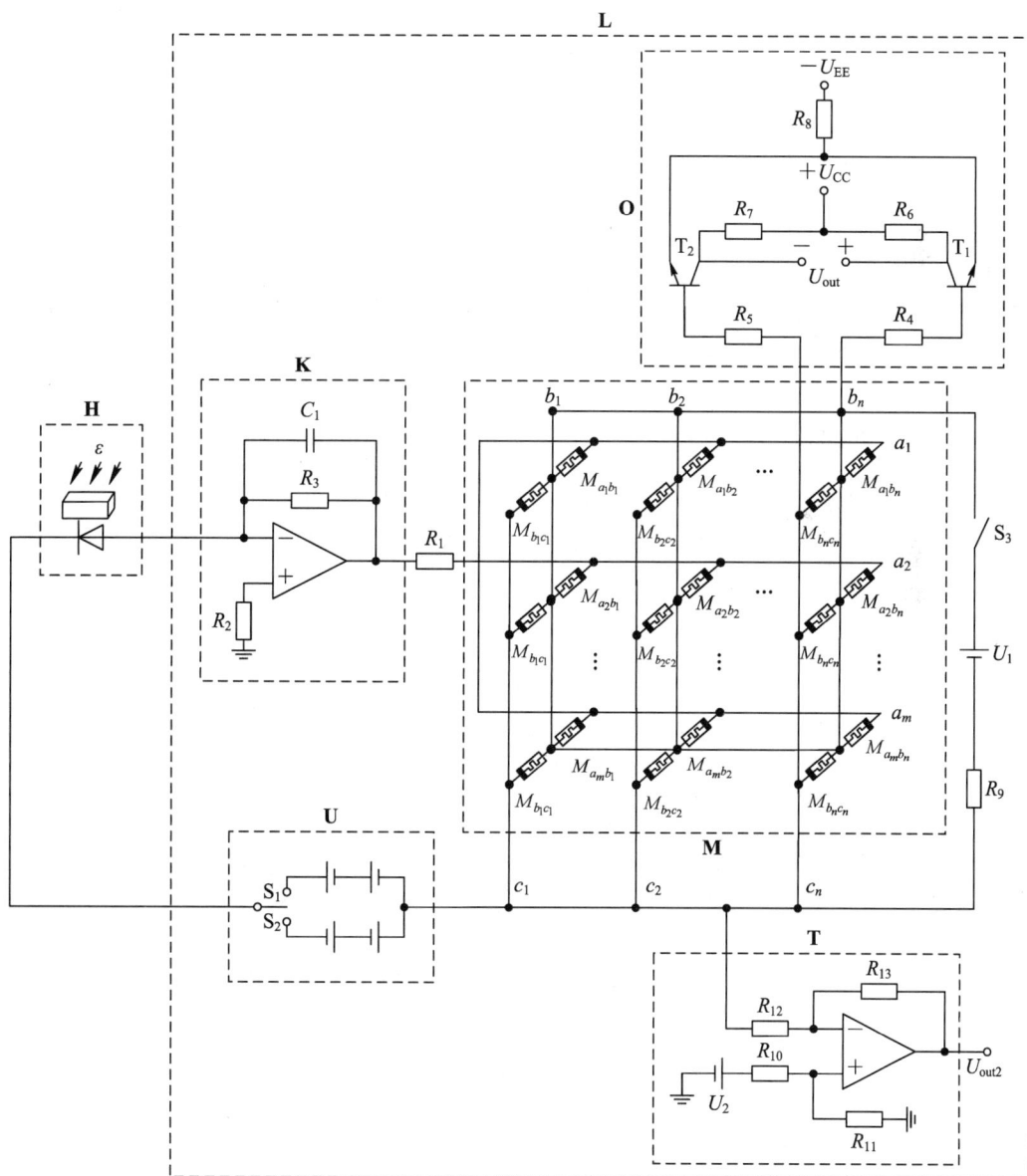

图 9-1　自旋忆阻器阵列实现核辐射吸收累积量传感器电路原理结构图

当基于自旋忆阻器的核辐射吸收累积量测量系统被暴露在核辐射环境下，闪烁体感受到核辐射变化时，会引起核辐射转换装置的阻值发生变化，从而会引起回路电流变化。回路电流变化会引起流经自旋忆阻器电流的变化，而流经忆阻器的一段时间内的电流变化量即为电量，可表示为

$$Q = \int i(t)\mathrm{d}t \tag{9-1}$$

磁通量为一段时间内的电压变化值，可表示为

$$\Phi = \int u(t)\mathrm{d}t \tag{9-2}$$

根据忆阻器的定义，我们可以得到

$$M = \frac{\mathrm{d}\Phi}{\mathrm{d}Q} \tag{9-3}$$

由此可以得到

$$M = \frac{u(t)}{i(t)} \tag{9-4}$$

在式(9-4)中，如果电压保持不变，则 $u(t)$ 为常量。因此，一段时间内核辐射吸收累积量与自旋忆阻器阻值之间存在一一对应关系，可以通过自旋忆阻器的阻值变化实现对核辐射吸收累积量的间接表征测量。下面对自旋忆阻器阵列、阻值测量电路、忆阻器阻值输出电路的主要结构和工作原理进行分析。

9.2.1　自旋忆阻器阵列

图 9-1 中的自旋忆阻器阵列 M 由 m 行和 n 列的线路交叉形成，交叉点 $a_m c_n$ 由忆阻器 $M_{a_m b_n}$ 和忆阻器 $M_{b_n c_n}$ 组成，两者反向串联连接，具体结构如图 9-2 所示。

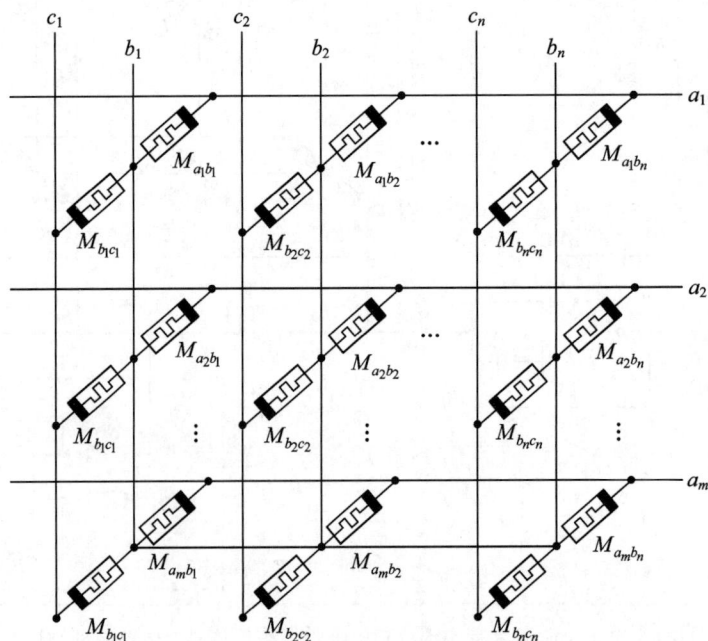

图 9-2　自旋忆阻器阵列 M

$M_{a_m b_n}$ 的反向区与 a_m 相连，同向区与 b_n 相连，具体连接方式如图 9-3 所示。连接 b_n 到 $M_{b_n c_n}$ 的同向区，$M_{b_n c_n}$ 的反向区与 c_n 相连，每个交叉点内部连接都与交叉点 $a_m c_n$ 相同，互相连接组成自旋忆阻器阵列 M。交叉点内部正向连接的自旋忆阻器可以完成对核辐射吸收累积量的测量，反向连接的自旋忆阻器则是为了消除正向自旋忆阻器电阻变化的影响，保证交叉点内阻值以及整个传感器系统电阻的稳定性。交叉阵列可以完成对光电流的分流，因此增加交叉点数可以扩大传感器的测量范围。但是，自旋忆阻器存在一个能够保证其阻值变化的最低阈值电流，因此不是交叉点数目越多越好，存在一定的上限值。在设计交叉点数目的时候应该遵循这一原则。

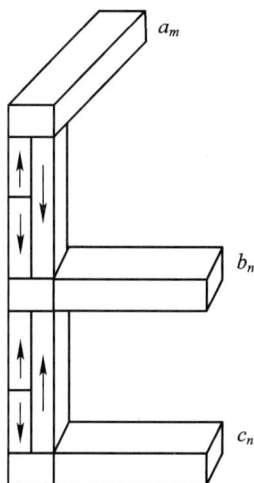

图 9-3　交叉点 $a_m c_n$ 连接示意图

基于磁畴壁推进技术的自旋忆阻器被广泛应用于记忆电阻器阵列。该阵列是由带有上下铁磁层的自旋阀板组成的，如图 9-4 所示。其中，D、x、z 分别代表自旋忆阻器的长、宽、高。w 是畴壁宽度，其数值大小不会影响自旋忆阻器的阻值。

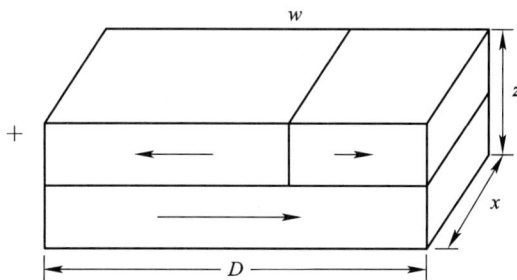

图 9-4　自旋忆阻器结构

自旋忆阻器由一个纳米级别的自旋铁磁长条构成，包含上下两层磁性材料。上层为自由层，被畴壁分为磁极性不同的两部分，可进行变化，下层为参考层，被运用耦合相关技术固定在下层，不发生变化。其阻值由自由层与参考层极化方向所决定，也就是由自由层中磁极方向与参考层中同向区与反向区的大小所决定。当自旋忆阻器完全处于同向区时，阻值最低；完全处于反向区时，阻值最高。

根据忆阻器 $M_{a_n b_n}$ 的畴壁移动距离，忆阻器阻值可以表示为

$$R_{M_1} = r_{\rm H} \cdot x_1 + r_{\rm L} \cdot (D - x_1) \tag{9-5}$$

式中，x_1 为忆阻器 $M_{a_m b_n}$ 的畴壁移动距离，D 表示自旋忆阻器的总长度，$r_{\rm L}$ 和 $r_{\rm H}$ 分别表示忆阻器处于低阻态和高阻态时每单位长度的阻值。

电流流过忆阻器阵列交叉点时，同向区厚度增大，反向区面积减小，因此 $M_{a_m b_n}$ 电阻减小。相反地，忆阻器 $M_{b_n c_n}$ 电阻增大。此时，忆阻器 $M_{b_n c_n}$ 阻值为

$$R_{M_2} = r_{\rm H} \cdot x_2 + r_{\rm L}(D - x_2) \tag{9-6}$$

式中，x_2 为忆阻器 $M_{b_n c_n}$ 的畴壁移动的距离。

由于交叉点的内部两相同忆阻器反向连接，因此两忆阻器畴壁移动的距离 x_1 和 x_2 的和为 D，交叉点电阻 R_M 为

$$R_M = R_{M_1}(x) + R_{M_2}(x) = (r_{\rm H} + r_{\rm L}) \bullet D \tag{9-7}$$

由式(9-3)可知，在传感器测量期间，忆阻器阵列的总阻值保持不变，不会影响传感器内流过的电流。因此，阵列交叉点内电阻仅与自旋忆阻器内同向区、反向区电阻和串联忆阻器的个数有关，与忆阻器测量时间和流经忆阻器内的电流无关。

核辐射转换装置 H 由掺杂微量 Ti 的 CsI 闪烁体和 PIN 型光电二极管封装而成。CsI 闪烁体不但对核辐射中穿透性最强、危害最大的 γ 射线具有良好的灵敏度和探测性能，而且对包括 α 射线和 β 射线在内的电离辐射也具有良好的探测能力。考虑到核辐射环境对于电子系统产生的影响，我们将电路系统中除闪烁体之外的电子器件置于密封铅盒中，如图 9-1 中虚线框所示。另外，一些忆阻器和电子系统的抗辐射研究成果也给忆阻器在核辐射领域的应用提供了良好的前景。

电源组由两个反向电压组成，闭合开关 S_1 进入测量状态，核辐射转换装置 H 工作在反向电压下，主要将核辐射转换为光电流，引起回路内的电流变化。关闭开关 S_2 忆阻器阵列阻值 M 恢复状态。

无核辐射照射时，传感器回路中只存在由核辐射转换装置 H 内部 PIN 型二极管产生的暗电流 $I_{\rm A}$：

$$I_{\rm A} = I_{\rm R}({\rm e}^{\frac{qU}{KT}} - 1) \tag{9-8}$$

式中，U 为反向电压，q 为电子电荷量，T 为 PIN 型光电二极管温度，$I_{\rm R}$ 为饱和电流，K 为玻尔兹曼常数。

当环境中存在核辐射时，闭合开关 S_1 后，传感器系统处于工作状态，核辐射转换装置工作在反偏电压下，内部的闪烁体将核辐射转化为可见光，使 PIN 型光电二极管产生光生伏特效应，产生光电流 I_0，其表达式为

$$I_0 = p \frac{\eta e}{h\nu} \tag{9-9}$$

式中，η 为 PIN 型光电二极管的光电转化效率，h 为普朗克常量，ν 为转化后的可见光入射频率，p 为转化后的可见光功率。

此时，这一段时间内产生的与光电流相对应的核辐射吸收累积量 ε 与光功率 p 存在的关系为

$$\varepsilon = \int \frac{p}{C_S} \mathrm{d}t \tag{9-10}$$

式中，C_S 为闪烁体发光效率。

由式(9-9)和式(9-10)可以得出光电流 I_0 与核辐射吸收累积量 ε 之间的关系：

$$I_0 = \frac{C_S \eta e \mathrm{d}\varepsilon}{h\nu \mathrm{d}t} \tag{9-11}$$

核辐射存在时，核辐射转换装置 H 工作在反向电压下，回路中也存在暗电流 I_A，此时进入回路的电流 I_Z 为

$$I_Z = I_0 + I_A \tag{9-12}$$

忆阻器畴壁的移动速度 v 与电流密度 J 成正比，其关系式为

$$v = \frac{\mathrm{d}x}{\mathrm{d}t} = \Gamma_v \cdot J = \frac{\Gamma_v}{x \cdot z} \cdot \frac{\mathrm{d}q}{\mathrm{d}t} \tag{9-13}$$

式中，Γ_v 为比例系数，其大小和器件的结构和材料的性质有关，x、z 分别为自旋忆阻器的宽和高。

可知，自旋忆阻器 $M_{b_n c_n}$ 的阻值与电荷量之间的关系为

$$R_{M_2}(q) = \left[r_L \cdot D + (r_H - r_L) \frac{\Gamma_v}{x \cdot z} q(t) \right] \tag{9-14}$$

与杂质漂移的 HP 忆阻器不同，自旋忆阻器的磁畴壁仅当流过其的电流密度 J 大于其阈值电流密度 J_{cr} 时，才会发生移动。其中，阈值电流密度 J_{cr} 为

$$J_{cr} = \frac{\alpha \gamma H_p}{\Gamma_v} \sqrt{\frac{2A}{M_S H_k}} \tag{9-15}$$

式中，α、γ 分别为自旋忆阻器的阻尼参数和旋磁比，H_p、H_k 分别为材料中 x 方向和 z 方向上的各向异性项，M_S 为饱和磁化度，A 为交换参数。

所以阈值电流 I_{cr} 为

$$I_{cr} = xz J_{cr} \tag{9-16}$$

阈值电流 I_{cr} 大于流经忆阻器的暗电流，可以消除无核辐射时的暗电流影响。当核辐射存在时，光电流要远远大于暗电流，此时忆阻器内部工作电流主要为光电流，暗电流可以忽略不计。忆阻器阵列中每个交叉点内结构相同，因此流经每个交叉点的电流相同，为

$$I_{11} = I_{12} = \cdots = I_{mn} = \frac{KI_0}{mn} \tag{9-17}$$

式中，I_{11}、I_{12}、$\cdots$、I_{mn} 分别为交叉点 $P_{a_1c_1}$、$P_{a_2c_2}$、$\cdots$、$P_{a_mc_n}$ 内的电流，K 为跨阻放大器增益。

由此可以得到一段时间内，交叉点内流经正向串联忆阻器的电流与核辐射吸收累积量之间的关系：

$$I_{mn} = \frac{K\eta eC_S \mathrm{d}\varepsilon}{((r_H + r_L) \cdot D + mnR)h\nu\mathrm{d}t} \tag{9-18}$$

又因为自旋忆阻器阻值与电荷量之间的关系为

$$R_M(q) = \left[r_L \cdot D + (r_H - r_L)\frac{\Gamma_\nu}{x \cdot z}q(t) \right] \tag{9-19}$$

用正向串联自旋忆阻器 $M_{b_nc_n}$ 的阻值 R_{M_2} 来表征，可以得到

$$q(t) = \int I_{mn}\mathrm{d}t = \frac{xz(R_{M_2} - r_L D)}{(r_H - r_L)\Gamma_\nu} \tag{9-20}$$

因此，可以推导出核辐射吸收累积量 ε 与忆阻器阻值 $M_{b_nc_n}$ 之间的关系为

$$\mathrm{d}\varepsilon = \frac{xzh\nu\left[(r_H + r_L)D + mnR\right](R_{M_2} - r_L D)}{KC_S\eta e(r_H - r_L)\Gamma_\nu}\mathrm{d}R_{M_2} \tag{9-21}$$

由式(9-21)可知，一段时间内的核辐射吸收累积量与自旋忆阻器阻值存在一一对应关系，可以通过 b_n 和 c_n 两端来测量自旋忆阻器 $M_{b_nc_n}$ 阻值来获得核辐射吸收累积量 ε。因此，用自旋忆阻器阵列实现核辐射吸收累积量传感器设计，可以完成对核辐射吸收累积量的测量。

9.2.2   阻值测量电路

用自旋忆阻器阵列实现核辐射吸收累积量传感器虽然实现了对核辐射吸收累积量的直接表征测量，但是其测量结果为自旋忆阻器 $M_{b_nc_n}$ 的阻值。想要得到某一时段内核辐射吸收累积量，还需要外加设施进行断电测量，又会造成额外的测量误差。因为自旋忆阻器存在电流阈值，只需要将其输入自旋忆阻器的电流控制在阈值之下，就不会引起自旋忆阻器阻值的变化。图 9-5 是传感器的阻值测量原理电路图。

自旋忆阻器的阻值测量电路由电源 U_1、电源 U_2、开关 S_3、限流电阻 R_9、电阻 R_{10}、电阻 R_{11}、电阻 R_{12}、电阻 R_{13} 和运算放大器组成。在 b_n 和 c_n 两端分别接入开关 S_3 和限流电阻 R_9，并在 c_n 端连接电阻 R_{12}。自旋忆阻器阵列与开关 S_3、电源 U_1、限流电阻 R_9 构成回路，在 c_n 端连接差值电路，通过求差直接输出自旋忆阻器阻值信息。其中，阻值测量电路的电源 U_1、电源 U_2 电压相等，大小为 U_H，限流电阻 R_9 的输出电压为 U_{R_9}，则该电路的输出电

压 U_{out2} 为

$$U_{\text{out2}} = \frac{(R_{12} + R_{13})R_{11}}{(R_{10} + R_{11})R_{12}}U_{\text{H}} - \frac{R_{13}}{R_{12}}U_{R_9} = U_{\text{H}} - U_{R_9} \tag{9-22}$$

所以，自旋忆阻器 $M_{b_n c_n}$ 的阻值 R_{M_2} 为

$$R_{M_2} = \frac{mn(U_{\text{H}} - U_{R_9})}{U_{R_9}}R_9 = \frac{mnU_{\text{out2}}}{U_{\text{H}} - U_{\text{out2}}}R_9 \tag{9-23}$$

通过所设计自旋忆阻器的阻值测量电路，可以直接通过输出电压值 U_{out2}、电源 U_1、电源 U_2、电压 U_{H} 来直接得出忆阻器 $M_{b_n c_n}$ 的阻值 R_{M_2}。其实，除了运用低于阈值电流自旋忆阻器阻值不变的特性来进行断电测量，还可以直接输出 b_n 与 c_n 之间的电压信息，来实时获取自旋忆阻器阻值信息。

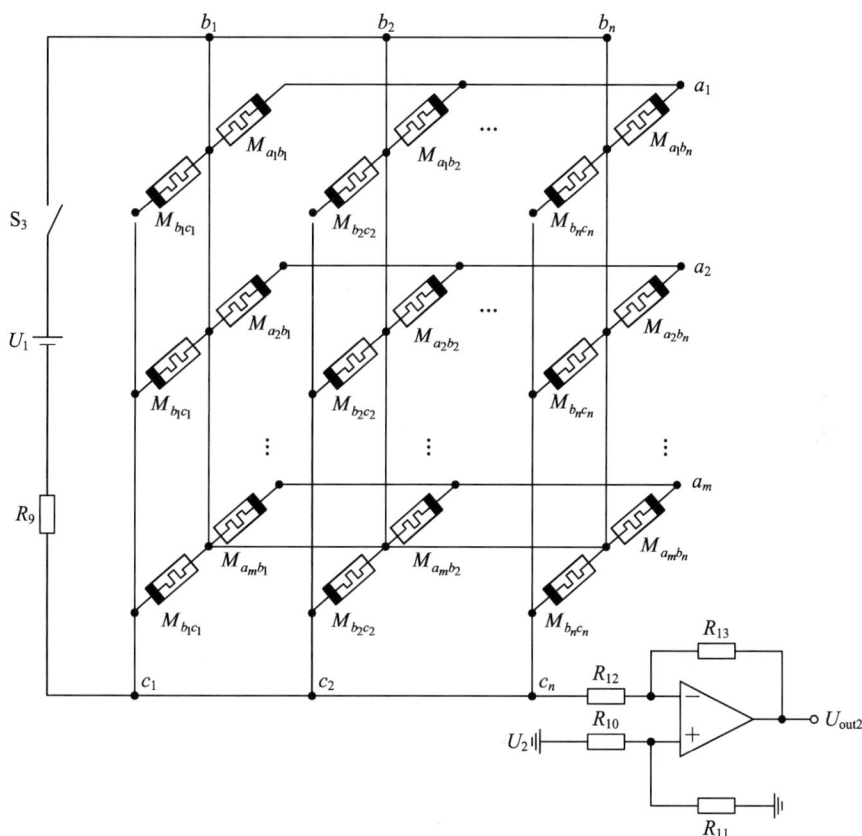

图 9-5　阻值测量原理电路图

9.2.3　忆阻器阻值输出电路

在实际的测量过程中，因为核辐射在转化为光电流的过程中，信号较微弱，且在后续处理中还需要避免引入过多的噪声。差分放大电路既有电路对称性的优点，能够稳定完成

忆阻器阻值信号的输出，又能避免温度等外界环境因素引起的噪声对传感器性能造成的影响，避免传统信息处理电路中直接耦合造成的零点漂移。

如图 9-6 所示，忆阻器阻值输出电路由电源 $-U_{EE}$、电源 $+U_{CC}$、晶体管 T_1、晶体管 T_2、电阻 R_4、电阻 R_5、电阻 R_6、电阻 R_7、电阻 R_8 组成。其中，电阻 R_4 和电阻 R_5 相同，大小为 R_B。电阻 R_6 和电阻 R_7 相同，大小为 R_C。晶体管 T_1 和晶体管 T_2 相同，输入电阻为 r_{be}。电阻 R_4 连接电路为阻值输出电路的前输入端，与自旋忆阻器阵列中的 b_n 端相连接。电阻 R_5 连接电路为阻值输出电路的后输入端，与自旋忆阻器阵列中的 c_n 端相连接。

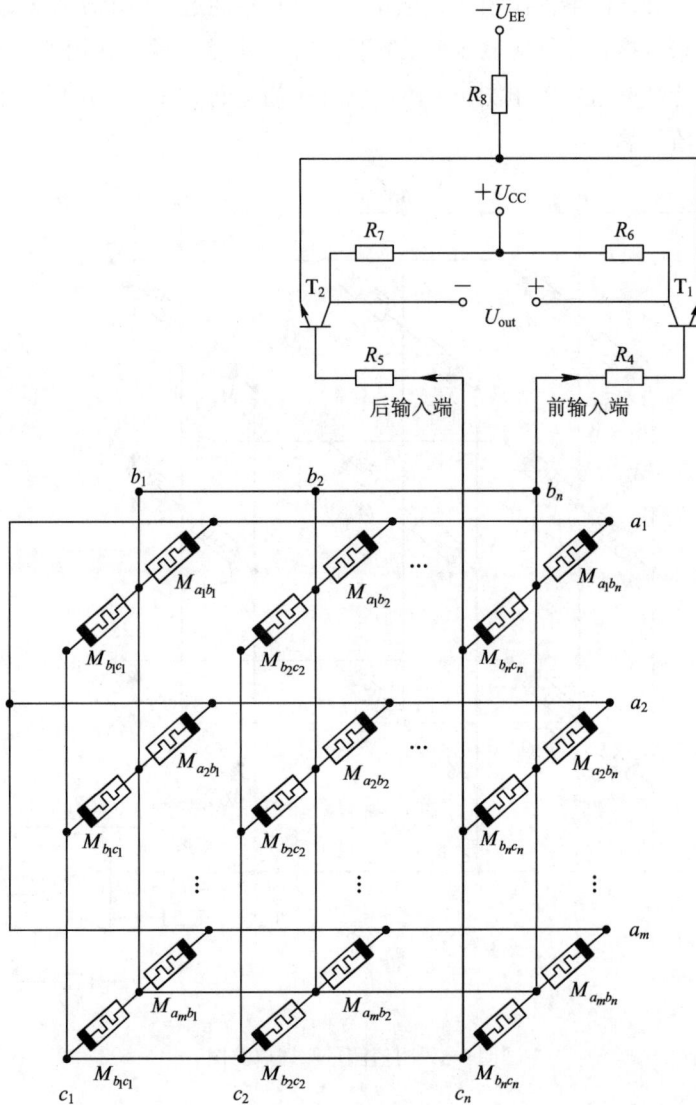

图 9-6　阻值输出电路

自旋忆阻器阵列在工作时，正向连接的自旋忆阻器阻值逐渐增大，电阻两端压降产生变化，连接的忆阻器输出电路前输入端与后输入端电压存在差值，因此可以得到输出电压 U_{out} 为

$$U_{\text{out}} = \frac{\beta R_{\text{C}}}{R_{\text{B}} + r_{\text{be}}}(U_{bn} - U_{cn}) \tag{9-24}$$

式中，r_{be} 为晶体管 T_1 和晶体管 T_2 的输入电阻，β 为晶体管放大倍数。

通过阻值输出电路可以直接得到忆阻器两端的输出电压，正向串联忆阻器 $M_{b_n c_n}$ 的电阻 R_{M_2} 与输出电压 U_{out} 之间的关系为

$$R_{M_2} = \frac{U_{bn} - U_{cn}}{I_{mn}} = \frac{U_{\text{out}}(R_{\text{B}} + r_{\text{be}})}{\beta R_{\text{C}} I_{mn}} \tag{9-25}$$

式中，I_{mn} 是流过正向串联忆阻器 $M_{b_n c_n}$ 的电流。

自旋忆阻器阻值变化与流过电流的方向相关，正向流过时，阻值增大，反向流过时，阻值减小。这一特性也决定了在使用自旋忆阻器作为传感器测量器件时，可以重复多次使用。通常情况下，需要添加外设电路来对自旋忆阻器阵列进行复位。但是，由于传感器回路中采用的是跨阻放大器和 PIN 型光电二极管耦合方案，因此选择直接使用工作电压大小的电源反向连接组成一个电源组 U。

如图 9-7 所示，图 9-6 所示电路可简化为由电源 U、开关 S_2、电阻 R 和自旋忆阻器阵列构成的阵列复位电路。当闭合开关 S_1 时，传感器处于工作状态，自旋忆阻器阵列中交叉点内部正向串联自旋忆阻器阻值不断增大，反向串联自旋忆阻器阻值不断减小，一直到最大和最小值状态后不再发生改变。如果继续使用，则传感器不再进行工作，因此，需要忆阻器阻值恢复电路将自旋忆阻器阻值恢复到最初状态，保证传感器可以实现对核辐射吸收累积量的多次重复测量。

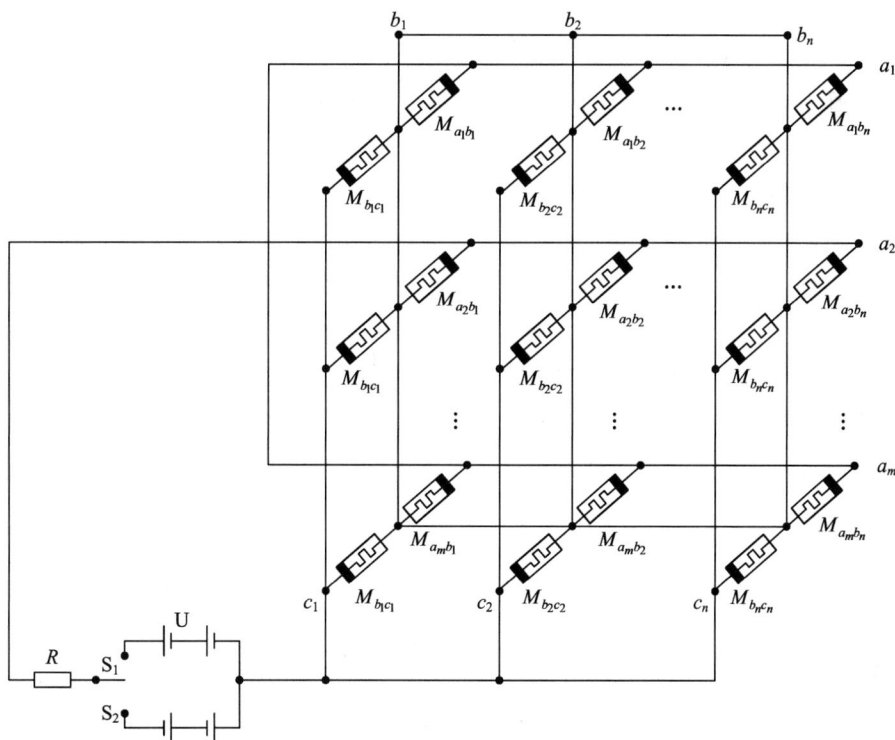

图 9-7　阵列复位电路

闭合开关 S_2 时，电源组 U 提供与工作电压相反的电压，电流从 c_n 端流入，从 a_m 端流出，此时交叉点内电流与工作状态下电流方向相反。正向连接的自旋忆阻器受到相反方向电流的作用电阻逐渐减小，相反地，反向连接的自旋忆阻器阻值逐渐增大，一段时间后，正向连接的自旋忆阻器达到最小值，反向连接的自旋忆阻器达到最大值。因此，忆阻器阻值复位电路能够完成忆阻器阵列的复位功能。

9.3　应用案例

9.3.1　实验及参数设置

下面使用自旋电子忆阻器阵列实现一个核辐射吸收累积量传感器，核辐射转换装置实现核辐射到电流的转换，忆阻器阵列完成对转换后电流的计量，并最终完成一个测量范围为 0～1 mGy，灵敏度为 500 Ω/mGy 的传感器方案，并分析不同条件下的核辐射吸收累积量传感器的响应特性及影响因素。

核辐射转换装置采用大小为 10 mm × 10 mm × 10 mm 正方体 CsI 闪烁体(掺杂微量 Tl (Thallium))与 S3590 系列中的 PIN (Positive-Intrinsic-Negative)型光电二极管 S3590-01，感光面为 10 mm × 10 mm，两者耦合而成。闪烁体发光效率 C_S 为 45%，PIN 型光电二极管的光电转换效率 η 为 85%，入射光频率 ν 为 5.49×10^{14} Hz，采用跨阻增益 K 为 1 M 的放大器，限流电阻 R 阻值为 8.8 kΩ。测量期间电源模块使用的电源组 U 的电压为 2 V，实验温度为 300 K。

本实验所使用的自旋忆阻器长度 D 为 1000 nm，宽 x、高 z 为 7 nm 和 10 nm，R_L、R_H 为 4000 MΩ 和 8000 MΩ，阈值电流密度 J_{cr} 为 5×10^7 A/m²。自旋忆阻器阵列中交叉点个数具有扩展性，因此在后续实验中 m 的个数确定为 5，n 的个数确定为 2，也就是自旋忆阻器阵列中交叉点的个数为 10，阵列内部总共有 20 个自旋忆阻器相连接。

为了测试所设计的核辐射吸收累积量传感器，在相同的条件下，本实验分别对传感器在不同光照条件下的相应特性进行了测试。同时，还通过改变阵列交叉点数量、放大器增益以及限流电阻，分析了改变不同参数所带来的影响。同时为了保证结果的准确性，在每次实验之前通过关闭开关 S_2 来复位自旋电子忆阻阵列的阻值。

9.3.2　结果分析

1. 无核辐射时的响应

将传感器置于无核辐射环境下闭合开关 S_1 进行实验，以交叉点内正向串联忆阻器 $M_{b_n c_n}$ 阻值 R_{M_2} 变化作为呈现结果，如图 9-8 所示。

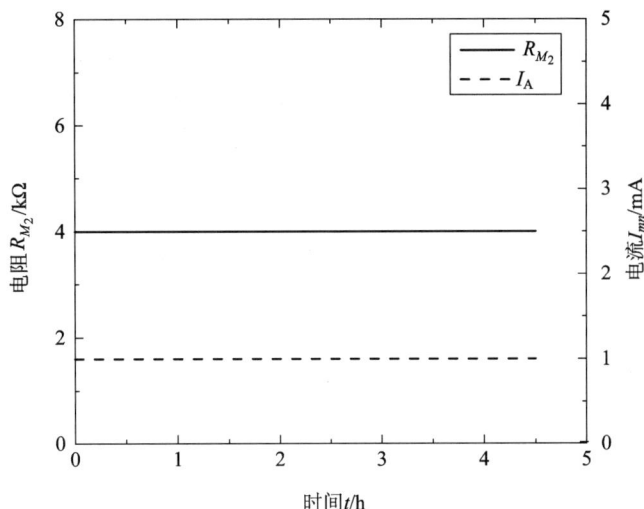

图 9-8 无核辐射下自旋忆阻器阻值变化图

从图 9-8 可以观察到，进入自旋忆阻器阵列交叉点内的电流 I_{mn} 为 1 nA，而正向串联忆阻器 $M_{b_n c_n}$ 的阻值 R_{M_2} 始终为 4 kΩ，并未产生变动。当实际测量环境中无核辐射时，核辐射转换装置内部 PIN 型光电二极管产生的暗电流会对传感器电路造成很大的噪声影响。实验结果表明：当核辐射吸收累积量传感器处于无核辐射期间，自旋忆阻器阻值不受传感器回路内存中暗电流的影响，这也证明了自旋忆阻器阵列本身具有的阈值特性，可以减小甚至消除电路中的噪声。

但是，由自旋忆阻器的阈值特性可知，自旋忆阻器阵列存在一个最小的工作电流，也就是自旋忆阻器的阈值电流。由式(9-15)和式(9-16)可知，其阈值电流为 3.5 nA，针对这一数值，结合式(9-17)和式(9-18)可得出阈值电流对应所设计核辐射吸收累积量传感器的最小辐射强度为 0.075 mGy/h，核辐射强度只要大于这一数值，交叉点内自旋忆阻器阻值会产生积分变化。

2. 核辐射强度的影响

核辐射吸收累积量是核辐射强度在一段时间内的积分量，所设计基于自旋忆阻器阵列的核辐射吸收累积量传感器是通过测量不同核辐射强度下自旋忆阻器阻值的变化量来直接得到核辐射吸收累积量的。核辐射强度的不同，会使核辐射经过核辐射转换装置后产生的光电流不同，进一步影响进入自旋忆阻器阵列交叉点内的电流，从而影响自旋忆阻器阻值变化速度。因此，核辐射强度变化对传感器意义重大。而在实际测量过程中，核辐射种类复杂，因此核辐射强度变化状况更为复杂。为了更好地反映核辐射吸收累积量数据的复杂性和真实性，下面从恒定核辐射强度、逐渐增大核辐射强度和随机变化核辐射强度三个模拟强度变化来对所设计的传感器性能进行分析研究。

1) 恒定核辐射强度下的测量

针对恒定不变的核辐射环境，将核辐射转换装置放于核辐射强度分别为 1 mGy/h、1.5 mGy/h、2 mGy/h 和 2.5 mGy/h 的环境下进行测量，图 9-9 显示了在这四种恒定核辐射强度下产生的光电流。

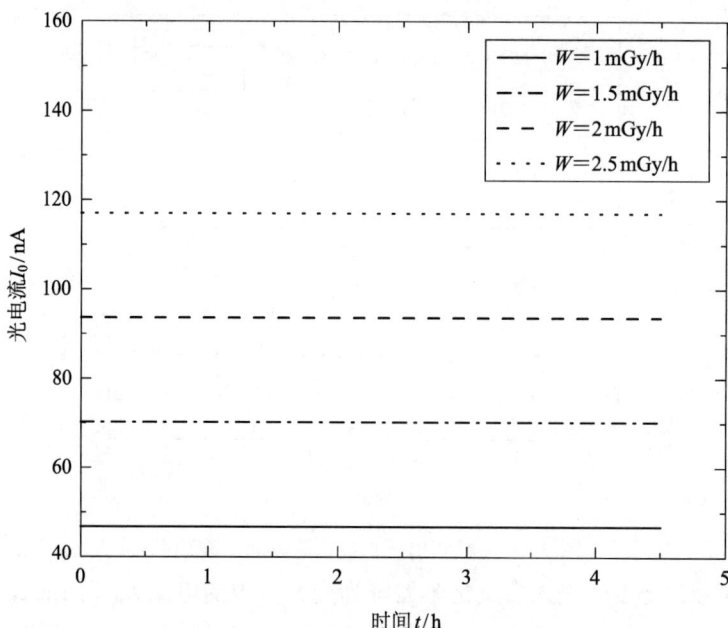

图 9-9   恒定核辐射强度下的光电流

由图 9-9 可知，尽管单一恒定核辐射强度的光电流值也是恒定不变的，但随着恒定核辐射强度的增加，核辐射转换装置产生的光电流越大，可见光通过 PIN 型光电二极管转化的光电流也就越大，这是因为核辐射强度越大，核辐射粒子撞击到闪烁体上的动能越大，产生的可见光功率就会越大，在 1 mGy/h、1.5 mGy/h、2 mGy/h、2.5 mGy/h 核辐射强度下产生的光电流进入自旋忆阻器阵列后，自旋忆阻器 $M_{b_n c_n}$ 阻值 R_{M_2} 变化曲线如图 9-10 所示。

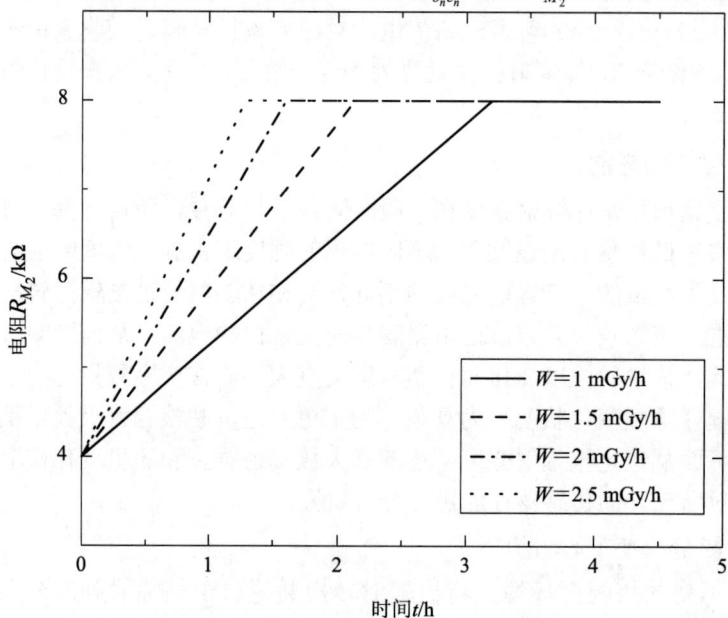

图 9-10   不同核辐射强度下 R_{M_2} 阻值变化

从图 9-10 中可以看出，在不同核辐射强度下，核辐射强度越大，自旋忆阻器阻值 R_{M_2} 随时间变化越快，也就是曲线斜率越大，传感器到达最大测量范围的时间越小。逐渐从 1 mGy/h 对应的 3.2 h 减小到 2.5 mGy/h 对应的 1.28 h，而灵敏度作为忆阻器阻值随核辐射吸收累积量变化的变化率，不受核辐射强度影响，一直保持不变。

如表 9-1 所示，当核辐射强度分别为 1 mGy/h、1.5 mGy/h、2 mGy/h、2.5 mGy/h 时，忆阻器的阻值分别在 3.2 h、2.13 h、1.6 h、1.28 h 时达到最大值，也就是达到最大有效测量范围。在这期间，核辐射吸收累积量传感器的灵敏度始终为 1251.47 Ω/mGy。

表 9-1　不同核辐射强度下的传感器性能

核辐射强度/(mGy/h)	到达最大测量范围时间/h	灵敏度/(Ω/mGy)
1	3.2	1251.47
1.5	2.13	1251.47
2	1.6	1251.47
2.5	1.28	1251.47

2) 逐渐增大核辐射强度下的测量

从表 9-1 中可以观察到核辐射强度从 1 mGy/h 以 0.5 mGy/h 的间隔强度逐渐增加时的传感器测量范围和灵敏度规律，为了更好地验证传感器性能，以 0.5 mGy/h 的增长速率，将核辐射强度从 0 逐渐增加到 2.5 mGy/h，当核辐射强度逐渐增大时，R_{M_2} 阻值和 I_0 的变化如图 9-11 所示。

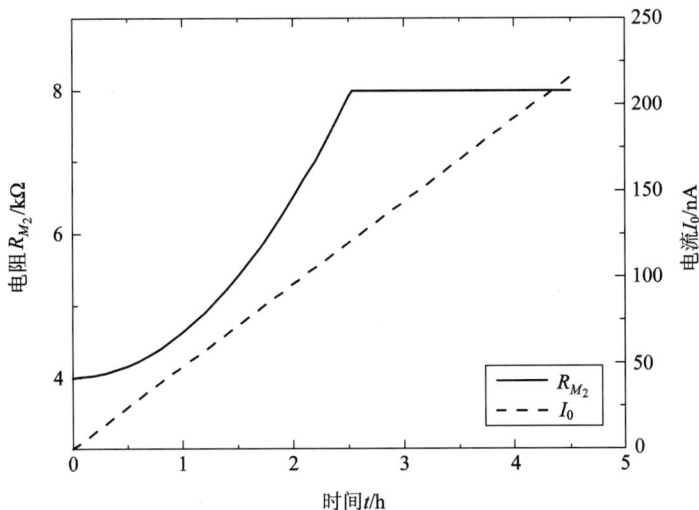

图 9-11　核辐射强度逐渐增大时 R_{M_2} 阻值和 I_0 的变化

由图 9-11 可得，当核辐射强度以 0.5 mGy/h 的速率增加时，光电流 I_0 从 0 nA 开始以 47.96 nA/h 的速率逐渐增加。而自旋忆阻器 $M_{b_n c_n}$ 的阻值 R_{M_2} 随着光电流 I_0 的增加，在阈值电流 50 nA 之前基本不发生变化，之后随着光电流 I_0 的增加，R_{M_2} 先缓慢增加后迅速增加。曲线的斜率逐渐增大，在自旋忆阻器达到最大阻值后保持不变，也就是自旋忆阻器 $M_{b_n c_n}$ 阻值的斜率随着核辐射强度的增加而增加。

结合表 9-1 中的实验数据，可以得知核辐射强度与达到最大测量范围时间的积分值为一固定值，因此，在核辐射强度逐渐增大的情况下，尽管传感器达到最大测量范围的时间减小，但传感器的测量范围和灵敏度不变。核辐射强度的逐渐增大只会影响传感器达到最大量程的时间，并不会影响核辐射吸收累积量的测量范围和灵敏度。

3) 随机变化核辐射强度下的测量

在实际生产生活场景中，有各种放射性核素的不稳定粒子束，质子和 α 粒子等稳定粒子束，带电的和不带电的粒子束，重粒子束和静止质量几乎为零的光子、中微子束等多种多样的核辐射种类，这些粒子处于无规律的变化之中，随机变化核辐射强度符合实际场景下核辐射的模拟场景。

当核辐射转换装置 H 接收到在 0～2.5 mGy/h 范围内随机变化的核辐射强度时，随机核辐射强度随时间的变化如图 9-12 所示。受随机变化核辐射影响，产生的光电流随着随机变化核辐射强度变化而变化，交叉点内自旋忆阻器阻值也随着电流的流入而变化。

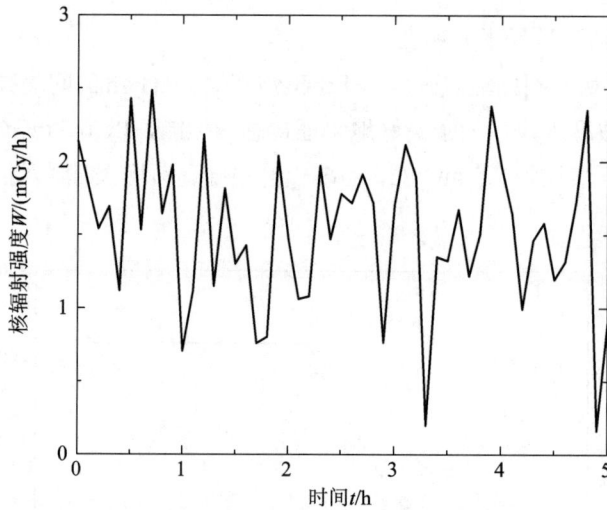

图 9-12　随机变化核辐射强度

当受到随机变化的核辐射强度时，自旋忆阻器 $M_{b_n c_n}$ 的阻值 R_{M_2} 随时间变化曲线如图 9-13 所示。从图 9-13 中可以看出，曲线由不同斜率的线段组成，且这些斜率的变化与图 9-12 中核辐射强度相对应，表明了不同的核辐射强度会影响传感器中自旋忆阻器阻值变化速度，这是由于随机情况下，核辐射强度会引起光电流跟随随机核辐射强度变化，从而引起流入自旋忆阻器阵列中电流的变化。在图 9-13 中，在 2.02 h 这一时刻，忆阻器 $M_{b_n c_n}$ 的阻值达到最大值，核辐射吸收累积量达到 3.2 mGy。可以发现，核辐射强度的随机变化不影响传感器的测量范围。每个小的曲线斜率线段与图 9-12 中随机变化的核辐射强度一一对应，核辐射强度的变化可以通过自旋忆阻器阻值斜率的变化来判断。曲线斜率越大，表示自旋忆阻器阻值变化越快，也就是核辐射累积越快，核辐射转换装置产生的光电流越大，核辐射强度值越大。

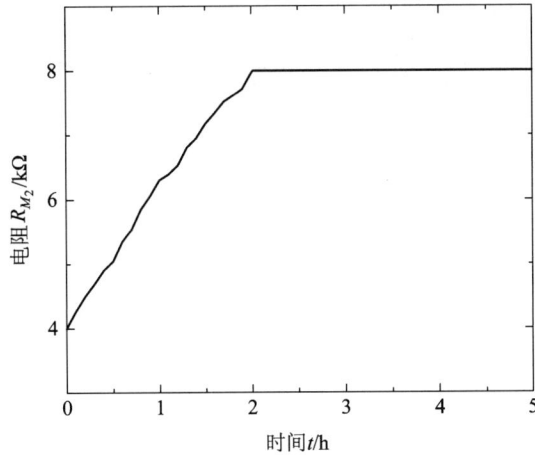

图 9-13　随机变化核辐射强度时 R_{M_2} 阻值的变化

3. 阵列交叉点数量的影响

自旋忆阻器阵列实现核辐射吸收累积量传感器是利用自旋忆阻器阵列交叉点内正向连接自旋忆阻器阻值来表征核辐射吸收累积量的变化，电流进入阵列中，由于多个交叉点的存在，会对电流产生分流作用，忆阻器交叉点的数目会影响流入自旋忆阻器的电流，进一步对传感器的性能产生影响。因此，为研究忆阻器阵列的交叉点数对整个传感器的响应特性影响，此处设计放大器增益 K 为 1×10^6，限流电阻为 8.8 kΩ，核辐射强度为 1 mGy/h，当自旋忆阻器阵列交叉点个数发生变化时，核辐射吸收累积量与自旋忆阻器 $M_{b_n c_n}$ 电阻之间的关系如图 9-14 所示。

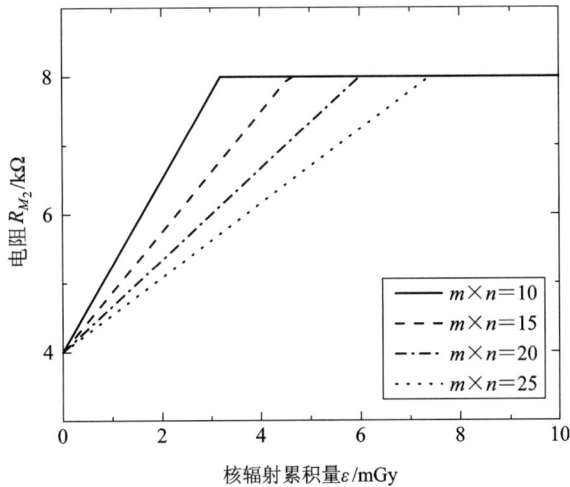

图 9-14　不同交叉点数量的响应特性曲线

交叉点的个数由 m 行与 n 列相乘所得，记作 $m \times n$。当自旋忆阻器阵列交叉点数分别为 10、15、20、25 时，响应特性曲线如图 9-14 所示。不同交叉点数目下的传感器性能如

表 9-2 所示，当 $m \times n = 10$ 时，核辐射吸收累积量传感器的灵敏度最高，为 1251.47 Ω/mGy；当 $m \times n = 25$ 时，有效测量范围最高，为 0~7.99 mGy。

表 9-2　不同交叉点数目下的传感器性能

阵列交叉点数目	测量范围/mGy	灵敏度/(Ω/mGy)
10	0~3.2	1251.47
15	0~4.79	834.31
20	0~6.39	625.73
25	0~7.99	500.58

随着交叉点数的增加，核辐射吸收累积量与忆阻器 $M_{b_n c_n}$ 电阻关系曲线的斜率逐渐减小，核辐射吸收累积量的测量范围逐渐增大，灵敏度逐渐降低。因此，通过适当调整交叉点的个数，可以增大核辐射吸收累积量传感器的测量范围，获得合适的灵敏度。但是 m 行和 n 列构成的交叉点数目不能无限增加。当 m 和 n 增加到一定程度时，通过交叉点的电流将小于忆阻器阈值电流，交叉点内的自旋忆阻器阻值不会发生变化。

从表 9-2 中可以看出，增加忆阻器阵列的大小，可以增大传感器的测量范围。但是随着交叉阵列规模的增大，潜通路造成的误差会不断增加。潜通路电流的分流串行会使算法精度降低，系统的可靠性下降。削弱潜通路影响的方法是在忆阻器交叉的电路节点上添加晶体管或者二极管，利用其单向导通性阻塞潜通路。但这种方式会增大工艺上的制造难度，降低电路集成度。因此，我们考虑采用对阵列输出端电流进行补偿的方式，如图 9-15 所示。

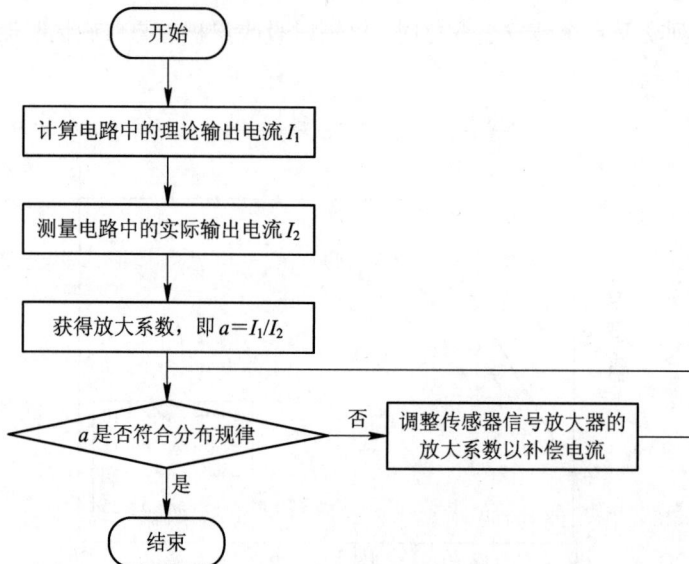

图 9-15　电流补偿缓解潜通路流程图

图 9-15 中，放大系数为交叉阵列中各分支通路中预设输出电流值与实际输出电流值之比，分布规律为交叉阵列中各分支通路距离交叉阵列输入端越近，放大系数越小。传感器信号放大器用于根据放大系数对其对应阵列输出端的电流进行补偿。

调整传感器信号放大器的放大系数，就可以对相应交叉阵列的输出端的电流进行补偿。这种方法既调整了潜通路引起的误差损失，又不必在忆阻器交叉阵列中添加新的设备，从而不会改变自旋忆阻器交叉阵列的制造工艺。

4. 放大器增益的影响

为了测试放大器增益对核辐射吸收累积量传感器的性能影响，将自旋忆阻器阵列中的交叉点数目保持在 10 个，核辐射强度保持在 1 mGy/h。由图 9-16 可知，当放大器增益 K 为 0.5×10^6、0.8×10^6、1×10^6、1.5×10^6 时，核辐射吸收累积量传感器的有效测量范围为 $0 \sim 6.39$ mGy、$0 \sim 4.0$ mGy、$0 \sim 3.2$ mGy、$0 \sim 2.13$ mGy，灵敏度为 625.98 Ω/mGy、1002 Ω/mGy、1251.47 Ω/mGy、1877.2 Ω/mGy。

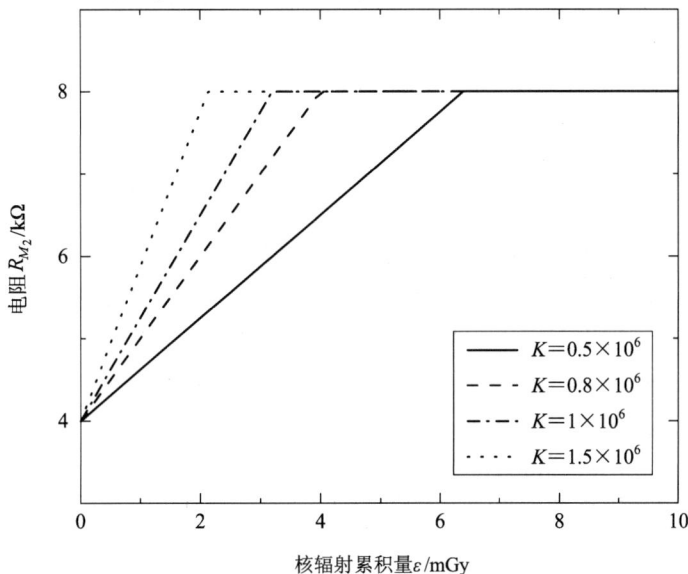

图 9-16　不同放大器增益的响应特性曲线

随着放大器增益的增加，传感器的灵敏度会增加，但测量范围减小。这是由于放大器增益越大，光电流经过放大后进入交叉点内的电流就越大，自旋忆阻器阻值变化就越快，达到最大测量范围的速度就越快。因此，可以通过增加放大器增益来提高传感器的灵敏度，但这是建立在缩小测量范围之上的。

5. 限流电阻的影响

限流电阻起着保护传感器回路的作用，另外，光电流经过放大器后转化为电压信息的同时作用于限流电阻和自旋忆阻器阵列，限流电阻的大小会对进入交叉点内的电流造成影响。

为了测试限流电阻对核辐射吸收累积量传感器的性能影响，将自旋忆阻器阵列中的交叉点数目保持在 10 个，将放大器增益 K 设置为 1×10^6 时，核辐射强度保持在 1 mGy/h。不同限流电阻的响应特性曲线如图 9-17 所示。由图 9-17 可知，当限流电阻阻值 R 为 5 kΩ、8.8 kΩ、10 kΩ、15 kΩ 时，核辐射吸收累积量传感器的有效测量范围分别为 $0 \sim 1.98$ mGy；$0 \sim 3.2$ mGy；$0 \sim 3.7$ mGy；$0 \sim 5.18$ mGy，灵敏度分别为 2020.2 Ω/mGy、1251.47 Ω/mGy、1081.08 Ω/mGy、772.2 Ω/mGy。

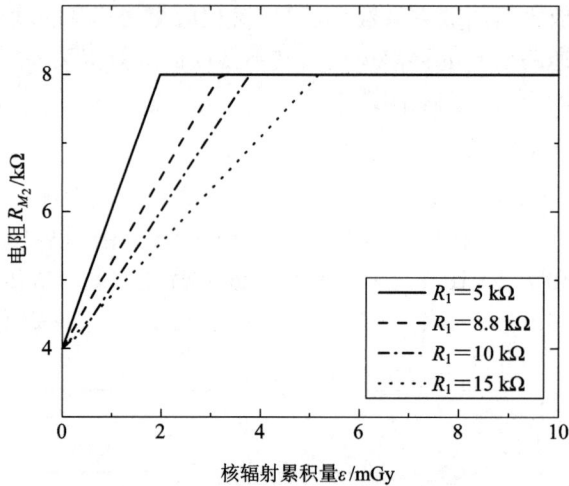

图 9-17   不同限流电阻的响应特性曲线

随着限流电阻的增加，传感器的灵敏度减小，但测量范围会增大。原因是光电流转化为电压后同时作用于限流电阻和自旋忆阻器阵列，阵列阻值恒定，限流电阻越大，回路电流越小，进入交叉点内的电流就越小，达到最大测量范围的速度就越慢。因此，可以通过增加限流电阻 R_1 的阻值来提高传感器的测量范围，但这样会降低灵敏度。

根据以上实验，我们所提出的基于自旋忆阻器的核辐射吸收累积量测量方法相比于其他核辐射吸收累积量测量方法具有许多优势，可以满足测量范围大、灵敏度高、能够连续多次测量且直接得到核辐射吸收累积量等要求。该传感器不仅能够实现对核辐射吸收累积量的连续多次测量，还具有更高的灵活性，可通过调节忆阻器阵列交叉点的数目和放大器增益来灵活调整传感器测量范围和灵敏度。

6. 其他特性

光电流的大小由核辐射强度的大小决定，核辐射强度越大，产生的光电流越大，进入交叉阵列内的电流就越大，自旋忆阻器的阻值变化率就越快。所以光电流和阵列交叉点内电流的变化情况对整个传感器性能意义重大。光电流 I_0 和交叉点内电流 I_{mn} 的变化曲线如图 9-18 所示。

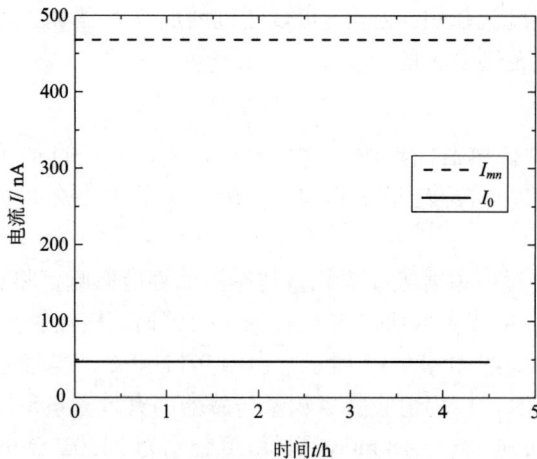

图 9-18   光电流 I_0 和忆阻器阵列交叉点内电流 I_{mn} 的变化曲线

　　当开关 S_1 闭合时，传感器处于工作状态，核辐射强度为 1 mGy/h 时，核辐射经过核辐射转换装置输出的光电流 I_0 为 468 nA，并且保持不变。也就是说，当核辐射强度不变时，回路中产生恒定的光电流、忆阻器 $M_{b_n c_n}$ 的阻值随光电流的流入而变化。在这一变化过程中，自旋忆阻器阵列交叉点中的电流 I_{mn} 也保持 468 nA 不变，不受交叉点内部自旋忆阻器的电阻变化的影响。

　　从图 9-19 中可以看出，随着核辐射吸收累积量的不断增加，自旋忆阻器阵列交叉点内总阻值为 12 kΩ，并且一直保持不变。反向串联自旋忆阻器的 $M_{a_m b_n}$ 阻值 R_{M_1} 随着累积量的增加而减小，最后减小到最小值 4 kΩ。正向串联忆阻器 $M_{b_n c_n}$ 的阻值 R_{M_2} 随累积量的增加而增大，最大值为 8 kΩ。由于交叉点内为两个相同的自旋忆阻器反向连接，两个自旋忆阻器阻值变化量互补，交叉点内的阻值 R_M 为两个串联自旋忆阻器的和，且不随外加电流的变化而变化。当交叉点个数，也就是 $m \times n = 10$ 时，忆阻器阵列 M 的总电阻也保持不变，为 R_M 的十分之一。

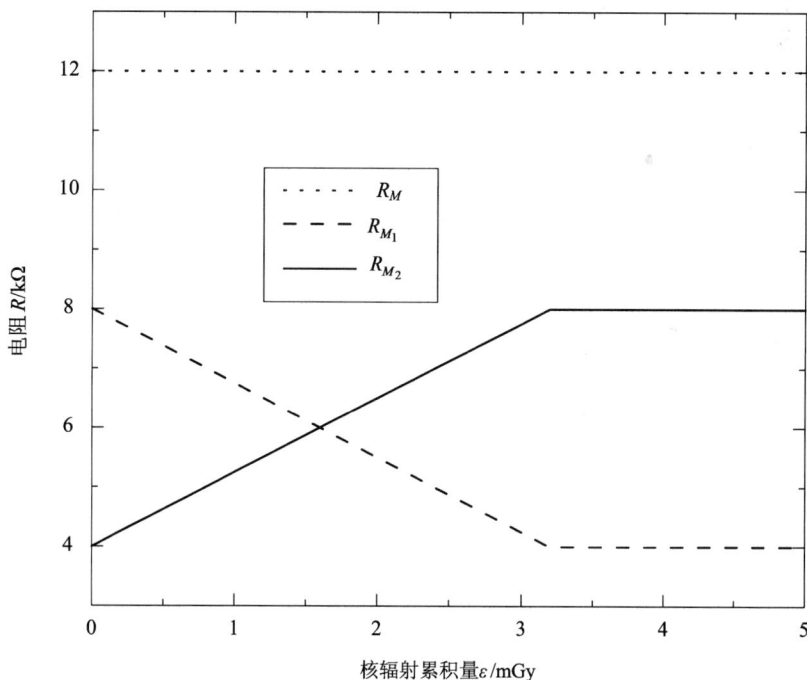

图 9-19　R_M、R_{M_1}、R_{M_2} 阻值的变化曲线

　　交叉阵列的引入减小了系统的阻值，特别是忆阻器模块的阻值，避免了因单个自旋忆阻器阻值变化范围有限而不能满足更大测量范围的设计需求这一问题，实现了更大范围的核辐射吸收累积量测量。在每个阵列交叉点内，电流大小与内部单个自旋忆阻器阻值变化无关，测量结果更加准确。

　　根据自旋忆阻器阵列的核辐射吸收累积量传感器电路结构图进行实验，能够完成核辐射吸收累积量的测量。图 9-20 所示为正向串联忆阻器 $M_{b_n c_n}$ 的阻值 R_{M_2} 转化为输出电压 U_{out} 随核辐射吸收累积量的变化曲线。U_{out} 从 0.0187 V 开始线性增加，当核辐射吸收累积量到达 3.2 mGy 时，U_{out} 达到最大值 0.0374 V。实验表明，阻值输出电路能够将自旋忆阻器阵列中的自旋忆阻器阻值信息转化为电压信息，以便进一步读取与处理。

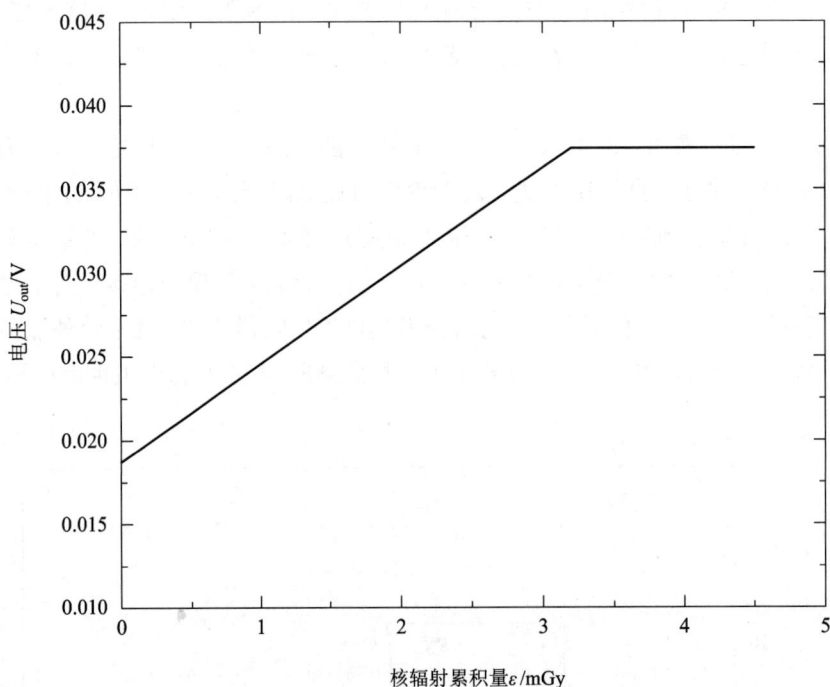

图 9-20 U_{out} 随核辐射吸收累积量变化曲线

在将自旋忆阻器阻值信号转化为电压信号输出时，当核辐射吸收累积量到达 3.2 mGy 时，对应着正向串联自旋忆阻器两端有最大电压 3.74 mV。在 3.2 mGy 的测量范围内，电压的变化量仅仅有 1.87 mV，相对于累积量变化量，这个电压值变化幅度是偏小的。因此，采用差分放大的原理设计的阻值输出电路，将自旋忆阻器两端电压进行差分放大处理，经过处理后的输出结果是忆阻器 $M_{b_n c_n}$ 两端电压的 10 倍。另外，可通过调节 R_B 和 R_C 的阻值来进一步扩大输出电压 U_{out} 的范围。

对于阵列复位电路，当单刀双掷开关中的 S_1 开关闭合时，传感器处于正常工作状态，电源组 U 负责整个传感器的供电，传感器处于对核辐射吸收累积量的测量状态。在工作状态下，电流从 a_m 端流入自旋忆阻器阵列，从 c_n 端流出，这也就引起了阵列交叉点内反向串联的自旋忆阻器阻值 R_{M_1} 从最大值一直减小到最小值，正向串联的自旋忆阻器阻值 R_{M_2} 从最小值一直增加到最大值。但是各自增加到最大值和最小值后保持不变，传感器只能完成一次测量。因此，为实现传感器多次使用测量核辐射吸收累积量，每次实验完成后，闭合开关 S_2，此时传感器电流与工作状态下相反，自旋忆阻器阵列处于复位功能。在电源组中工作电压用大小相同(同为 2 V)、方向相反的电压，使得电流从 c_n 端流入自旋忆阻器阵列，从 a_m 端流出。图 9-21 所示为自旋忆阻器阵列交叉点内反向串联的自旋忆阻器 $M_{a_m b_n}$ 阻值 R_{M_1} 和正向串联的自旋忆阻器 $M_{b_n c_n}$ 阻值 R_{M_2} 随时间变化曲线。

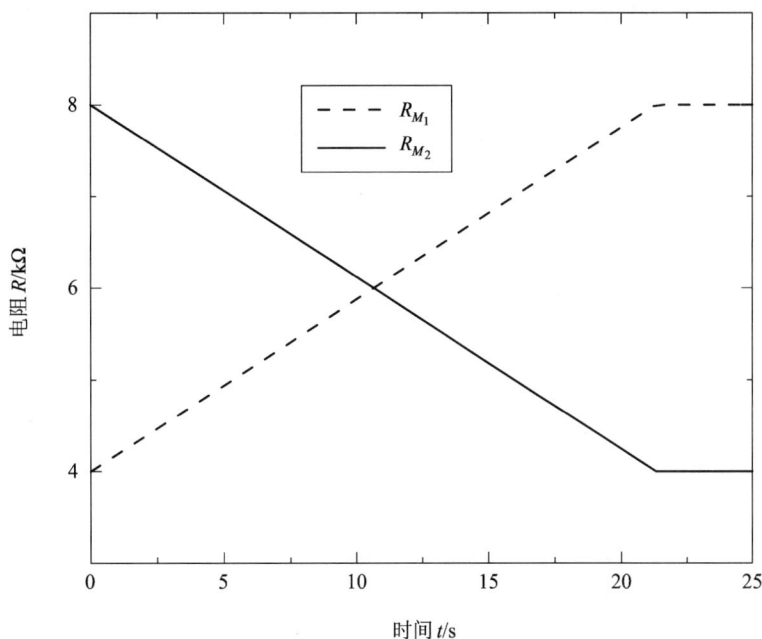

图 9-21　阵列复位阻值变化曲线

　　如图 9-21 所示，在电源组 U 的作用下，传感器复位电路仅用了 21.31 s，交叉点内反向串联忆阻器阻值 R_{M_1} 从最小值 4 kΩ 随着时间逐渐增加，一直增加到工作前的最大值 8 kΩ。交叉点内正向串联忆阻器阻值 R_{M_2} 从最大值 8 kΩ，随着时间逐渐减小到工作前的最小值 4 kΩ。对比工作状态，虽然共同使用同一个电压值，但是核辐射累计时间达到了 3.2 h，复位状态下，其复位过程时间仅为 21.31 s，时间大大缩短。另外，通过对阵列复位电路的功能测试，图 9-21 显示出所设计电路能够实现快速复位功能，传感器能够多次反复使用。

习　　题

　　1. 简要阐述常见的核辐射吸收累积量测量方法的优缺点，以及基于自旋忆阻器的核辐射吸收累积量的测量方法相比原来的方法有什么优势。

　　2. 简述自旋忆阻器阵列在核辐射吸收累积量传感器中起到了什么作用。

　　3. 结合自旋忆阻器在核辐射吸收累积量测量中的应用，阅读相关文献，说明忆阻器还能应用在哪些物理量测量中。

　　4. 简述用自旋忆阻器实现核辐射吸收累积量传感器的工作流程。

　　5. 结合忆阻器阻值输出电路，推导忆阻器阻值输出电路的工作原理。

　　6. 结合阻值测量电路原理图，推导和分析阻值测量的原理及相关公式。

　　7. 分析恒定不变核辐射强度、逐渐增大核辐射强度和随机变化核辐射强度三个模拟强度变化对所设计的传感器性能有什么影响。

8. 分析说明阵列交叉点数量、放大器增益、限流电阻对传感器性能的影响。

参 考 文 献

[1] SCHMITZ J A, ROGGE D, BALKIR S, et al. A low-power, highly integrated radiation detection system for portable, long-duration monitoring[J]. IEEE Sens. 2020, 20: 10664-10678.

[2] ISSA S A M, ALI A M, TEKIN H O, et al. Enhancement of nuclear radiation shielding and mechanical properties of YBiBO3 glasses using La2O3[J]. Nuclear Engineering and Technology. 2020, 52: 1297.

[3] ZHU Y, QIAN S, WU Q, et al. Study on fast timing MCP-PMT in magnetic fields from simulation and measurement, Sens[J]. Actuators A: Phys. 2021, 318: 2487.

[4] MACK S L A. Eliminating the stigma: A systematic review of the health effects of low-dose radiation within the diagnostic imaging department and its implications for the future of medical radiation[J]. Journal of Medical Imaging and Radiation Sciences. 2020, 51: 662-670.

[5] CHANKI L, LEE R K C, KIM H R. Conceptual Development of Sensing Module Applied to Autonomous Radiation Monitoring System for Marine Environment[J]. IEEE Sens. 2019, 19: 8920-8928.

[6] GHAHRIZJANI R T, AMERI M, JAHANBAKHSH H, et al. Ultra-High Precision Radiation Dosimetry via Laser Bleaching the Color Centers in Fast Recovery Optical Fiber Sensors[J]. IEEE Sens. 2020, 20: 5935-5942.

[7] TOYOSHIMA A, HOSAKA H. Spin acceleration mechanism for wave energy converter using gyroscopic effect and geared feedback[J]. Sens. Actuators A: Phys. 2021, 332: 113186.

[8] DRAGUNOV V P, OSTERTAK D I, PELMENEV K G, et al. Electrostatic vibrational energy converter with two variable capacitors[J]. Sens. Actuators A: Phys. 2021, 318: 112501.

[9] AI R B, ZU N N, LI R. From gradual change to abrupt change in Ni-Al layered double hydroxide memristor by adsorbed small in Ni-Allayered double hydroxide memristor by adsorbed small molecule oxadiazole[J]. Sens Actuators A: Phys. 2021, 323: 112671.

[10] PRINZIE J, SIMANJUNTAK F M, LEROUX P. Themis Prodromakis, Low-power electronic technologies for harsh radiation environments[J]. Nature Electronics. 2021, 4: 243-253.

[11] HSU C C, RUAN D B, CHANG LIAO K S, et al. Radiation hardness of InWZnO thin film as resistive switching layer[J]. Applied Physics Letters. 2022, 120: 191605.

[12] AMIRANY A, JAFARI K, MOAIYERI M H. True Random Number Generator for

Reliable Hardware Security Modules Based on a Neuromorphic Variation-Tolerant Spintronic Structure[J]. IEEE Trans. Nanotechnology. 2020, 19: 784-791.

[13] KIM H J, SHIN H Y, PYEON C H, et al. Fiber-optic humidity sensor system for the monitoring and detection of coolant leakage in nuclear power plants[J]. Nuclear Engineering and Technology. 2020, 52: 1689-1696.

[14] VYAS V, JIANG L W, ZHOU P, et al. Karnaugh Map Method for Memristive and Spintronic Asymmetric Basis Logic Functions[J]. IEEE Trans. 2021, 70: 128-138.

[15] NAFEA S F, DESSOUKI A A S, RABAIE S E, et al. An accurate model of domain-wall-based spintronic memristor[J]. Integration-The VLSI. 2019, 65: 149-162.

[16] GETACHEW M N, PRIYADARSHINI R, MEHRA R M. SPICE model of HP-memristor using PWL window function for neuromorphic system design application[J]. Materials Today: Proceedings. 2021, 34: 598-603.

[17] GROLLIER J, QUERLIOZ D, CAMSARI K Y, et al. Neuromorphic spintronics[J]. Nature Electronics. 2020, 3: 360-370.

[18] 文常保，姚世朋，朱玮，等. 一种基于忆阻器的大测量范围新型曝光量传感器[J]. 传感技术学报，2017, 30(7): 1001-1005.

[19] WEN C B, HONG J T, YAO S P, et al. A novel exposure sensor based on reverse series memristor [J]. Sensors and Actuators A: Physical, 2018, 278: 25-32.

[20] WEN S P, WEI H Q, YANG Y, et al. Memristive LSTM Network for Sentiment Analysis[J]. IEEE Transactions on Systems Man Cybernetics-systems, 2021, 51(3): 1794-1804.

[21] LAWSON E M. Laser doping—A method for producing thin contacts on semiconductor nuclear radiation detectors[J]. Nuclear Instruments and Methods, 1981, 180(2): 651-653.

第 10 章

类脑智能及脑机接口技术

忆阻器具有在感、存、算一体化技术中的潜在应用。忆阻器与类脑智能或神经形态计算的结合，可以进一步提高感、存、算一体化和智能化的集成度。本章主要围绕类脑智能、脑机接口技术，在替代、恢复、增强、补充、改善的基础上，希望能够将忆阻器融合进相关技术，进一步实现生物系统感知能力、记忆能力、计算能力、动觉能力等各种机能的扩展、延伸和提升。

10.1 类 脑 智 能

类脑智能也称为类脑计算或神经形态计算，旨在模拟人类大脑的形态结构及信息处理功能机制，实现生物大脑具有的可塑性、通用性、自学习、自组织、自适应等智能行为，以及低能耗、高效率等特点。

1. 类脑智能的起源

《管子·内业》篇有云："凡人之生也，天出其精，地出其形，合此以为人。"目前，类脑智能的研究主要集中在类脑功能和类脑结构，即"精"和"形"两个方向。其中，"精"的研究主要突出感知模式、认知机理、学习能力、记忆存储等类脑功能器件的实现，在脑智能机制研究的基础上，借助机器强大的整合、搜索、计算等能力，实现类脑甚至超脑的功能。"形"的研究突出生物神经学组织研究和硬件构建导向，以脑结构、神经环路及网络结构和功能是如何发生的，以及神经形态器件仿真、设计和实现为核心，开发类脑智能神经芯片，实现类脑神经电路结构和功能。"精"和"形"的合一是类脑智能期望达到的终极目标，进而实现"人"的神似，甚至"超人"的期望。

作为人体最重要的器官之一，大脑就如同人类身体上的"小宇宙"，虽然其只有 1.4 kg 左右的质量，却和浩瀚无垠的宇宙一样神秘、复杂。因此，脑科学被视为人类理解自然、了解宇宙，破解"我是谁、我从哪里来……"等终极问题的钥匙。细胞体、树突、轴突、神经末梢以及突触等结构共同构成了一个个神秘的感知神经元单元，而人类大脑则拥有近 10^{11} 个神经元和 10^{15} 个突触。神经元可以以几毫秒的速度实现生物互联，对细胞级的故障具有优异的容错机制，能耗却仅为 20 W 左右。而要达到同样的计算量，如果使用计算机或电子系统，功耗则要达到数千兆瓦级别。人类从未停止对大脑的探索，对大脑功能结构和运行机制的模仿，不仅是类脑计算的一个主要方向，也是当下最具有战略性和颠覆性的技术领域之一。

根据目前对人脑的研究结果，可以发现人脑有以下几个特点。

(1) 大脑可以实现感、存、算一体化，大脑的生物神经元同时兼有感知、运算和存储能力，具有一体化运行和超低能耗的特点。

(2) 大脑具有很强的自学习能力，可以在感知外部环境的刺激下，自动按照一定规律调整神经元之间的突触连接强度，并能够在不断地感知事物的过程中，进行自组织和自适应。

(3) 大脑能很好地处理非结构化信息，多模态感知并行处理数据，能够动态过滤和捕捉关键内容，并进行跨媒介融合和自主决策。

(4) 大脑对小样本学习和泛化的能力很强，在知识和资源相对不足的条件下，具有强有力的自适应能力，以及强容错性和联想能力。

(5) 大脑对事物的认知不仅可以通过计算来实现，还具有稀疏性、学习性、选择性和方向性等生物特性，蕴含巨大的线性和非线性信息处理潜能。

但是，人类大脑是自然选择的结果，这种自然选择并不必然意味着大脑就是朝智能的、正确的或期望的方向发展，其中蕴含着对于周边生存环境的妥协和受生物本体依附关系的约束。因此，人类大脑作为自然进化的产物，仍然存在局限，并非其所有的网络结构与运行机制都是科学的和值得被模仿的。例如，人脑存在记忆容量有限、学习过程缓慢、反应速度延迟高、运算能力个体差异明显等。因此，在类脑智能的研究中，需要明确梳理类脑研究究竟在哪些方面应该借鉴人脑之所专，在哪些方面应该发挥类脑智能之所长，从而回避人脑智能之所短。这也是目前类脑智能研究成为热点的原因之一。

2. 类脑智能的研究情况

2008 年，美国国防高级研究计划局(DARPA)启动了"神经形态自适应可塑性可扩展电子系统"，其目标是研制出器件功能、规模与密度均与人类大脑皮层相当的电子装置，功耗为 1 kW。2013 年，美国提出了"BRAIN Initiative"人工大脑计划，并拨款数亿美元用于发展实用类脑计算芯片及脑机接口。2014 年，IBM 在 *Science* 期刊上发表文章，宣布成功研制出 TrueNorth 神经形态芯片，该芯片内含一百万个神经元和 2.56 亿个突触。2016 年，德国海德堡大学在 8 英寸(1 英寸 = 2.54 cm)硅片上集成了 20 万个神经元和 5000 万个突触。2018 年，IBM 在 *Nature* 期刊发表的论文提出通过 PCM 存储技术实现在数据存储的位置执行计算，来加速全连接神经网络的训练，芯片可以达到 GPU 280 倍的能源效率，并在同样面积上实现 100 倍的算力。2019 年，浙江大学发布的第二代达尔文芯片量级上已经达到了果蝇水准，并能够将 792 颗达尔文芯片互连起来，形成一个拥有 1.2 亿个人工神经元和近千亿个神经突触连接的类脑计算机，该类脑计算机具有专门的类脑操作系统。2021 年，马斯克展示了当时最新的脑机接口技术，再次在全球范围掀起人工智能热潮。我国也于 2020 年启动了智能芯片重大研究计划，而类脑感知芯片就是其中的重点研究方向，技术指标要求神经元规模大于 20 万个，突触规模大于 2000 万个。2021 年，科技部 2030"脑科学与类脑研究"重大科技创新项目，资金资助规模为 30 亿元，也是我国"十四五"规划中明确指出的重大战略性发展方向。

3. 类脑智能与忆阻器

在以上这些研究中，科学家已经做了很多出色的工作，他们尝试使用晶体管器件、CMOS 器件、忆阻器、光电器件甚至有机生物器件来模拟类脑神经结构和功能机制，实现具有人类智能水平或超人类智能水平的类脑智能器件与系统。

在这些器件中，忆阻器由于集时变性、记忆性和非易失性等特点于一身，在感存算一体化、类脑智能等研究中显现了独特的优势，其在类脑智能中的应用已成为未来实现类似人脑智能功能或结构的重要发展方向之一。

忆阻器可以从高阻态向低阻态转变或从低阻态向高阻态转变，在这种转变过程中，忆阻器可作为模拟器件使用。这种"模拟"的缓变过程，可以实现类似人体或大脑的感知过程全程应变和存储，因此，忆阻器具有作为传感器、感知器、神经突触以及人工智能等功能器件使用的潜在能力。目前，也有曝光量、气体累积流量、紫外光累积量、核辐射累积量等物理量感知器件的报道。

忆阻器结合了电阻器与存储器的功能，通过施加脉冲电压，可以以非易失性方式改变其电阻，并改变其存储器状态。这类忆阻器包括磁效应忆阻器、相变效应忆阻器和阻变效应忆阻器等。

忆阻器具有一定的时变性，其阻值大小取决于施加到其上的电压、电流的大小和极性以及施加电压、电流的时间长度。这样通过控制所施加信号的大小、极性和时间就可以实现加法与减法运算，进而也可以实现乘法及除法运算。同时，忆阻器可以通过互连线直接访问和反复编程，实现基本布尔逻辑运算。目前，实质蕴涵逻辑和逻辑 0 可以构成逻辑完备集，通过级联可以实现全部 16 种逻辑运算。

不同于利用 MOS 器件实现处理器芯片的方式，忆阻器芯片能在不降低神经网络准确度的前提下大幅提升算力，同时还可显著降低功耗。这样，忆阻器器件本身就是存储器，在需要运算时，就可以把数据从存储器中读到运算器里，因为忆阻器可直接用欧姆定律来做运算。譬如，把忆阻器制作成像 HP 实验室的 Crossbar 结构，就可以获得一种矩阵阵列结构，这种结构既可以进行计算，也可以实现数据存储。

2015 年，美国匹兹堡大学提出了一款名为 "RENO" 的忆阻器类脑计算架构。各忆阻阵列之间采用星型拓扑结构进行互联，并采用混合信号进行传输，其中数字信号用于路由路径的选择，模拟信号用于传输阵列计算结果信号，以降低 CPU 与各个计算单元之间的通信延迟。

清华大学研究学者在 *Nature* 期刊上发表了 "Fully hardware-implemented memristor convolutional neural network"，其中介绍了由全硬件实现的忆阻器卷积神经网络阵列芯片，集成了 8 个包含 2048 个忆阻器的列阵，并构建了一个五层的卷积神经网络进行图像识别，精度高达 96%以上。

中国科学家在 *Science* 期刊上发表了论文 "Neuromorphic functions with a polyelectrolyte- confined fluidic memristor"，报道了一种聚电解质限域的流体忆阻器，并利用单个器件实现了类似大脑神经化学信号与电信号转导的模拟。对于人们读取大脑的"化学语言"，流体忆阻器能够更好地模拟类脑智能，提供了一种新的解读方式。作为一类新的电子元器件，流体忆阻器有望模拟人类大脑的"离子通道"功能，实现与大脑的智能交互，从而有助人们解读大脑，实现类脑智能研究、类脑计算和类脑智能传感。在构建聚电解质限域流体体系的基础上，科学家发现该体系具有忆阻器的特征，并利用溶液中离子在聚电解质刷限域空间内传输，使器件具有记忆效应，成功模拟了多种神经电脉冲行为。相比传统固体器件，这种流体器件具有可与生物体系相比拟的工作电压和低功耗，更重要的是，基于流体体系的特征，流体忆阻器可以在生理溶液中模拟神经递质对记忆功能的调控，成功模拟了突触可塑性的化学调控行为。

University of Southern California 和 University of Massachusetts 的研究人员针对噪声存在引起忆阻器电导等级不易于区分的问题，在 8 英寸晶圆上设计、制造、实现了具有 2048 个电导等级的消除单个忆阻器噪声工艺，并使用了导电原子力显微镜来观测传导通道如何因去噪过程而变化，比之前文献报道的结果高出了一个数量级以上。在去噪之前，忆阻器表现出"不完整"的，含有相对较少氧空位的区域的传导通道，在使用不同极性的电压脉冲去噪之后，这些不完整的通道消失了。这些研究不仅为忆阻开关过程的显微镜图像解释提供了重要的依据，而且还为忆阻器作为机器学习和边缘应用的人工智能硬件加速器的商业化提供了一种技术可能性。

解决"摩尔定律"和"Dennard 缩放定律的逐渐失效问题"需要全新的计算器件、范式和架构，忆阻器正是这种新趋势的器件代表。而且用忆阻器件根据物理定律来直接做乘法计算和加法计算的方式，也和过去利用与非门做布尔逻辑计算的方法很不一样。因此，忆阻器神经计算器件的研究和实现，不仅可以为感、存、算一体化技术提供一条有效实现途径，而且可以解决信息科学，尤其是集成电路领域中的诸多"卡脖子"问题。

10.2　脑　机　接　口

10.2.1　脑机接口的结构与定义

大脑是生物体思想、情感、感知、行动和记忆的源泉，大脑的复杂性赋予生物智慧，同时使每个生物体都独一无二。近年来，研究大脑认知的神经科学、类脑科学和人工智能技术已经在脑科学、神经细胞、神经感知系统等多方面取得了进展和突破，这进一步催生了脑机接口(Brain Computer Interface，BCI，或 Brain Machine Interface，BMI)技术的出现。

脑机接口技术是指在人或动物大脑与外部电子设备之间建立直接连接，或实现生物大脑与受控电子设备之间信息交换的一种技术。其中，"脑"指的是具有有机生命形式的生物脑或者神经系统，而并非仅仅是产生于大脑的"思想""感觉"或"意识"。当然，这里的"脑"也并不仅仅指的是人类的"脑"，也可以包括像猴、猪、白鼠等动物的"脑"。"机"指的是可以与生物体"脑或者神经系统"对接的对任何外部信息进行转化、处理、传送的机电系统，这些"机"可以是电子的、机械的，甚至可以是虚拟的人造设备，其形式可以是单一的芯片或复杂的机电系统。而且，这些设备无须放在连接对象的近旁，它们可以处于另一个房间、另一个国家甚至地球另一端。在早期的文献中，脑机接口也称作"大脑端口"或者"脑机融合感知"，其含义都是指在生物大脑与受控电子设备之间创建连接通路的技术接口，其实质上都是实现人类或其他活体生物大脑与生物体外设备连接的一类技术总称。

一个典型的脑机接口系统主要包括生物系统和机电系统组成的脑机融合体、调制解调系统、指令传输系统以及受控对象。图 10-1 是典型的脑机接口系统的基本组成示意图。

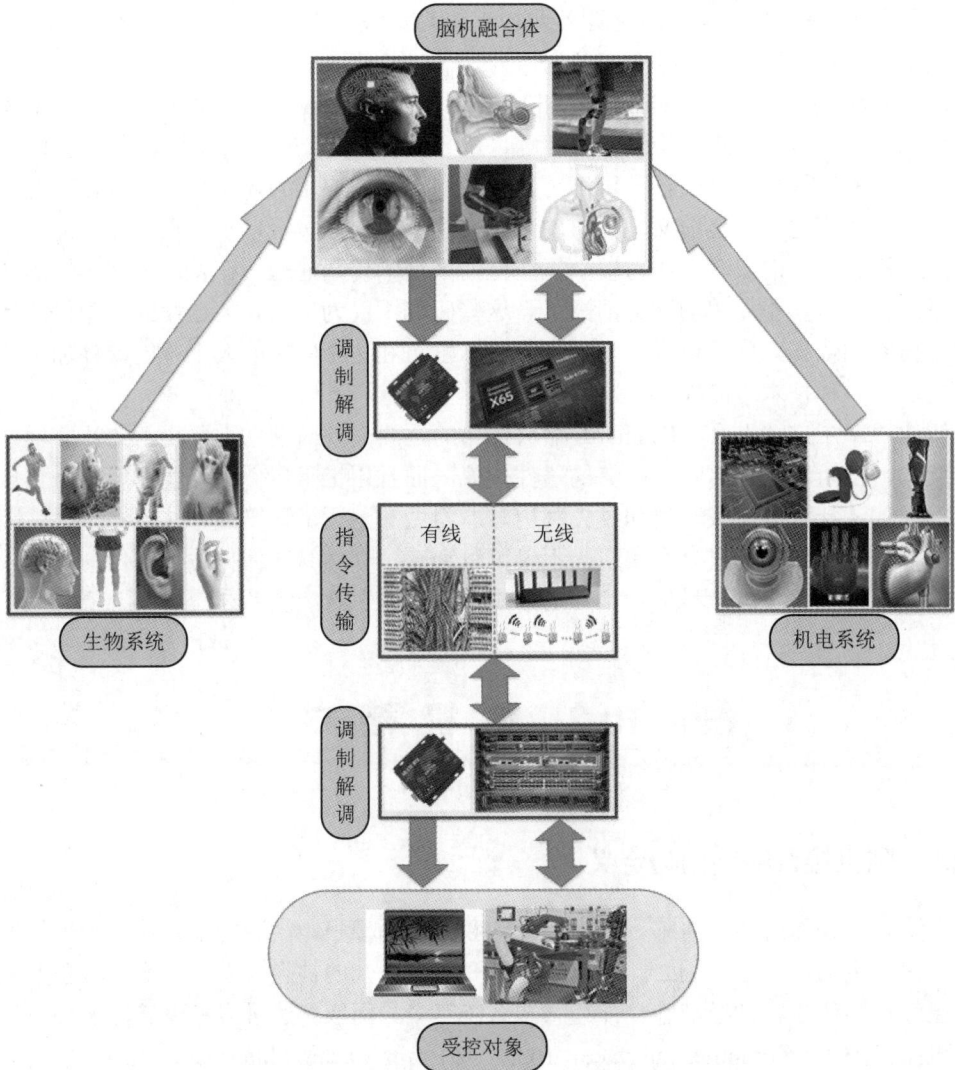

图 10-1　典型的脑机接口系统的基本组成示意图

脑机接口技术对人类的作用主要表现在替代、恢复、增强、补充和改善五个方面。替代是指脑机接口的输出可能取代生物系统因损伤或疾病而丧失自然输出功能，如丧失说话能力的人通过该技术输出文字，再通过语音合成器发声。恢复是指脑机接口的输出可以恢复部分生物体机能丧失的功能，如脊髓受损导致肢体瘫痪，可以通过脑机接口输出控制电刺激信号，再刺激瘫痪的肌肉从而使肢体活动。增强主要是实现健康人类生物体机能的扩展，如对于疲劳驾驶的司机，当脑机接口检测到司机的注意力下降时会提供一个反馈，提醒司机恢复注意力。补充是指除传统躯体控制的方法之外还可以增加"脑意识"控制方式，实现多模态控制。改善主要针对康复领域，对于感觉运动皮层相关部位受损的病人，脑机接口可以从受损的皮层区采集信号，然后刺激肌肉或控制矫形器，虽然不能恢复原始状态，但可以改善其手臂运动。

10.2.2　脑机融合体

生物系统和机电系统组成的脑机融合体是整个脑机接口系统的核心。脑机融合体的研究开始于 20 世纪 90 年代，经过多年的动物实验和实践，一些可用于人体的植入设备已经被设计及制造出来，用于恢复损伤的听觉、视觉和肢体运动能力。譬如，人工耳蜗就是一种较成熟的神经假体，它主要由体外言语处理器将声音转换为一定编码形式的电信号，然后通过植入体内的电极系统直接刺激听觉神经来恢复或重建听觉障碍人群的听觉功能。目前，全球已有近百万听觉障碍人群借助人工耳蜗恢复了听觉语言能力。另外，像恢复视觉和运动神经的人工视网膜、神经假体都是早期脑机接口技术的成果。

根据生物系统和机电系统两者的连接方式或者神经信号接入方式的不同，脑机融合体实现的技术可以分为有创侵入式技术和无创非侵入式技术两种。

1. 有创侵入式技术

有创侵入式技术是通过开颅手术等方式将电子芯片、电路植入生物大脑中，通过将生物体以离子为载体的神经电信号转换为电子系统中以电子为载体的电流或电压信号，从而感知和获取大脑神经电活动信息。例如，埃隆·马斯克旗下的 Neuralink 公司产品便采用了这种机理。

目前，有创侵入式技术可以通过空间和时间对应方式，精确呈现对应神经元的动作电位信号，从而实时记录相应的神经系统活动情况。与生物系统对接的机电系统电极有金属微丝电极、硅基电极和柔性生物电极等多种形式。金属微丝电极、硅基电极等硬质电极和神经组织之间存在一定的机械失配问题，会对生物体的正常活动造成一些继发性损伤问题，不适用于长时间接入。柔性、生物相容性好的接入电极则有利于缓解免疫反应，提高信号质量，相对来说更有利于长期神经信号的感知和记录。

另外，有创侵入式技术中植入电极与对应神经组织的联结技术、电极与对应神经或神经突触的链接数量、神经系统的调控机理和方式都存在许多未知性，需要进一步深入和探究。

Brown University 的研究团队在 2006 年完成了首个大脑运动皮层脑机接口设备植入手术，实现了对计算机鼠标的控制和操作。

University of Pittsburgh 的神经生物学家通过脑机接口使猴子操纵机械臂给自己喂食，实现了动物大脑与外部受控设备的连接与控制。

美国一家名为"Second Sight"的公司通过在人眼内植入"人造视网膜"，成功地帮助 68 岁的盲人 Eric Selby 右眼恢复部分视力。该人造视网膜系统由一个小摄像头、一部微型计算机和一些无线通信工具组成。手术后，Eric Selby 可以"看到"人行道等普通的物体。

埃隆·马斯克在 Neuralink 公司举行的发布会上，展示了全新的脑机接口设备 LINK V0.9，并找来"三只小猪"向全世界展示了可实际运作的脑机接口芯片和自动植入手术设备。设备采用了无线技术，以芯片的形式植入脑中，硬币大小的芯片带有密集的微型线路，置于小猪头骨下方，通过 1024 个薄电极穿透大脑外层进行通信。被植入芯片的实验小猪展示了神经信号的读取和写入，研究人员可以通过芯片传导出来的信息看到猪的脑电图信号。

2022 年，首都医科大学附属北京天坛医院研发了一种脑机接口柔性电极技术，将仅有 2 微米大小的电极点组成的新型柔性电极，通过手术放到大脑上，以帮助医生更精确地"看"到大脑内部神经等，从而最大限度地保护大脑功能、提高手术精准度。研究人员进一步在柔软和可塑性强的章鱼上收集了稳定的肌电信号，并进行了精确到单细胞核的局部神经调控，通过精细的脑干可以控制器官的特定活动。

有创侵入式技术的优点是能够直接从大脑皮层获取信息，避免神经信号因颅骨阻隔而造成的衰减。同时，这种技术的一体性、隐蔽性和隐私性也较好。但是，缺点也显而易见，就是开颅手术仍存在风险，且植入的电极通常会在一年后会被疤痕组织所包围，影响神经信号的传输。因此，有创脑机接口目前仅针对截瘫病人等有特殊需求的人群，难以大面积普及。

2. 无创非侵入式技术

无创非侵入式技术是通过体外佩戴脑机接口设备接入生物神经系统，外接系统还可以收集、处理人体的脑电信号和肌电信号。这种技术方式不会对植入生物躯体造成创伤，从心理和伦理上来说更容易被大众接受，且后期维护成本较低，因此在非临床脑疾病诊疗、消费级脑科学应用等场景中更容易被使用者接受。BrainCo 公司的 BrainRobotics 智能仿生手采用的就是这种技术手段。

无创非侵入式技术中，外部机电系统与生物体的对接有湿电极、半干电极和干电极三种。

湿电极与生物体的接触性好，信号质量也相对较好，但佩戴时需要较专业的操作，耗时也较长，而且使用后需要较专业的清洗和储存。干电极主要有基于金属材料或导电聚合物材料的多脚柱式或爪式干电极、基于导电纤维的刷毛式干电极、基于微机械加工工艺的微针电极和电容式电极。相对于湿电极，干电极的便捷性、可操作性、操作时长方面都有较大的提高。但干电极与头皮的电连接仅靠微量的体液，接触阻抗较高，对压力强依赖，因此舒适度和信号质量及稳定性有待提高。半干电极主要使用溶胶、凝胶类材料制作，其特性也介于湿电极和干电极之间。半干电极也可以利用材料或结构特性，释放少量导电液到头皮，以降低电极与头皮的界面阻抗。同时，基于材料体系的凝胶半干电极的物理化学特性可调，通过材料组分配比的优化可兼顾电化学特性和机械特性，从而得到使用舒适度较好且信号质量可与湿电极匹敌的性能，是一种极具应用前景的技术。

Duke University 医学院的 Miguel Nicolelis 教授曾展示了这种无创非侵入式脑机融合体技术以及这一技术从基础科学到应用于神经康复的研究成果。训练者通过佩戴"机械铠甲"就可以在虚拟环境中学习使用一种非侵入式的脑机接口设备。实验中，训练者无须进行手术，无须在大脑或神经系统中植入电极，仅仅使用紧贴在头皮表面的扁平传感器，就可以记录自身准备移动身体时的脑电信号，在不到三分之一秒的时间里，就可以将脑电信号转换为能够发送至受控设备的指令信号，即人的思想和意念。训练者通过大脑控制该装置，就可以直接驱动和控制下肢外骨骼关节活动的电子和机械等受控对象，无须受控者肢体直接参与。

2022 年北京冬残奥会上，BrainCo 公司的 Bicheng Han 研发的 BrainRobotics 智能仿生手成功助力了残疾火炬手传递圣火。这种智能仿生手运用脑机接口技术，通过采集、处理人体肌肉运动产生的肌电神经电信号来实现仿生手的动作控制，用户可以精准地控制智能仿生手的每根手指，最大单指的弯曲到伸展仅需 0.8 s，反应非常迅速。佩戴 BrainRobotics 智能仿生手的用户可以完成操作键盘录入、拿钥匙开门、传递名片等活动，该智能仿生手为残疾人提供了诸多生活便利。此外，智能仿生手还能重建感知反馈，让使用者体会到肢体"重新生长"的本体感，实现对仿生手抓握尺寸、抓握力量、抓握姿态以及操作过程中抖动的感知，显著提高抓握的自主性和稳定性，降低使用中的操作负担。

10.2.3 生物电信号

生物电信号是指活动细胞或生物组织无论是在静止状态还是活动状态，都会产生与生命状态密切相关的、有规律的电信号。生物电信号的本质是离子在细胞内或细胞之间的跨膜流动，通常包括静息电位和动作电位两种形式。其中，静息电位是指细胞在安静的状态下，存在于细胞膜内外的电位差，也称为跨膜静息电位。这种电位差主要是由细胞膜两侧的钠离子和钾离子分布不均匀造成的。在生理学中，常会把细胞膜外电位规定为零电位，膜内电位通常为负电位，如神经细胞一般为 -86 mV 左右，心室肌细胞为 -80 mV 左右，窦房结细胞为 $-70\sim-40$ mV。动作电位是指当细胞受到外界刺激而兴奋时，受刺激部位的膜电位将发生一系列短暂的变化，开始时，膜电位升高，接着又慢慢恢复到静息电位，包括去极化和复极化两个过程。去极化是指细胞受到刺激时，细胞膜对离子的通透性发生变化，大量 Na^+ 迅速进入胞内，使得胞内电位迅速上升；复极化是指当去极化的电位达到峰值后，会逐渐回到静息状态的过程。

通常在医疗检查过程中遇到的心电、脑电、肌电、胃电、视网膜电等信号都是生物电信号。下面以生物神经信号中应用较多的脑电信号为例，对生物电信号的分布、分类进行简单分析说明。

1. 脑电信号的分布

脑电信号可以被视作大脑神经组织的电生理活动在大脑皮层表面的整体反映。由于大脑神经组织中每个细胞或每种内部、外部激励产生的电信号都不同，那么在大脑皮层上产生的脑电信号实际上是不同频率、不同幅值、不同相位信号的叠加效果。想要更好地了解脑电信号，可以从大脑的组成结构及功能角度出发。

大脑皮层被三条沟壑分成额叶、顶叶、枕叶、颞叶和岛叶五大部分，如图 10-2 所示。额叶位于大脑的前部，主要负责专注力、短时记忆等相关任务，如当灵感萌发或注意力集中时，会产生频率主要分布在 $9\sim12$ Hz 的电信号。顶叶位于额叶和枕叶之间，负责与感觉信息相关的任务，如触感、空间感等，例如振动等触觉的信号频率一般为 $25\sim200$ Hz。枕叶位于颅骨的后部分，当受到外界刺激时，会产生诱发电位，能够进行视觉信号等处理。颞叶位于双侧大脑半球外侧裂的下方，主要负责处理视觉、听觉等输入信息，同时在长期记忆中发挥重要作用，如频率主要分布在 $16\sim20$ Hz 的听觉输入信号。岛叶位于大脑皮层外侧沟，主要负责与情感和意识相关的活动，另外还包含运动控制、自我意识、人际交往，以及与精神类疾病活动有关，如"无意识活动"的频率主要分布在 $0.1\sim3$ Hz，"潜意识活动"的频率主要分布在 $4\sim7$ Hz。

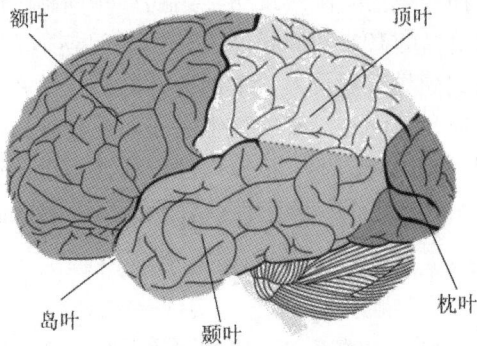

图 10-2　大脑结构示意图

另外，当生命主体处于不同状态时，大脑神经组织产生的脑电信号也具有不同的频率和幅值。例如，当意识模糊或昏昏欲睡时，产生电信号的频率主要分布在 8～9 Hz；当高度警觉时，产生电信号的频率主要分布在 12～14 Hz；当精神放松时，产生电信号的频率主要分布在 12.5～16 Hz；当思考问题时，产生电信号的频率主要分布在 16.5～20 Hz；当激动或焦虑时，产生电信号的频率主要分布在 20.5～28 Hz；当幸福感"爆棚"时，产生电信号的频率主要分布在 40 Hz 左右。

2. 脑电信号的分类

目前，脑机接口技术中的脑电信号主要分为头皮脑电(Electroencephalograph，EEG)信号和皮层脑电(Electrocorticogram，ECoG)信号两种。

1) EEG 脑电信号

常见的 EEG 脑电信号形式有 P300 范式、运动想象范式和稳态视觉诱发电位范式。

(1) P300 范式信号一般在头顶中央部位的头皮区域最大，随着距这个区域距离的增加而逐渐衰减，是一个正向偏移成分，是在特定情况下呈现的刺激后头皮记录的信号形式。根据刺激形式的不同，P300 范式信号可以分为听觉 P300 和视觉 P300。视觉 P300 的刺激界面的行列按随机顺序闪烁，要求受试者注视待选目标，并记录目标闪烁的次数。当目标闪烁的时候，会检测到受试者的 P300 信号，经过几次叠加最终输出该目标，实现将该视觉目标换成脑机接口系统的一个控制指令。视觉 P300 范式信号的优点是可以无创非侵入式使用，局限性是信息传输率较低，且对刺激源有一定的依赖性。

(2) 运动想象范式是指肢体运动的执行和想象会影响大脑感觉运动皮层记录的节律活动的变化。这种信号制式的优点在于其控制信号产生于大脑动作意图，是一种内源性诱发脑电，无须特定外界刺激，但其仍需要较多训练体验，且个体差异性比较大，分类正确率也有待提高。

(3) 稳态视觉诱发电位范式是一种由快速重复刺激诱发的脑电信号的稳定振荡，一般的刺激源有闪光灯、发光二极管和显示器的棋盘格模式。

2) ECoG 脑电信号

ECoG 属于有创侵入式的范畴，皮层脑电可以通过放置电极于硬脑膜或用螺钉穿透颅骨并将其作为电极，从硬脑膜的表面得到，或者将电极直接放置于大脑的表面，从硬脑膜记录得到。ECoG 在信号质量、抗伪迹和分辨率上都优于 EEG 信号。例如，ECoG 在空间分辨率上可达到毫米级的定位精度,而 EEG 则只能达到厘米级;从信号幅度大小角度考虑,ECoG 是 $50\sim100$ mV,EEG 是 $10\sim20$ mV;从抗干扰角度考虑,ECoG 不易受到眼电和肌电等伪迹的影响;ECoG 的带宽一般为 $0\sim500$ Hz,而 EEG 一般为 $0\sim40$ Hz。

10.2.4 调制解调系统

脑机接口技术其本质是一种具有有机生命形式的生物神经系统与具有处理或计算能力的受控系统之间的连接、通信、控制系统及技术。

从信息传输角度考虑,脑机接口技术是实现生物神经的理解,并对理解后的"意念""想法""思想"进行传输,最终按照神经系统的"命令"实现对受控系统的控制和"意志传达"。

当然,根据信号的传递方向不同,脑机接口中的信号可能从生物神经系统输出,经调制、传输、解调后实现对受控系统的控制;也可能从受控系统输出信号,经调制、传输、解调后提供给生物神经系统"理解"。但是,可以看出,信号的"调制""解调"是脑机接口系统的主要组成部分。

1. 调制

在脑机接口系统中,调制就是用生物神经信号作为基带信号控制载波信号的频率、幅值、相位等参量的变化,将生物神经信息荷载在其上形成已调信号传输。

数字信号调制方式主要包括幅移键控法 ASK、频移键控法 FSK、相移键控法 PSK 这三种方法,以及在这三种基本调制方法上改进的各种调制方式,如正交振幅调制 QAM 是调幅和调相的组合;MSK 是 FSK 的改进;GMSK 是 MSK 的一种改进,是在 MSK 调制器之前插入了高斯低通预调制滤波器,从而提高频谱利用率和通信质量;正交频分复用调制 OFDM 则可以看作是对多载波的一种调制方法。

按照传输特性分类,调制方式又可分为线性调制和非线性调制。广义的线性调制是指已调波中被调参数随调制信号呈线性变化的调制过程。狭义的线性调制是指把调制信号的频谱搬移到载波频率两侧而成为上、下边带的调制过程,如调幅、抑制载波的双边带调制和单边带调制。

2. 解调

解调是调制的反过程或逆过程,通过应用包络检波、正弦波解调和脉冲波解调等方法从已调制信号的参量变化中恢复原始的生物神经信号。正弦波解调还可以再分为幅度解调、频率解调和相位解调,此外还有一些变种,如单边带信号解调、残留边带信号解调等。脉冲波解调也可以分为脉冲幅度解调、脉冲相位解调、脉冲宽度解调和脉冲编码解调等。对于多重调制需要配以多重解调。

10.2.5 指令传输系统

根据信号的传递方式不同,脑机接口技术可以分为单向脑机接口技术与双向脑机接口技术两种。其中,单向脑机接口技术是指受控设备可以接收大脑传来的命令或者发送信号到大脑,但两者之间不能同时发送和接收信号,即工作在单工模式;双向脑机接口技术是指受控设备与生物大脑之间可以同时进行信息的接收和发送，即工作在全工模式，或者在同一时段只能实现接收或发送功能的半双工模式。目前，脑机接口技术多停留在单工模式阶段。

脑机接口系统中，各个子系统内或子系统之间信号指令的传输方式，从传输媒介来看，可以分为有线和无线两种方式；从传输信号的形式来看，可以分为数字和模拟信号传输两种。下面分别介绍有线和无线两种传输媒介。

1. 有线传输媒介

有线传输媒介主要有双绞线、同轴电缆、光导纤维等。

(1) 双绞线由两根及以上互相绝缘的铜线组成，这两条铜线相互扭绕在一起，就可以减少邻近线对电气的干扰。从屏蔽情况考虑，双绞线可分为非屏蔽双绞线和屏蔽双绞线。双绞线既能用于传输模拟信号，也能用于传输数字信号，其带宽决定于铜线的直径和传输距离。在许多情况下，几千米范围内的传输速率可以达到 $4\sim1000$ Mb/s。

(2) 同轴电缆以硬铜导体线为芯，外包一层绝缘材料，这层绝缘材料再用密织的网状导体环绕构成屏蔽，其外又覆盖一层保护性材料护套。按直径的不同，同轴电缆可分为粗缆和细缆两种。同轴电缆比双绞线的屏蔽性更好，因此在更高速度上可以传输得更远，也具有更高的带宽和极好的噪声抑制特性，可以达到 $1\sim2$ Gb/s 的数据传输速率。

(3) 光导纤维主要由纯石英玻璃纤芯制成，纤芯外面包围着一层折射率比纤芯低的包层，包层外是塑料护套。光纤通常被扎成束，外面有外壳保护。光导纤维的传输速率可达 100 Gb/s。从模态角度考虑，光导纤维可分为单模光纤和多模光纤。

2. 无线传输媒介

无线传输媒介主要有红外、蓝牙、WiFi、ZigBee、NFC 等技术。

(1) 红外技术主要是利用 950 nm 近红外波段的红外线作为传递信息的信道。发送端可以将生物电信号转化为基带二进制信号，再将其调制为一系列的脉冲串信号，通过红外发射管发射红外信号。接收端将接收到的光脉冲转换成电信号，再经过放大、滤波等处理后送给解调电路进行解调，最后还原为二进制数字信号后输出。常用的红外技术有通过脉冲宽度来实现信号调制的脉宽调制(Pulse Width Modulation，PWM)和通过脉冲串之间的时间间隔来实现信号调制的脉位调制(Pulse Position Modulation，PPM)两种方法。目前，电视、空调等电器上使用的遥控器大多采用该技术方法。

(2) 蓝牙(Bluetooth)技术是一种无线数据与语音通信的开放性全球规范，它以低成本的近距离无线连接为基础，为移动设备通信环境建立一个连接。其实质是为设备和设备之间的通信环境建立通用的无线电空中接口，将通信技术与计算机技术进一步结合起来，使各种设备在没有电线或电缆未相互连接的情况下，实现近距离范围内的相互通信或操作。蓝牙的通信距离半径为 10 m，其数据传输带宽可达 1 Mb/s，通信介质为频率为 2.4 GHz 的电磁波。

(3) 无线高保真(Wireless Fidelity，WiFi)是一种通过 LC 振荡电路实现辐射的无线电波。其载波频率有 2.4 GHz 和 5 GHz 两种，WiFi 先通过 IEEE802.11 a/b/c/g/n 无线通信协议实现数据链路逻辑，再通过 TCP/IP 协议进行数据传输。WiFi 的覆盖半径可达 100 m 左右，是目前民用领域应用最广的一种无线通信方式。

(4) ZigBee 是一种基于 IEEE802.15.4 标准的低数据速率、短距离无线网络通信定义的一系列通信协议标准，基于该标准的无线设备主要工作在 868 MHz、915 MHz 和 2.4 GHz 频带，其最大数据速率是 250 kb/s。由于 ZigBee 技术具有低数据速率、低成本、低功耗的特点，因此，可以应用于以电池为电源的无线设备中。ZigBee 数传模块的通信距离一般在数百米，支持无线扩展，因此通信距离可达到数千米。

(5) 近场通信(Near Field Communication，NFC)是一种工作频率为 13.56 MHz 的近距离无线通信技术，通信距离为 10 cm 内，传输速度有 106 kb/s、212 kb/s 和 424 kb/s 三种。其主要特点是距离近、带宽高、能耗低，与非接触智能卡技术兼容。

另外，还有 GPRS、Lora、NB-IOT 等无线数据传输方式。

10.2.6　能源供给

能源供给是影响脑机接口系统长效性和可持续性的关键因素，对有创侵入式脑机接口方式来说尤为重要。

1. 能源供给类型

目前，可用于脑机接口系统的能源供给类型主要有电力电源、储能电源、新能源电源等。

(1) 电力电源主要包括水力发电、火力发电、核电等产生的电力能源。这种类型的电源主要用于无创非侵入式脑机接口系统及其子系统的能源供给，移动性和便携性一般。

(2) 储能电源实质上是一种电能储存装置，可以提供无电力电源环境下电源的供给。有创侵入式脑机接口系统中使用的多是这种能源供给形式，相对于电力电源，移动性和便捷性更好。

(3) 新能源电源主要包括风、光、生物能等产生的电力能源。这种类型的电源对无创非侵入式和有创侵入式脑机接口系统都有一定的应用优势，且移动性和便捷性优越。

2. 能源供给方式

目前，从能源供给方式或途径来看，脑机接口系统的能源供给可以分为有线、无线供电两种。有线供电对能源的可持续性有很大的保障，如 BrainCo 公司的 BrainRobotics 智能仿生手便采用这种供电方式。无线供电对减少储能装置的体积和重量有很大的优势，如埃隆·马斯克旗下的 Neuralink 公司给猴子 Sake 配备的供电装置就采用无线供电方式。无线电感线圈被内置在脑机接口芯片中，通过外部传输线圈以及中继线圈和片上耦合线圈，实现了对体内采集芯片的无线供电以及对采集到的脑电信号的无线传输。

10.2.7　系统外挂

系统外挂是近年出现的一个网络词语，通常是指在正常的系统上另外再嫁接一个具有比原来系统功能更强大的系统或程序。

在传统意义上，脑机接口系统具有替代、恢复、增强、补充和改善五个方面的功能，但是由于体积、重量及兼容性方面的局限性，脑机融合体中的机电系统有诸多约束，例如会影响生物体的计算、记忆、动觉等能力的提升。在这种情况下，利用脑机接口技术对生物系统进行扩展和延伸，即采用系统外挂就可以实现对各种能力的拓展。

图 10-3 是一个具有外挂系统的人机系统示意图。

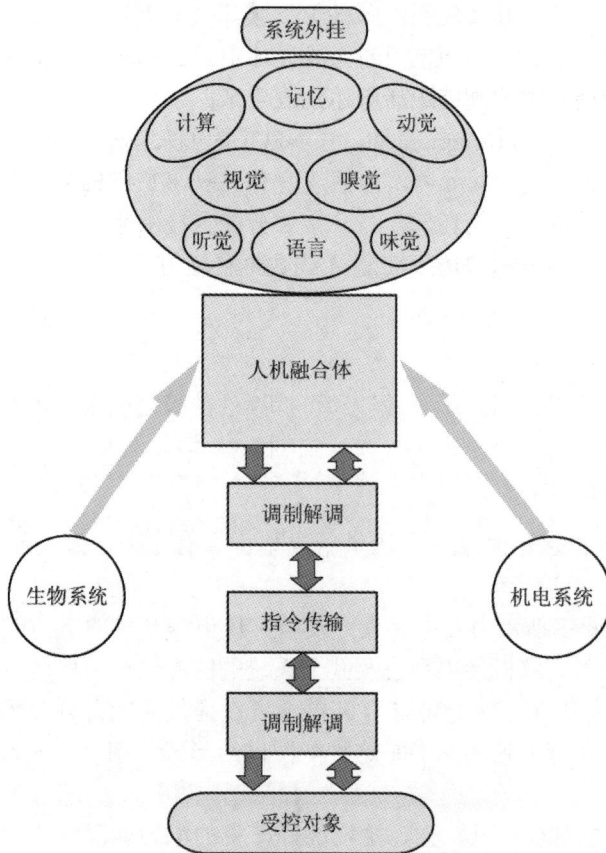

图 10-3　具有外挂系统的人机系统示意图

在这些"外挂"的应用中，传统计算方式、存储方式当然可以提升生物体的能力，但传统电路系统在计算、存储方面的局限性凸显了忆阻器的优越性。

当下计算机运算速度更快、存储时间更长、存储容量更大的标准使计算机在运算过程中所消耗的能量远远高于人脑。

在学术研究层面，IBM 研究院研发的"电子舌头"能在 1 分钟内识别多种液体，可以应用于监测食品安全、工厂质检、疾病诊断、环保检测等领域。

Intel 与 Cornell University 在 *Nature Machine Intelligence* 上联合发表论文，宣布其利用英特尔神经拟态芯片 Loihi 可以识别 10 种有害气体。

视觉智能已经发展为目前以深度学习为代表的视觉方法。David Marr 的 *Vision: A Computational Investigation into the Human Representation and Processing of Visual Information* 一书问世，使得视觉计算理论成为连接计算机科学与认知神经科学的桥梁。现在，不同的类脑神经网络框架与其他领域的模型，如自然语言处理领域的转换器已经取得了先进的性能。在产业发展层面，视觉智能从上游的光源、镜头、相机，到视觉系统中游的中间算法，再到下游的设备制造和终端应用等，已经取得了全面的发展。

听觉智能作为另外一个发展较为成熟的领域，其主要研究内容以自然语言处理为核心，以语音和文本为载体，对抽象的信息进行表达。在应用层面，语音信号处理技术已广泛应用于虚拟主播、在线通话、智能音箱等。在产业界，自然语言处理技术已经被用于机器翻译、聊天机器人、舆情分析和市场预测等各个领域。

触觉智能是相对发展较为缓慢的一类感知技术。为了使机器人能够准确地感知世界，需要全方位的视觉智能与触觉智能。诺贝尔生理学或医学奖得主，University of California 的 David Julius 发现了温度与触觉的受体，该发现揭示了人体皮肤感知温度、压力及疼痛的分子机制，即揭示了外部的温度和机械刺激是如何转化为内部的神经信号的。以该类发现为启发，机器的触觉智能以新材料为切入点，感知环境的温度、压力与湿度等各种信号，通过神经网络等机器学习方法自适应地学习模型参数，使得机器具备感知触觉的能力。

10.2.8　脑机接口技术案例

2022 年，埃隆·马斯克在 Neuralink 公司的新闻发布会上，展示了一只叫 Sake 的猴子，Sake 用意念打出了"welcome to show and tell"和"can i please have snacks"两个完整的句子。Neuralink 公司的脑机接口技术如图 10-4 所示。此外，马斯克在现场演示了用假人模特进行植入手术的相关视频，表示 Neuralink 公司正寻求获得美国政府相关许可，并期望在人身上测试相关大脑植入设备。

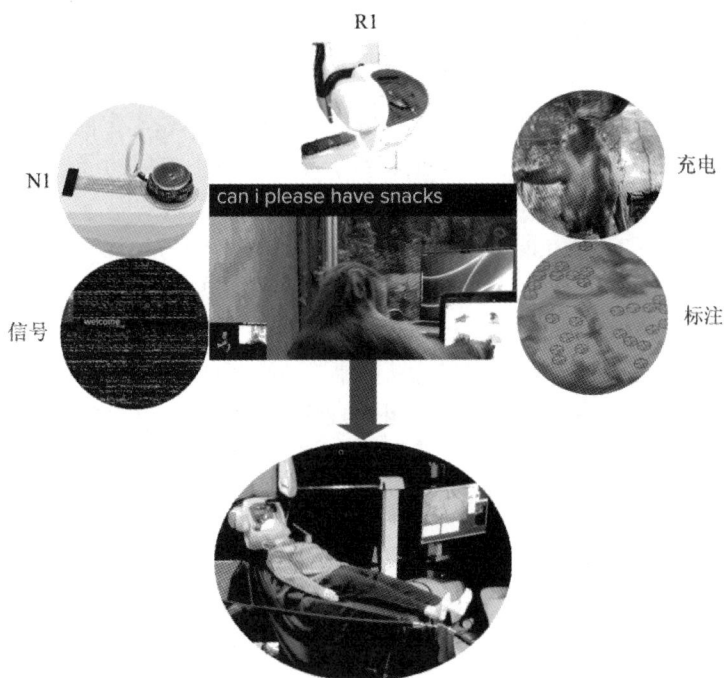

图 10-4　Neuralink 公司的脑机接口技术

Neuralink 是马斯克和其他几位联合创始人在 2016 年成立的一家从事类脑技术研究的科技公司。2019 年，Neuralink 曾透露了该项目的部分内容：制作一个激光"打孔机"，在头骨上打出一些细小的孔，制作一个"缝纫机"，可将只有人的发丝的四分之一粗细、布满电极和传感器的"线"，透过小孔植入脑中。2020 年，Neuralink 做出了一款只有硬币大小的脑机接口芯片 N1，并植入到活猪的大脑表层，使猪的大脑活动可以无线传输到电脑屏幕上。2021 年，Neuralink 的实验猴子将脑电波转化为了计算机指令，并打起了"意念乒乓球"游戏。

在猴子 Sake 进行语言输出的实验中，Neuralink 研究人员首先将具有 1024 个通道、1/4 硬币大小的新款 N1 芯片植入到 Sake 脑部，用来记录和刺激大脑信号。其实，Sake 并不会拼写英文，也不知道英文的含义，一切都是电脑预先设置好字母出现的顺序。如：想要显示"welcome"，就在屏幕上用高亮黄色依次标注"w-e-l-c-o-m-e"六个字母，引导 Sake 用意念将光标移动到高亮字母上，选取相应的字母。因此，Sake 只需要意识到这个高亮信号，N1 芯片就可以将大脑信号转化为光标移动这个动作，实现相应字母的选择。此外，Neuralink 还表示它们的猴子还会按左右键、点击和拖拽、滑动输入、手写，以及用手势滑动。

当然，猴子 Sake 体内植入的芯片是需要充电的，虽然是极为先进的无线充电，但需要将猴子"诱骗"到一个供应香蕉奶昔的管子前，猴子对准管嘴吸食时，头顶刚好能顶到充电座，就可以给体内的芯片充电了。

另外，在马斯克演示的视频文件中，他们在手术台上放置了一个假人手术对象，旁边的屏幕上显示的是目标手术区域，里面密密麻麻标记了许多数字。手术机器人——激光"打孔机"R1 将人的头骨切开，然后"缝纫机"会把一根根"线"插入各个标数字的点，手术插了 64 根线，共耗时 15 分钟。

马斯克计划在未来建立专门的手术诊所，希望未来的脑机接口手术可以简单得像随做随走的小型眼科手术。另外，Musk 表示人类的意识通常是飘忽不定的，有时通过意念控制动作，并不如直接用手脚来得高效。但是，对于那些手脚不方便的罹患渐冻症、中风后遗症等疾病的患者来说，意念控制可能是他们较好的表达途径。

实质上，马斯克及 Neuralink 要做的就是为主控对象大脑与外部被控主机或智能设备建立一个"脑机 I/O 接口"，实现主控与受控对象之间的信息交换。

美国 Los Alamos National Laboratory 在复制人脑无与伦比的计算能力过程中，制造出了一种新的"接口型忆阻器"，并且使用人工神经网络模拟测试了接口型忆阻器的计算性能，结果表明该器件具有良好的一致性、可编程性和可靠性，识别准确率达到了 94.72%。相比于基于晶体管的神经形态芯片，新型接口型忆阻器所需的功率也少很多，有望助力脑机接口技术的进一步发展。

10.2.9　技术准则及伦理

脑机接口技术应满足具有安全性、可靠性、正确性、高效性以及自然的技术准则。

安全性是脑机接口技术应用的第一准则，主要包括生物系统和机电系统两者之间的兼容性、融合度，机电系统本体软硬件的可靠性，指令调制解调、传输系统的通畅性、安全性，隐私行为、数据的安全性。

可靠性是脑机接口技术应用中的基本原则。脑机接口系统本质上是一套软硬件协同运作的信息系统，在应用环境下，要充分考虑该信息系统的抗干扰能力、稳定性、长效性、冗余性和鲁棒性。

正确性是指脑机接口系统在实际应用场景中，能够根据生物宿主的意识指令，做出识别、判断，并做出执行的正确率。具体应用场景中，脑机接口的行为正确性和人类的相似，要想做到想得好、做得好、心想事成，以目前的技术还难以实现，目前能够做到的就是增强对生物电信号的理解，提高系统的执行率，降低系统虚警的概率。

高效性就是让脑机接口系统的作用效果理想高效，能够快速达到响应大脑意图，并做出反馈，做到和生物肢体响应一样甚至更快的效率，达到"稳、准、快"的高效目的。

自然是指无论在无创还是有创的情形下，脑机接口系统都应质量轻、体积小和便于携带。同时，脑机接口系统应具有操作简单、维护方便的特点。生物体的体验感、满意度等应作为定量定性衡量脑机接口系统自然性的指标。

人机接口技术使人类从"读脑"到"脑控"，再进一步到"控脑"的转换阶段。

脑机接口的使用除了技术层面的问题及要求，还有一个重要的方面——伦理准则需要考虑。目前，脑机接口技术应用的科技伦理要求主要包括尊重生命、合法合规、风险可控、尊重隐私、公平公正、制度保护。

尽管马斯克一直认为 Neuralink 旗下脑机接口技术在治疗瘫痪、失明、肥胖症、孤独症、抑郁症和精神分裂症等严重疾病方面具有巨大的潜力，偶尔也会强调"网页浏览"或"心灵感应"等附加功能。美国食品药品监督管理局(FDA)曾批准马斯克的大脑芯片植入公司 Neuralink 进行人体试验。但是，随后联合国教科文组织在法国巴黎举行的"国际生物伦理委员会"会议上发表报告，警告马斯克首创的脑机芯片和接口技术可能会被滥用于"神经监控"，侵犯"精神隐私"，甚至"实施各种形式的强制再教育"，威胁到全世界的人权。联合国教科文组织提醒人们应尤其注意"双重用途"人工智能脑芯片技术带来的威胁，因为这些技术很容易被重新编程或改造，导致"通过神经成像监控和操纵人类心理的新可能性"和"改变人格"的技术，这些技术对于人类及大脑健康不那么有益。

从技术发展角度来看，脑机接口技术的出现和忆阻器技术的发展应该是人类发展和科学技术进步的必然结果。脑机接口技术是生物体与机器、与人工智能交互的终极手段，也是连接数字虚拟世界和现实物理世界的核心基础支撑技术之一，其与量子计算、云计算、大数据等信息技术的结合将成为各领域新的重要研究方向。可以确定地说，忆阻器加持下的脑机接口技术将会显著提升人类生活质量。人类的思想和行为控制之间，不再有疾病和空间的障碍。但确实应该考虑，要注意在一定技术"伦理框架"内发展脑机接口技术，保护人类免受这项技术可能被滥用的影响。

习　　题

1. 阐述类脑智能的概念。
2. 说明脑机接口技术的基本定义。
3. 简述脑机接口技术的基本组成结构包括哪些部分。
4. 举例说明脑机接口技术中有创侵入式和无创非侵入式两种脑机芯片植入技术的区别。
5. 阅读相关文献资料，说明 EEG 脑电信号形式主要有哪些范式类型。

6. 根据类脑智能和脑机接口技术研究进展，展望未来"外挂系统"可能的发展趋势是什么。

7. 阅读相关文献资料，阐述发展脑机接口技术应该遵循哪些道德伦理。

参 考 文 献

[1] ZHANG H T, TAE J P, ISLAM A, et al. Reconfigurable perovskite nickelate electronics for artificial intelligence [J]. Science, 2022, 375(6580): 533-539.

[2] JIANG Y W, ZHANG Z T, WANG Y X, et al. Topological supramolecular network enabled high-conductivity, stretchable organic bioelectronics[J]. Science, 2022, 375(6587): 1410-1417.

[3] LANZA M, SEBASTIAN A, LU W D, et al. Memristive technologies for data storage, computation, encryption, and radio-frequency communication[J]. Science, 2022, 376(6597): 376.

[4] 文常保，茹锋，贾华宇，等. Semiconductor device principle and technology [M].西安: 西安电子科技大学出版社，2023.

[5] 文常保，茹锋，刘有耀，等. Artificial neural network theory and its applications[M]. 西安: 西安电子科技大学出版社，2021.

[6] 文常保，茹锋，李演明，等. 人工智能概论[M]. 西安: 西安电子科技大学出版社，2020.

[7] 文常保，茹锋. 人工神经网络理论及应用[M]. 西安: 西安电子科技大学出版社，2019.

[8] WEN C B, ZHA J, XU L, et al. Research on perceptual neural network based on memristor[J]. IEEE Transactions on Industrial Electronics，2023, 113842: 1-9.